河北省省级精品课程配套教材

普通高等院校机械工程学科“十三五”规划教材

机械原理

（第2版）

主　编　高慧琴

副主编　王秀玲　薛铜龙

国防工业出版社

·北京·

内 容 简 介

本书是根据教育部机械基础课程教学指导分委员会制定的“机械原理教学基本要求”和“机械原理课程教学改革建议”的精神，结合近年来教学实践经验和研究生入学考试内容需要而编写的。全书共分14章，内容包括：绪论，机构的结构分析，平面连杆机构及其设计，平面机构的运动分析，凸轮机构及其设计，齿轮机构及其设计，齿轮系及其设计，其他常用机构，机械的摩擦和效率，平面机构的力分析，机械的平衡，机械系统的运转及其速度波动的调节，机械系统运动方案的设计和AutoCAD技术在机构设计与分析中的应用等。每章后附有思考题与习题。

本书可作为高等院校机械类及近机械类专业的教材或参考书，也可供非机械类学生和有关工程技术人员使用或参考。

图书在版编目(CIP)数据

机械原理/高慧琴主编．—2版．—北京：国防工业出版社，2017.5

ISBN 978-7-118-11306-8

Ⅰ．机…　Ⅱ．高…　Ⅲ．机械原理－高等学校－教材　Ⅳ．①TH111

中国版本图书馆CIP数据核字(2017)第090428号

※

国防工業出版社出版发行

（北京市海淀区紫竹院南路23号　邮政编码100048）

天利华印刷装订有限公司印刷

新华书店经售

*

开本 787×1092　1/16　**印张** 16¾　**字数** 380千字

2017年5月第2版第1次印刷　**印数** 1—5000册　**定价** 36.00元

国防书店：(010)88540777　　发行邮购：(010)88540776

发行传真：(010)88540755　　发行业务：(010)88540717

普通高等院校机械工程学科“十三五”规划教材
编委会名单

序

国防工业出版社组织编写的"普通高等院校机械工程学科'十三五'规划教材"即将出版,欣然为之作"序"。

随着国民经济和社会的发展,我国高等教育已形成大众化教育的大好形势,为适应建设创新型国家的重大需求,迫切要求培养高素质专门人才和创新人才,学校必须在教育观念、教学思想等方面做出迅速的反应,进行深入教学改革,而教学改革的主要内容之一是课程的改革与建设,其中包括教材的改革与建设,课程的改革与建设应体现、固化在教材之中。

教材是教学不可缺少的重要组成部分,教材的水平将直接影响教学质量,特别是对学生创新能力的培养。作为机械工程学科的教材,不能只是传授基本理论知识,更应该是既强调理论,又重在实践,突出的要理论与实践结合,培养学生解决实际问题的能力和创新能力。在新的深入教学改革、新课程体系的建立及课程内容的发展过程中,建设这样一套新型教材的任务已经迫切地摆在我们面前。

国防工业出版社组织有关院校主持编写的这套"普通高等院校机械工程学科'十三五'规划教材",可谓正得其时。此套教材的特点是以编写"有利于提高学生创新能力培养和知识水平"为宗旨,选题论证严谨、科学,以体现先进性、创新性、实用性,注重学生能力培养为原则,以编出特色教材、精品教材为指导思想,注意教材的立体化建设,在教材的体系上下功夫。编写过程中,每部教材都经过主编和参编辛勤认真的编写和主审专家的严格把关,使本套教材既继承老教材的特点,又适应新形势下教改的要求,保证了教材的系统性和精品化,体现了创新教育、能力教育、素质教育教学理念,有效激发学生自主学习能力,提高学生的综合素质和创新能力,为培养出符合社会需要的优秀人才服务。丛书的出版对高校的教材建设、特别是精品课程及其教材的建设起到了推动作用。

衷心祝贺国防工业出版社和所有参编人员为我国高等教育提供了这样一套有水平、有特色、高质量的机械工程学科规划教材,并希望编写者和出版者在与使用者的沟通过程中,认真听取他们的宝贵意见,不断提高该套规划教材的水平!

中国工程院院士

2015 年 6 月

前言

本书是根据教育部机械基础课程教学指导分委员会制定的“机械原理教学基本要求”和“机械原理课程教学改革建议”的精神，为培养普通应用型大学机械类、近机类宽口径专业学生的综合设计能力和创新能力，以适应当前教学改革的需要，结合近年来一线教师的教学实践经验和研究生入学考试内容需要而编写的。

编写过程中，参阅了大量同类教材、相关技术标准和文献，同时注意取材的先进性与实用性，以及现代内容与传统内容的相互渗透与融合，注重培养学生的创新意识与工程实践能力，将CAD技术应用到机构图解法设计和分析中。

本书大致按64学时编写，教师可根据具体情况和不同的专业要求，对教材内容进行取舍，书中加＊号的部分即为选讲选学内容。而第13章机械系统运动方案设计，最好结合机械原理的课程设计一同进行，以期收到较好的教学效果。

参加本书编写的有高慧琴、王秀玲、刘毅、冯运、张君彩及河南理工大学薛铜龙、贾智宏，全书由高慧琴教授统稿。

本书由任家骏教授精心审阅，提出了不少宝贵的意见，特致以衷心感谢。

由于编者水平有限，难免有漏误及不当之处，敬请各位机械原理教师及广大读者批评指正。

编者

2016年11月

目 录

第1章 绪 论

1.1 机械原理课程的研究对象

机械原理是机器和机构理论的简称，其研究对象是机械（机器和机构），研究内容是有关机械的基本理论问题。

人们在日常生活和生产过程中，广泛使用着各种各样的机器，以便减轻体力劳动和提高工作效率，在某些人类难以适应的场合，更是必须借助机器来进行工作。机器的种类繁多，它们的构造、用途和性能也各不相同。

图1-1(a)所示为一台单缸内燃机，燃气通过进气阀10被吸入汽缸9后，进气阀关闭，点火，使燃气在汽缸中燃烧产生压力，推动活塞8下行，通过连杆3使曲轴4转动，向外输出机械能。

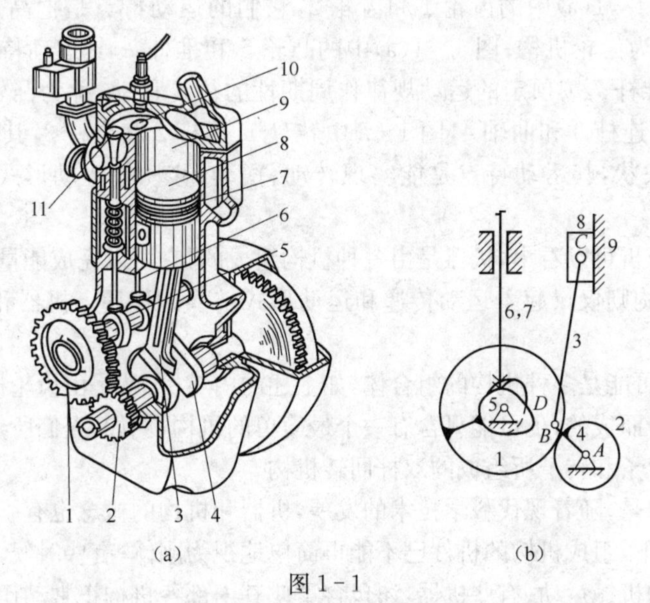

图1-1

图1-2所示为用于活塞销尺寸自动分选机的上料机构。当盘1转动时，连杆2带动推杆3左移。并将活塞销推到检测位置，传感器5可检测到活塞销尺寸的变化。若盘1继续转动，推杆3退回起始位置并开始下一个工作循环。

从以上两个实例以及日常生活中所接触过的其他机器可以看出，虽然各种机器的构造、用途和性能各不相同，但是从它们的组成、运动确定性以及功、能关系来看，却都具有以下共同的特征：

(1) 它们都是人为的实物（机件）组合体。

(2) 各实物（机件）之间具有确定的相对运动。

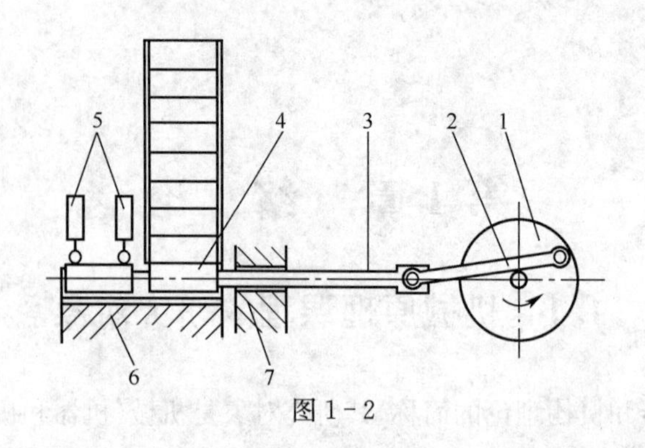

图 1-2

(3) 能够完成有效的机械功、机械能转换或传递信息(现代机器)。

可以说,机器是能够执行预期机械运动的一种装置,可用来完成有效机械功,转换或传递能量(和信息)。

进一步分析以上两种机器,可以看出,在机器的各种运动中,有些是传递回转运动的;有些是把转动变为往复移动的;有些则是利用机件的轮廓曲线实现预定规律的移动或摆动。因此人们常根据实现这些运动形式的机件外形特点,把相应的一些机件的组合称为机构。例如,图 1-1(a)中的齿轮 1 和齿轮 2,它们的运动特点是把高速转动变为低速转动或反之,称为齿轮机构;图 1-1(a)中的凸轮 5 和推杆 7,其运动特点是利用凸轮 5 的轮廓曲线使推杆 7 按预定的运动规律作周期性的往复移动,称为凸轮机构。图 1-1(a)中的齿轮 2、连杆 3 和曲轴 4,图 1-2 中转盘 1、连杆 2 和推杆 3,其主要构件的基本形状是杆状或块状,其运动特点是能实现转动、摆动、移动等运动形式的相互转换,称为连杆机构。

通过以上分析可以看出,机器是由各种机构组成的,它可以完成能量的转换或做有用的机械功;而机构则仅仅起着运动传递和运动形式转换的作用。机器和机构统称为“机械”。

一部机器,可能是多种机构的组合体,如上述的内燃机,就是由齿轮机构、凸轮机构和连杆机构等组合而成的;也可能只含有一个最简单的机构,例如,人们所熟悉的电动机,就只含有一个由定子和转子所组成的双杆回转机构。

需要指出的是,随着现代科学技术的发展,机器和机构的概念也有了相应的扩展。例如,在某些情况下,组成机构的机件已不能再简单地视为刚体;有些时候,气体和液体也参与了实现预期的机械运动;有些机器,还包含了使其内部各机构正常动作的控制系统和信息处理与传递系统等;在某些方面,机器不仅可以代替人的体力劳动,而且还可以代替人的脑力劳动(如智能机器人)。

机械一般由以下几部分组成:

(1) 原动部分　它是机械动力的来源。常用的原动机有电动机、内燃机、液压缸或气动缸等。

(2) 执行部分　用来完成预期的机械动作。其结构形式完全取决于机器的用途。

(3) 传动部分　把原动机的运动和动力传递给执行部分。

(4) 控制部分　控制机器实现或终止各种预定的功能。

1.2　机械原理课程的研究内容

机械原理课程研究的内容主要包括以下几个方面：

1. 机构结构分析的基本知识

在介绍有关构件、运动副、运动链等组成机构的基本要素基础上，研究机构简图的绘制方法及机构具有确定运动的条件；提出杆组的概念，并据此研究机构的组成原理和结构分类。

2. 常用机构的分析与设计

对常用机构（连杆机构、凸轮机构、齿轮机构、间歇运动机构等）的运动及工作特性进行分析，并研究其设计方法。

3. 机构的运动分析

介绍对机构进行运动分析的基本原理和方法。

4. 机器动力学

分析机器在运转过程中其各构件的受力情况以及这些力的作功情况；研究机器在已知外力作用下的运动、机器速度波动的调节和不平衡惯性力的平衡问题。

5. 机械系统的方案设计

讨论在进行具体机械设计时机构的选型、组合、变异及机械系统的方案设计等问题，以便对这方面的问题有一个概略的了解，并初步具有拟定机械系统方案的能力。

1.3　学习本课程的目的和方法

由于机器的种类极其繁多，因此在教学计划中，按各种专业设置了相应的专业课程，针对有关专业机器的专门问题进行讲述；对于各种专业机器所共有的一些问题，由机械原理、机械设计等几门技术基础课程来讨论。

机械原理课程以高等数学、普通物理、理论力学和机械制图等课程为基础，而它本身则又为以后学习机械设计和有关的专业课程打下理论基础。因此，机械原理是一门机械类各个专业必修的主干技术基础课程，它起着承前启后的桥梁作用。此外，本课程中有些内容也可以直接应用于生产实践。所以学习本课程的目的就是为今后学好机械类有关专业课打好理论基础，为机械新产品的创新设计以及现有机械的合理使用和改进打下良好基础。

在学习过程中，同学们要着重搞清楚课程中的基本概念，理解基本原理，掌握机构设计与分析的基本方法；在学习知识的同时，注重能力的培养，利用自己的能力去获取新的知识；还要注意理论联系实际，培养自己运用所学的基本理论和方法去发现、分析和解决工程实际问题的能力。此外，工程问题都是涉及多方面因素的综合问题，因此要养成综合分析、全面考虑问题的习惯。

1.4　机械原理学科发展现状

机械原理学科是机械科学与工程的理论基础。现代机械技术的发展需要机械原理学科的理论支持，同时航空航天技术、核技术、机器人技术及微机械电子技术等高新科学技术的兴起和发展以及计算机的普遍应用，极大地促进了机械原理学科的发展，创立了不少新的理论和研究方法，开拓了一些新的研究领域。

在机构结构理论方面，用拆副、拆杆、甚至拆运动链的方法将复杂杆组转化为简单杆组，以简化机构的运动分析和力分析；对多杆机构和空间机构结构分析与综合的研究也有不少的进展，特别是针对机器人、步行机、人工假肢和仿生机械的需要，机构结构理论与方法的研究不断获得新成果。

在连杆机构方面，重视对空间连杆机构、多杆多自由度机构、连杆机构的弹性动力学和连杆机构的动力平衡的研究；在齿轮机构方面，发展了齿轮啮合原理，提出了许多性能优异的新型齿廓曲线和新型传动，加快了对高速齿轮、精密齿轮、微型齿轮的研制；在凸轮机构方面，重视对高速凸轮机构的研究，在凸轮机构从动件运动规律的开发、选择和组合上作了很多工作。此外，还发展了具有优良综合性能的组合机构以及各种机构的变异和组合等。

随着微电子技术、仿生技术的应用并向相关技术领域扩展，微机构、仿生机构的理论研究不断取得新的进展；随着机器向高速、重载、高精度、高效率、低噪声方向发展，研究机构的分析与设计方法所考虑的问题日益复杂，即要综合考虑质量分布、弹性变形、运动副间隙、制造误差、阻尼、不平衡、外界干扰的频率、表面润滑等多方面的因素，建立更符合实际情况的数学模型和更精确的分析、设计方法。

在机构设计与分析方面，扩大了计算机的应用，开展了辅助分析方法的研究，并且已经研制了一些便于应用的软件，此外，也已涉及Ⅲ级以上的平面机构及空间机构的运动分析及力分析问题。

在机械的分析和综合中日益广泛地应用了计算机，发展并推广了计算机辅助设计、优化设计、考虑误差的概率设计，提出了多种便于对机械进行分析和综合的数学工具，编制了许多大型通用或专用的计算程序。并将 AutoCAD 等绘图软件应用到机构设计与分析的图解法中。此外，随着现代科学技术的发展，测试手段的不断完善，也加强了对机械的实验研究。

总之，作为机械原理学科，其研究领域十分广阔，内涵非常丰富。在机械原理的各个领域，每年都有大量的内容新颖的文献资料涌现。因而，机械原理学科正处于蓬勃发展的时期，它在科学技术、国民经济发展以及人民生活中的作用越来越大。

第2章　机构的结构分析

2.1　机构结构分析的内容及目的

机构结构分析研究的主要内容及目的：

1. 机构的组成及机构运动简图的绘制方法

介绍有关构件、运动副、运动链等组成机构的基本要素，研究如何用简单的线条和符号把机构的结构状况表示出来，即如何绘制机构运动简图。

2. 机构具有确定运动的条件

在设计新机构时，首先应判断所设计的机构能否运动；如果能够运动，那么在什么条件下运动才会确定，即研究机构运动的可能性和确定性。

3. 机构的组成原理及结构分类

提出基本杆组的概念，研究机构的组成原理并进行结构分类，为系统地进行机构的性能分析及机构运动方案的创新设计奠定基础。

2.2　机构的组成

2.2.1　构件

前面提到的"运动实体""机件"，是指机构运动时作为一个整体参与运动的单元体，称为构件。一个构件，可以是不能拆开的单一整体，但常见的构件，是由若干个分别加工制造的零件装配起来的刚性体。如图2-1所示的连杆就是由连杆体1、连杆头2、轴瓦3、螺栓4、螺母5和轴套6等零件装配成的运动整体，称为一个构件。可以说构件是运动的单元，零件是制造的单元。本课程以构件作为研究的基本对象。

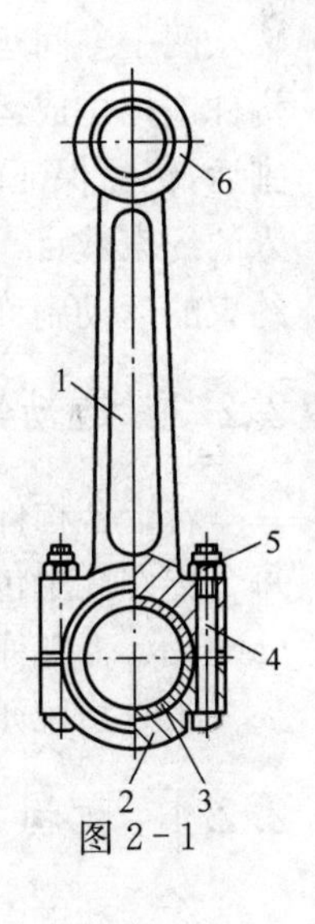

图2-1

2.2.2　运动副

当构件组成机构时，需要以一定的方式相互连接，并且这种连接是可动的。通常把两个构件直接接触并能产生相对运动的连接称为运动副。如图2-2所示的轴颈与轴承的配合、滑块与导槽的接触、齿轮的啮合等都构成了运动副。构件之间的接触不外乎点、线、面三种形式，例如相互啮合的轮齿之间为点或线接触；而轴颈与轴承、滑块与导槽之间则为面接触。这些参与接触而构成运动副的点、线、面称为运动副元素。

按照构成运动副两构件之间的相对运动是平面运动还是空间运动，可以把运动副分为平面运动副和空间运动副。

按照机构的运动范围，可将机构分为平面机构和空间机构。所有构件都只能在一个平面或相互平行的平面上运动的机构称为平面机构；至少有两个构件能在三维空间中相对运动的机构称为空间机构。常用的机构大多数为平面机构。

按照构成运动副两构件的接触情况，又把运动副分为高副和低副。两构件以点或线接触而形成的运动副称为高副(承载后，其接触部分的压强较高)，如图 2-2(c)所示；面接触的运动副称为低副，如图 2-2 (a)、(b)所示。

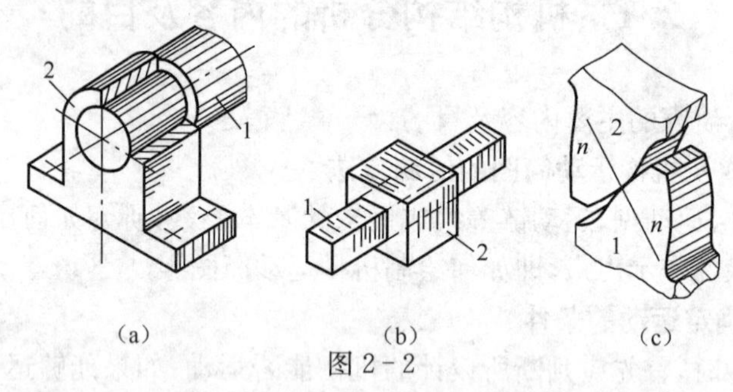

图 2-2

没有任何连接的两个平面构件有三个相对自由度，即两个移动自由度、一个转动自由度。很显然，运动副的作用是限制两构件之间的相对运动(自由度)，这种限制称为约束。

图 2-2 (a) 所示的运动副，两构件只能相对转动，两个移动的自由度被限制了，称为转动副。图 2-2 (b) 表示构件 1 可以沿构件 2 纵向移动，而另一个移动和转动的自由度被限制了，称为移动副。图 2-2 (c) 所示的平面高副，两构件可以相对转动和沿切线方向移动，而沿公法线 $n-n$ 方向移动的自由度被限制了。可见，一个低副引入两个约束，一个高副引入一个约束。

两个空间运动的自由构件，有六个独立的相对运动(三个移动和三个转动)，如果将两构件连接构成运动副，将限制它们之间的相对运动，即引入约束。又因为两构件构成运动副后，仍需保证能产生一定的相对运动，故运动副引入的约束数目不能超过五个。根据引入的约束数目，又可以把运动副分为Ⅴ级：引入一个约束的运动副称为Ⅰ级副，引入两个约束的运动副称为Ⅱ级副，依此类推，有Ⅲ级副、Ⅳ级副和Ⅴ级副。如表 2-1 所列。

2.2.3 运动链

若干个构件通过运动副连接而构成的系统(构件组)称为运动链。如果组成运动链的每个构件至少包含两个运动副而形成封闭系统，称为闭式运动链，简称闭链，如图 2-3(a)所示，否则称为开链，如图 2-3(b)所示。

闭链系统便于控制，应用广泛；开链系统主要用于机械手、挖掘机等多自由度机构中。

2.2.4 机构

在运动链中，如果将某一构件加以固定或相对固定(成为机架)，则这个运动链称为机构。一般情况下机架相对于地面是固定不动的，但如果机构是装在运动物体(如车、船、飞机等)上时，则机架相对于地面可能是运动的。机构中按给定运动规律独立运动的构件称为原动件，亦称主动件，其余活动构件称为从动件，从动件的运动规律取决于原动件的运

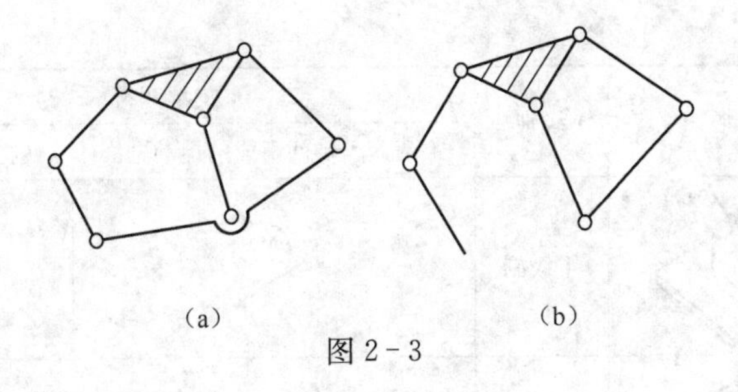

图 2-3

动规律和机构的结构及运动尺寸。

2.3 平面机构的运动简图

实际机构的外形往往比较复杂，在进行新机器的方案设计或对现有机器进行分析时，都需要用一种表示机构的简明图形。由于机构各部分的运动是由其原动件的运动规律、连接各构件的运动副类型和机构的运动尺寸（确定各运动副相对位置的尺寸）来决定的，而与构件及运动副的具体结构、外形（高副机构的运动副元素除外）、断面尺寸、组成构件的零件数目及固联方式等无关，因此可用国标规定的简单符号和线条代表运动副和构件，并按一定的比例尺表示机构的运动尺寸，绘制出表示机构运动传递情况的简明图形，这种图形称为机构运动简图。机构运动简图所要表示的主要内容为运动副的类型和数目、构件的数目、运动尺寸、机构的类型等。

2.3.1 运动副的表示方法

机构运动简图中，运动副常用简单的图形符号来表示（已有国家标准 GB 4460/T1984）。表 2-1 为常用运动副的类型及其代表符号。

表 2-1 常用运动副的型式及符号

名称		图形	级别	符号	
				两运动构件组成的运动副	两构件之一固定时的运动副
平面运动副	转动副		Ⅴ级副	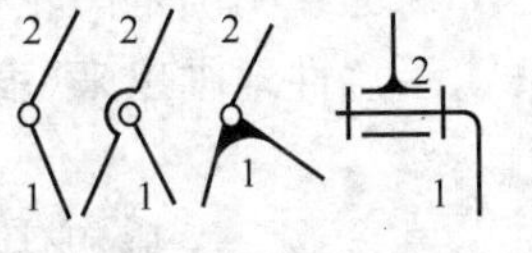	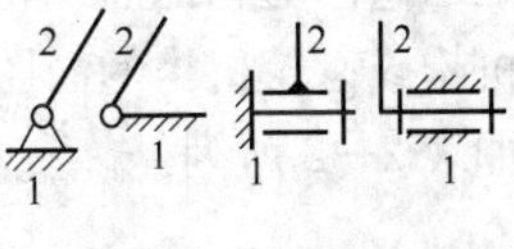
	移动副	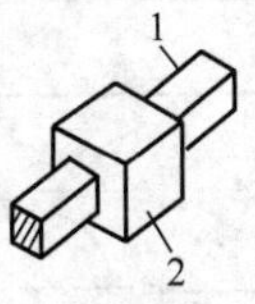	Ⅴ级副	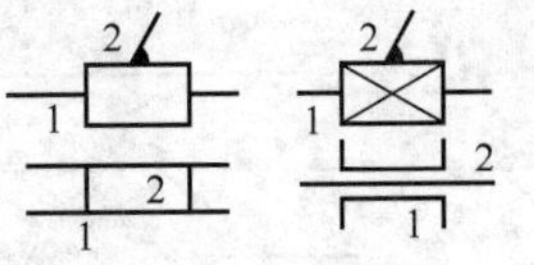	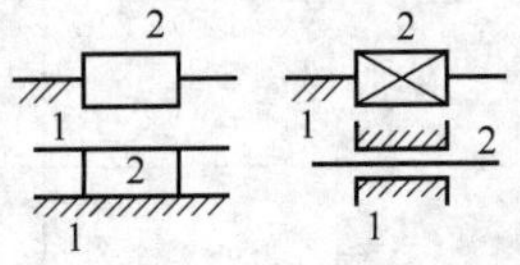
	平面高副	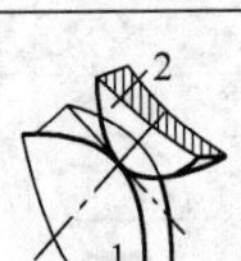	Ⅳ级副	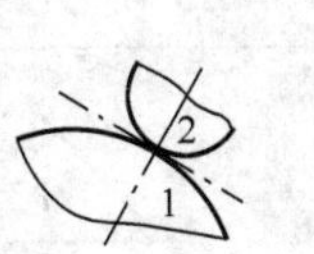	

（续）

名称		图形	级别	符号	
				两运动构件组成的运动副	两构件之一固定时的运动副
空间运动副	点高副	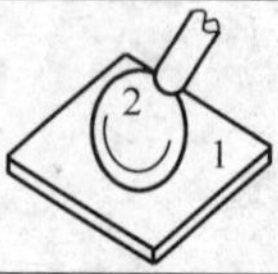	Ⅰ级副		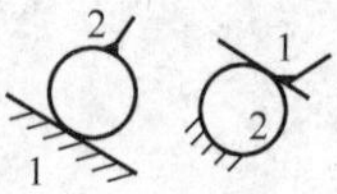
	线高副	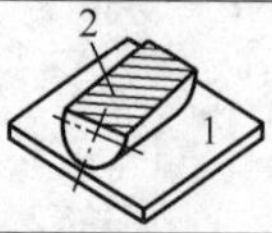	Ⅱ级副	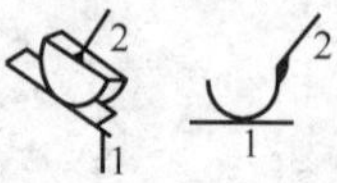	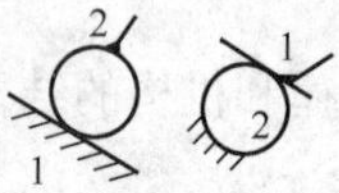
	球面副		Ⅲ级副		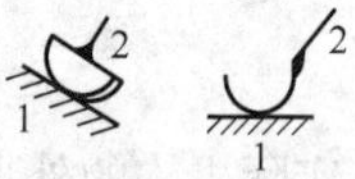
	球销副		Ⅳ级副	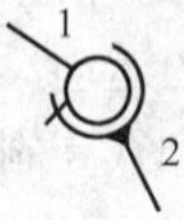	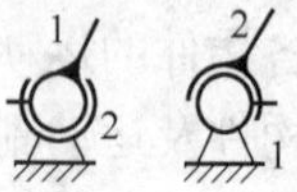
	圆柱副	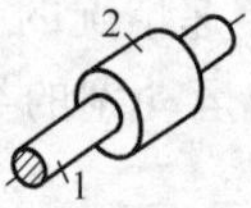	Ⅳ级副	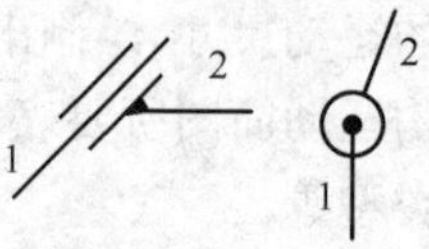	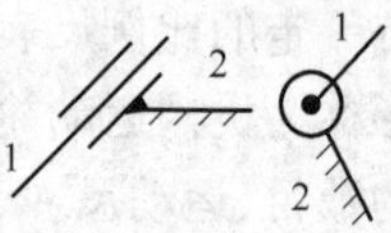
	螺旋副	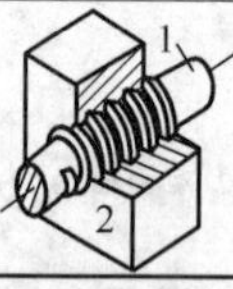	Ⅴ级副	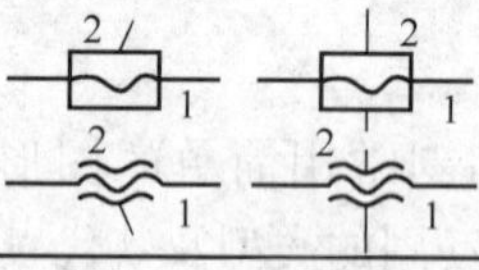	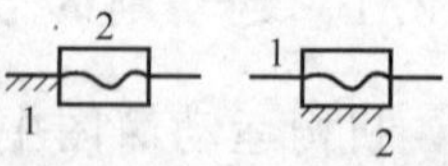

转动副都用小圆圈表示，移动副要把移动方向表达清楚，如果两构件之一是固定件（机架），则把固定件画上斜线。

当两构件组成高副时，在传动示意图或方案讨论用的运动简图中，可在两构件的接触处示意性地画出曲线轮廓，如果已经明确是凸轮机构或齿轮机构的高副，则可直接按凸轮机构或齿轮机构的简图形式，示意性地画出来（表明它是哪种凸轮机构或齿轮机构即可），如表2-2所列。

表2-2　一般构件的表示方法

杆、轴类零件	
固定构件	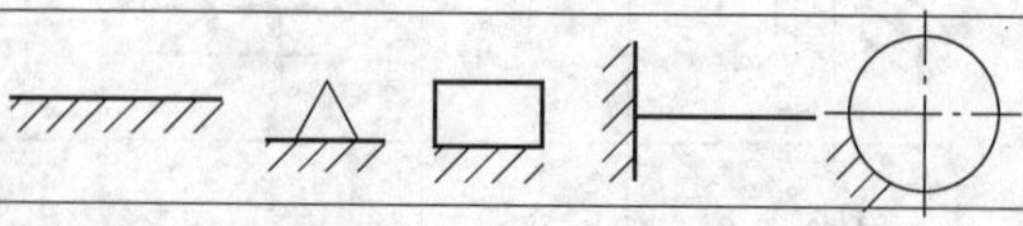
同一构件	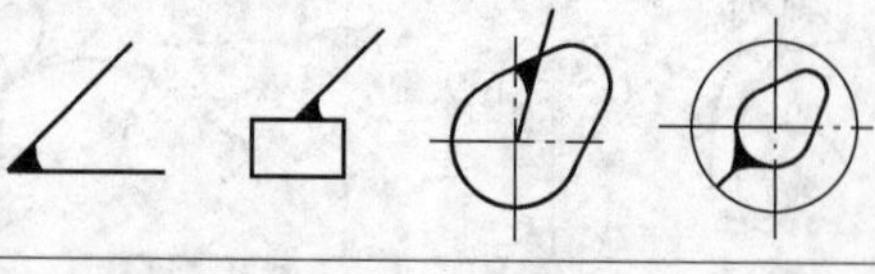

（续）

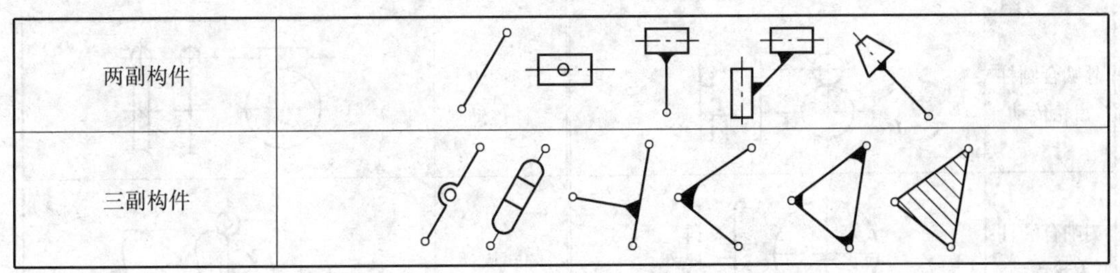

2.3.2 构件的表示方法

构件的相对运动是由运动副决定的，因此，在表达机构运动简图中的构件时。只需将构件上的所有运动副元素按照它们在构件上的位置用符号表示出来，再用简单线条将它们连成一体，表 2-2 所列为一般构件的表示方法。例如具有两个运动副元素的构件，可以用一根直线连接两个运动副。为了准确地反映构件间原有的相对运动，表示转动副的小圆，其圆心必须与相对回转轴线重合；表示移动副的滑块、导杆或导槽，其导路必须与相对移动的方向一致；表示平面高副的曲线，其曲率中心的位置必须与构件实际轮廓曲率中心的位置一致。

同理，具有三个运动副元素的构件可用三条直线连接三个运动副元素组成的三角形来表示。为了说明这三个运动副元素是在同一构件之上，应将每两条直线相交的部位涂上焊缝记号或在三角形中间画上斜线。

依此类推，具有 n 个运动副元素的构件可以用 n 边形表示。

2.3.3 机构运动简图的绘制

绘制机构运动简图时，首先要搞清楚所要绘制机械的结构和动作原理，然后从原动件开始，按照运动传递的顺序，仔细分析各构件相对运动的性质，确定运动副的类型和数目；在此基础上合理选择视图平面，通常选择与大多数构件的运动平面相平行的平面为视图平面；选取适当的长度比例尺（μ_l＝实际尺寸(m)/图上长度(mm)），按一定的顺序进行绘图，并将比例尺标注在图上。

机构运动简图必须与原机构具有完全相同的运动特性，可以根据该图对机构进行运动分析和力分析。

如果只是为了表明机构的结构状况，也可以不按严格的比例来绘图简图，这种简图称为机构示意图。

在机构运动简图中，某些构件有它们专门的习惯表示方法，如表 2-3 所列。

表 2-3　常用机构运动简图符号

名称	符号	名称	符号
在支架上的电动机	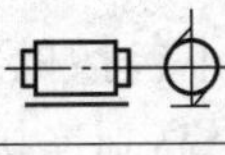	链传动	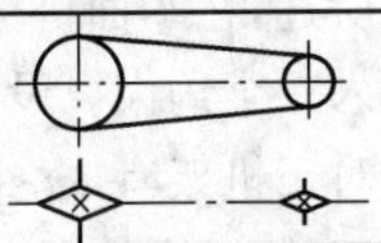
带传动	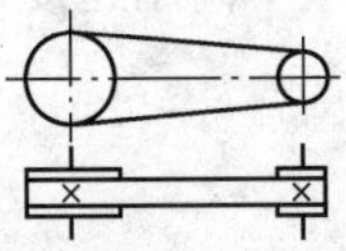	摩擦轮传动	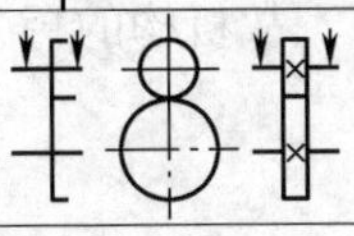

（续）

外啮合圆柱齿轮传动	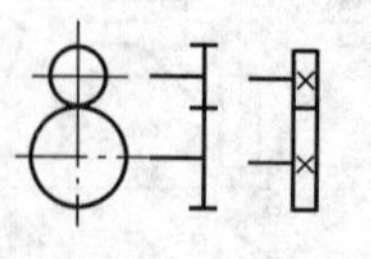	圆柱蜗杆传动	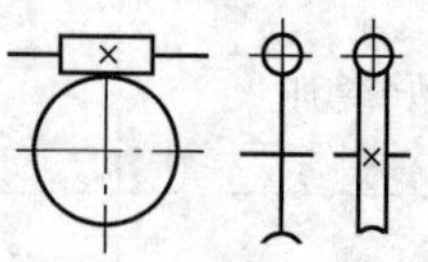
内啮合圆柱齿轮传动	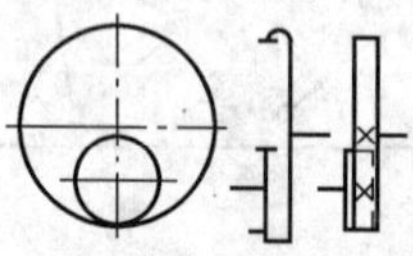	凸轮传动	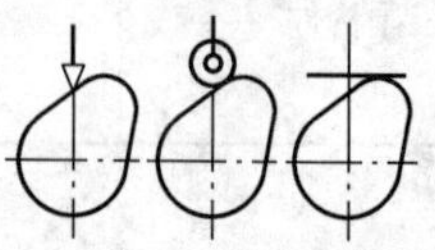
齿轮齿条传动	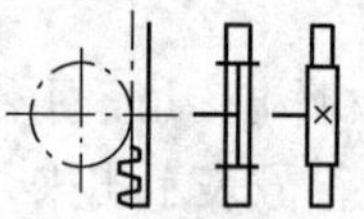	槽轮机构	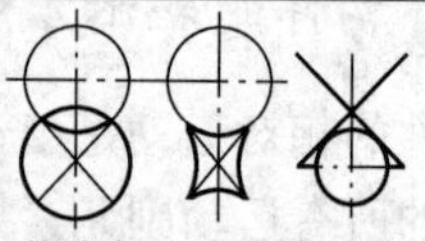 外啮合　内啮合
圆锥齿轮传动	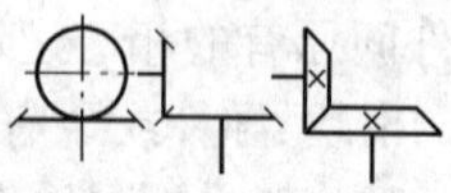	棘轮机构	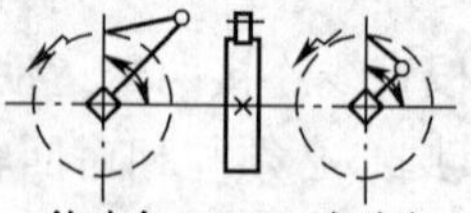 外啮合　内啮合

例 2-1　试绘制图 1—1(a)所示内燃机的机构运动简图。

如前所述，内燃机的主体机构是由汽缸 9、活塞 8、连杆 3 和曲轴 4 所组成的曲柄滑块机构。此外，还有齿轮机构、凸轮机构等。

在燃气的压力作用下，活塞 8 首先运动，然后通过连杆 3 使曲轴 4 输出回转运动；而为了控制进气和排气，由固装于曲轴 4 上的小齿轮 2 带动固装于凸轮轴上的大齿轮 1 使凸轮轴回转，再由凸轮轴上的两个凸轮，分别推动推杆 6 及 7 以控制进气阀 10 和排气阀 11。

把该内燃机的构造情况搞清楚以后，再选定投影面和比例尺，绘出其机构运动简图，如图 1—1(b)所示。

2.4　机构具有确定运动的条件

2.4.1　平面机构自由度的计算

确定机构中各构件相对于机架位置所需要的独立运动（参变量）的数目称为机构的自由度。它取决于机构中活动构件的数目和运动副的类型及数目。

如前所述，在平面机构中，每个自由构件具有三个自由度，每个低副引入两个约束，每个高副引入一个约束。设一平面机构中有 n 个活动构件（不包括机架），在未用运动副连接之前相对于机架有 $3n$ 个自由度，当用 p_L 个低副和 p_H 个高副连接之后，便引入 $2p_L+p_H$ 个约束。故机构的自由度为

$$F=3n-2p_L-p_H \tag{2-1}$$

2.4.2 平面机构具有确定运动的条件

判断所设计的机构是否具有确定的相对运动，是评价设计方案可行性的关键。下面讨论机构在什么条件下才能实现确定的相对运动。

图 2-4 所示为四个构件组成的机构，构件 1 为机架。则 $n=3$，$p_L=4$，$p_H=0$，由式(2-1)得

$$F=3\times 3-2\times 4-0=1$$

该机构的自由度等于 1，若给定一个独立的运动参数，如构件 1 的角位移规律为 $\varphi_1(t)$，则不难看出，此时构件 2、3 的运动便都完全确定了。如果让自由度等于 1 的机构具有两个原动件(构件 1 和 3)，则构件 3 处于随原动件 1 确定的位置，又允许其可自由运动，这两种相互矛盾的要求是不可能同时满足的。如强迫两个原动件按照各自规律运动，则机构中较薄弱的构件必将损坏。

可见自由度等于 1 的机构，给定一个原动件，运动便能确定。

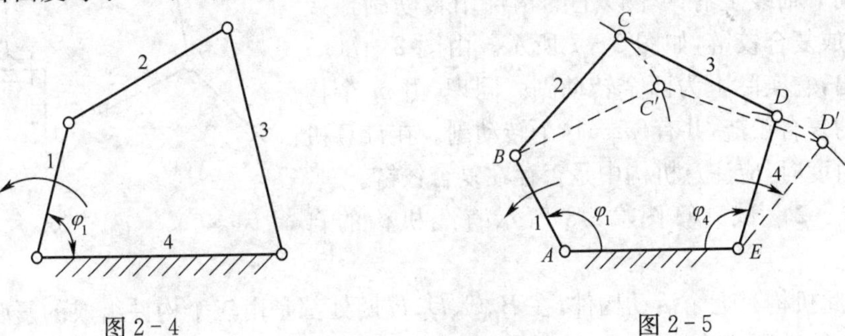

图 2-4　　图 2-5

图 2-5 所示为五个构件组成的机构；$n=4$，$p_L=5$，$p_H=0$，由式(2-1)得

$$F=3\times 4-2\times 5-0=2$$

该机构的自由度为 2，若也只给定一个独立的运动参数，如构件 1 的角位移规律为 $\varphi_1(t)$，此时构件 2、3、4 的运动并不能确定。例如，当构件 1 占有位置 AB 时，构件 2、3、4 可以占有位置 $BCDE$，也可以占有位置 $B'C'D'E'$ 或其他位置。若再给定另一个独立的运动参数，如构件 4 的角位移规律为 $\varphi_4(t)$，则不难看出，此机构中各构件的运动便完全确定了。

可见自由度等于 2 的机构，给定两个原动件，运动才能确定。

对于图 2-6(a)、(b)所示的机构，由式(2-1)不难得出 $F=0$，说明它们是不能产生相对运动的刚性桁架。

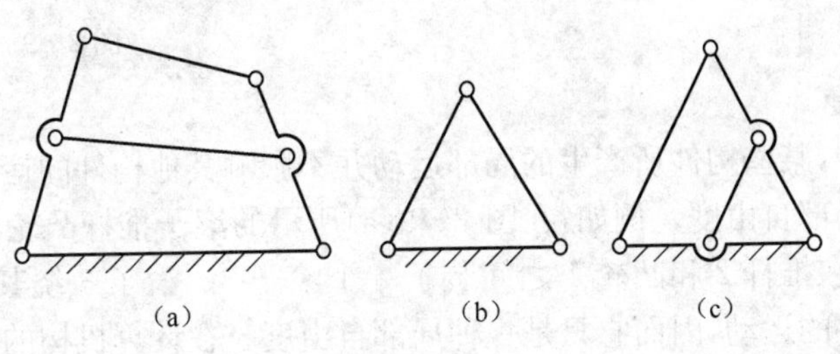

图 2-6

图 2-6(c)所示的机构,$F=-1$,此时 $F<0$,说明它所受的约束过多,已成为超静定桁架。

综上可知,机构的自由度、原动件数目与机构运动有着密切的关系:①当 $F\leqslant 0$ 时,构件间不可能产生相对运动。②当 $F>0$ 时,原动件数大于机构自由度,薄弱构件会遭到损坏;原动件数小于机构自由度,运动不确定;只有当原动件数等于自由度时,才具有确定的运动。

所以,机构具有确定运动的条件是:原动件数=机构的自由度数。

2.4.3 计算机构自由度时应注意的事项

在计算平面机构自由度时,尚需注意下述一些特殊问题。

1. 复合铰链

在同一轴线上有两个以上的构件用转动副连接时,则形成复合铰链,如图 2-7 所示。由图 2-7(b)可以看出,它实际上为两个转动副。同理,由 m 个构件组成的复合铰链,共有$(m-1)$个转动副。在计算机构的自由度时,应注意机构中是否存在复合铰链。

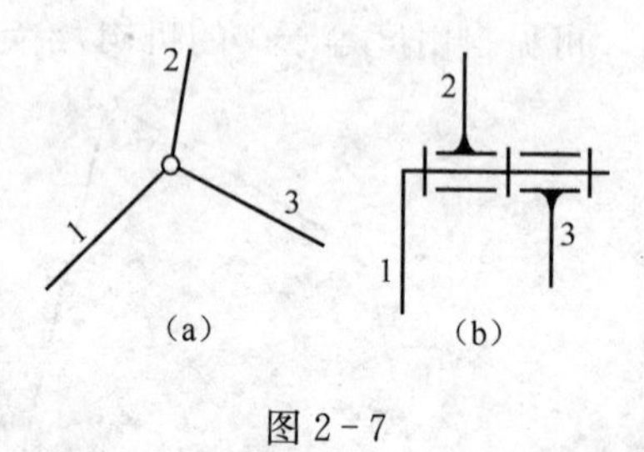

图 2-7

例 2-2 试计算图 2-8 所示直线机构的自由度。

解:此机构有七个活动构件,在 B、C、D、F 四处都是由三个构件组成的复合铰链,各具有两个转动副。故其 $n=7$,$p_L=10$,$p_H=0$,由式(2-1)得

$$F=3\times 7-2\times 10-0=1$$

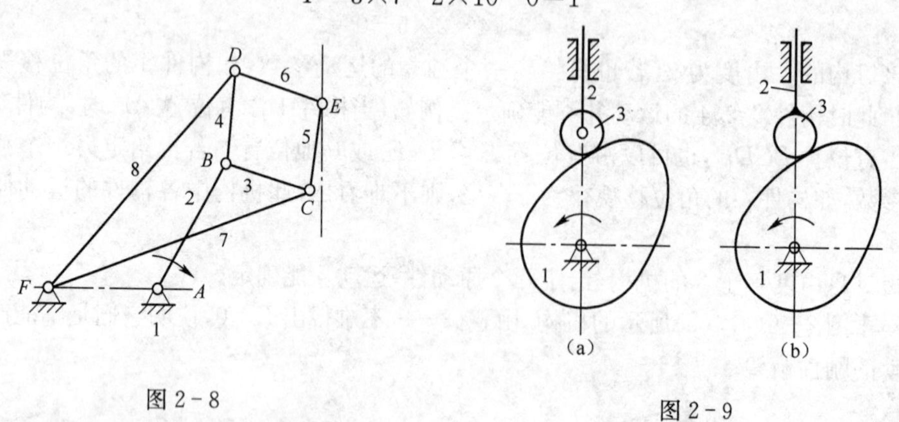

图 2-8　　图 2-9

2. 局部自由度

在有些机构中,某些构件所产生的局部运动并不影响其他构件的运动,则称这种局部运动的自由度为局部自由度。例如,在图 2-9(a)所示的滚子推杆凸轮机构中,为了减少高副元素的磨损,在推杆 2 和凸轮 1 之间装了一个滚子 3。滚子 3 绕其自身轴线的转动并不影响其他构件的运动,因而它只是一种局部自由度。在计算机构的自由度时,应从机构自由度的计算公式中将局部自由度减去,即

$$F=3n-2p_L-p_H-\text{局部自由度数}=3\times 3-2\times 3-1=1$$

既然滚子 3 绕其自身轴线的转动并不影响从动件推杆 2 的运动，那么，可设想把滚子 3 与推杆 2 固结为一体，视为一个构件，如图 2-9(b)所示，预先排除局部自由度，然后仍按式(2-1)计算自由度。即

$$F=3\times2-2\times2-1=1$$

3. 虚约束

在机构中，有些运动副的约束可能与其他运动副的约束重复，因而把这类不起实际约束效果的约束称为虚约束。在计算机构的自由度时，应从约束数中减去虚约束数。

在实际工程中，往往为了改善机构或构件的受力情况或为了满足其他一些工作需要而采用虚约束。对于平面机构，虚约束常发生在以下场合。

1) 两个构件在多处接触构成运动副

(1) 两构件在多处接触构成转动副且转动轴线重合　如图 2-10(a) 所示回转构件 1 与固定件 2 分别在 A、A' 处构成转动副，其中一处为虚约束，计算自由度时应该去掉虚约束(只算一个转动副)，用式(2-1)计算便得到的结果 $F=1$，与实际情况一致。值得注意的是：如果两处转动副的轴线不重合，如图中虚线所示，则轴 1 将不能转动，此时的转动副提供的约束即为真实约束。

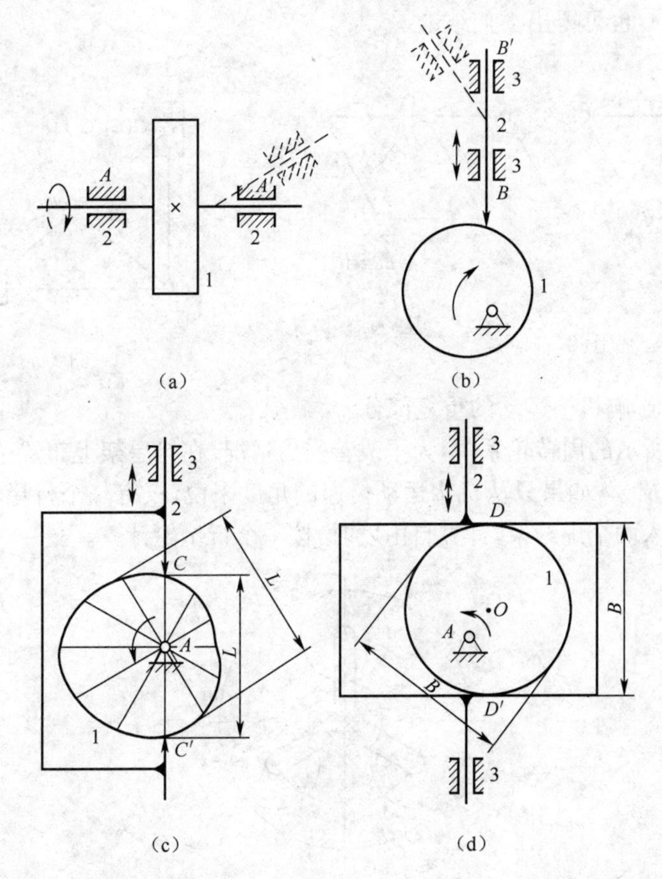

图 2-10

(2) 两构件在多处构成移动副且导路方向相互平行　如图 2-10(b) 所示的凸轮机构，在 B、B' 两处形成移动副。计算自由度时，也只能按一个移动副来计算。同理，两处

移动副的导路方向必须平行，否则如虚线所示，机构将确实不能运动。

(3) 两构件在多处构成平面高副且各接触点之间的距离为常数　如图 2-10(c) 所示的等径凸轮机构和图 2-10(d) 所示的等宽凸轮机构中，从动件 2 与凸轮 1 在两处 C、C'(D、D')接触，使得从动件 2 的上行和下行都能得到凸轮的推动。由于等径凸轮在通过转轴 A 的任何径向距离都等于常数 L，等宽凸轮轮廓在任何方向的宽度都等于常数 B，因此机构能顺利工作。在计算自由度时，也只能按一个高副来计算。同理，如果两高副接触点之间的距离不为常数，高副提供的约束即为真实约束，机构将不能运动。

2) 连接构件与被连接构件上连接点的轨迹重合

如图 2-11(a)所示的平行四边形机构 $ABCD$ 中，为了保证连杆运动的连续性，如图 2-11(b)所示，在机构中增加了一个与构件 AB 平行且等长的构件 5 和两个转动副 E、F，显然这对该机构的运动并不产生任何影响。但如按式(2-1)计算自由度，则 $F=0$，这是因为连接构件 5 与被连接构件 3 在 E 点的轨迹重合(E、F 点之间的距离始终不变)，因而是一个虚约束，计算自由度时，去掉构件 5，仍按图 2-11(a)所示的形式来计算。与此相仿，当构件上某点轨迹为一直线时，若在该点铰接一个滑块并使其导路与该直线重合也引入一个虚约束，如图 2-12 所示，连接构件 3 与被连接构件 2 在 C 点的轨迹重合。若分析连接构件 1 或 4，也可得出类似结论。

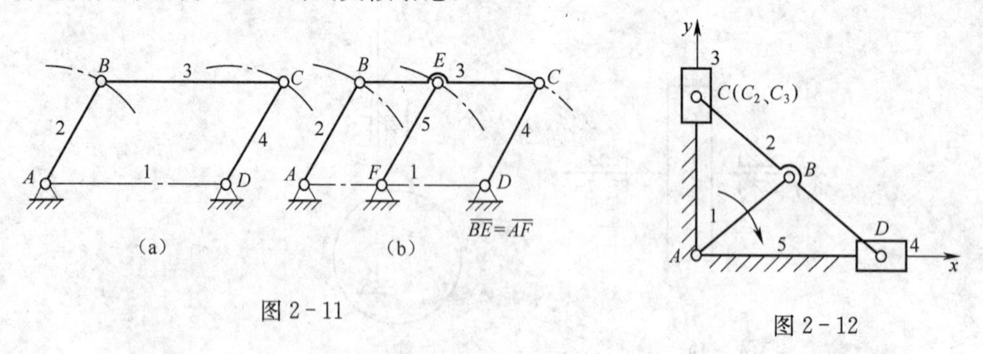

图 2-11

图 2-12

3) 机构中不影响机构运动的重复部分

如图 2-13 所示的周转轮系中，为了改善受力情况，在行星架上布置了完全相同的三个行星齿轮 2、2′及 2″，如果只从机构运动传递的角度来说，仅有一个行星轮就可以了，其余两个行星轮引入两个虚约束，计算自由度时，按一个行星轮计算。

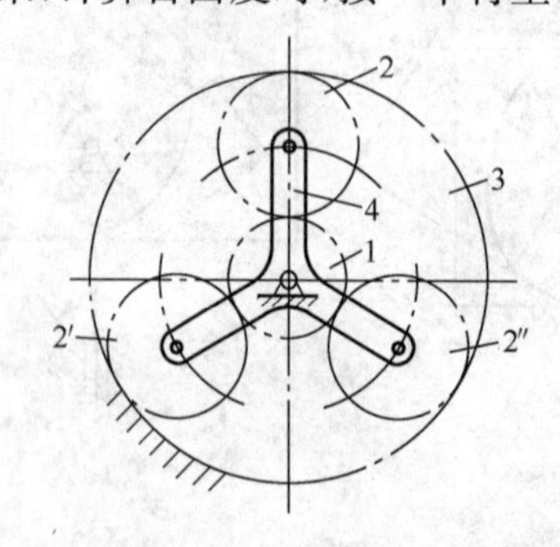

图 2-13

在实际机构中，经常会有虚约束的存在。从机构的运动观点来看，虚约束是多余的；

但从改善某些构件的受力情况、增加机构的刚度而言，则是必要的。

例 2-3 试计算图 2-14(a)所示大筛机构的自由度。

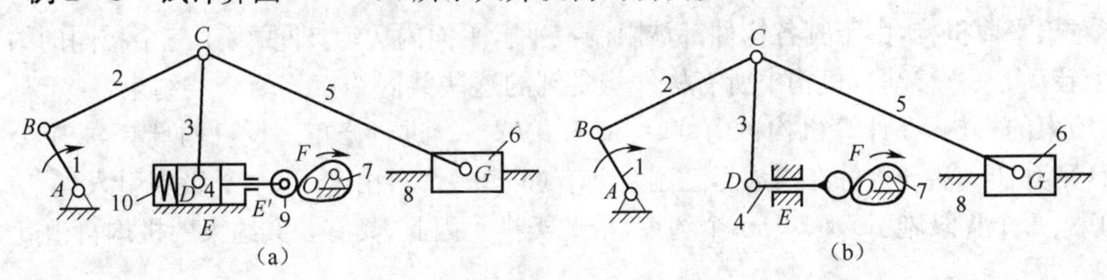

图 2-14

解:在图 2-14(a)中，构件 2、3、5 在 C 处组成复合铰链，包含两个转动副；小滚子 9 为绕自身轴线的转动为局部自由度，可将其与活塞杆 4 视为一体；活塞 4 与缸体 8(机架)在 E 和 E'两处形成导路平行的移动副，其中之一为虚约束除去不计。弹簧 10 不起限制作用，可以略去。将局部自由度、虚约束和弹簧除去之后得到图 2-14(b)所示的运动简图。其中 $n=7, p_L=9, p_H=1$，由式(2-1)可得

$$F=3\times7-2\times9-1=2$$

此机构有两个原动件，与自由度数相等，故从动件具有确定的运动。

*2.4.4 空间机构的自由度计算

由于空间机构中自由构件的自由度为 6，空间运动副从 Ⅰ 级副到 Ⅴ 级副所引入的约束数目分别为 1～5(参考表 2-1)。设一个空间机构共有 n 个活动构件，p_1个 Ⅰ 级副，p_2个 Ⅱ 级副，p_3个 Ⅲ 级副，p_4个 Ⅳ 级副，p_5个 Ⅴ 级副，则空间机构的自由度为

$$F=6n-(p_1+2p_2+3p_3+4p_4+5p_5)=6n-\sum_{i=1}^{n}ip_i \tag{2-2}$$

式中 i 为运动副的级别。

例 2-4 计算图 2-15(a)所示自动驾驶仪装置的空间连杆机构的自由度。

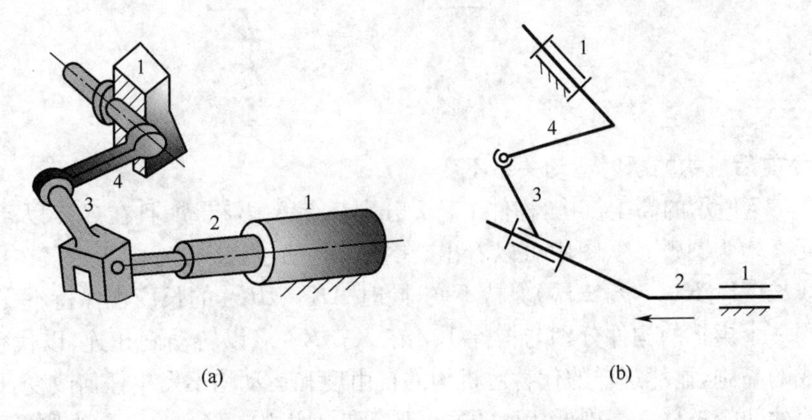

图 2-15

解:此机构的活塞 2 相对固定汽缸 1 运动，通过连杆 3 使摇杆 4 在机架 1 的轴承内摆动。其中构件 1—2 组成圆柱副，构件 2-3、构件 4-1 各组成转动副，构件 3-4 组成球面

副，图 2-15(b)为此空间机构的示意图。因 $n=3$，$p_3=1$，$p_4=1$，$p_5=2$，则由式(2-2)得

$$F=6\times3-(3\times1+4\times1+5\times2)=1$$

对于平面机构，由于其各构件都被限制在平行平面内运动，即受到了三个相同的约束(两个转动、一个移动)，机构中所有构件均受到的这些共同约束称为公共约束，对于具有公共约束的机构，在计算机构自由度时，应对式(2-2)进行修正。设机构具有 m 个公共约束，则其任一活动构件在组成运动副之前有$(6-m)$个自由度，每个Ⅴ级副引入$(5-m)$个约束、每个Ⅳ级副引入$(4-m)$个约束，依此类推。因此，具有公共约束的机构自由度为

$$F=(6-m)n-\sum_{i=m+1}^{5}(i-m)p_i \tag{2-3}$$

公共约束数 m 的值可以是 0、1、2、3、4(当 $m=5$ 时，两构件间已不可能组成任何运动副了)。将 $m=0$ 代入式(2-3)便可得到式(2-2)所示的一般空间机构自由度计算公式；将 $m=3$ 代入式(2-3)便可得到式(2-1)所示的平面机构自由度计算公式。

2.5 平面机构的组成原理和结构分析

2.5.1 平面机构中的高副低代

为了使平面低副机构结构分析和运动分析的方法适用于所有平面机构，可以根据一定的条件将机构中的高副虚拟地以低副代替，这种以低副代替高副的方法称为高副低代。

高副低代必须满足以下条件。

1. 代替前后机构的自由度不变

为了保证代替前后机构自由度完全相同，可以用一个含有两个低副的虚拟构件(图 2-16)来代替一个高副。因为一个高副引入一个约束，而一个构件和两个低副也引入一个约束。

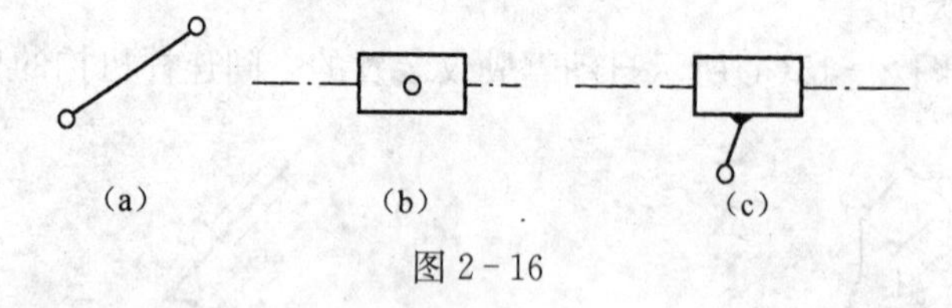

图 2-16

2. 代替前后机构的瞬时运动关系不变

如图 2-17 所示的高副机构，构件 1 和 2 分别绕点 A、B 转动，且在 C 点以高副接触，其运动副元素均为圆弧。从图中可以看出，在机构运动过程中，两高副元素在接触点 C 处的公法线长度$\overline{K_1K_2}(=r_1+r_2)$保持不变，同时 AK_1、BK_2 的长度也保持不变。因此，可以设想用一个虚拟的构件分别与构件 1、2 在 K_1、K_2 点以转动副相连，以代替由该两圆弧所构成的高副，显然这样的代替对机构的自由度和运动均不发生任何改变，即它能满足高副低代的两个条件。高副低代后的这个平面低副机构 AK_1K_2B 称为原平面高副机构的替代机构。

上述代替方法可以推广应用于一般平面高副机构，如图 2-18 所示的非圆曲线轮廓的高副机构，可以找出两高副元素在接触点 C 处的曲率中心 K_1、K_2 点，同样用一个虚拟

的构件分别在 K_1、K_2 点与构件 1、2 以转动副相连，便可得到它的替代机构 $O_1K_1K_2O_2$。由图可见，两曲线轮廓各处的曲率半径 ρ_1 和 ρ_2 不同，当机构运动时，随着接触点的改变，曲率中心 K_1、K_2 相对于构件 1、2 的位置以及 K_1、K_2 间的距离也会随之改变。因此，对于一般的高副机构，在不同的位置有不同的瞬时替代机构。

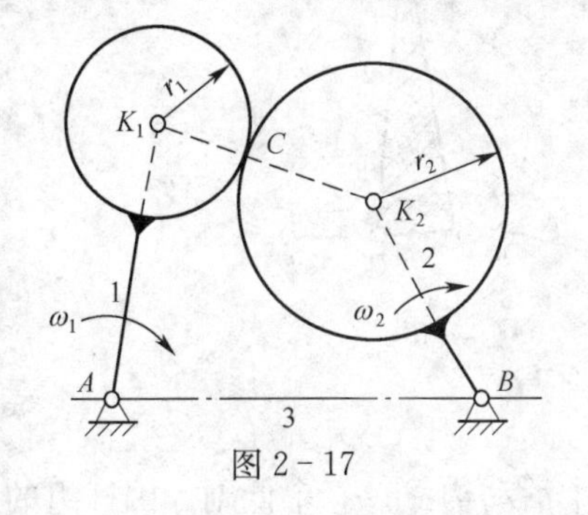

图 2-17

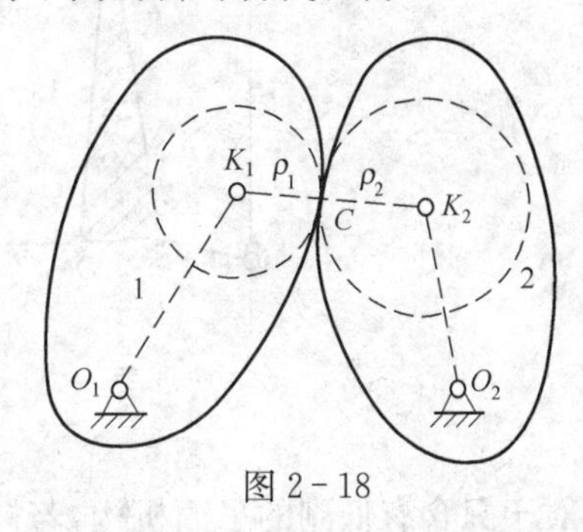

图 2-18

根据上述分析可知，平面机构高副低代的方法是用一个虚拟的双转动副构件来代替一个高副，这两个转动副的中心分别位于两构件高副接触点处的曲率中心。

如果高副元素之一为点，如图 2-19 所示凸轮机构，因为点的曲率半径为零，则该元素的曲率中心 K_2 与接触点 C 重合。所以高副低代时，虚拟构件这一端的转动副就取在接触点。

如果高副元素之一为直线，如图 2-20 所示的另一种凸轮机构，因为直线的曲率中心趋于无穷远处，所以高副低代时虚拟构件这一端的转动副将转化为移动副。

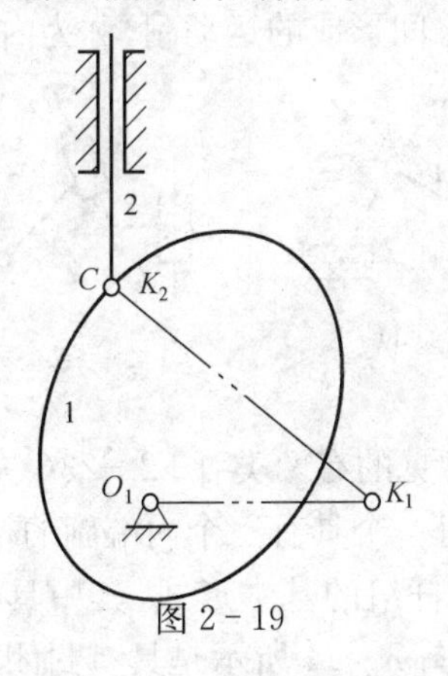

图 2-19

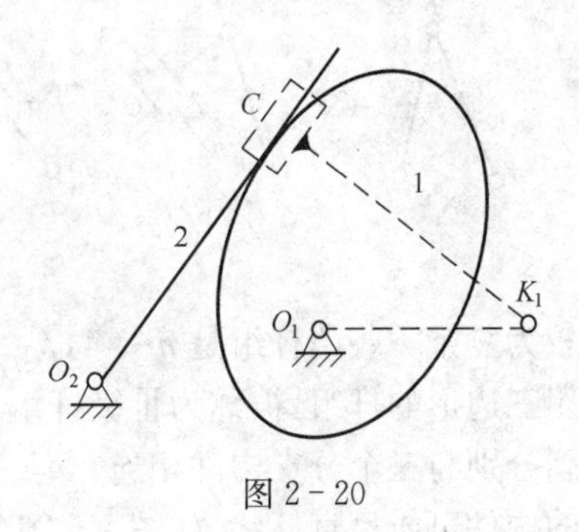

图 2-20

2.5.2 平面机构的组成原理

1. 基本杆组

我们知道，具有确定运动的机构其原动件数等于自由度数。因此，如将机构的机架及与机架相连的原动件从机构中拆分开来，则其余构件构成的必然是一个自由度为零的构件组。而这个自由度为零的构件组，有时还可以再拆成更简单的自由度为零的构件组。把最后不能再拆的最简单的自由度为零的构件组称为基本杆组，简称杆组。

例如，对于图 2-21(a)所示的破碎机，如将原动件 1 及机架 6 与其余构件拆开，则由构件2、3、4、5所组成的构件组的自由度为零。而其还可以再拆分为由构件4与5和构件2与3所组成的两个基本杆组，如图2-21(b)所示，它们的自由度均为零。

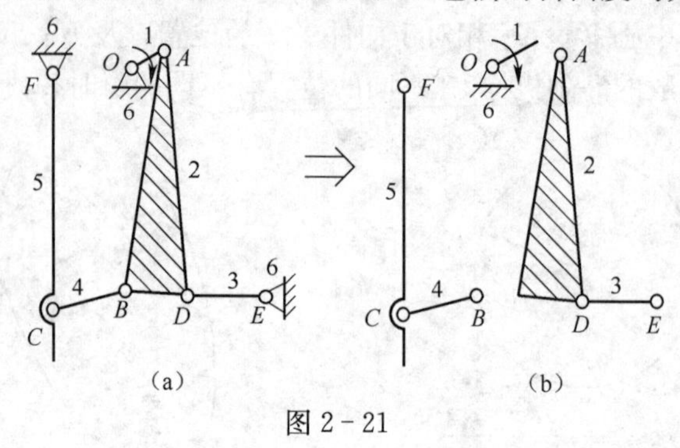

图2-21

对于只含有低副的平面机构，若杆组中有 n 个活动构件；p_L 个低副。因杆组的自由度为零，故有

$$3n-2p_L=0 \qquad 或 \qquad p_L=\frac{3}{2}n$$

由于构件数和运动副数都必须是整数，故 n 应是2的倍数，而 p_L 应是3的倍数。最简单的杆组是 $n=2, p_L=3$，这种杆组被称为Ⅱ级杆组。Ⅱ级杆组是应用最多的基本杆组，绝大多数的机构都是由Ⅱ级杆组构成的。根据杆组所包含的转动副和移动副的数目和分布情况，Ⅱ级杆组有五种型式，如图2-22所示。其中 A 副和 C 副称为外端副，它们表示与杆组外构件形成的运动副；B 副为杆组内构件之间形成的运动副，称为内端副。

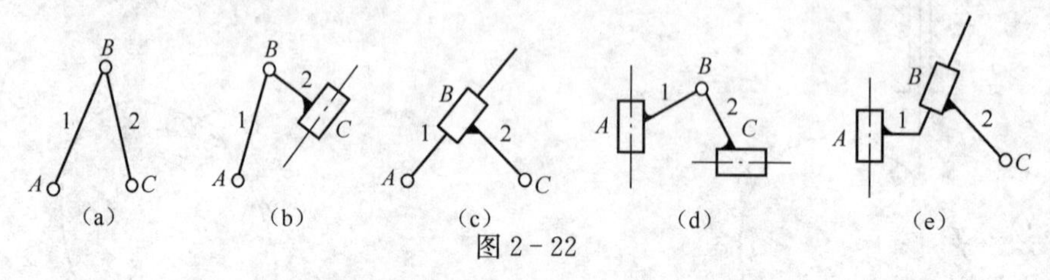

图2-22

较为复杂一些的杆组是 $n=4, p_L=6$，这种杆组常见的有两类：图2-23(a)所示是具有封闭三边形的杆组，被称为Ⅲ级杆组。这种杆组含有一个具有三个内端副的构件，三个内端副分别与三个分支构件相连。但三边形只是这种杆组的基本形式，其中具有三个内端副的构件可能呈直杆状，如图2-23(b)、(c)所示。图2-24所示是具有封闭四边形的杆组，被称为Ⅳ级杆组。这种杆组含有两个三副的构件，位于四边形的对边。这些较复杂的杆组在实际机构中应用较少。

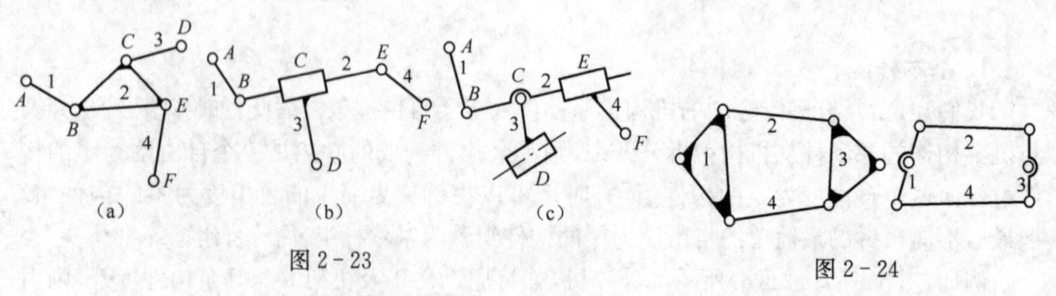

图2-23　　图2-24

2. 机构的组成原理

根据上面的分析可知，任何机构都可以看作是由若干个基本杆组依次连接于原动件和机架上而构成的，这就是机构的组成原理。

图 2-21(a)所示的破碎机机构可以看做是由图 2-21(b)所示的Ⅱ级杆组 ADE 通过其外副 A、E 连接到的原动件 1 和机架上形成四杆机构 $OADE$；再把Ⅱ级杆组 BCF 通过外副 B、F 依次与四杆机构及机架连接而构成的。

根据机构的组成原理，在进行新机械方案设计时，就可以按设计要求，将数目等于机构自由度数的 F 个原动件用运动副连于机架上，然后再将一个个基本杆组依次连于机架和原动件上，从而构成一个新机构。

机构可以由不同级别的杆组组成，通常以机构中所含杆组的最高级别来命名机构的级别。所含杆组的最高级别为Ⅱ级杆组的机构称为Ⅱ级机构；所含杆组的最高级别为Ⅲ级杆组的机构称为Ⅲ级机构。如图 2-21(a)所示的破碎机是由原动件 1、机架 6 和两个Ⅱ级杆组组成的Ⅱ级机构。

2.5.3 平面机构的结构分析

机构结构分析就是将已知机构分解为原动件、机架和杆组，并判断机构的级别。机构结构分析的过程与机构组成的过程正好相反，通常也把它称为拆杆组。

对机构进行结构分析时，首先应正确计算机构的自由度(注意除去机构中的虚约束和局部自由度)，将机构中的高副全部用低副代替，并确定原动件。然后，从远离原动件的构件开始拆杆组。先试拆Ⅱ级杆组，若不成，再拆Ⅲ级杆组。每拆出一个杆组后，留下的部分仍应是一个与原机构有相同自由度的机构，直至全部杆组拆出只剩下原动件和机架为止。最后，确定机构的级别。

例 2-5 在图 2-25(a)所示平面八杆机构中，设构件 1 为原动件，试分析该机构的组成并确定其级别。

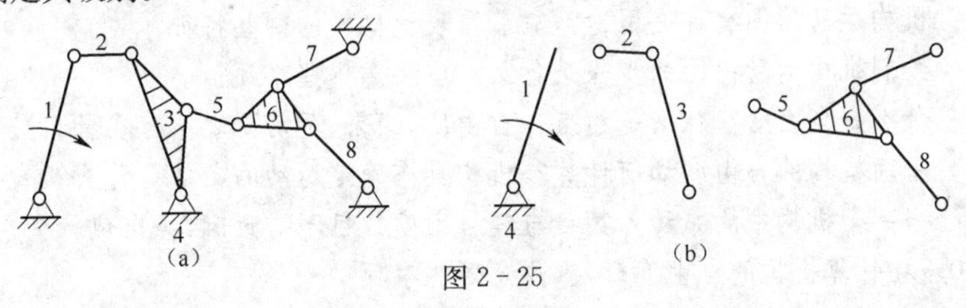

图 2-25

解：该机构无平面高副、虚约束、局部自由度和复合铰链，机构中 $n=7$，$p_{\mathrm{L}}=10$，由式(2-1)可得，$F=1$，机构指定的主动杆数与机构自由度相符。从远离原动杆 1 处先拆出构件 5、6、7 与 8 组成的Ⅲ级杆组，再拆出构件 2 与 3 组成的Ⅱ级杆组，最后剩下原动件 1 和机架 4，如图 2-25(b)所示。由于拆出的最高级别的杆组为Ⅲ级，故该机构是Ⅲ级机构。如果取构件 7 或 8 为原动件，则可以拆下三个Ⅱ级杆组，此时该机构为Ⅱ级机构。

例 2-6 在图 2-26(a)所示含有平面高副的四杆机构中，设原动件为凸轮 1，试分析该机构的组成并确定其级别。

解：该机构无虚约束，滚子 5 为局部自由度，可将滚子 5 和构件 3 视为同一构件，机构

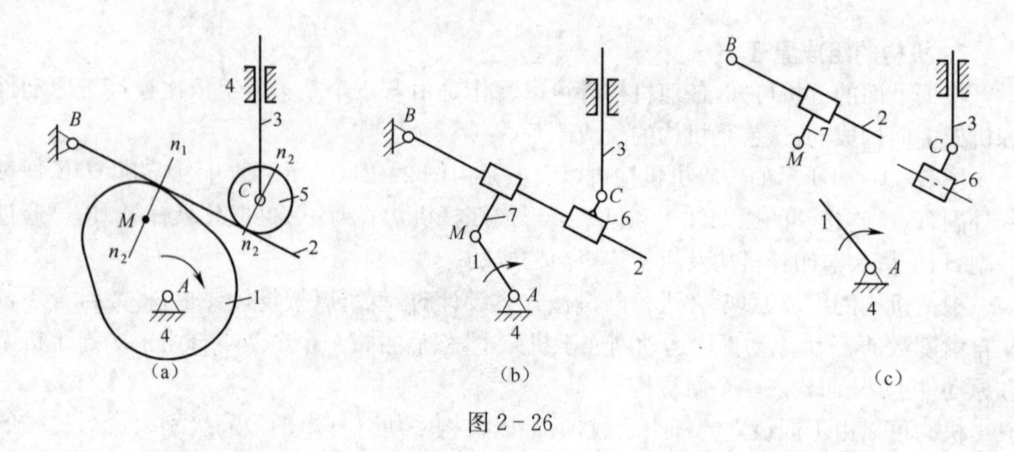

图 2-26

中 $n=3$，$p_L=3$，$p_H=2$，由式(2-1)可得，$F=1$，机构指定的主动杆数与机构自由度相符，将机构中凸轮 1 和构件 2 以及构件 2 和构件 3 间的平面高副分别用低副代替，替代后的低副机构如图 2-26(b)所示，其中构件 6 和 7 分别为高副低代后的虚拟构件。从远离原动件 1 处，可依次拆出构件 3 与 6 和构件 2 与 7 组成的两个Ⅱ级杆组，最后剩下原动件 1 和机架 4，如图 2-26(c)所示。由于拆出的最高级别的杆组是Ⅱ级，故该机构为Ⅱ级机构。

思考题及习题

2-1　机构的组成要素有哪些?

2-2　什么是构件? 构件与零件有何区别? 试举例说明。

2-3　"构件是由多个零件组成的""一个零件不能成为构件"的说法是否正确?

2-4　什么是运动副? 平面运动副有哪些常用类型?

2-5　机构运动简图有什么用途? 它着重表达机构的哪些特征?

2-6　绘制机构运动简图的步骤是什么? 应注意哪些事项?

2-7　什么是自由度? 什么是约束? 自由度、约束、运动副之间存在什么关系?

2-8　平面机构的自由度如何计算? 机构具有确定运动的条件是什么?

2-9　当一个机构中的原动件数目与其自由度数目不一致时，会出现什么情况?

2-10　在计算机构的自由度时，应注意哪些事项?

2-11　何谓机构的组成原理? 何谓基本杆组? 它具有什么特性?

2-12　如何确定机构的级别? 影响机构级别变化的因素是什么? 为什么?

2-13　平面机构高副低代的目的是什么? 高副低代应满足的条件是什么? 如何进行代替?

2-14　机构运动简图、机构示意图和机械系统示意图的区别是什么? 各有什么用途?

2-15　题 2-15 图所示为简易冲床机构结构简图，主动杆 1 按图示方向绕固定轴线 A 转动；构件 1 和滑块 2 组成转动副 B；件 3 绕固定轴线 C 转动，构件 5 为冲头，在导路 6 中往复移动。试绘制该机构的运动简图。

2-16 试绘制题2-16图所示机构的运动简图。主动件1按图示方向绕固定轴线O转动，图(a)中几何中心A、B及C分别为构件1和2、构件2和3以及构件3和4所组成的转动副中心；图(b)中几何中心A及B分别为构件1和2及构件3和4所组成的转动副中心。

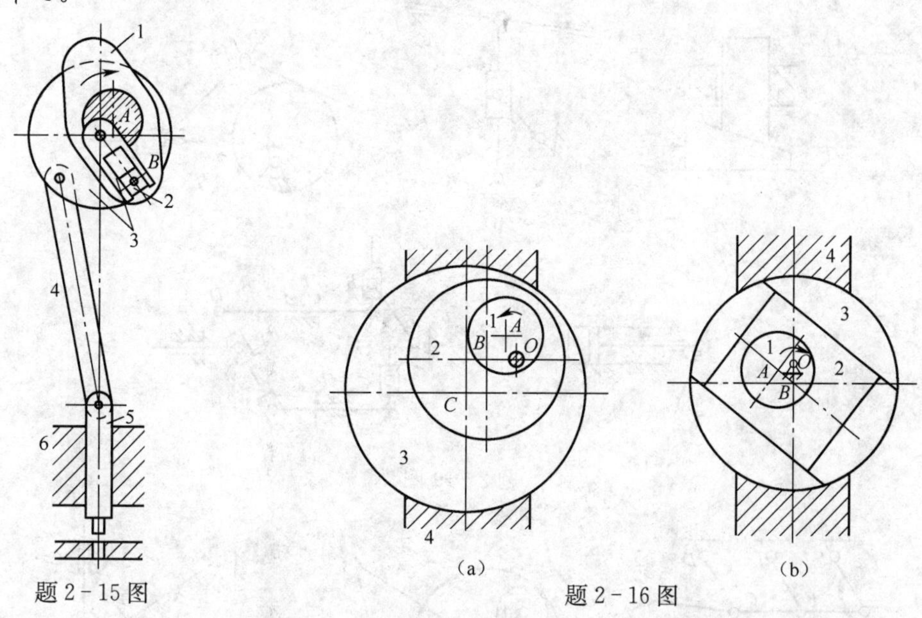

题2-15图

题2-16图

2-17 题2-17图所示为简易冲床的初拟结构设计方案。设计者的思路是：动力由齿轮1输入，带动齿轮2连续转动，使固连于轮2的凸轮2′绕定轴线A转动，借助从动推杆3使冲头4上下往复运动，从而实现冲压目的。试绘出该方案的运动简图，并分析这种构件的组合是否成为机构。如果不是，请在保持主动件运动方式不变的情况下，提出修改方案。

2-18 题2-18图所示为一小型压力机结构简图。图中齿轮1与偏心轮1′为同一构件，绕固定轴心O连续转动。在齿轮5上开有凸轮凹槽，摆杆4上的滚子6嵌在凹槽中，从而使摆杆4绕C轴上下摆动；同时，又通过偏心轮1′、连杆2、滑杆3使C轴上下移动；最后，通过在摆杆4叉槽中的滑块7和铰链G使冲头8实现冲压运动。试绘制其机构运动简图，并计算其自由度。

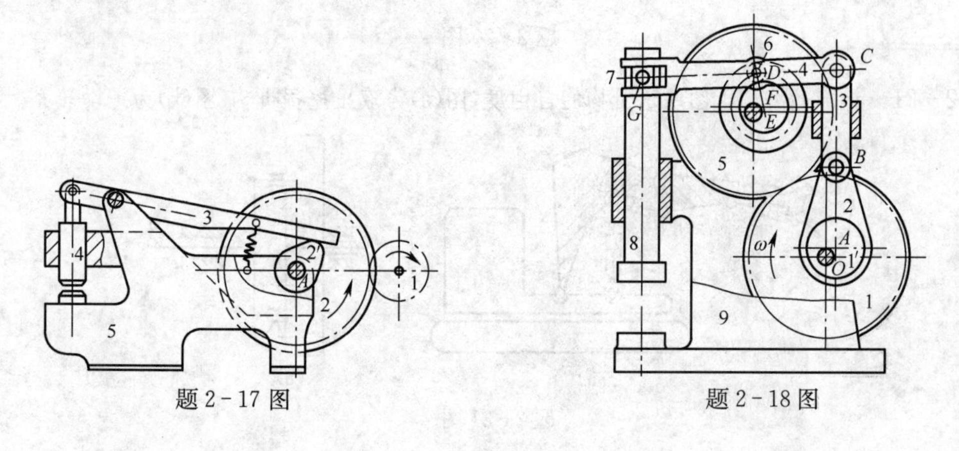

题2-17图

题2-18图

2-19　判断题2-19图所示各机构的运动是否确定？并说明理由。

2-20　计算题2-20图所示机构的自由度，并判断其运动是否确定？若有复合铰链、局部自由度、虚约束，请指出。

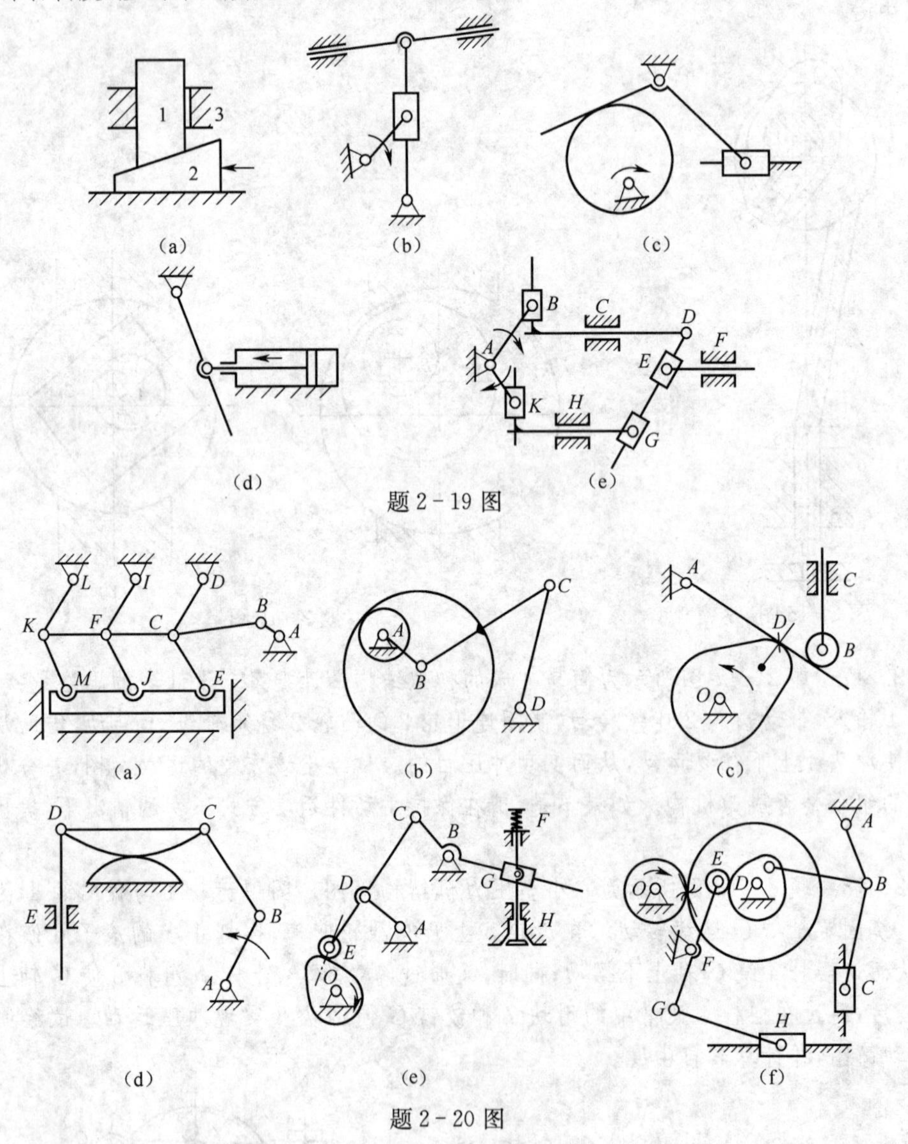

题2-19图

题2-20图

2-21　计算题2-21图所示机构的自由度，图(a)为液压挖掘机构，图(b)为差动轮系。

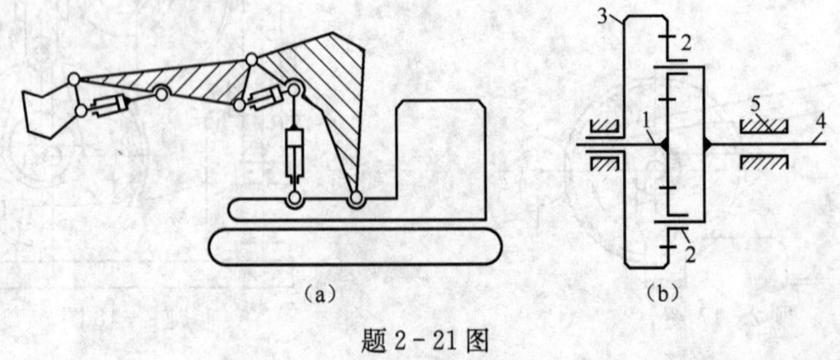

题2-21图

2-22 计算题2-22图所示机构的自由度，并分析组成机构的基本杆组，判断机构的级别。图中箭头表示原动件。

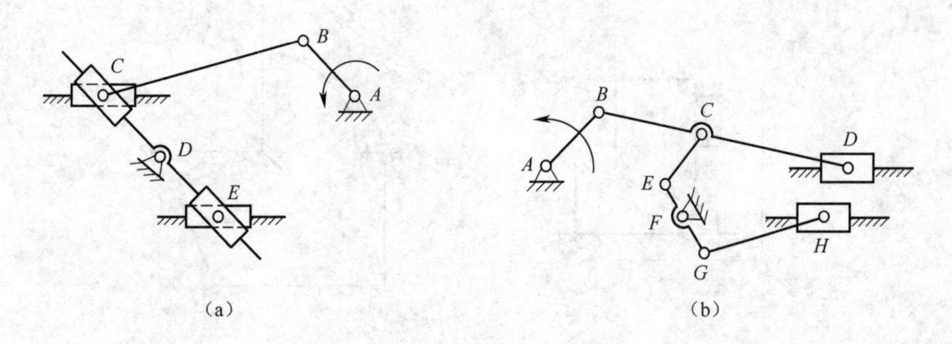

题2-22图

2-23 计算题2-23图所示平面高副机构的自由度，并在高副低代后分析组成机构的基本杆组，判断机构的级别。图中箭头表示原动件。

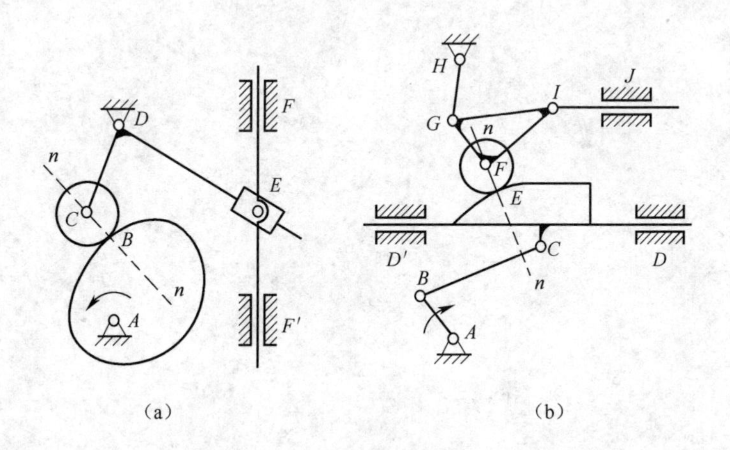

题2-23图

2-24 题2-24图所示为自动送料剪床机构的运动简图，已知$CD/\!/FG$，且$CD=FG$，$CE/\!/GH$，且$CE=GH$，试计算该机构的自由度。若有复合铰链、局部自由度、虚约束，请明确指出。

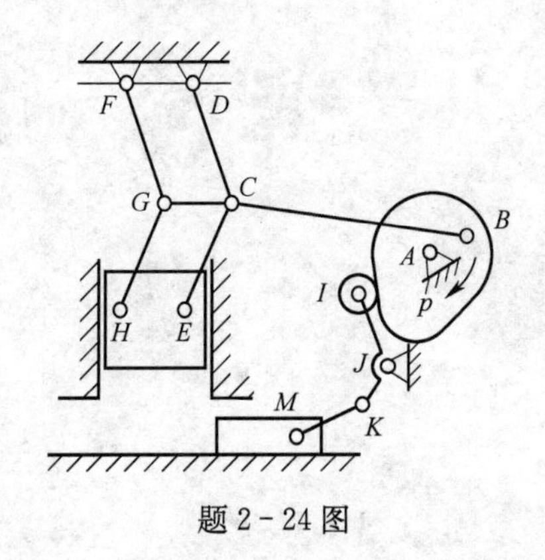

题2-24图

2-25 试判断题 2-25 图所示楔形滑块机构(a)和万向联轴节机构(b)的公共约束数,并计算其自由度。

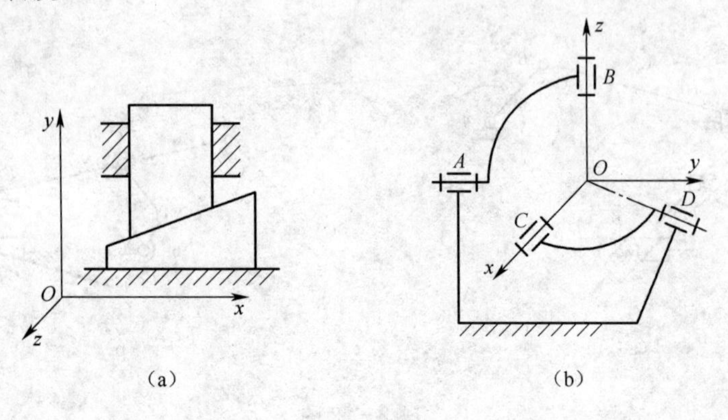

题 2-25 图

第3章　平面连杆机构及其设计

3.1　连杆机构及其传动特点

连杆机构被应用于各种机械、仪器仪表及日常生活器械中，如缝纫机、折叠伞、五金工具、人体假肢、挖掘机、公共汽车门、车辆转向机构以及机械手和机器人等都巧妙地利用了各种连杆机构。平面连杆机构是由若干构件用平面低副连接而成的机构，又称为低副机构。

连杆机构的主要优点如下：

(1) 运动副为面接触，压强小，承载能力大，耐冲击，易润滑，磨损小，寿命长；

(2) 运动副元素简单(多为平面或圆柱面)，制造比较容易；

(3) 运动副元素靠本身的几何封闭来保证构件运动，具有运动可逆性，结构简单，工作可靠；

(4) 可以实现多种运动规律和特定轨迹要求；

(5) 可以实现增力、扩大行程、锁紧等功能。

连杆机构也存在一些缺点：

(1) 由于连杆机构运动副之间有间隙，因而当使用长运动链(构件数较多)时，易产生较大的积累误差，同时也使机械效率降低；

(2) 连杆机构所产生的惯性力难于平衡，因而会增加机构的动载荷，不宜高速传动。

(3) 受杆数的限制，连杆机构难以精确地满足很复杂地运动规律。

根据连杆机构构件的运动范围可以将其分为平面连杆机构和空间连杆机构。在一般机械中较常用的是平面连杆机构，它在结构上和运动形式上相对比较简单，已形成了一套完整的分析和综合理论，同时，它也是研究空间连杆机构的基础。

结构最简单且应用最广泛的是由四个构件组成的平面四杆机构，它也是研究多杆机构的基础。本章重点讨论平面四杆机构的有关基本知识和简单的机构综合问题。

3.2　平面四杆机构的类型和应用

3.2.1　平面四杆机构的主要类型

运动副均为转动副的四杆机构称为铰链四杆机构，如图3-1所示，它是平面四杆机构的基本形式。机构中构件4为机架，直接与机架相连的构件1和3称为连架杆，不与机架直接相连的中间构件2称为连杆。能作整周转动的连架杆称为曲柄，仅能在一定范

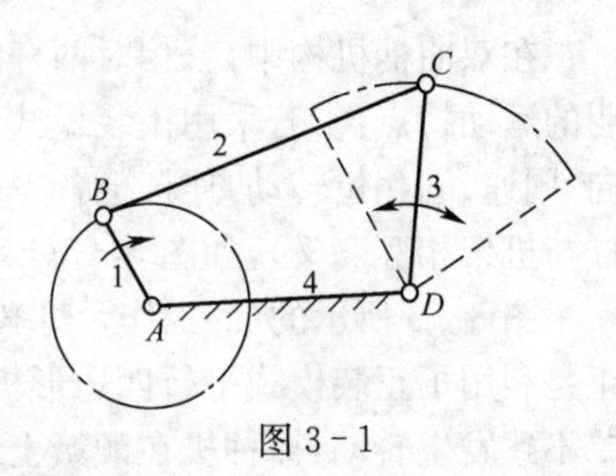

图3-1

围内作往复摆动的连架杆称为摇杆。能够作整周转动的转动副称为周转副,不能够作整周转动的转动副称为摆转副。

根据机构中两连架杆的运动形式,铰链四杆机构可分为曲柄摇杆机构、双曲柄机构和双摇杆机构三种基本类型。

1. 曲柄摇杆机构

在铰链四杆机构中,若两个连架杆一个为曲柄,另一个为摇杆,则称为曲柄摇杆机构。使用曲柄摇杆机构,若以曲柄为原动件,可以将曲柄的连续转动转化为摇杆的往复摆动,如图 3-2 所示的雷达天线的俯仰机构;若以摇杆为原动件,可以将摇杆的往复摆动转化为曲柄的整周转动,如图 3-3 所示的缝纫机脚踏板驱动机构。

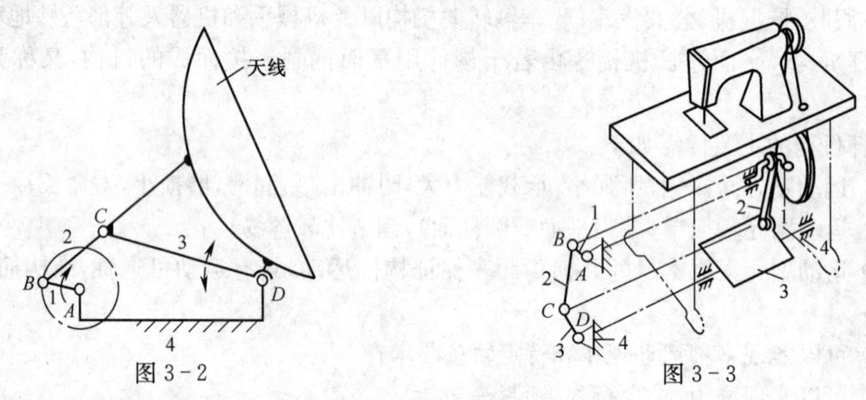

图 3-2　　　　图 3-3

2. 双曲柄机构

铰链四杆机构的两连架杆均能作整周转动的机构称其为双曲柄机构。它可以将原动件曲柄的匀速转动转化为从动件曲柄的变速转动。如图 3-4 所示的振动筛机构,就是利用了 *CD* 构件的变速特点使筛子(滑块 6)获得了较大的加速度,实现了高效的筛分动作。

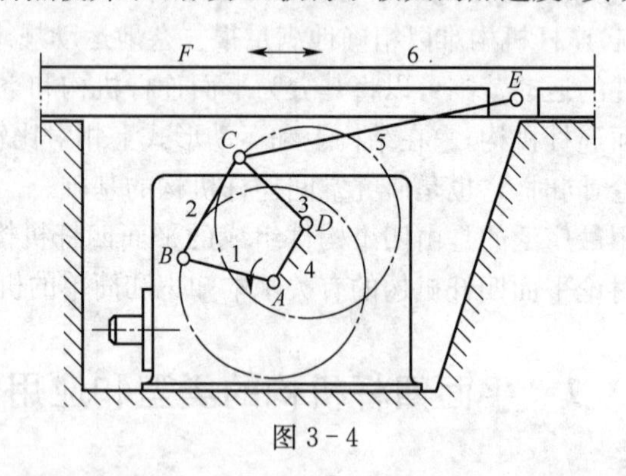

图 3-4

在双曲柄机构中,若相对两杆的长度相等,则称为平行四边形机构。它有以下两个鲜明的运动特点:①若采用正装模式(对应边相互平行),如图 3-5(a)所示,两曲柄以同方向、同速、同相位转动,连杆上各点的轨迹为圆弧,且连杆作平动。②若采用反装模式(连杆与机架相互交叉),如图 3-5(b)所示,两曲柄作互为反方向转动。

图 3-6 所示的(a)工作台灯和(b)播种料斗机构是平行四边形机构的典型应用,它们正是利用了正装模式平行四边形机构连杆作平动的特点,使工作台灯在变化位置时,其灯罩不致发生转动,播种机在颠簸土地上行驶时,料斗不致发生倾斜。

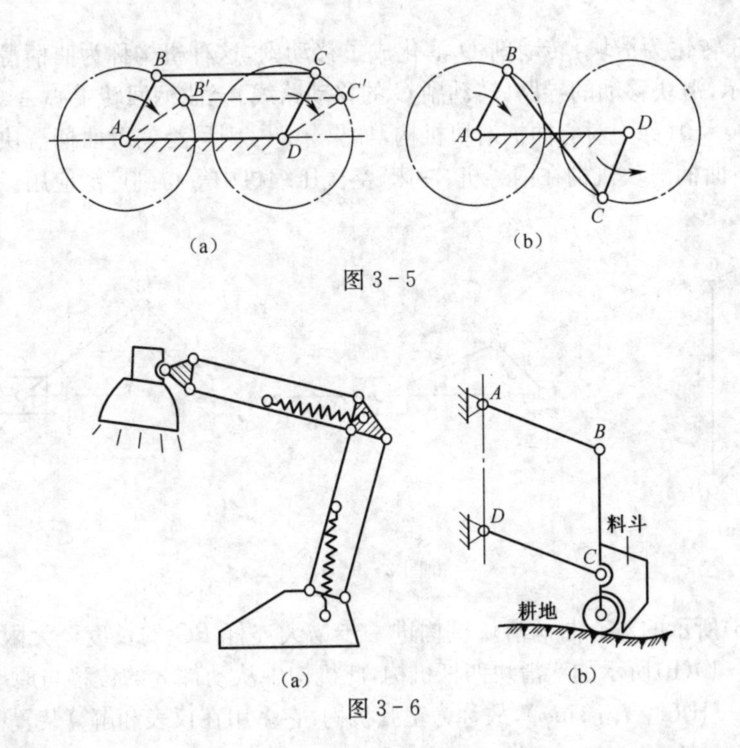

图 3-5

图 3-6

3. 双摇杆机构

铰链四杆机构中的两连架杆均不能作整周转动的机构称为双摇杆机构。如图 3-7 所示的汽车前轮转向机构和图 3-8 所示的大型铸造台翻箱机构等是典型双摇杆机构的应用实例。

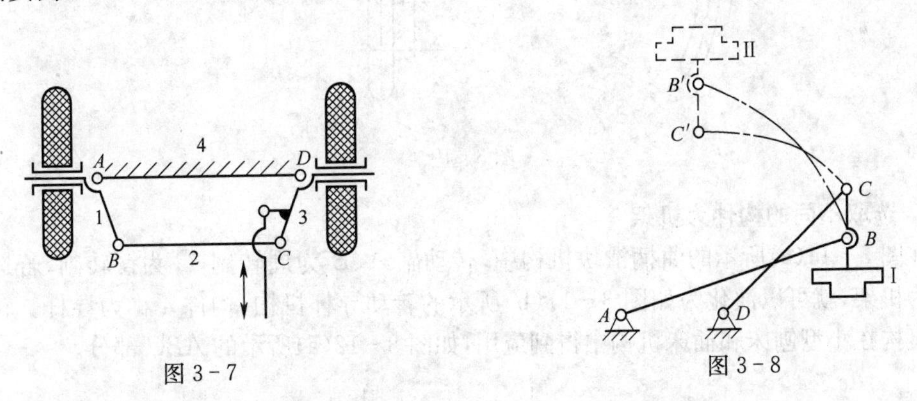

图 3-7

图 3-8

3.2.2 平面四杆机构的演化型式

除了上述三种铰链四杆机构外，在实际生产中还广泛使用着各种其他型式的四杆机构，尽管它们在外观上和结构上差别很大，但它们均可以看成是由铰链四杆机构演化而来。掌握这些演化方法，有利于对连杆机构进行创新设计。

1. 转动副转化成移动副

在如图 3-9(a)所示的曲柄摇杆机构中，当曲柄 1 转动时，摇杆 3 上的 C 点轨迹是圆弧 mm，且摇杆的长度越长，圆弧 mm 越平直，若摇杆 3 为无限长时，C 点的轨迹则变为直线，这时摇杆 3 转化为滑块，转动副 D 演化成了移动副，这种机构称为曲柄滑块机构，如图 3-9(b)所示，滑块移动的导路(转动副 C 的移动路线)至曲柄回转中心 A 的距离 e 称为偏距。如果 $e=0$，称为对心曲柄滑块机构，如果 $e\neq0$，则称为偏置曲柄滑块机构，如图 3-9(c)所示。曲柄滑块机构在内燃机、冲床、空气压缩机中等得到广泛应用。

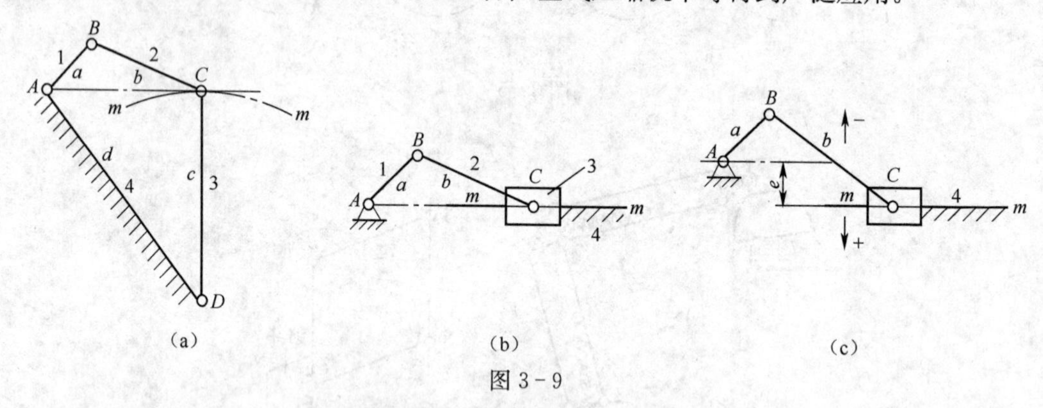

图 3-9

图 3-9(b)所示的对心曲柄滑块机构进一步增大连杆 BC 的长度至无限长时，还可演化为如图 3-10(b)所示的双滑块四杆机构，此机构中从动件 3 的位移与原动件 1 的转角 φ 的正弦成正比($s=l_{AB}\sin\varphi$)，故称为正弦机构，它多用在仪表和解算装置中。

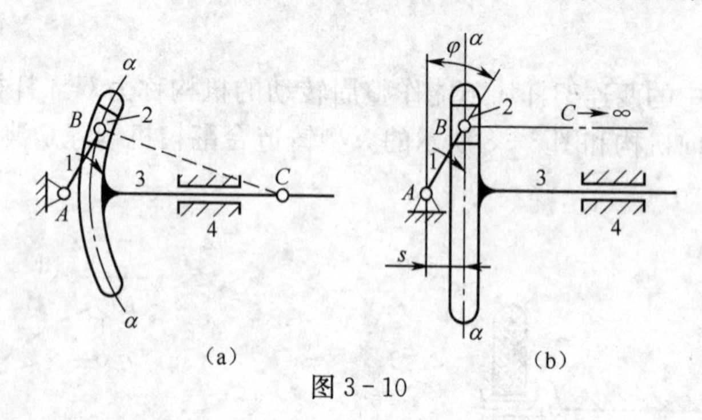

图 3-10

2. 选取不同的构件为机架

在图 3-11(a)所示的曲柄滑块机构中，转动副 A、B 为周转副，C 为摆转副，若选构件 1 为机架，就可以演化为如图 3-11(b)所示的转动导杆机构，构件 4 称为导杆。转动导杆机构在小型刨床和插床机构中得到应用，如图 3-12(a)所示的 ABC 部分。

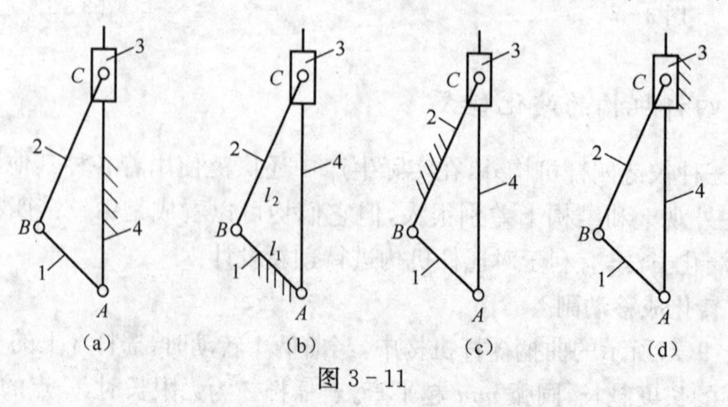

图 3-11

若改变构件 1 和 2 的相对尺寸，使 $l_{AB}>l_{AC}$，此时导杆仅能摆动(转动副 A 转化为摆转副)，则转动导杆机构演化为摆动导杆机构，图 3-12(b)是摆动导杆机构在牛头刨床机构中的应用。

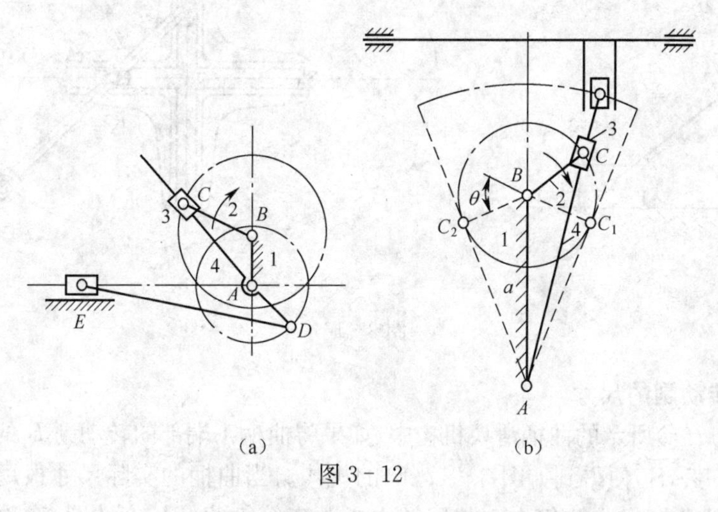

图 3-12

在图 3-11(a)所示的曲柄滑块机构中，若选构件 2 为机架，则演化为如图 3-11(c)所示的曲柄摇块机构，图 3-13 所示的自卸卡车的翻斗机构 ABC 就是一个应用实例，其中摇块 3 为油缸，用压力油推动活塞使车厢翻转。若选构件 3 为机架，则演化为图 3-11(d)所示的直动滑杆(定块机构)机构，图 3-14 所示的手摇抽水机即为一应用实例。

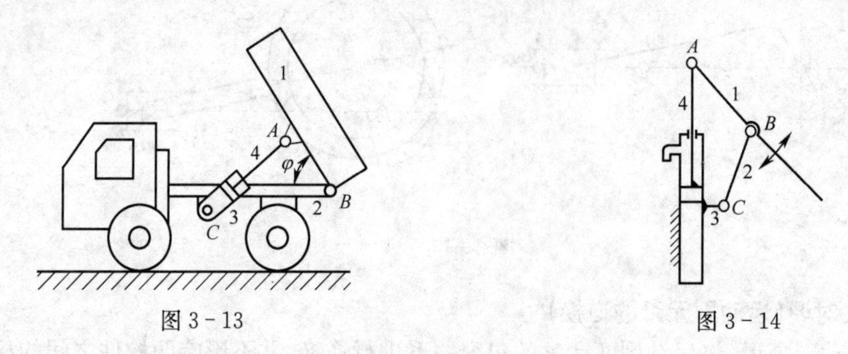

图 3-13　　　　图 3-14

在图 3-10(b)所示的含有两个滑块的正弦机构基础上，变换机架可以得到如图 3-15(a)所示的双转块机构和 3-16(a)所示的双滑块机构，图 3-15(b)所示的十字滑块联轴节和图 3-16(b)所示的椭圆仪机构即为它们的应用实例。

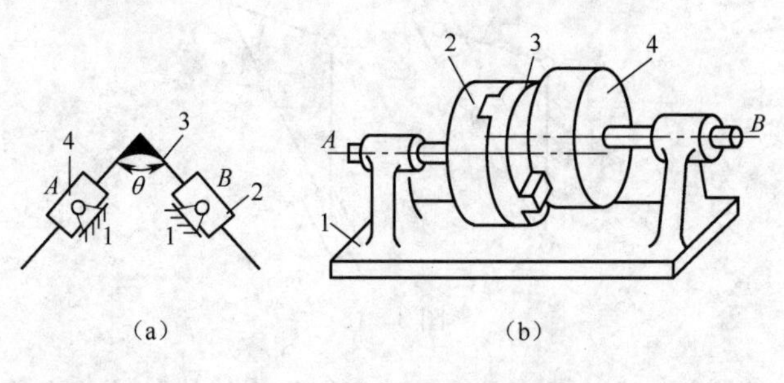

图 3-15

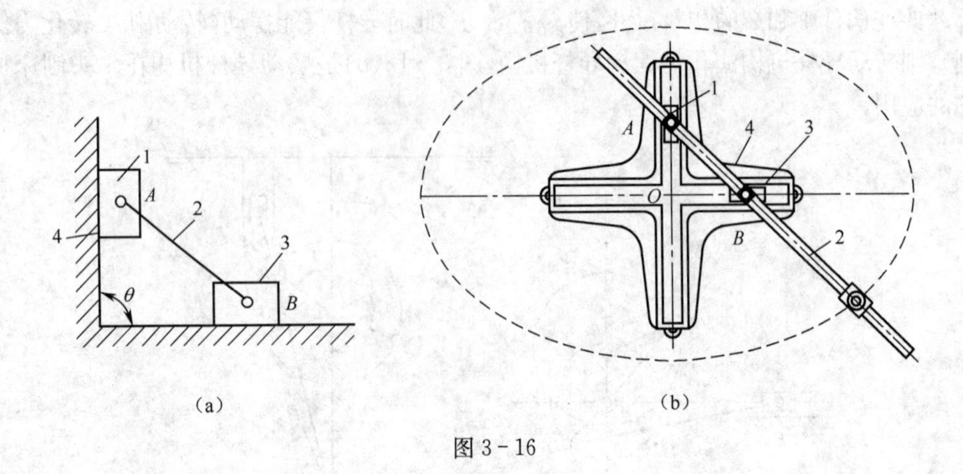

图 3-16

3. 扩大转动副的尺寸

在图 3-17(a)所示的曲柄滑块机构中，如果将曲柄 1 端部的转动副 B 的半径加大至超过曲柄的长度$\overline{AB}$，便得到如图 3-17(b)的机构。当曲柄的实际尺寸很短并传递较大的动力时，常将曲柄做成几何中心与回转中心距离等于曲柄长度的圆盘，称为偏心轮机构。它的运动特性与曲柄滑块机构完全相同，但可以明显改善构件和运动副的受力状况，该机构在锻压设备和泵机构中得到广泛应用。

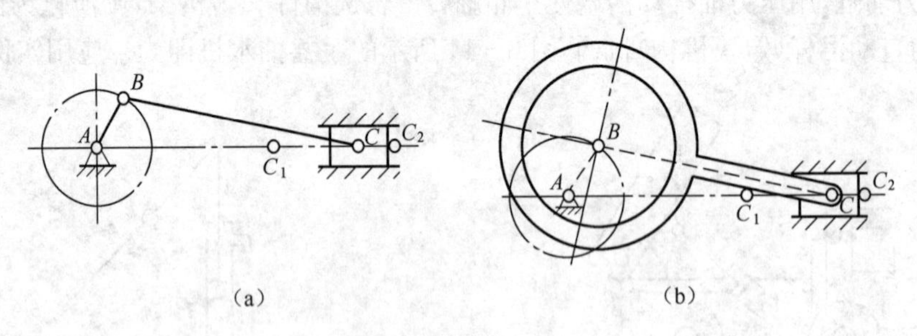

图 3-17

4. 杆块对调(运动副元素的逆换)

对于移动副来说，将运动副两元素的包容关系进行逆换，并不影响两构件之间的相对运动。如图 3-18 所示的摆动导杆机构和曲柄摇块机构，这两种机构的运动特性是相同的。

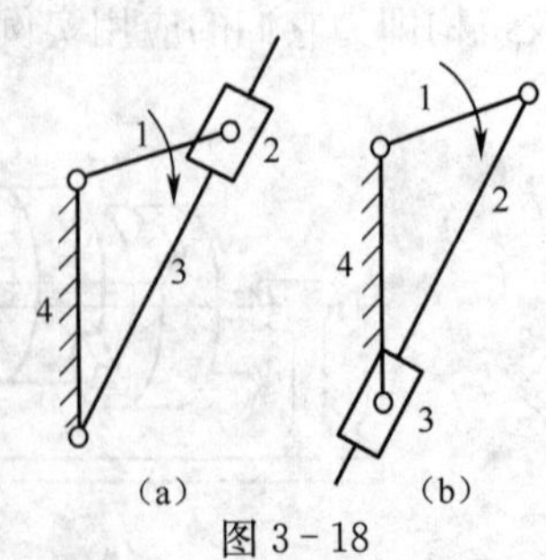

图 3-18

从严格意义上讲，扩大转动副和杆块对调不能作为机构的演化方式，因为演化前后机构运动特性并未发生实质改变，仅仅是机构的外形发生改变而已。

3.3 平面四杆机构的基本知识

3.3.1 铰链四杆机构有曲柄的条件

进行铰链四杆机构设计时，曲柄存在与否是需要首先解决的一个基本问题。

对图 3-19 所示的铰链四杆机构，若各构件的长度分别为 a、b、c、d，设 A 为周转副，且杆长$d>a$，在构件 AB 绕转动副 A 转动的过程中，铰链点 B 与 D 之间的距离 f 是变化的，当 B 点达到图示 B_1 和 B_2 两位置时，f 分别达到最大值 $f_{\max}=a+d$ 和最小值 $f_{\min}=d-a$。

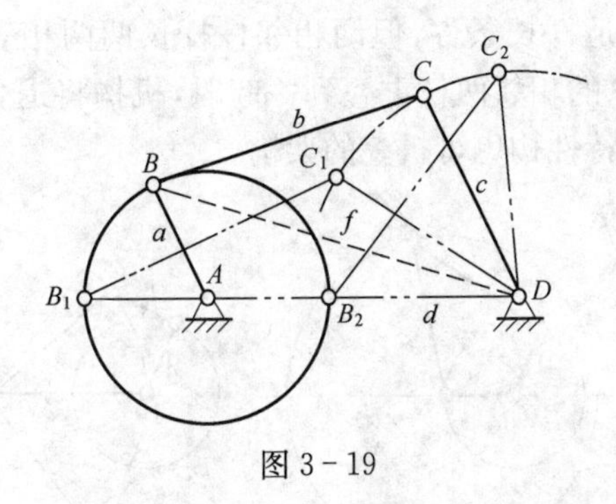

图 3-19

如要求构件 AB 能绕转动副 A 相对于构件 AD 转动，则不论构件 AB 处于任何位置时，$\triangle BCD$ 存在(当曲柄与连杆处于拉直或重叠共线两极限位置时，$\triangle BCD$ 的三条边可以重合)。

在$\triangle BCD$ 中有

$$\begin{cases} b+c>f \\ c+f>b \\ b+f>c \end{cases} \tag{3-1}$$

将 $f_{\max}=a+d$，$f_{\min}=d-a$ 代入后得

$$\begin{cases} b+c\geqslant f_{\max} \\ c+f_{\min}\geqslant c \\ b+f_{\min}\geqslant c \end{cases} \tag{3-2}$$

整理后可得

$$\begin{cases} a+d\leqslant b+c \\ a+b\leqslant c+d \\ a+c\leqslant b+d \end{cases} \tag{3-3}$$

由式(3-3)不难看出，a 为最短杆。

同理，还可以假定杆长 $a>d$，那样将得到另外一种结论：d 为最短杆。

综上所述可以得出铰链四杆机构有曲柄的条件如下：

(1) 最短杆长度+最长杆长度≤其余两杆长度之和(即杆长条件)；

(2) 连架杆或机架中必有一杆为最短杆。

上述条件表明，机构有曲柄时与最短杆相连的转动副都是周转副，而其余的则是摆转副。

如果铰链四杆机构满足杆长条件，即最短杆长度＋最长杆长度≤其余两杆长度之和，表明机构可能存在曲柄。铰链四杆机构具体是何种机构还应考察机架，当最短杆的邻边为机架时，机构为曲柄摇杆机构；当最短杆为机架时则为双曲柄机构；当最短杆的对边为机架时则为双摇杆机构。

如果铰链四杆机构不满足杆长条件，但满足最长杆长度＜其余三杆长度之和，则只能是双摇杆机构。此时的双摇杆机构与满足杆长条件得到的双摇杆机构有所不同，后者其连杆上的两个转动副在一定条件下可以成为周转副，如图 3－20 所示的摇头电风扇实例就是利用了机构的这种特性。

如果铰链四杆机构满足杆长条件，但两相邻杆杆长两两相等，机构则将成为菱形机构。如图 3－21 所示，当它的相邻两杆重叠到一起时，机构将退化二杆机构，且运动存在不确定性。可以利用这个特性构思可折叠的架构。

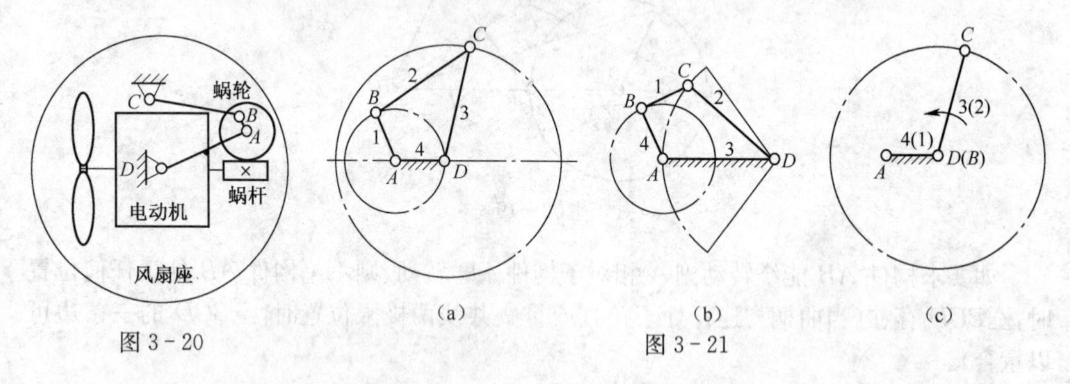

(a) (b) (c)

图 3－20 图 3－21

对于曲柄滑块机构的曲柄存在条件，可按前述的机构演化方式得到：设曲柄为最短杆，最长杆为 d 或 c，随着铰链四杆机构的铰链 D 点逐渐远离，直至 D 点趋于无穷远(图3－9)。

在图 3－9(a)四边形 $ABCD$ 中，

$$\begin{cases} a+d\leqslant b+c \\ a+c\leqslant b+d \end{cases}$$

上式可统一写为

$$a+|d-c|\leqslant b$$

d、c 变为∞，杆长 d 与杆长 c 之差的绝对值就是曲柄滑块机构的偏距 e。

曲柄滑块机构的曲柄存在条件为 $a\pm e\leqslant b$。

3.3.2 急回特性

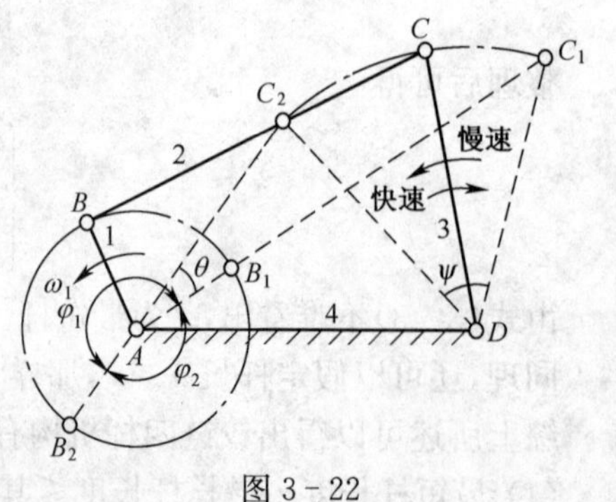

图 3－22

在图 3－22 所示的一曲柄摇杆机构中，设曲柄 AB 为原动件，在其作整周转动过程中，当曲柄与连杆出现拉直共线和重叠共线时，摇杆分别处于两个极限位置 C_2D 和 C_1D，称为极位。通常把机构处于这两个极限位置时，曲柄两位置所夹的锐角 θ 称为极位夹角。

在曲柄摇杆机构中，当原动件曲柄以等角速度 ω 回转时，摇杆以快慢不同的速度作往复摆动，这种运动特性称为急回特性。急回程度可用行程速比系数 K 来衡量（$K>1$），即

$$K=\frac{\text{从动件快速行程平均速度 } v_2}{\text{从动件慢速行程平均速度 } v_1} \tag{3-4}$$

由图 3-22 可见，摇杆往复摆角均为 φ，其上 C 点往复摆动走过的弧长相同，设由 C_1 点摆到 C_2 点的平均速度为 v_1，所用时间为 t_1；而由 C_2 点摆回 C_1 点的平均速度为 v_2，所用时间为 t_2，则

$$K=\frac{v_2}{v_1}=\frac{t_1}{t_2}=\frac{\omega t_1}{\omega t_2}=\frac{\varphi_1}{\varphi_2}=\frac{180°+\theta}{180°-\theta} \tag{3-5}$$

由式(3-5)可见，极位夹角 θ 越大，K 值也越大，急回特性越明显，当 $\theta=0$ 时，$K=1$，则机构无急回特性。θ 角的大小可以通过改变构件杆长加以调节。

机构的急回特性在工程上得到广泛应用。如，对于牛头刨床、插床等切削机械，要求切削行程速度平稳，而回程为节省时间，则需要快速返回；对于某些破碎机械，则要求快进慢退，以便获得较大的冲击力度并使破碎后的矿石能有时间退出颚板；对于某些正反行程均需工作的机构，则无急回要求，收割机便是如此。

设计有急回特性要求的机构时，首先要根据行程速比系数求出极位夹角 θ，由式(3-5)可得

$$\theta=180°\frac{K-1}{K+1} \tag{3-6}$$

机构的急回具有方向性，而且随原动件的回转方向改变。所以，在有急回特性要求的设备上要标出原动件的正确回转方向。

对于其他含有往复运动构件的机构，同样可用类似的方法研究其急回问题。

如图 3-23(a)所示的偏置曲柄滑块机构，存在极位夹角，有急回特性；当偏距 $e=0$ 时，$\theta=0$，$K=1$，则机构无急回特性。

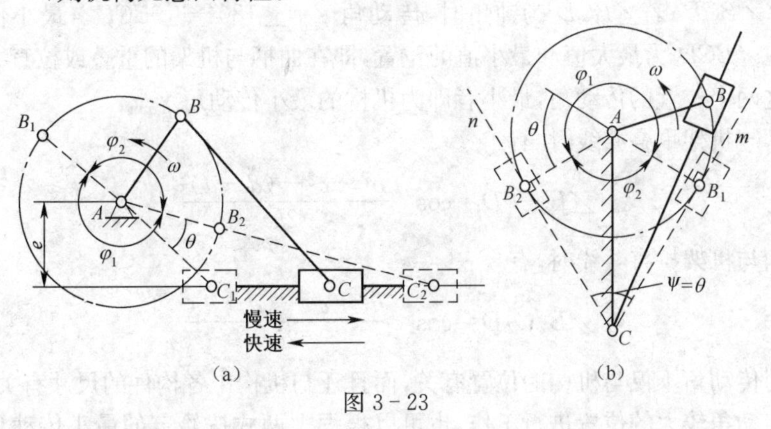

图 3-23

对于如图 3-23(b)所示的摆动导杆机构：(极位夹角)θ=(摆杆摆角)ψ。牛头刨床的

前置机构就是利用了摆动导杆机构，使刨头获得较大的急回运动。

对于多杆机构同样可以研究其急回问题，对如图 3-4 所示的振动筛机构，只需找出滑块处于两个极限位置时，对应原动件曲柄 AB 所处两位置间的极位夹角 θ 即可，其他如前述。

3.3.3 压力角与传动角

在图 3-24 所示的曲柄滑块机构中，若不考虑摩擦力、重力及惯性力的影响，则构件 2 是二力共线的构件，由原动件 1 经过连杆 2 作用在从动件 3 上的力 F 的方向将沿着连杆 2 的中心线 BC。力 F 可分解为切向分力 F_t 和法向分力 F_n。设力 F 与受力点 C 的速度 v_C 方向之间所夹的锐角为 α，则

$$\begin{cases} F_t = F\cos\alpha \\ F_n = F\sin\alpha \end{cases} \tag{3-7}$$

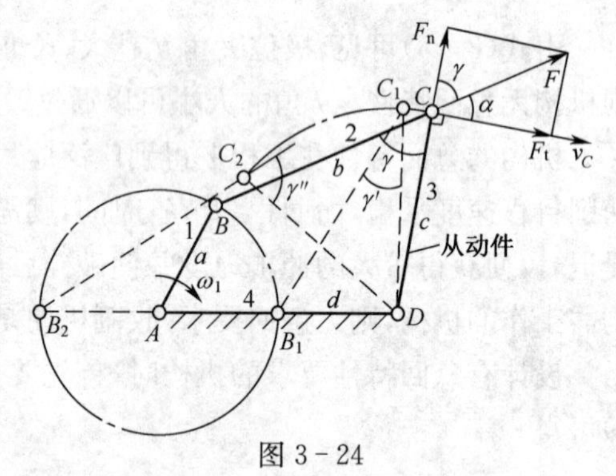

图 3-24

其中，沿 v_C 方向的切向分力 F_t 是推动从动件运动的有效分力；而法向分力 F_n 则是在运动副中产生附加径向压力的分力。由式(3-7)可知，α 越大，径向压力也越大，故 α 称为压力角，即从动件上受力的方向 F 与受力点速度正向之间所夹的锐角 α 称为机构在此位置的压力角。压力角 α 的余角 γ 称为传动角，$\gamma=90°-\alpha$。显然压力角 α 越小，即传动角 γ 越大，机构传力特性就越好。尤其对于那些传递力较大的机构，往往需追求较小的压力角或较大的传动角。

在机构运动过程中，传动角 γ 的大小是变化的，为了保证机构传力性能良好，一般应使最小传动角 $\gamma_{min} \geqslant 40° \sim 50°$；对于一些受力很小或不常使用的操纵机构，则可允许传动角小些，只要不发生自锁即可；对于大功率机械则要求最小传动角 $\gamma_{min} \geqslant 50°$。

如图 3-24 所示的铰链四杆机构，当以曲柄为原动件时，若$\angle BCD$ 为锐角时，机构的传动角 $\gamma=\angle BCD$；若$\angle BCD$ 为钝角时，传动角 $\gamma=\angle 180°-\angle BCD$。最小传动角 γ_{min} 可能出现在$\angle BCD$ 为最大值和最小值的位置，即在曲柄与机架的重叠或拉直共线两位置上。比较这两个位置的传动角，最小者即为机构的最小传动角 γ_{min}。

当曲柄与机架重叠共线时，有

$$\angle B_1C_1D = \cos^{-1}\frac{b^2+c^2-(d-a)^2}{2bc}$$

当曲柄与机架拉直共线时，有

$$\angle B_2C_2D = \cos^{-1}\frac{b^2+c^2-(d+a)^2}{2bc}$$

机构的传动角不仅与机构的位置有关，而且还与机构中各构件的尺寸有关。所以，机构应利用传动角较大的位置进行工作，也可以根据上两式按给定的最小传动角设计四杆机构。

注意，不可过分追求机构的最小传动角 γ_{min} 最大化，它将会使机构的其他性能变差，设计中应深入分析机构各性能参数之间彼此的制约关系，统筹兼顾才可能得到较理想的机构。

3.3.4 死点

当机构运行至某位置时，如果出现传动角 $\gamma=0$ 的情况，它将不能传递有效作用力，此时称机构处于死点位置。

如图 3－25 所示的曲柄摇杆机构，若以摇杆 CD 为原动件，当连杆 BC 与曲柄 AB 处于共线的两位置之一时，出现机构的传动角 $\gamma=0$，机构呈“顶死”状态，即机构处于死点位置。当机构受冲击振动等原因离开死点位置继续运动时，机构还可能正转或反转即呈运动不确定状态。很多人在最初学习脚踏缝纫机缝纫衣物时，由于操作不娴熟，使机器频繁出现反转导致屡次发生断线现象，就是这种机构运动不确定状态的真实体现。

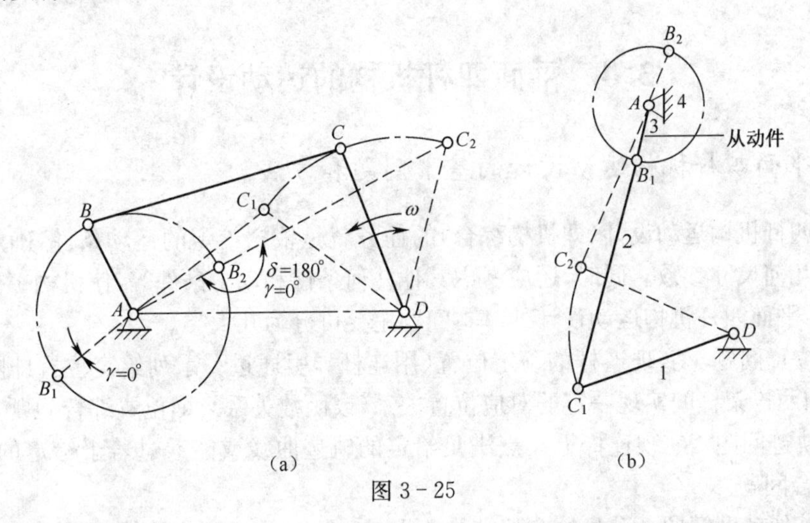

图 3－25

机构的死点位置通常出现在以往复运动构件为原动件的机构中。实际机构可以通过利用惯性或机构错位排列等措施使其顺利闯过死点位置。如发动机采用的曲柄滑块机构，就是利用机构错位排列的措施，如图 3－26 所示。缝纫机采用的曲柄摇杆机构则是成功地利用了惯性轮，使机构顺利闯过了死点位置。

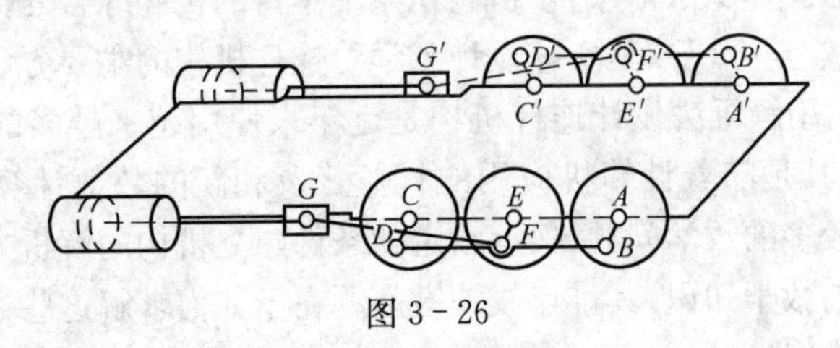

图 3－26

如图 3－27 所示的钻床夹紧工件的卡具机构和图 3－28 所示的飞机起落架机构则是利用了机构处于死点位置时的特性，即使工件和机轮受到很大的作用力也不会使机构反转，保证了机构中各构件能够具有准确可靠的工作位置。

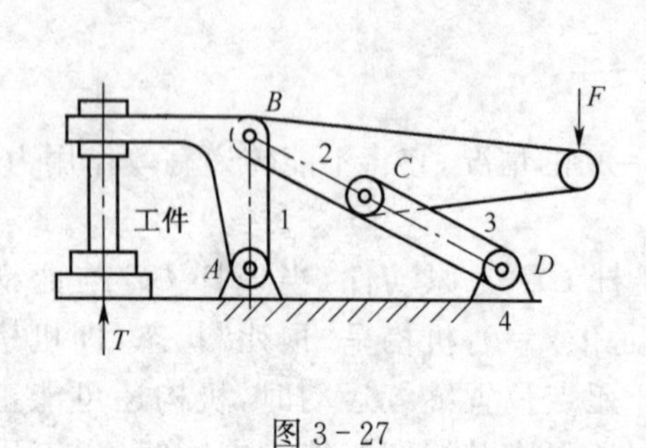

图 3-27

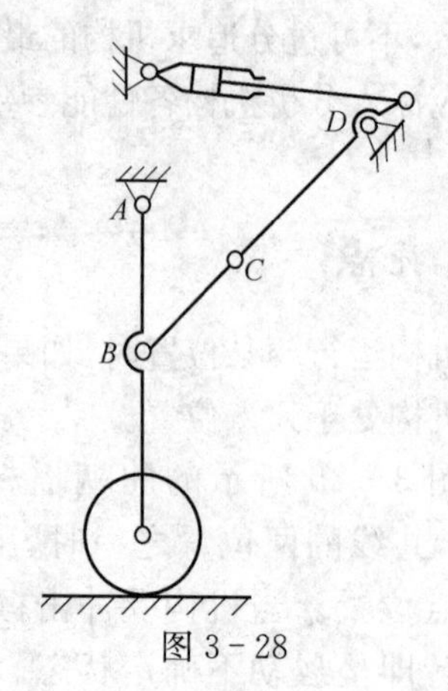

图 3-28

另外，分析图 3-25 的曲柄摇杆机构可知该机构的死点位置与极位实际上是同一位置，机构在极位附近工作往往可以获得很大的力的增益，如图 3-48 所示的锻压肘杆机构。

3.4 平面四杆机构的运动设计

3.4.1 平面四杆机构运动设计的基本问题和方法

平面四杆机构运动设计(即机构综合)的任务就是根据给定的运动条件，确定机构运动简图的几何尺寸参数。同时，还应考虑其他几何条件和动力条件等，使机构工作更加合理、可靠。平面四杆机构运动设计的基本问题主要可分为几大类。

(1) 位置问题　实现连杆的预定位置(用连杆导引通过一系列给定位置即刚体的导引问题)和两连架杆间实现一定的对应位置关系(或函数关系)，即位置综合问题。

(2) 轨迹问题　实现连杆上某点满足给定的轨迹曲线或能通过若干给定的系列点，即轨迹综合问题。

(3) 其他辅助问题　满足给定的结构大小、杆长比、最小传动角、急回特性、曲柄存在条件运动的连续性问题等。

进行连杆机构设计的方法主要有作图法、解析法和试验法三种。

(1) 作图法　对给定的运动要求，按一定的作图方法和比例画出机构运动简图，机构的尺寸可由图上量取。作图法形象直观，它积累了丰富的机构综合几何学理论，具有很高的学术价值。所以，它至今仍然是实际设计和学习连杆机构的主要方法和途径之一。

(2) 解析法　利用解析法设计连杆机构是近年来使用越来越多的方法之一，可以得到很高精度的解，尤其是随着计算机应用的日益普及和新的数值计算方法的不断涌现。解析法当然会涉及较多的数学问题，根据给定的条件建立机构的解析方程式并不复杂，一般也不需要太高深的数学知识；其难点或关键问题在于如何求解这些数学方程式，而且一般是求解非线性方程组。

(3) 试验法　包括根据经验用试验器具或机构进行试凑或用计算机进行模拟等，对于很多复杂问题也是常采用的方法之一。

以上几种方法各有千秋，不能简单用好坏来形容。设计时选用哪种方法，应根据具体给定的已知条件和机构的实际工作情况而定。

3.4.2 用作图法设计四杆机构

1. 按预实现的给定刚体位置设计四杆机构

在实际生活和生产中，常常需要某刚体能够实现一系列给定位置，如公共汽车门的启闭机构、铸造用翻转机构等，用四杆机构中作一般运动的连杆可以实现引导刚体通过这一系列给定位置。

如图 3-29 所示为一按预实现给定的刚体位置设计四杆机构的基本问题，即给定刚体的系列位置 S_1、S_2、S_3 等，设计一铰链四杆机构 $ABCD$。其连杆 BC 与刚体固连，当连杆处于 B_1C_1、B_2C_2 和 B_3C_3 时引导实现了刚体给定的位置 S_1、S_2、S_3。

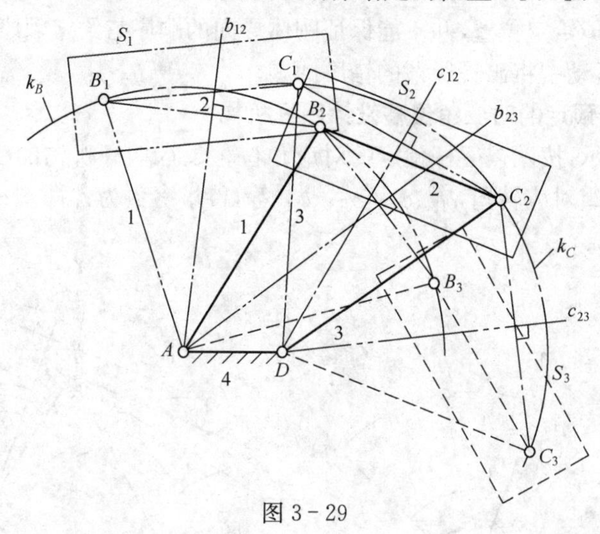

图 3-29

按预实现刚体给定位置设计四杆机构，首先可以选定连杆的长度 l_{BC}，再在被导向的刚体上选择铰链点 B、C 的位置，这样就可得到连杆的一系列位置，如 B_1C_1、B_2C_2 和 B_3C_3 等。接下来则可利用活动铰链点 B_1、B_2、B_3 和 C_1、C_2、C_3 分别到固定铰链点 A、D 等距的原理作垂直平分线进行求解，即杆长不变原理。

1) 给定刚体两位置

只给定刚体两位置 S_1、S_2 时，连杆的铰链点 B、C 位置可在刚体上任取，B_1C_1、B_2C_2 位置将随之确定，机构的固定铰链点 A、D 只需在 b_{12}、c_{12} 线上即可(b_{12}、c_{12} 为点 B_1B_2、C_1C_2 的垂直平分线)。满足这类问题的设计将有无穷多解，设计者会有较大的设计空间，可以自行选定的参数较多，以便满足对机构的其他要求。

2) 给定刚体三位置

若给定刚体三位置 S_1、S_2、S_3 时，连杆的铰链点 B、C 位置同样可在刚体上任取，B_1C_1、B_2C_2、B_3C_3 位置也将随之确定，固定铰链点 A、D 即为相应垂直平分线 b_{12}、b_{23} 和 c_{12}、c_{23} 的交点，其解是确定的。但改变铰链点 B、C 的位置，其解也随之变化，故满足刚体三位置的设计也有无穷多解。

3) 给定刚体四位置

给定刚体四位置时 B、C 则不可在刚体上任取，任取的 B 点不能保证 B_1、B_2、B_3、B_4

均在一个圆周上；但根据机构学中机构位置综合的德国学者布尔梅斯特尔(Burmester)理论，该问题一定有解，而且可以在被导向刚体上找到一条曲线(圆点曲线)，当活动铰链点 B 位于该曲线上时，其 B_1、B_2、B_3、B_4 均在一个圆周上，而这一系列圆周的圆心也将形成另一曲线(圆心曲线)，即固定铰链 A 点只要选在其上即可；对 C 点亦有同样结论。所以，给定刚体四位置问题也会有无穷多解。

若给定刚体五位置，由机构学理论证明其解可能是四组、两组或无解，即使有解也很难达到实用，所以一般不按五位置进行机构设计。

由于平面铰链四杆机构中杆的数量较少，即设计中待定的参数有限，机构不可能精确满足实现任意多的刚体导向位置；如果只是近似实现若干给定刚体位置，则不受给定刚体位置数量限制，但给定刚体位置数量越多，机构实现起来越困难，精度将越差。同时，需要注意的是满足了刚体给定位置，并不能保证刚体导向的顺序与给定顺序相一致，设计者需要校核，否则机构运动中将出现所谓的错序问题。

2. 按两连架杆预定的对应角位移设计四杆机构

如图 3-30 所示，按两连架杆预定的对应角位移设计四杆机构的已知条件一般是给定两连架杆的若干组对应转角 α_{12}、φ_{12}，α_{13}、φ_{13} 等，待求参数为各杆长 a、b、c、d 和连架杆的初始安装角 α_0、φ_0。

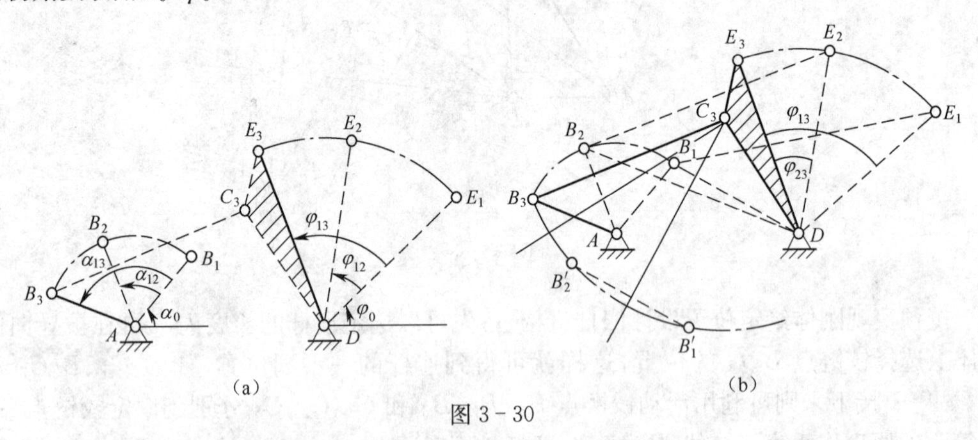

图 3-30

此类问题与上述的刚体导向问题在连杆机构学上同属于位置问题，给定两连架杆预实现的对应角位移数与其机构实现解的数目关系与前述基本类似。同时，由于满足构件间相对转角关系与构件的绝对杆长无关，所以杆长 a、b、c、d 中可以自行选定其一(如可选定机架长度 $d=1$)。

使用反转法原理可将上面的复杂问题转化为已知动铰链位置求定铰链位置问题。

首先针对按连架杆 AB 与 DC 间两组预定的对应角位移 α_{12}、φ_{12}，α_{13}、φ_{13} 设计四杆机构，选定参数为 a、α_0、φ_0，具体作图步骤如下：

(1) 按已选定的参数作出连架杆间的两组对应转角得 AB_1、AB_2、AB_3 和 E_1D、E_2D、E_3D，长度 DE 为任选(注意 E_1D、E_2D 或 E_3D 并不是最终连架杆 CD 的长度，只是连架杆 CD 上的一条标线而已)；

(2) 将四边形 AB_2E_2D 刚化，然后进行反转，使四边形 AB_2E_2D 的边 E_2D 重合于 E_3D，得到 B_2 点反转后的点位 B_2'(因于解无关，A 的反转点未作出)；同理，得四边形

AB_1E_1D 刚化反转后对应的 B_1' 点；

(3) 作 B_1'、B_2' 点连线的垂直平分线与 B_2'、B_3 点连线的垂直平分线，得交点 C_3，即得满足给定问题的解为铰链四杆机构 AB_3C_3D（可将 E_3D 固接于连架杆 C_3D 上，标线 E_3D 与给定的对应转角位置重合）。

对于给定两连架杆的两组对应转角问题，可选择参数 a、d、α_0 和 φ_0，故有无穷多个解。

若求解给定两连架杆的三组对应转角问题，使用上述解法将出现 B_1'、B_2'、B_3'、B_4' 四点定圆心的情况，这时可以采用点位归并的办法求解。点位归并法求解的关键点在于将机架选在某一组对应连架杆位置转角的角平分线上。AB 杆的长度由表示该组对应转角的两组位置线（或其延长线）的交点确定（图 3-31）。按此法确定的杆长 a、d 和连架杆的初始位置，可使反转法中出现 B_1'、B_2'、B_3'、B_4' 四点中的两点重合即所谓点位归并，此时便不难使用三点定圆心的方法求解。注意此问题也会有无穷多解。

反转法的实质是实现了机架的转化，相当于给机构的整体施加了一个相反的运动，因此并未改变机构中各构件间的相对运动。它是一个在机构运动设计中普遍适用的基本原理，前述的选定固定铰链点 A、D 位置后的刚体导向问题就可以使用反转法原理求解。

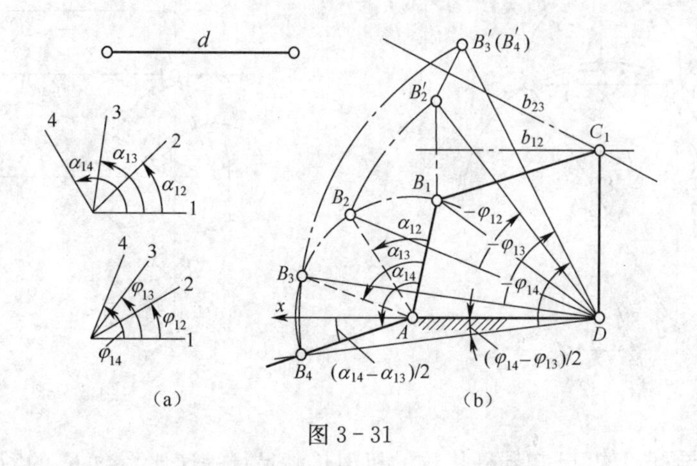

图 3-31

3. 按给定行程速比系数 K 设计四杆机构

设已知曲柄摇杆机构中摇杆的长度 CD 和其摆角 φ 及行程速比系数 K。要求设计该四杆机构。

首先根据行程速比系数 K，计算出极位夹角 θ，即

$$\theta=180^\circ\frac{K-1}{K+1}$$

其次，任选一点 D 作为固定铰链，根据已知条件按比例画出摇杆两位置 DC_1 和 DC_2，如图 3-32 所示；然后，以 C_1C_2 为底作顶角 $\angle C_1PC_2$ 为 θ 的直角三角形 C_1C_2P；接着作 $\triangle C_1C_2P$ 的外接圆 η_1，圆上任一点 A 均满足 $\angle C_1AC_2=\theta$，所以圆 η_1 即为铰链点 A 所在轨迹圆。

A 点取在圆 η_1 上（C_1C_2、FG 段除外），就可得到满足条件的解，即有无穷多解。故需给定其他辅助条件。如给定机架长度 d（或曲柄长度 a 或连杆长度 b 或最小传动角 $\gamma_{\min}$ 等），当 A 点确定后，各杆的长度便随之确定。因 $\overline{AC_1}=b+a$，$\overline{AC_2}=b-a$，故 $a=$

$(\overline{AC_2}-\overline{AC_1})/2, b=(\overline{AC_2}+\overline{AC_1})/2$。

若给定曲柄长度 a 或连杆长度 b，可以按如下方法求解：

过 C_1C_2 的中点和 D 点作直线 XY 交圆 η_1 于 X、Y 点。若给定曲柄长度 a，以 X 点为圆心作过点 C_1、C_2 的圆 η_2，然后以 C_2 为圆心，$2a$ 为半径作圆与圆 η_2 的交点为 E 点，延长 C_2E 交于圆 η_1 的点即为所求的 A 点；若给定连杆长 b，以 Y 点为圆心作过点 C_1C_2 的圆 η_3，然后以 C_2 为圆心，$2b$ 为半径作圆与圆 η_3 的交点为 H 点，连接 C_2H，得与圆 η_1 的交点即为所求的 A 点。

设计时，注意 A 点不可选在 FG 劣弧段上，否则机构运动不能连续（机构的两个位置装配模式不同）；A 点选在 C_1G 弧和 C_2G 弧时，越靠近 FG，机构的最小传动角 $\gamma_{\min}$ 越小。A 点选在 C_1C_2 劣弧段上，机构将有很大急回。

对于曲柄滑块机构，若已知其行程速比系数 K、冲程 H 和偏距 e 时，可以用类似的方法设计，如图 3-33 所示，只需过滑块两极限位置 C_1C_2 点作圆周角为 θ 的圆，铰链点 A 取在圆周上即可。

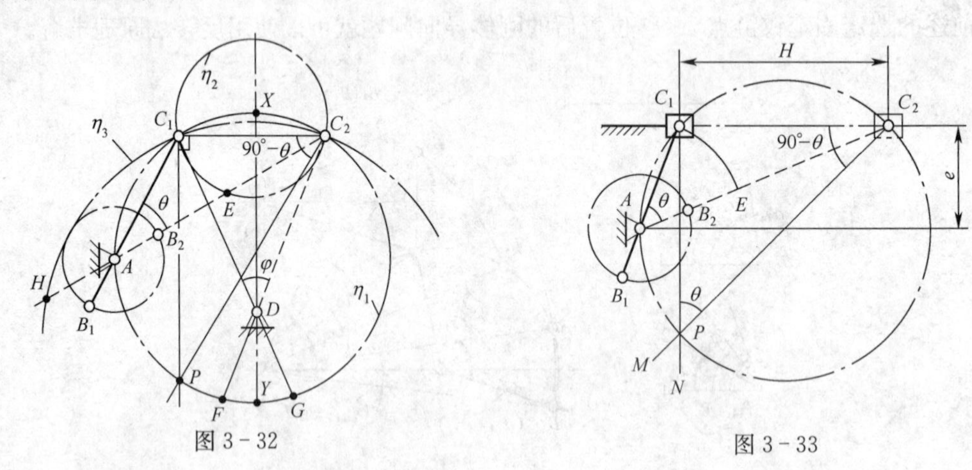

图 3-32　　图 3-33

对于摆动导杆机构，已知导杆机构的机架长满足行程速比系数 K 的图解法将十分简单，因为摆动导杆的摆角即为机构的极位夹角。

3.4.3　用解析法设计四杆机构

用解析法进行四杆机构设计，首先需建立包含机构各尺度参数和运动参量等在内的解析方程式，然后根据已知条件，求解机构的尺度参数。

1. 按给定连架杆的对应位置设计四杆机构

如图 3-34 所示，按给定两连架杆一系列对应转角位置 θ_{1i}、θ_{3i}，设计铰链四杆机构。

待求参数为杆长 a、b、c、d 和连架杆的初始安装角 α_0、φ_0。由于机构构件实现相对转角关系与构件绝对杆长无关，所以令杆长比为 $a/a=1$；$b/a=l$；$c/a=m$；$d/a=n$。故机构实际的待求参数为 l、m、n、α_0、φ_0 共五个。

首先建立坐标系，如图 3-34(b)所示，使 x 轴与机架重合，各杆以矢量表示，其转角从 x 轴正向沿逆时针方向度量。根据各构件所构成矢量封闭形，可写出矢量方程为

$$\boldsymbol{a}+\boldsymbol{b}=\boldsymbol{d}+\boldsymbol{c} \tag{3-8}$$

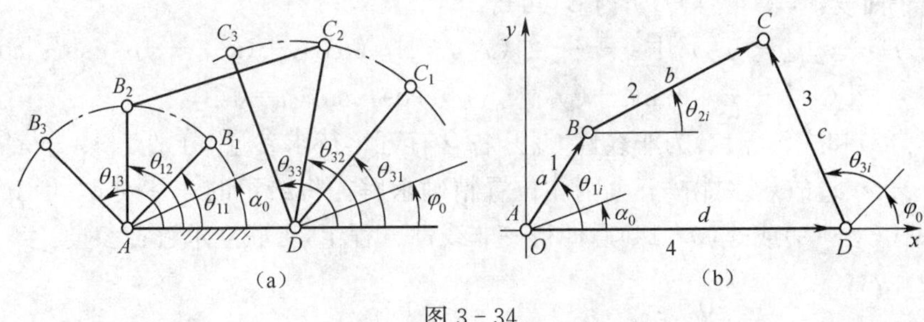

图 3-34

将矢量方程向 x、y 轴进行投影，可得以下两个代数方程：

$$\begin{cases}a\cos(\theta_{1i}+\alpha_0)+b\cos\theta_{2i}=c\cos(\theta_{3i}+\varphi_0)+d\\ a\sin(\theta_{1i}+\alpha_0)+b\sin\theta_{2i}=c\sin(\theta_{3i}+\varphi_0)\end{cases}\tag{3-9}$$

联立上两式消去中间参量 θ_{2i}，然后方程两边除以杆长 a，再取相对杆长 l、m、n 后，得

$$\cos(\theta_{1i}+\alpha_0)=P_0\cos(\theta_{3i}+\varphi_0)+P_1\cos(\theta_{3i}+\varphi_0-\theta_{1i}-\alpha_0)+P_2\tag{3-10}$$

式中 $P_0=m$，$P_1=-m/n$，$P_2=(m^2+n^2+1-l^2)/(2n)$。

式(3-10)中含有五个待定参数 P_0、P_1、P_2、α_0、φ_0，故四杆机构最多能精确满足五组对应转角位置。但求解五个未知量(机构学中称全参数综合)将面对求解非线性方程组(含有三角函数的超越方程)，求解比较困难，现多采用数值法进行求解。

可以进一步证明，给定五组对应转角位置，方程可能无解。但给定四组对应转角位置(α_0、φ_0 可选定其一)，则方程一定有解。若仅给定三组对应转角位置，方程可降为线性方程组，很容易求解。(由于 α_0、φ_0 可自行选定，机构将有无穷多解)。实践中，可以不断地选 α_0、φ_0，求出系列解，选其优作为非线形方程组的解或将其作为初值用数值法进一步迭代求解满足五位置时机构的解。

若给定对应转角位置数 $N>5$ 时，一般无精确解。但可以用最小二乘原理求解(即方程不精确满足的误差最小平方和 $\Delta^2\to0$ 或 min)求其近似解(实际上，数值法求解本身的未知量与方程数目关系并不十分密切，给定位置多只是机构更不宜满足或误差更大而已)。

2. 按给定刚体位置设计四杆机构(刚体导向问题)

由于连杆作平面运动，其位置可以用在连杆上任选一点 M 的坐标(x_M，y_M)和连杆的方位角 θ_2 来表示，因而，按给定刚体位置设计铰链四杆机构可表示为按给定平面刚体上某点 M 的一系列坐标值 $M_i(x_{M_i},y_{M_i})$ 和刚体相应的转角 θ_{2i} 的设计，如图 3-35 所示。使用作平面运动的连杆引导刚体能通过平面上这些一系列的给定位置。

建立如图 3-35 所示的坐标系 Oxy，为包含所有待求参数，将机构分为左、右两个双杆组加以研究。建立左侧双杆组的矢量封闭图(图 3-35(b))，可得

$$\overrightarrow{OA}+\overrightarrow{AB_i}+\overrightarrow{B_iM_i}-\overrightarrow{OM_i}=0\tag{3-11}$$

将其在 x、y 轴投影，联立消去 θ_{1i}，然后整理，可得

$$(x_{M_i}-x_A)^2+(y_{M_i}-y_A)^2+k-a^2-2[(x_{M_i}-x_A)k\cos\gamma+(y_{M_i}-y_A)k\sin\gamma]\cos\theta_{2i}+ 2[(x_{M_i}-x_A)k\sin\gamma-(y_{M_i}-y_A)k\cos\gamma]\sin\theta_{2i}=0\tag{3-12}$$

同理建立右侧双杆组的矢量封闭图，可得

$$\overrightarrow{OA}+\overrightarrow{AD}+\overrightarrow{DC_i}+\overrightarrow{C_iM_i}-\overrightarrow{O_iM_i}=0\tag{3-13}$$

将其在 x、y 轴投影，联立消去 θ_{3i}，整理可得

$$(x_{M_i}-x_D)^2+(y_{M_i}-y_D)^2+e-c^2-2[(x_{M_i}-x_D)e\cos\alpha+(y_{M_i}-y_D)e\sin\alpha]\cos\theta_{2i}+\\2[(x_{M_i}-x_D)e\sin\alpha-(y_{M_i}-y_D)e\cos\alpha]\sin\theta_{2i}=0 \tag{3-14}$$

式(3-12)和式(3-14)为非线性方程，各含有五个待求参量，分别是 x_A、y_A、a、k、γ 和 x_D、y_D、c、e、α，故最多能按五个刚体位置精确求解。将给定的一系列 $M_i(x_{M_i},y_{M_i})$ 和 θ_{2i} 代入式(3-12)或式(3-14)后即得一非线性方程组，可联立求解各参量。

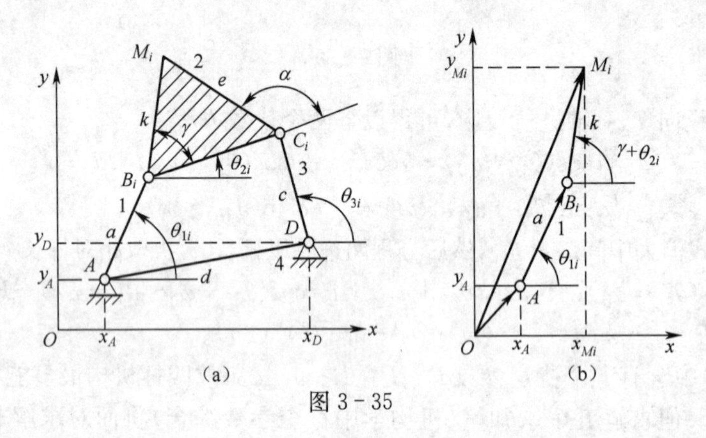

图 3-35

实际设计时为求解简单起见，通常按三个位置求解(视具体情况给定两个待求参量)，求解对象也将降阶为一线性方程组。

杆长 b、d 可按下式求出：

$$\begin{cases}b=\sqrt{(x_{B_i}-x_{C_i})^2+(y_{B_i}-y_{C_i})^2}\\d=\sqrt{(x_A-x_D)^2+(y_A-y_D)^2}\end{cases} \tag{3-15}$$

式中参数 x_{B_i}、y_{B_i} 为任一位置 B 点的 x，y 坐标，可由矢量方程 $\overrightarrow{OB_i}=\overrightarrow{OM_i}-\overrightarrow{B_iM_i}$ 投影后，得

$$\begin{cases}x_{B_i}=x_{M_i}-k\cos(\gamma+\theta_{2_i})\\y_{B_i}=y_{M_i}-k\sin(\gamma+\theta_{2_i})\end{cases} \tag{3-16}$$

而参数 x_{C_i}、y_{C_i} 为任一位置 C 点的 x，y 坐标，可由矢量方程 $\overrightarrow{OC_i}=\overrightarrow{OM_i}-\overrightarrow{C_iM_i}$ 投影后，得

$$\begin{cases}x_{C_i}=x_{M_i}-e\cos(\alpha+\theta_{2_i})\\y_{C_i}=y_{M_i}-e\sin(\alpha+\theta_{2_i})\end{cases} \tag{3-17}$$

经过适当的转化可将刚体导向问题与前述的两连架杆对应转角问题在数学上处理为具有相同形式的综合方程式，对解的讨论也具有类似的结论，所以机构学中将两者统称为机构综合的位置问题。

3. 按预定轨迹设计四杆机构

由于四杆机构中的连杆作平面一般运动，其上不同点将可以走出形式多样、状态各异的轨迹曲线，读者可以查阅专门的书籍，图 3-36 即为连杆曲线图谱中的一页。在实际生产中也会经常遇到设计能够产生某一轨迹曲线的四杆机构。

用解析法解决这类问题，首先要建立包含机构各尺度参数和运动变量的解析方程式，

然后将给定的轨迹要求，如轨迹点的坐标或曲率半径等代入方程，得到一方程组。从机构学的角度建立这类方程并不困难，可以从多个角度采用不同的方法来完成。而是否能成功解决这类问题的关键在于怎样求解非线形方程组，实质上它已经成为一个数学问题。一般情况下，对于同样的轨迹要求，不论采用何种方法去建立方程式，方程的求解难度无甚差别。从数学上看，求解非线形方程组是一个很古老或很传统的问题，但又是一个至今未能圆满解决的问题。尽管现代数学已取得了飞跃式发展和进步，尤其是高性能计算机的普及和应用，带动了计算数学的突飞猛进，可是对求解一般的非线形方程组问题目前仍十分困难。

建立如图 3-37 所示的坐标系和机构模型，欲使连杆上点 M 实现给定的某轨迹曲线 $M(x,y)$；建立连杆曲线矢量方程如下：

$$\overrightarrow{OM}=\overrightarrow{OA}+\overrightarrow{AB}+\boldsymbol{e}+\boldsymbol{f}$$

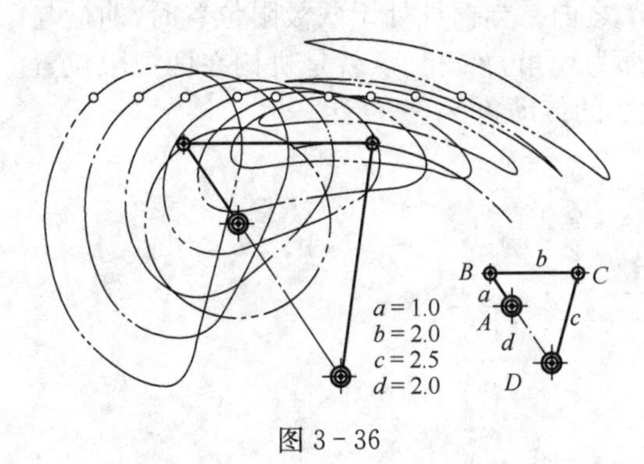

图 3-36

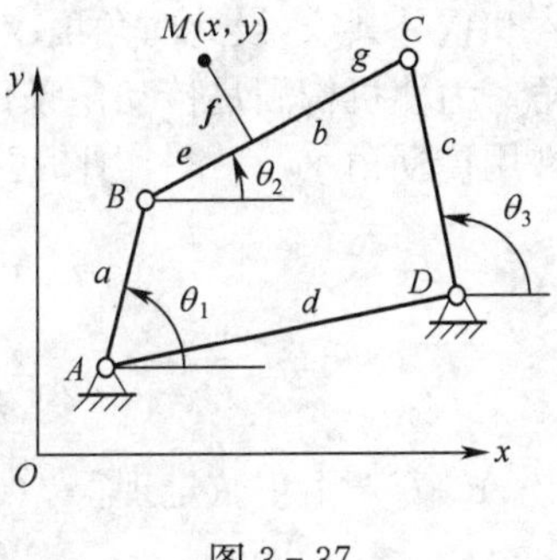

图 3-37

将矢量方程向 x、y 轴投影，得

$$\begin{cases}x=x_A+a\cos\theta_1+e\cos\theta_2-f\sin\theta_2\\ y=y_A+a\sin\theta_1+e\sin\theta_2+f\cos\theta_2\end{cases}$$

联立消去中间参量 θ_1 整理后，得

$$(x-x_A)^2+(y-y_A)^2+e^2+f^2-2[e(x-x_A)+f(y-y_A)]\cos\theta_2+ 2[f(x-x_A)-e(y-y_A)]\sin\theta_2=a^2$$

同理，对右侧杆组：

$$(x-x_D)^2+(y-y_D)^2+g^2+f^2-2[f(y-y_D)-g(x-x_D)]\cos\theta_2+ 2[f(x-x_D)+g(y-y_D)]\sin\theta_2=c^2$$

上两方程联立可消去中间参量 θ_2，整理后方程的形式缩写为

$$F(x_A,y_A,x_D,y_D,a,c,e,f,g,x,y)=0$$

方程含有九个未知量 $x_A,y_A,x_D,y_D,a,c,e,f,g$，可以给定九个轨迹点 $x_i,y_i(i=1,2,3,\cdots,9)$；得到含有九个方程的方程组，可以求解这九个未知量。故在理论上铰链四杆机构最多只能精确满足九个轨迹点，超出九个点就只能得到近似解。

4. 按照给定的行程速比系数设计四杆机构

设曲柄 AB、连杆 BC、摇杆 CD 和机架 AD 的长度分别为 a、b、c、d。已知行程速比系数 K、摇杆的长度 c 和摆角 ϕ。

由作图法可求出铰链中心 A 所在的圆 η_1（设圆的半径 R），如图 3-38 所示。如果没有其他辅助条件，则有无穷多解。若要求机构满足某些给定条件，回转中心点 A 的位置就将受到限制。要求的条件不同，机构的解法各异。本例以机构的传动角 γ 不小于其许用值$[\gamma]$为例，求解满足行程速比系数 K 的曲柄摇杆机构。

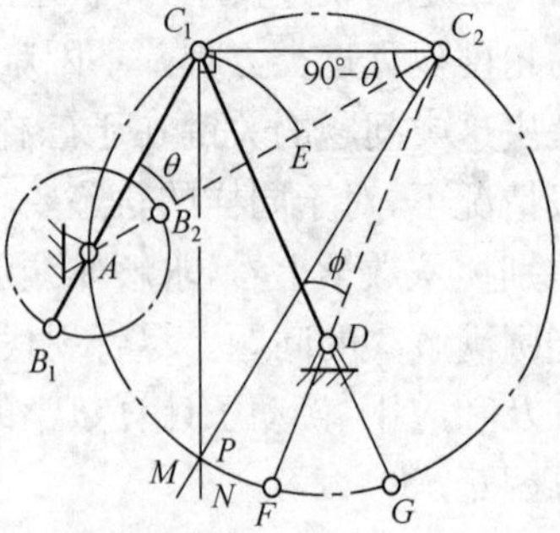

在图 3-38$\triangle C_1C_2D$ 中，$C_1C_2=2c\cdot\sin\dfrac{\phi}{2}$；在$\triangle C_1C_2P$ 中，$C_1C_2=2R\cdot\sin\theta$。由此可求出外接圆 η_1 的半径为

图 3-38

$$R=\frac{c\cdot\sin\dfrac{\phi}{2}}{\sin\theta}$$

当 $\phi>\theta$ 时，摇杆固定铰链点 D 落在圆 η_1 之内。当摇杆处于两极限位置时，曲柄与连杆拉直和重叠共线，设此时角度 $\gamma_1>\gamma_2$ 且都为锐角，γ_1 和 γ_2 就是机构在两极限位置的传动角。为使机构满足传动角条件，应按较小的传动角 γ_2 来设计。

令许用传动角 $\gamma_2=[\gamma]$，由图可知

$$\angle AC_2C_1=90°-\frac{\phi}{2}-[\gamma]$$

$$\angle AC_1C_2=90°-\theta+\frac{\phi}{2}+[\gamma]$$

在 $\triangle AC_1C_2$，由正弦定理得

$$\frac{AC_1}{\sin(90°-\dfrac{\phi}{2}-[\gamma])}=\frac{C_1C_2}{\sin\theta}$$

将 $C_1C_2=2R\cdot\sin\theta$ 代入上式，可得

$$AC_1=2R\cdot\sin(90°-\frac{\phi}{2}-[\gamma])$$

即

$$b-a=2R\cdot\sin(90°-\frac{\phi}{2}-[\gamma])$$

同理

$$a+b=2R\cdot\sin(90°-\theta+\frac{\phi}{2}+[\gamma])$$

由上两式就可以求解 a 和 b。在$\triangle AC_2D$，由余弦定理得

$$d=\sqrt{(a+b)^2+c^2-2c\cdot(a+b)\cdot\cos[\gamma]}$$

用这种方法选择铰链中心 A，机构在工作行程的传动角总是大于许用值的。机构在急回行程的传动角可能会小于许用值，但是回程的受力较小，传动角小于许用值不多，还是允许的。上述方法是在 γ 为锐角时得出的，若 γ 为钝角可以用同样的方法得出相应的解法。

3.4.4 用试验法设计平面连杆机构

1. 试验法设计实现连杆轨迹的平面四杆机构

实现连杆轨迹的平面四杆机构，一般如果轨迹上的所选点位较多时，可以借助于试验

的方法进行图解设计。如图 3-39 所示，要求四杆机构连杆上 M 点能按预定的轨迹 m 进行运动，而且要求曲柄存在。

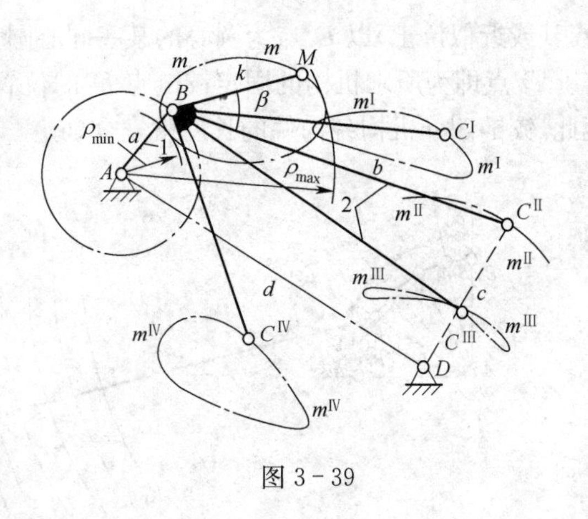

图 3-39

现先选定固定铰链点 A，可量出 A 点到轨迹曲线上最远点和最近点的距离分别为 $\rho_{\max}$ 和 $\rho_{\min}$；设机构曲柄长 AB 为 a、连杆上焊接段 BM 长为 k；显然，上述尺寸应满足以下关系：

$$\begin{cases}a+k=\rho_{\max}\\ k-a=\rho_{\min}\end{cases}$$

由上式可解出 a 和 k 的长度。其余的杆长可由试验确定，具体试验步骤如下：

(1) 在连杆上 B 点处与 BM 杆焊接若干夹角和长度不同的一系列刚性杆 BC^{i}，并在 C^{i} 端点处装上画笔。

(2) 使 M 点与预定的轨迹 m 重合，手工驱动二杆组 ABM，系列刚性杆上端点 C^{i} 等将在运动平面上画出多个封闭的曲线。

(3) 在刚性杆 BC^{i} 端点 C^{i} 处画出的封闭曲线中，寻找那个近似于圆弧的往复重叠曲线，描绘该曲线的点就是要找的活动铰链点 C，曲线的曲率中心就是固定铰链点 D，曲率半径就是曲柄摇杆机构中摇杆的长度 CD。

如果寻找不到那个近似于圆弧的往复重叠曲线，就只好重新选择 A 点，或者改变 B 点的系列焊接杆 BC^{i} 的长度和与 BM 的夹角，然后重复上述过程。

根据预期连杆轨迹设计平面四杆机构时，还可以从连杆曲线图谱中查找轨迹相似的连杆曲线，如图 3-36 所示，然后按比例缩放即可。

2. 试验法设计实现连架杆对应转角的四杆机构

现要求设计一铰链四杆机构，其原动件的角位移 α_i（顺时针方向）和从动件的角位移 φ_i（逆时针方向）的对应关系如表 3-1 所列。

表 3-1

位置	1→2	2→3	3→4	4→5	5→6	6→7
$\alpha_i/(^\circ)$	15	15	15	15	15	15
$\varphi_i/(^\circ)$	10.5	12.5	14.2	15.8	17.5	119.2

设计时，可先在一张纸上取一点作为固定铰链 A，并选取适当的长度 $\overline{AB}$，按角位移 α_i 作出原动件的一系列位置 $AB_1, AB_2, AB_3, \cdots, AB_7$（图 3-40(a)）；再选择一适当的连杆长度 $\overline{BC}$ 为半径，分别以点 $B_1, B_2, B_3, \cdots, B_7$ 为圆心画圆弧 $K_1, K_2, K_3, \cdots, K_7$。

然后，如图 3-40(b)所示，在一张透明纸上选一点作为固定铰链点 D，并按已知的角位移 φ_i 作出相应原动件的一系列位置 $DD_1, DD_2, DD_3, \cdots, DD_7$，再以 D 点为圆心，以不同的长度为半径画一系列的同心圆，即得透明纸样板。

将透明纸样板覆盖在第一张纸上，并移动透明纸样板，力求找到这样的位置，即从动件位置线 $DD_1, DD_2, DD_3, \cdots, DD_7$ 与相应的圆弧线 $K_1, K_2, K_3, \cdots, K_7$ 的交点，恰好位于(或近似位于)以 D 点为圆心的某一同心圆上(图 3-40(c));此时,把样板固定下来,其上 D 点即为所求机构的固定铰链点 D 的位置,$\overline{AD}$为机架长度,$\overline{DC}$为从动件的长度。至此,铰链四杆机构各构件的长度就完全确定。

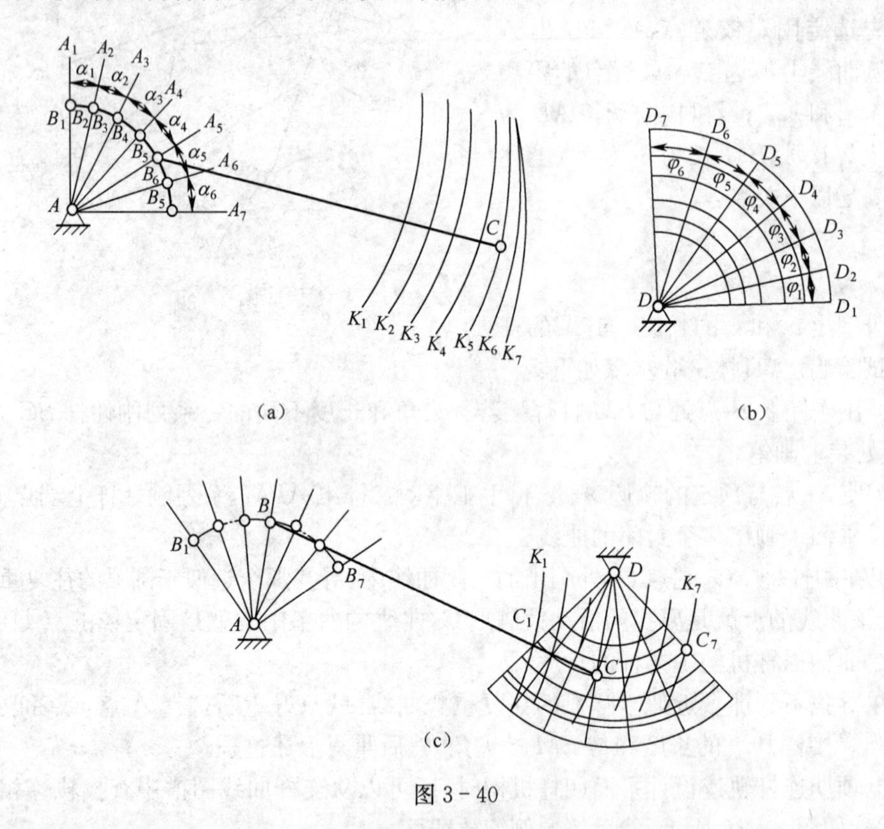

图 3-40

需要指出,上述交点一般只能近似地落在某一同心圆上,难免会产生误差;若误差较大,不能满足设计要求时,则应重新选择原动件$\overline{AB}$和连杆$\overline{BC}$的长度,重复以上步骤,直至满足设计要求为止。

3.5 平面多杆机构

虽然平面四杆机构的结构简单、设计制造比较方便,得到广泛应用,但由于其待求的参数过少,导致不可能满足更复杂的运动要求。故在工程实际中不得不借助于多杆机构。由于实际应用机构的自由度多为 1,所以多杆机构的杆数一般是六杆、八杆或十杆等偶数杆;如果杆数太多将使机构的运动链过长,不仅结构复杂,而且易造成误差累积,使机构运动精度下降,失去多杆机构的应用价值。六杆机构使用最多,它可分为两大类:瓦特(Watt)型和斯帝芬森(Stephenson)型六杆机构,其基本构型如图 3-41(a)和(b)所示,即可在此基础上取任何一个构件为机架并将转动副变为移动副,构造出所有六杆机构。

采用多杆机构不一定会使实际机构的尺寸变大,如车库车门的启闭机构,如图 3-42 所示,采用六杆机构比四杆机构的传动性能更理想,同时占用的空间可以更小。

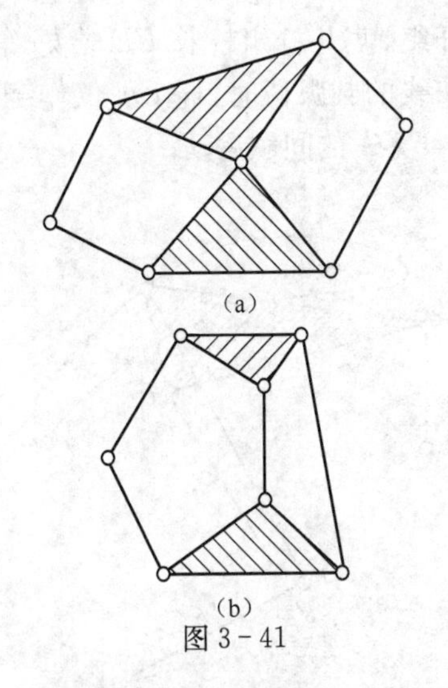

图 3-41

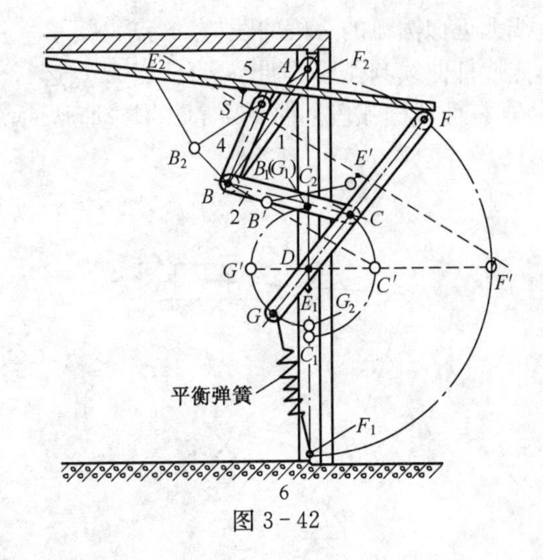

图 3-42

一般使用多杆机构可以达到以下几个目的。

1. 可以使机构精确满足更多的给定位置

前面在理论上已经证明:采用四杆机构,无论对于刚体导向,还是连架杆对应转角问题,最多仅能够精确满足五个机构位置。采用多杆机构就可以突破这一限制,实现更精确更复杂的运动规律。如图 3-43 所示的瓦特型六杆机构,在理论上就可以精确满足 11 组连架杆对应转角。

2. 可改变从动件的运动特性

对插床、刨床等机器的主传动机构,都要求刀具的运动具有较大的急回特性。用一般的四杆机构,虽然可以满足急回特性要求,但是其工作行程刀具的等速性能却变差;为解决这一矛盾,可以采用六杆机构。如图 3-44 所示的 Y52 型插齿机的主传动机构,就采用了六杆机构,插刀在工作行程中较好地实现近似等速。

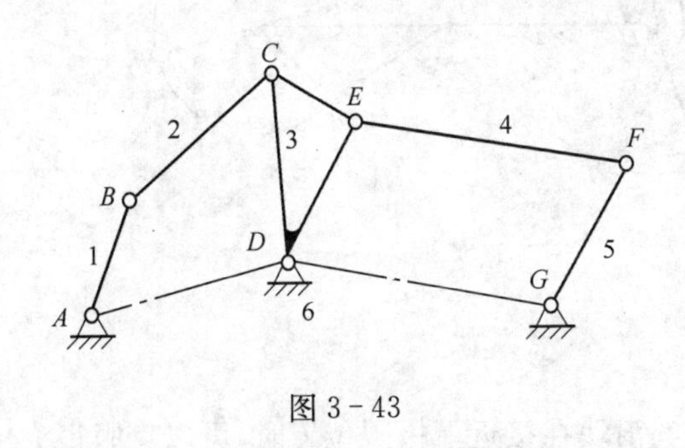

图 3-43

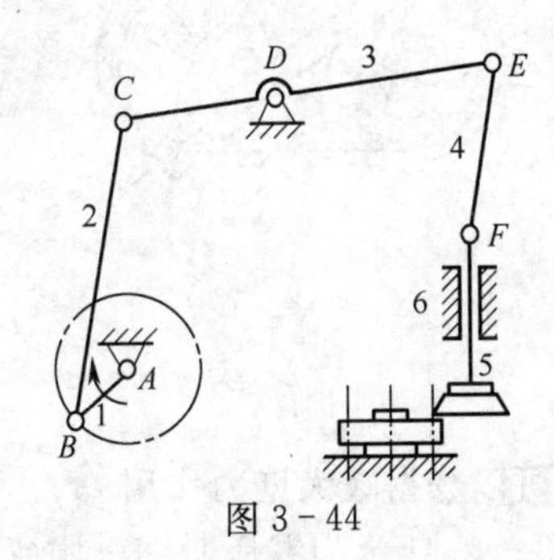

图 3-44

3. 可以扩大机构从动件的运动行程

如图 3-45 所示为一钢料输送装置的机构运动简图。它采用了六杆机构,可以使推料滑块的行程大幅度地增加。

4. 可以实现从动件的间歇运动

在有些机构中,要求从动件在运动过程中具有较长时间的停歇。如图 3-46 所示为一可以实现间歇摆动的六杆机构,它利用了铰链四杆机构 $ABCD$ 连杆 BC 上 E 点连杆曲线上近似圆弧的一段曲线，在该点串接了一铰链Ⅱ杆组，使Ⅱ杆组杆长 EF 恰好等于 E 点连杆曲线圆弧段的曲率半径，当 E 点运行到连杆曲线的圆弧段时，杆 EF 仅作绕 F 点(连杆曲线圆弧段的曲率中心)的转动，从而实现从动杆 FG 的间歇运动。

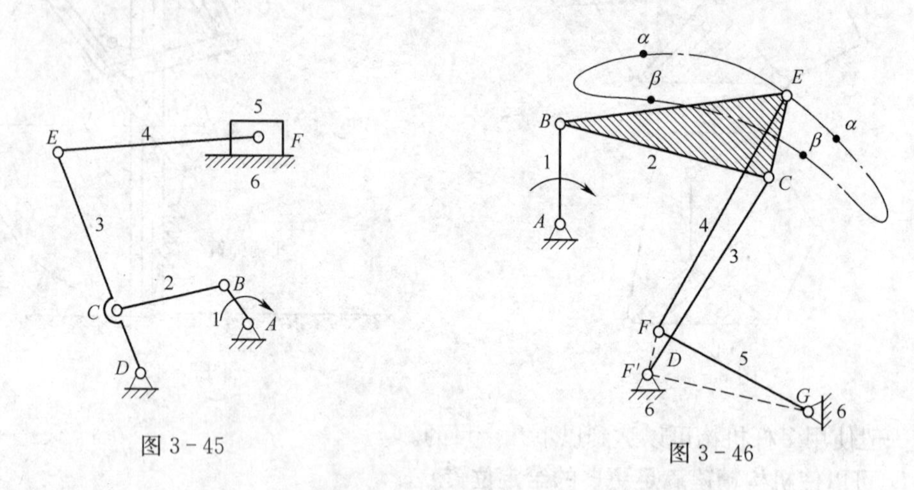

图 3-45

图 3-46

5. 可以获得更加有利的传动角

当机构的从动件摆角较大，外廓尺寸或铰链位置又受到严格限制的地方，采用四杆机构往往不能获得有利的传动角，而采用多杆机构则可以使传动角得到明显的改善。如图 3-47(a)所示为某型洗衣机搅拌机构的机构运动简图。由于输出杆(叶轮)FG 的摆角要求较大(>180°)，采用曲柄摇杆四杆机构时，其传动角将极小，根本不能满足洗衣要求；采用如图 3-47(b)所示的六杆机构，将很好地解决这一问题。

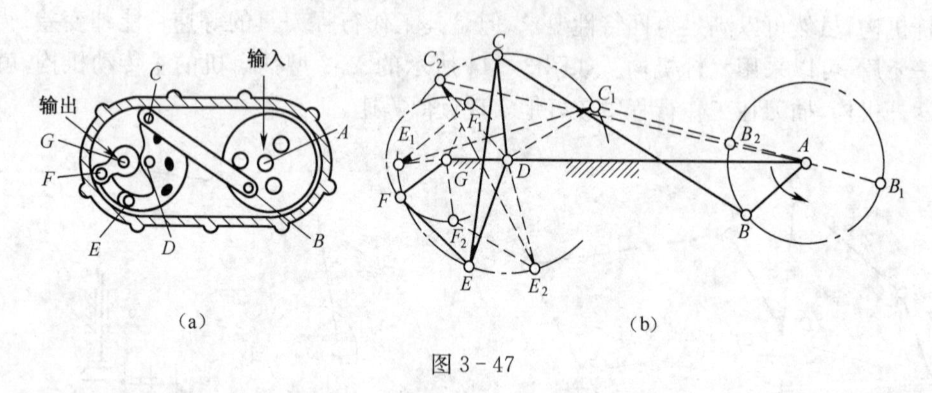

(a)

(b)

图 3-47

6. 可以获得较大增力作用

图 3-48 所示为锻压肘杆机构，往复运动的滑块在接近下极限位置时，可以克服很大的生产阻力，所以它广泛地应用于锻压操作；破碎机也采用这种六杆机构以获得巨大的破碎力。

7. 使从动件的行程可调

某些机械根据传动要求，需要从动件的行程能够调节。例如，图 3-49 所示的机械式无级变速器的主传动机构，要求输出构件 5 的摆角可调。该机构通过改变构件 6 的位置(改变后需固定)，改变了前置四杆机构铰链 D 的位置，从而达到调节构件 5 的输出摆角大小的目的。

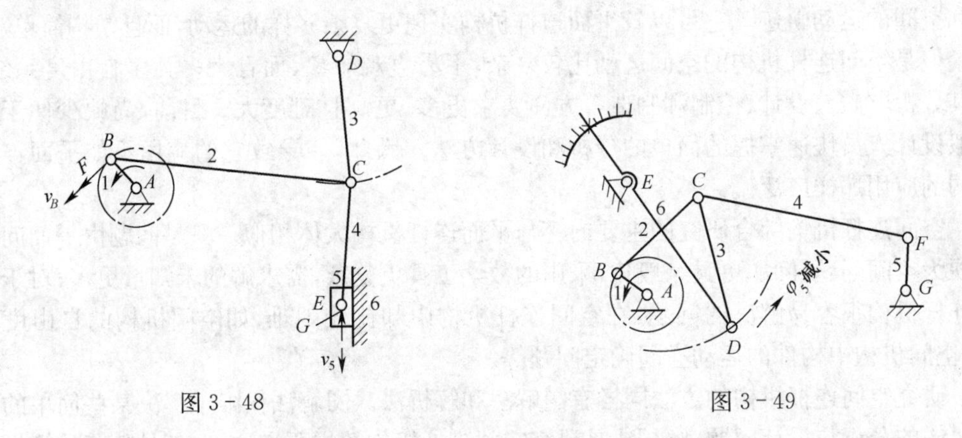

图 3-48　　　　　　　　　　　　图 3-49

3.6　空间连杆机构

组成空间连杆机构的运动副除转动副 R 和移动副 P 之外，还有球面副 S、球销副 S'、圆柱副 C 和螺旋副 H 等。空间连杆机构可分为开链型和闭链型两大类，如图 3-50 和图 3-51 所示。其中，闭链型空间连杆机构控制起来比较方便，在轻工机械、农业机械、航空运输机械及仪表器械中等应用较多；而开链型空间连杆机构主要应用于通用卡具、机械手和机器人中。

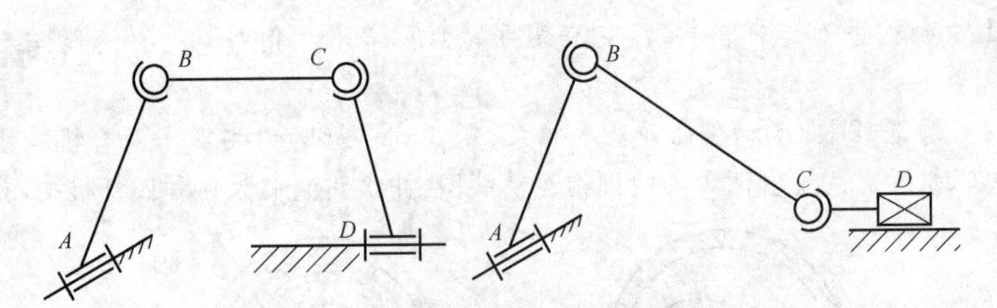

图 3-50　闭链型空间连杆机构 RSSR、RSSP

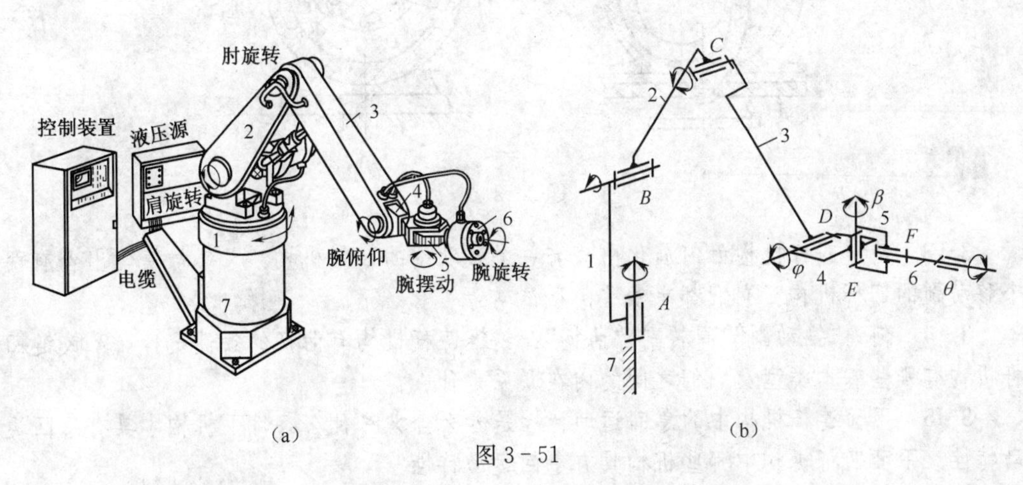

(a)　　　　　　　　　　　　(b)

图 3-51

当需要传递不平行轴之间的运动，空间连杆机构可使从动件得到预期的空间运动规律和空间的运动轨迹。它可以较平面连杆机构实现更复杂多样的运动，而且结构简单、紧凑。但是空间连杆机构的空间运动比较复杂，不易直观想象，而且大多为多自由度系统，在其分析、综合、设计、控制和制造等方面要求更多、更高且难度大。目前，尚缺少便于为一般设计人员快速掌握的简单的分析和设计方法。因此，才导致它的应用不如平面连杆机构的应用那样广泛。

空间连杆机构综合研究的主要内容与平面连杆机构大体相似。只是问题由平面问题扩展为空间问题，问题更具一般化，采用的数学工具更复杂，需求解的未知量更多；对于平面连杆机构很容易解决的问题，在空间连杆机构中却比较困难，如空间机构的自由度计算、空间机构中构件的运动空间确定问题等。

研究空间连杆机构的方法同样有图解法和解析法。图解法仅限于解决某些简单的空间机构的分析与设计问题；解析法是研究空间连杆机构的主要方法，尤其是随着计算机应用的日益普及，使解析法得到迅猛发展。按所用的数学工具不同，解析法的种类也很多，最常用的是矢量法和矩阵法等。

组成空间连杆机构的运动副主要有转动副 R、移动副 P、球面副 S、球销副 S'、圆柱副 C 和螺旋副 H 等。空间连杆机构的命名简单明了，即采用运动副的符号依次相连组成的字符串。如图 3-50 所示的 RSSR 和 RSSP 闭链机构和如图 3-51 所示的 6R 开链机构。

思考题及习题

3-1　何谓“平面连杆机构”？它有哪些特点？常用于何种场合？您能举出几个示例吗？

3-2　题 3-2 图(a)为偏心轮式容积泵；题 3-2 图(b)为由四个四杆机构组成的转动翼板式容积泵。试绘出两种泵的机构运动简图，并说明它们为何种四杆机构，为什么？

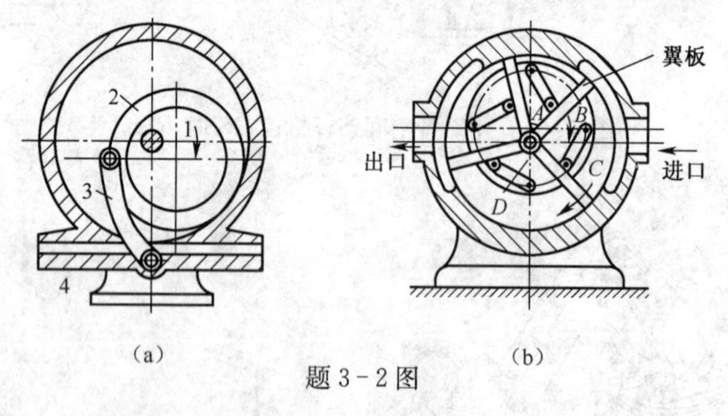

题 3-2 图

3-3　铰链四杆机构如何演化出含有一个移动副的四杆机构？又怎样演化出含有两个移动副的四杆机构？它们都有哪些类型？

3-4　何谓“摆动副”“周转副”“曲柄”？铰链四杆机构有曲柄的条件是什么？铰链四杆机构有哪些基本类型及它们之间的内在联系是什么？

3-5　平面连杆机构中的急回运动特性是什么含义？什么条件下机构才具有急回运动特性？平面四杆机构中哪些机构具有急回运动特性？

3-6　平面四杆机构的行程速比系数 K 值和极位夹角 θ 是怎样定义的？它们之间有何联系？

3-7　机构的传动角和死点是如何定义的？对铰链四杆机构、曲柄滑块机构、摆动导杆机构：

(1)它们以曲柄为原动件时的最小传动角 $\gamma_{\min}$ 出现在什么位置？

(2)机构是否存在死点？

3-8　死点位置是否就是机构不能运动的位置？怎样使机构闯过死点位置？

3-9　在图3-23所示的铰链四杆机构中，各杆的长度分别为 $a=28\text{mm}$，$b=52\text{mm}$，$c=50\text{mm}$，$d=72\text{mm}$。

(1)试用作图法求当取杆1为原动件时，该机构的极位夹角 θ、杆3的最大摆角 ϕ 和机构的最小传动角 $\gamma_{\min}$；

(2)说明转动副 A、B、C、D 是周转副还是摆动副？当取其他杆为机架时，将演化成何种类型机构？

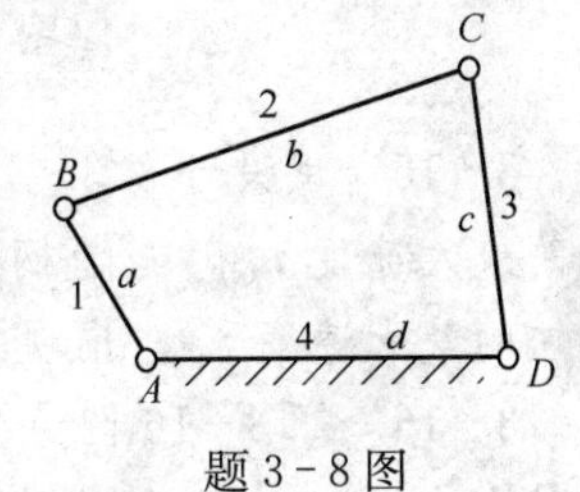

题3-8图

3-10　在题3-9图所示的铰链四杆机构中，若已知 $b=50\text{mm}$，$c=35\text{mm}$，$d=30\text{mm}$。

(1)若此机构为曲柄摇杆机构，且 a 为曲柄，求 a 的取值范围；

(2)若此机构为双曲柄机构，求 a 的取值范围；

(3)若此机构为双摇杆机构，求 a 的取值范围。

3-11　题3-11图为插床的转动导杆机构，已知 $L_{AC}=500\text{mm}$，$L_{CD}=400\text{mm}$，行程速比系数 $K=1.6$，试求曲柄 AB 的长度 L_{AB} 和插刀 E 的行程 H。又若 $K=2$，则曲柄 AB 的长度应调整到何值？此时的插刀行程 H 是否随之改变？

3-12　题3-12图为偏置摆动导杆机构，试作出其在图示位置时的传动角以及机构的最小传动角及其出现的位置，并确定机构为转动导杆机构的条件。

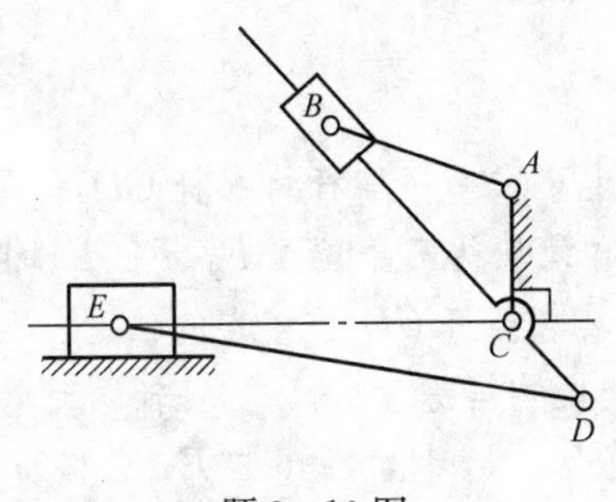

题3-10图

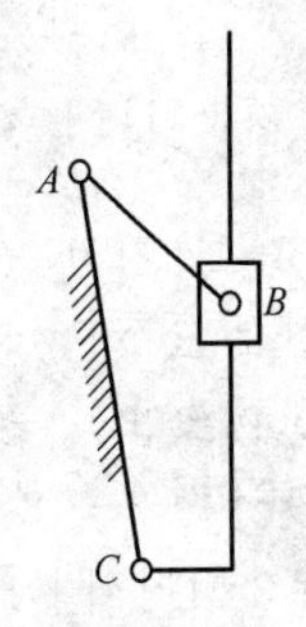

题3-11图

3-13　在题3-13图的连杆机构中，已知各构件的尺寸为 $L_{AB}=160\text{mm}$，$L_{BC}=260\text{mm}$，$L_{CD}=200\text{mm}$，$L_{AD}=80\text{mm}$；并知构件 AB 为原动件，沿顺时针方向匀速回转，试确定：

(1) 四杆机构 $ABCD$ 的类型；

(2) 该四杆机构的最小传动角 $\gamma_{\min}$；

(3) 滑块 F 的行程速比系数 K。

3-14 题 3-14 图为一试验用小电炉的炉门装置，关闭时为位置 E_1，开启时为位置 E_2。试设计一个四杆机构来操作炉门的启闭（各有关尺寸见题 3-13 图）。开启时，炉门应向外开启，炉门与炉体不得发生干涉。而关闭时，炉门应有一个自动压向炉体的趋势（图中 S 为炉门质心位置）。B、C 为两活动铰链所在位置。

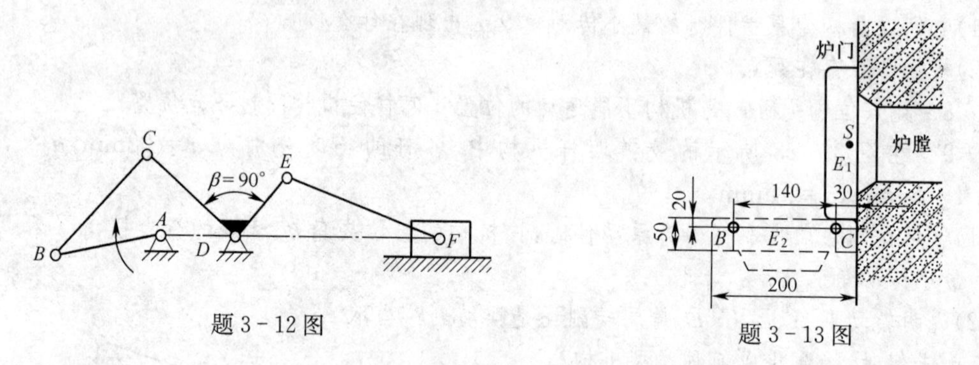

题 3-12 图　　　　题 3-13 图

3-15 试设计题 3-15 图所示的对心曲柄滑块机构，要求滑块行程 $H=200$mm，滑块的最大速度 $v_{C_{max}}$ 与曲柄销轴处的圆周速度 v_B 之比为 1.2，求曲柄和连杆长度（提示：滑块的最大速度 $v_{C_{max}}$ 出现在曲柄和连杆的夹角为 90°时）。

3-16 题 3-16 图为公共汽车车门启闭机构。已知车门上铰链 C 沿水平直线移动，铰链 B 绕固定铰链 A 转动，车门关闭位置与开启位置夹角为 $\alpha=115°$，$AB_1 /\!/ C_1C_2$，$L_{BC}=400$mm，$L_{C_1C_2}=550$mm。试求构件 AB 的长度，验算最小传动角，并绘出在运动中车门所占据的空间（作为公共汽车的车门，要求其在启闭中所占据的空间越小越好）。

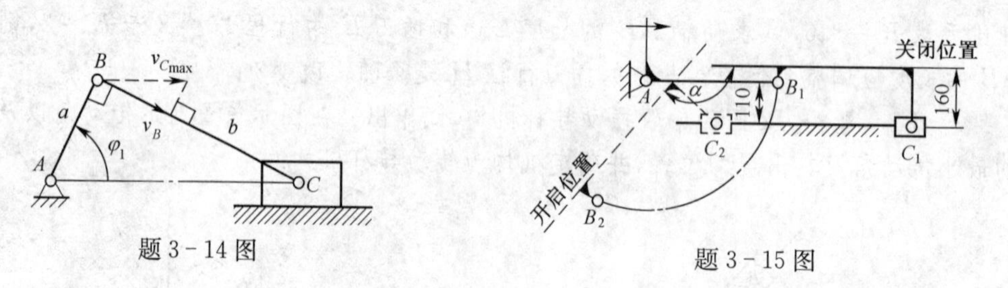

题 3-14 图　　　　题 3-15 图

3-17 题 3-17 图为一已知的曲柄摇杆机构，现要求用一连杆将摇杆 CD 和滑块 F 连接起来，使摇杆的三个已知位置 DC_1、DC_2、DC_3 和滑块的三个位置 F_1、F_2、F_3 相对应（图示尺寸系按比例绘出）。试确定此连杆的长度及其与摇杆 CD 铰接点的位置。

3-18 试设计题 3-18 图所示的六杆机构。该机构当原动件 1 自 y 轴顺时针转过 $\varphi_{12}=60°$时，构件 3 顺时针转过 $\varphi_{12}=45°$恰与 X 轴重合。此时，滑块 6 自 E_1 点移动到 E_2 点，位移 $S_{12}=20$mm。试确定铰链 B 及 C 的位置。

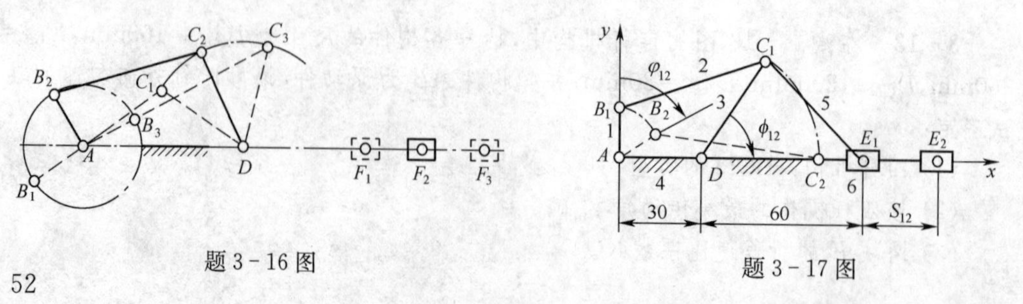

题 3-16 图　　　　题 3-17 图

3－19　题 3－19 图为某仪表中采用的摇杆滑块机构，若已知滑块和摇杆的对应位置为 $S_1=36\text{mm}$，$S_{12}=8\text{mm}$，$S_{23}=9\text{mm}$，$\varphi_{12}=25°$，$\varphi_{23}=35°$，摇杆的第Ⅱ位置在铅垂位置方向上。滑块上铰链取在 B 点，偏距 $e=28\text{mm}$。试确定曲柄和连杆的长度。

3－20　如题 3－20 图所示，现欲设计一铰链四杆机构，设已知摇杆 CD 的长度为 $L_{CD}=75\text{mm}$，行程速比系数 $K=1.5$，机架 AD 的长度为 $L_{AD}=100\text{mm}$，摇杆的一个极限位置与机架间的夹角为 $\phi=45°$。试求曲柄的长度 L_{AB} 和连杆的长度 L_{BC}（有两组解）。

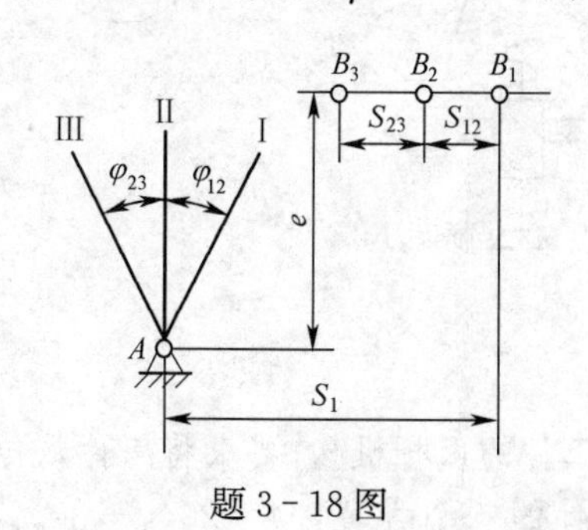

题 3－18 图

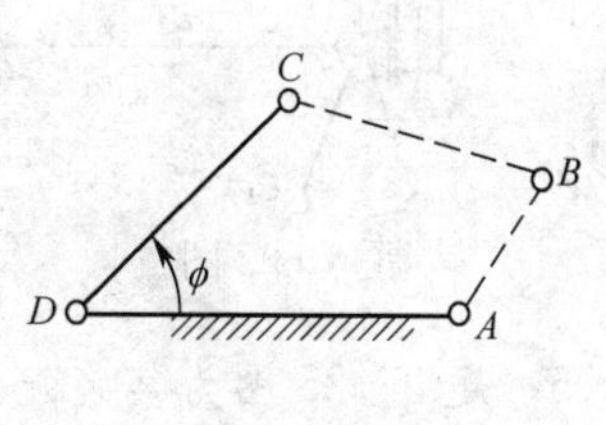

题 3－19 图

3－21　如题 3－21 图所示，设已知破碎机的行程速比系数 $K=1.2$，颚板长度 $L_{CD}=300\text{mm}$，颚板摆角 $\phi=35°$，曲柄长度 $L_{AB}=80\text{mm}$。求连杆的长度，并验算最小传动角是否在允许的范围内。

3－22　题 3－22 图为一牛头刨床的主传动机构，已知 $L_{AB}=75\text{mm}$，$L_{ED}=100\text{mm}$，行程速比系数 $K=2$，刨头 5 的行程 $H=300\text{mm}$。要求在整个行程中，刨头 5 有较小的压力角，试设计此机构。

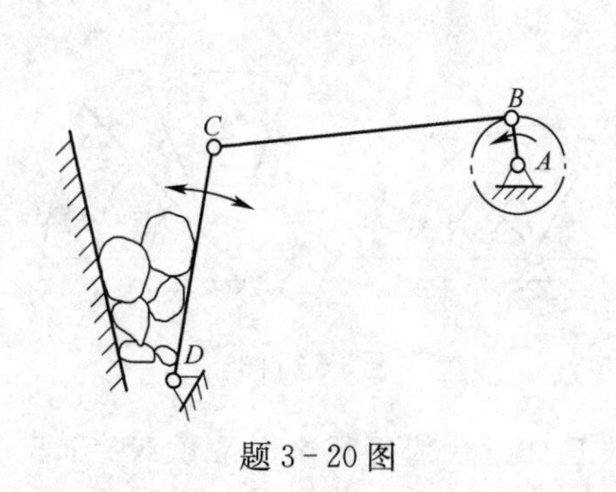

题 3－20 图

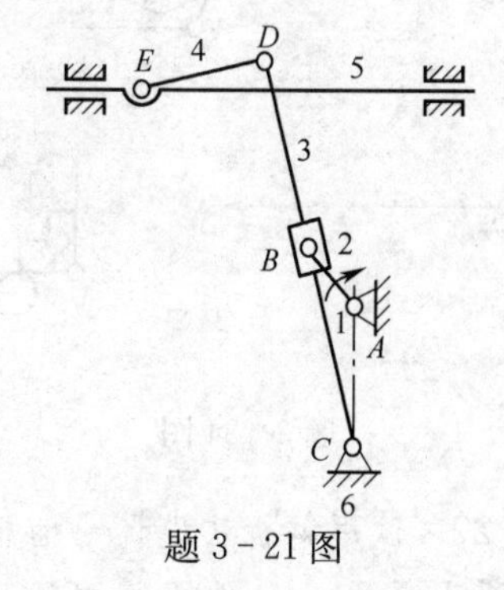

题 3－21 图

3－23　题 3－23 图所示为一双联齿轮变速装置，用拨叉 DE 操纵双联齿轮移动。现拟设计一四杆机构 $ABCD$ 操纵拨叉的摆动，已知条件是：机架 $L_{AD}=100\text{mm}$，铰链 A、D 的位置如图所示，拨叉滑块行程为 30mm，拨叉尺寸 $L_{ED}=L_{DC}=40\text{mm}$，固定轴心 D 在拨叉滑块行程的垂直等分线上。又在此四杆机构 $ABCD$ 中，构件 AB 为手柄。当手柄 AB_1 垂直向上时，拨叉处于 E_1 的位置，当手柄 AB_1 逆时针转过 $\theta=90°$处于水平位置 AB_2 时，拨叉处于 E_2 的位置。试设计此四杆机构。

3－24　题 3－22 图为 Y－52 插齿机的插削机构，已知 $L_{AD}=200\text{mm}$，要求插刀的行程 $H=80\text{mm}$，行程速比系数 $K=1.5$，试确定各杆的尺寸（即构件 AB 的长度 L_{AB} 和扇形齿轮的分度圆半径 R）。

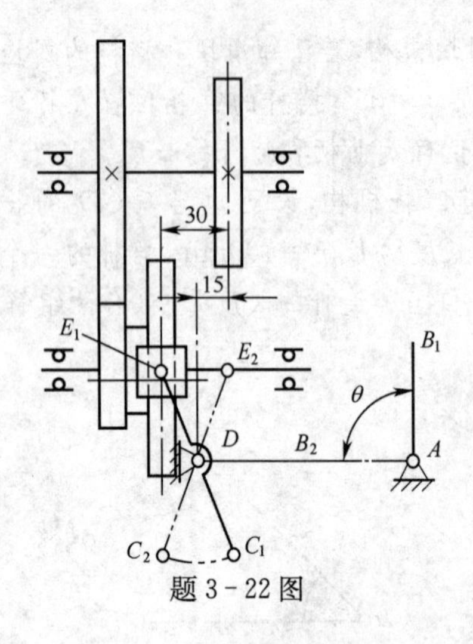

题 3-22 图

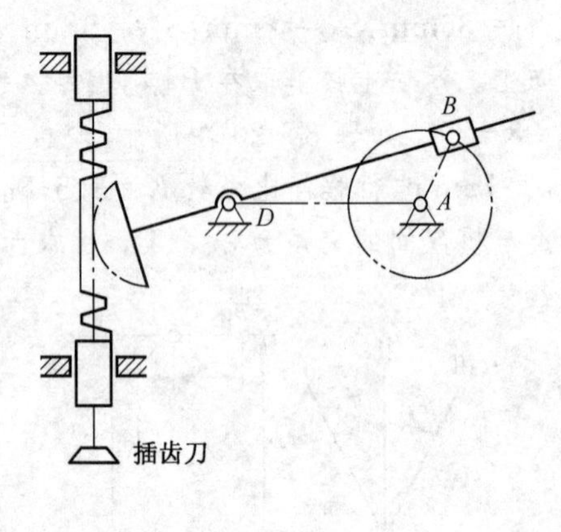

题 3-23 图

3-25 题 3-25 图为某装配线需设计一输送工件的四杆机构,要求将工件从传递带 C_1 经图示中间位置输送到传送带 C_2 上。给定工件的三个方位:$M_1(204,-30)$,$\theta_{21}=0°$;$M_2(144,80)$,$\theta_{22}=22°$;$M_3(34,100)$,$\theta_{23}=68°$。初步预选两个固定铰链的位置为 $A(0,0)$、$D(34,-83)$。试用解析法设计此四杆机构。

3-26 如题 3-26 图所示,要求四杆机构两连架杆的三组对应位置分别为 $\alpha_1=35°$,$\varphi_1=50°$;$\alpha_2=80°$,$\varphi_2=75°$;$\alpha_3=125°$,$\varphi_3=105°$。试用解析法设计此四杆机构。

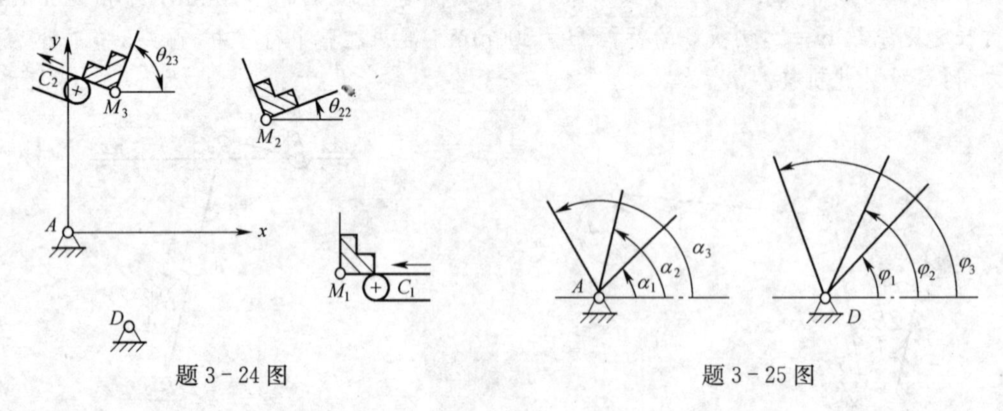

题 3-24 图　　题 3-25 图

3-27 试用解析法设计一曲柄滑块机构,设已知滑块的行程速比系数 $K=1.5$,滑块的冲程 $H=50\text{mm}$,偏距 $e=20\text{mm}$。求其最大压力角 α_{max}。

第 4 章　平面机构的运动分析

4.1　机构运动分析的内容、目的和方法

机构运动分析就是根据机构尺寸和原动件的运动规律，分析机构中其他构件上某些点的位移、轨迹、速度和加速度，以及这些构件的角位移、角速度和角加速度。这些分析内容无论是对于设计新的机械，还是了解现有机械的运动性能都是十分必要的。

通过对机构进行位移或轨迹的分析，可以确定某些构件在运动时所需的空间，判断当机构运动时各个构件之间是否会互相干涉；确定机构中从动件的行程；考察构件上某一点能否实现预定的位置或轨迹要求等；通过对机构进行速度分析，可以了解从动件的速度变化规律能否满足工作要求；通过对机构进行加速度分析，进而可以确定构件的惯性力和惯性力矩，它是研究机械动力性能的必要前提。

平面机构运动分析的方法有图解法和解析法。图解法的特点是形象直观，一般也较简单，但精度不高，而且就机构的一系列位置进行分析时，需要反复作图，也相当繁琐。解析法的特点是把机构中已知的尺寸参数和运动变量与未知的运动变量之间的关系用数学式表达出来，然后借助计算机求解。采用解析法不仅可获得很高的计算精度及一系列位置的分析结果，而且可以精确地知道或了解机构在整个运动循环过程中的运动特性，并能绘出机构相应的运动线图。其缺点是不像图解法那样形象直观，而且计算有时比较复杂，计算工作量可能很大。

4.2　用速度瞬心法作机构的速度分析

机构速度分析图解法又有速度瞬心法和矢量方程图解法。对于构件数目较少的机构，采用速度瞬心法进行速度分析往往比较简便。

4.2.1　速度瞬心的概念

由理论力学可知，当两构件（即两刚体）互作平面相对运动时（图 4-1），在任一瞬时，它们的相对运动都可认为是在绕某一点作相对转动，该点即为两构件的速度瞬心，简称瞬心。显然，两构件在瞬心处是没有相对速度的，或者说相对速度为零，绝对速度相等。故瞬心可定义为两构件上的瞬时速度相等的重合点，即等速重合点。若该点的绝对速度为零，为绝对瞬心，否则为相对瞬心。以 P_{ij} 表示构件 i、j 的瞬心。

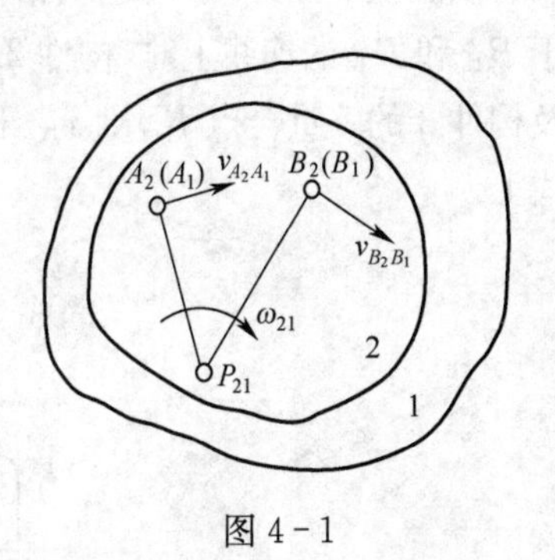

图 4-1

4.2.2 机构中瞬心的数目

作相对运动的每两个构件就有一个瞬心，因此由 N 个构件（含机架）组成的机构，根据排列组合的知识可知，其瞬心总数为

$$K=\frac{N(N-1)}{2} \tag{4-1}$$

4.2.3 机构中瞬心位置的确定

1. 由瞬心的定义确定两构件的瞬心

直接构成运动副的两构件的瞬心位置可由瞬心的定义直接确定。如图 4-2 所示，两构件以转动副相联，转动副的中心即为其瞬心 P_{12}（图 4-2(a)）；若两构件以移动副相联，因两构件间任一重合点的相对运动速度方向均平行于导路，故其瞬心位于移动副导路的垂直方向上的无穷远处（图 4-2(b)）；两构件以平面高副相联，当高副两元素之间作纯滚动时，瞬心就在接触点处（图 4-2(c)），当高副两元素有相对滑动时，瞬心则在过接触点高副元素的公法线上（图 4-2(d)）。

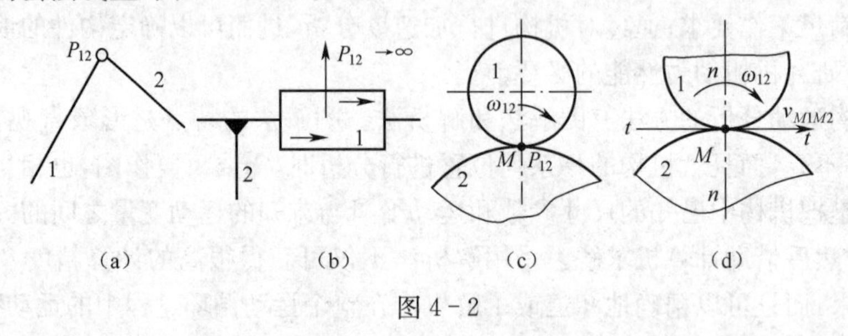

图 4-2

2. 用三心定理确定两构件的瞬心

对于不通过运动副直接相联的两构件的瞬心位置，可根据三心定理来确定。

三心定理：作平面运动的三个构件共有三个瞬心，它们位于同一直线上。证明如下：

如图 4-3 所示，设构件 1、2、3 是作平面运动的三个构件，构件 2、3 分别以转动副与构件 1 相联。根据式(4-1)，它们共有三个瞬心，即 P_{12}、P_{13}、P_{23}。其中 P_{12}、P_{13} 分别位于两转动副的中心处，故可直接求出。现证明 P_{23} 必定位于 P_{12} 和 P_{13} 的连线上。为简便起见，设构件 1 是固定的，则 P_{12} 和 P_{13} 均为绝对瞬心，于是构件 2 和 3 上任一点的速度方向必分别与该点至 P_{12} 及 P_{13} 的连线相垂直。P_{23} 为构件 2 和构件 3 的等速重合点，只有当 P_{23} 位于 P_{12} 和 P_{13} 的连线上时，构件 2 及构件 3 的重合点的速度方向才能一致（例如任取构件 2 及构件 3 的一重合点 K，则 $\boldsymbol{v}_{K2}$ 和 $\boldsymbol{v}_{K3}$ 的方向显然不同），故知，P_{23} 与 P_{12}、P_{13} 必在同一直线上。

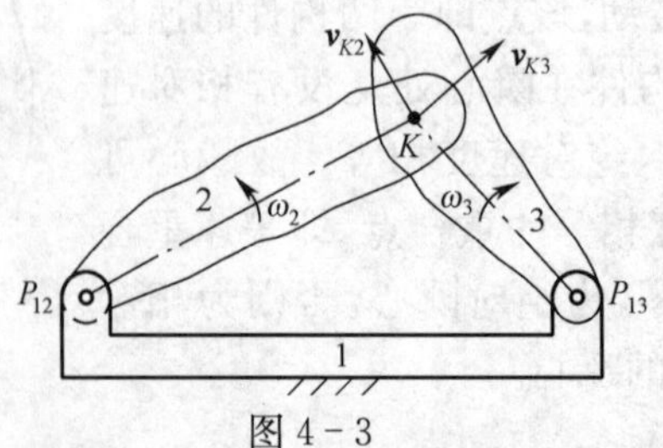

图 4-3

例 4-1 图 4-4 所示为一曲柄滑块机构，试确定该机构在图示位置时其全部瞬心的位置。

解：根据式(4-1)可知，该机构共有 $K=\frac{4(4-1)}{2}=6$ 个瞬心。即 P_{12}、P_{13}、P_{14}、P_{23}、P_{24}、P_{34}。其中 P_{12}、P_{23}、P_{34}、P_{14} 的位置可直观地加以确定，而其余两个瞬心 P_{13} 和 P_{24} 则可应用三心定理来确定。

根据三心定理，对于构件 1、2、3 来说，P_{13} 必在 P_{12} 及 P_{23} 的连线上，而对于构件 1、4、3 来说，P_{13} 又应在 P_{14} 及 P_{34} 的连线上，因此上述两连线的交点即为瞬心 P_{13}。同理可求得瞬心 P_{24}。

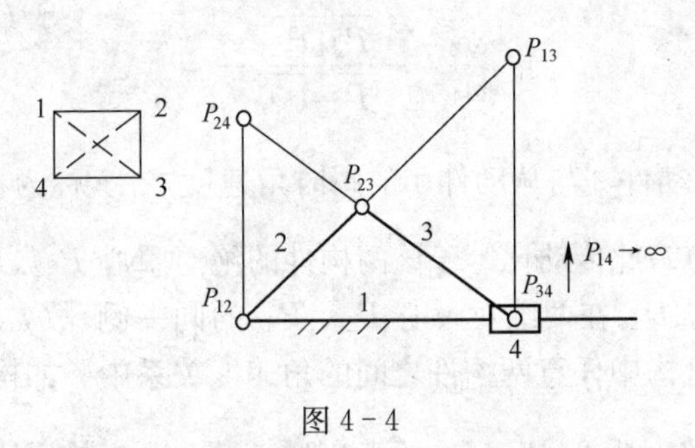

图 4-4

这里应该注意：瞬心 P_{14} 在垂直于移动副导路的无穷远处，所以 P_{34} 和 P_{14} 的连线为过 P_{34} 与移动副导路垂直的直线。

为便于确定不通过运动副连接的两构件的瞬心，可以采用瞬心多边形法，瞬心多边形的边数为机构中构件的数目 N，顶点表示构件编号，每两个顶点之间的连线代表一个瞬心。通常直接成副的瞬心用实线连接两构件号，不直接成副的瞬心用虚线连接两构件号，如图 4-4 左上角所示。由三心定理可知任何构成三角形的三条边所代表的三个瞬心位于同一直线上。

4.2.4 瞬心法在机构速度分析中的应用

利用瞬心法进行速度分析，可求出两构件的角速度之比、构件的角速度及构件上某点的速度。

在图 4-5 所示的平面四杆机构中，已知各构件的尺寸，又知原动件 2 以角速度 ω_2 沿顺时针方向回转，求在图示位置时从动件 4 的角速度 ω_4、构件 2 与构件 4 的角速度之比 ω_2/ω_4 及 C 点的速度 v_C。

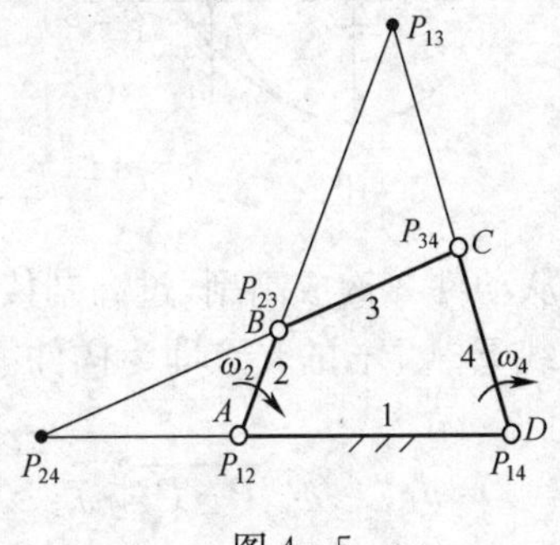

图 4-5

该机构共有六个瞬心，由瞬心的定义可知，转动副 A、B、C 及 D 分别为瞬心 P_{12}、P_{23}、P_{34} 及 P_{14}。P_{13} 和 P_{24} 可应用三心定理来确定。

因为 P_{24} 为构件 2 及构件 4 的等速重合点，故有

$$\omega_2 \overline{P_{12}P_{24}}\mu_l=\omega_4 \overline{P_{14}P_{24}}\mu_l$$

式中，μ_l 为机构的尺寸比例尺，它是构件的真实长度与图示长度之比(m/mm)。由上式可得

$$\omega_4=\omega_2 \frac{\overline{P_{12}P_{24}}}{\overline{P_{14}P_{24}}}$$

或

$$\frac{\omega_2}{\omega_4}=\frac{\overline{P_{14}P_{24}}}{\overline{P_{12}P_{24}}} \tag{4-2}$$

式中，$\frac{\omega_2}{\omega_4}$ 为该机构的原动件 2 与从动件 4 的瞬时角速度之比，称为机构的传动比(或传递函数)。由式(4-2)可知，此传动比等于该两构件的绝对瞬心 P_{12}、P_{14} 至相对瞬心 P_{24} 距离的反比。因相对瞬心 P_{24} 在两绝对瞬心 P_{12}、P_{14} 的同一侧，故 ω_2 与 ω_4 转向相同。此关系可以推广到平面机构中任意两构件之间的角速度关系中。如构件 2 与构件 3 的角速度之比 $\frac{\omega_2}{\omega_3}$ 等于它们的绝对瞬心 P_{12}、P_{13} 至相对瞬心 P_{23} 距离的反比，即

$$\frac{\omega_2}{\omega_3}=\frac{\overline{P_{13}P_{23}}}{\overline{P_{12}P_{23}}}$$

因相对瞬心(P_{23})在两绝对瞬心(P_{12}、P_{13})之间，故 ω_2 与 ω_3 转向相反。

C 点的速度 v_C 即为瞬心 P_{34} 的速度，则有

$$v_C=\omega_4 \overline{P_{14}P_{34}}\mu_l=\omega_2 \frac{\overline{P_{12}P_{24}}}{\overline{P_{14}P_{24}}}\overline{P_{14}P_{34}}\mu_l$$

又如图 4-6 所示的凸轮机构，设已知各构件的尺寸及凸轮 2 的角速度 ω_2，利用瞬心来确定从动件 3 的移动速度 v。

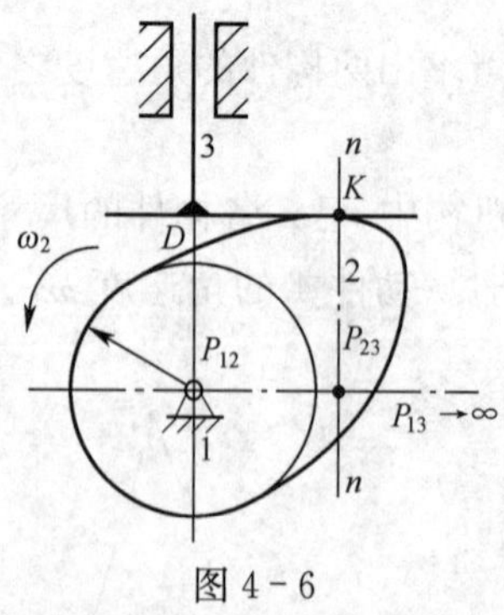

图 4-6

如图 4-6 所示，凸轮 2 与从动件 3 构成高副，过高副接触点 K 作其公法线 nn，由前述可知，此公法线 nn 与瞬心连线 P_{12}、P_{13} 的交点即为构件 2 和 3 的相对瞬心 P_{23}。又因其为两构件的等速重合点，故可得

$$v=v_{P_{23}}=\omega_2 \overline{P_{12}P_{23}}\mu_l \quad \text{(方向垂直向上)}$$

通过上述例子可见，利用瞬心对某些机构进行速度分析是比较简单的，但当瞬心数目很多或者某些瞬心位于图纸之外时，将给求解带来困难，使速度分析问题复杂化。同时，速度瞬心法不能用于机构的加速度分析。

4.3 用矢量方程图解法作机构的运动分析

矢量方程图解法，又称相对运动图解法。在对机构进行运动分析时，首先根据运动合成原理列出矢量方程，然后进行作图求解。下面就以在机构运动分析中常遇到的两种不同情况，说明其基本原理和基本作法。

4.3.1 利用同一构件上两点间的运动关系作机构的速度和加速度分析

在图 4-7(a)所示的平面四杆机构中，设已知各构件尺寸及原动件 1 的运动规律(以 ω_1 逆时针方向匀速转动)，求图示位置点 C、E 的速度和加速度以及构件 2、3 的角速度和角加速度。

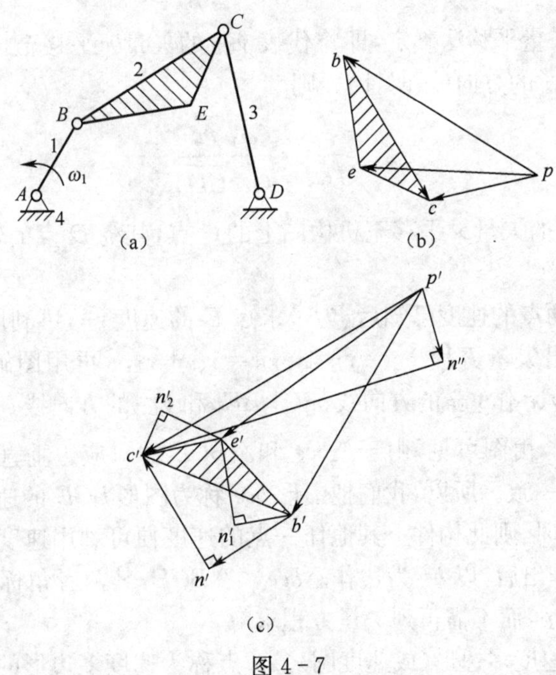

图 4-7

1. 速度分析

由已知条件可求得 B 点的速度为 $v_B=\omega_1 l_{AB}$。根据运动合成原理可知，连杆 2 上任一点(如点 C 或点 E)的运动可认为是随基点 B 作平动(牵连运动)与绕基点 B 作转动(相对运动)的合成，故点 C 的速度为

$$\boldsymbol{v}_C=\boldsymbol{v}_B+\boldsymbol{v}_{CB} \tag{4-3}$$

	$\boldsymbol{v}_C$	$\boldsymbol{v}_B$	$\boldsymbol{v}_{CB}$
方向	$\perp CD$	$\perp AB$	$\perp BC$
大小	?	$\omega_1 l_{BC}$	?

式中，$\boldsymbol{v}_C$ 为 C 点速度，方向垂直杆 CD，大小未知；$\boldsymbol{v}_B$ 为 B 点速度，方向和大小均为已知；$\boldsymbol{v}_{CB}$ 为点 C 相对于点 B 的相对速度，其大小等于连杆 2 的角速度 ω_2 与 B、C 两点之间的实际距离 l_{BC} 的乘积，即 $v_{CB}=\omega_2 l_{BC}$，ω_2 未知，所以其大小未知，方向与 BC 连线垂直，指向与 ω_2 的转向一致。故上式矢量方程中有两个未知数，可用作图法求解。具体求解过程如下：

先按尺寸比例尺 μ_l 作机构的运动简图(图 4-7(a))。

速度分析如图 4-7(b)所示，由任一点 p 作代表 $\boldsymbol{v}_B$ 的矢量 $\overrightarrow{pb}$($\overline{pb}=\boldsymbol{v}_B/\mu_v$，其中 μ_v 为速度比例尺，即图中每单位长度所代表的速度大小，单位为(m/s)/mm；再分别过 b 点和 p 点作代表 $\boldsymbol{v}_{CB}$ 的方向线 bc($\perp BC$)和代表 $\boldsymbol{v}_C$ 的方向线 pc($\perp CD$)，两者交于点 c，则

$$v_C=\mu_v\,\overline{pc}$$

$$v_{CB}=\mu_v\,\overline{bc}$$

$$\omega_2=\frac{v_{CB}}{l_{BC}}=\frac{\mu_v\,\overline{bc}}{(\mu_l\,\overline{BC})}$$

ω_2 的方向可用矢量平移法确定，即将代表 $\boldsymbol{v}_{CB}$ 的矢量 $\overrightarrow{bc}$ 平移至机构图上的 C 点，其绕 B 点的转向即为 ω_2 的方向(顺时针)。则

$$\omega_3=\frac{v_C}{l_{CD}}=\frac{\mu_v\,\overline{pc}}{(\mu_l\,\overline{CD})}$$

同理，将代表 $\boldsymbol{v}_C$ 的矢量 $\overrightarrow{pc}$ 平移至机构图上的 C 点，其绕 D 点的转向即为 ω_3 的方向(逆时针)。

连杆 2 上 B、C 两点的速度已知后，为了求点 E 的速度 $\boldsymbol{v}_E$，可利用 E 与 B 和 E 与 C 之间的速度关系，列出矢量方程 $\boldsymbol{v}_E=\boldsymbol{v}_B+\boldsymbol{v}_{EB}=\boldsymbol{v}_C+\boldsymbol{v}_{EC}$，再用图解法求解。如图 4-7(b)所示，分别过点 b、c 作 $\boldsymbol{v}_{EB}$ 的方向线 be($\perp BE$)和 $\boldsymbol{v}_{EC}$ 的方向线 ce($\perp CE$)，两者交于点 e，则 $\overrightarrow{pe}$ 即代表 $\boldsymbol{v}_E$。由图可见，由于 $\triangle bce$ 和 $\triangle BCE$ 的对应边垂直，故二者相似，其角标字母的顺序方向也一致。所以，我们把图形 bce 称为图形 BCE 的速度影像。当已知同一构件上两点的速度时，则此构件上其他任一点的速度便可利用速度影像原理求出。例如当构件 2 上的 bc 作出后，以 bc 为边作 $\triangle bce \backsim \triangle BCE$，其两者角标字母的顺序方向一致，即可求得点 e 和 $\boldsymbol{v}_E$，而不需再列矢量方程求解。

图 4-7(b)称为速度多边形(或速度图)。p 点称为速度多边形的极点。在速度多边形中，由极点 p 向外放射的矢量，代表构件上相应点的绝对速度，而连接两绝对速度矢端的矢量，则代表构件上相应两点间的相对速度，例如 $\overrightarrow{bc}$ 代表 $\boldsymbol{v}_{CB}$，方向由 b 指向 c。

2. 加速度分析

由已知条件可求得 B 点的加速度为 $a_B=\omega_1^2 l_{AB}$。根据运动合成原理可知，C 点的加速度为

$$\boldsymbol{a}_C=\boldsymbol{a}_B+\boldsymbol{a}_{CB}=\boldsymbol{a}_B+\boldsymbol{a}_{CB}^{\mathrm{n}}+\boldsymbol{a}_{CB}^{\mathrm{t}} \tag{4-4}$$

或

$$\boldsymbol{a}_C=\boldsymbol{a}_{CD}^{\mathrm{n}}+\boldsymbol{a}_{CD}^{\mathrm{t}}=\boldsymbol{a}_B+\boldsymbol{a}_{CB}^{\mathrm{n}}+\boldsymbol{a}_{CB}^{\mathrm{t}}$$

方向　　$C \to D$　　$\perp CD$　　$B \to A$　　$C \to B$　　$\perp BC$

大小　　$\omega_3^2 l_{CD}$　　?　　$\omega_1^2 l_{AB}$　　$\omega_2^2 l_{BC}$　　?

式中，$\boldsymbol{a}_C$ 为点 C 的加速度，其又可分为法向加速度 $\boldsymbol{a}_{CD}^{\mathrm{n}}$ 和切向加速度 $\boldsymbol{a}_{CD}^{\mathrm{t}}$，$\boldsymbol{a}_{CD}^{\mathrm{n}}$ 的大小为 $a_{CD}^{\mathrm{n}}=\omega_3^2 l_{CD}$，$\omega_3$ 可由速度矢量方程中求得，其方向沿 CD，并由点 C 指向点 D；$\boldsymbol{a}_{CD}^{\mathrm{t}}$ 的大小为 $a_{CD}^{\mathrm{t}}=\alpha_3 l_{CD}$，其方向垂直于 CD，指向与构件 3 的角加速度 α_3 转向一致；$\boldsymbol{a}_B$ 为点 B 的加速度，构件 1 匀速转动，所以其大小为 $a_B=a_{BA}^{\mathrm{n}}=\omega_1^2 l_{AB}$，方向沿 BA，并由点 B 指向 A；$\boldsymbol{a}_{CB}^{\mathrm{n}}$ 和 $\boldsymbol{a}_{CB}^{\mathrm{t}}$ 分别为点 C 相对于点 B 的相对法向加速度和相对切向加速度，$\boldsymbol{a}_{CB}^{\mathrm{n}}$ 的大小为 $a_{CB}^{\mathrm{n}}=\omega_2^2 l_{BC}$，其方向沿 CB，并由点 C 指向 B；$\boldsymbol{a}_{CB}^{\mathrm{t}}$ 的大小为 $a_{CB}^{\mathrm{t}}=\alpha_2 l_{BC}$，其方向垂直于 BC，指向与构件 2 的角加速度 α_2 转向一致。故上式矢量方程中有两个未知数，可用作图法求解。具体求解过程如下：

加速度分析如图 4-7(c)所示，从任一点 p' 作代表 $\boldsymbol{a}_B$ 的矢量 $\overrightarrow{p'b'}$ $\overline{p'b'}=\frac{a_B}{\mu_a}$，其中 μ_a 为加速度比例尺，单位为(m/s²)/mm；过 b' 点作代表 $\boldsymbol{a}_{CB}^{\mathrm{n}}$ 的矢量 $\overrightarrow{b'n'}$（$/\!/BC$，方向由 C 指向 B，且 $\overline{b'n'}=\frac{a_{CB}^{\mathrm{n}}}{\mu_a}$）；再过 n' 作代表 $\boldsymbol{a}_{CB}^{\mathrm{t}}$ 的方向线 $n'c'$（$\perp BC$）；过 p' 作代表 $\overrightarrow{a_{CD}^{\mathrm{n}}}$ 的方向线 $p'n''$（$/\!/CD$，方向由 C 指向 D，且 $\overline{p'n''}=\frac{a_{CD}^{\mathrm{n}}}{\mu_a}$）；最后过 n'' 作代表 $\boldsymbol{a}_{CD}^{\mathrm{t}}$ 的方向线（$\perp CD$），其与方向线 $n'c'$ 交于点 c'，则

$$a_C=\mu_a \overline{p'c'}\ (\mathrm{m/s^2})$$

构件 2 的角加速度为

$$\alpha_2=\frac{a_{CB}^{\mathrm{t}}}{l_{BC}}=\frac{\mu_a \overline{n'c'}}{(\mu_l \overline{BC})}\ (\mathrm{rad/s^2})$$

α_2 的方向也用矢量平移法确定，即将代表 $\boldsymbol{a}_{CB}^{\mathrm{t}}$ 的矢量 $\overrightarrow{n'c'}$ 平移至机构图上的 C 点，其绕 B 点的转向即为 α_2 的方向(逆时针)。

构件 3 的角加速度为

$$\alpha_3=\frac{a_{CD}^{\mathrm{t}}}{l_{CD}}=\frac{\mu_a \overline{n''c'}}{(\mu_l \overline{CD})}\ (\mathrm{rad/s^2})$$

同理，将代表 $\boldsymbol{a}_{CD}^{\mathrm{t}}$ 的矢量 $\overrightarrow{n''c'}$ 平移至机构图上的 C 点，其绕 D 点的转向即为 α_3 的方向(逆时针)。

连杆 2 上 B、C 两点的加速度已知后，为了求点 E 的加速度 $\boldsymbol{a}_E$，可利用 E 与 B 和 E 与 C 之间的加速度关系，列出矢量方程 $\boldsymbol{a}_E=\boldsymbol{a}_B+\boldsymbol{a}_{EB}=\boldsymbol{a}_B+\boldsymbol{a}_{EB}^{\mathrm{n}}+\boldsymbol{a}_{EB}^{\mathrm{t}}=\boldsymbol{a}_C+\boldsymbol{a}_{EC}^{\mathrm{n}}+\boldsymbol{a}_{EC}^{\mathrm{t}}$，再用图解法求解。如图 4-7(c)所示，分别过点 b'、c' 作代表 $\boldsymbol{a}_{EB}^{\mathrm{n}}$ 和 $\boldsymbol{a}_{EC}^{\mathrm{n}}$ 的方向线 $b'n_1'$、$c'n_2'$，再过 n_1'、n_2' 分别作代表 $\boldsymbol{a}_{EB}^{\mathrm{t}}$ 和 $\boldsymbol{a}_{EC}^{\mathrm{t}}$ 的方向线，两者交于点 e'，则 $\overrightarrow{p'e'}$ 即代表 $\boldsymbol{a}_E$。即

$$a_E=\mu_a p'e'$$

下面分析构件 2 上 B、C、E 三点加速度的内在关系。点 B、C、E 之间的相对加速度 a_{CB}、a_{EB}、a_{EC} 的大小分别为

$$a_{CB}=\mu_a\,\overline{b'c'}=\sqrt{(a_{CB}^{n})^2+(a_{CB}^{t})^2}=\sqrt{(\omega_2^2 l_{BC})^2+(\alpha_2 l_{BC})^2}=$$
$$l_{BC}\sqrt{\omega_2^4+\alpha_2^2}=\mu_1\,\overline{BC}\sqrt{\omega_2^4+\alpha_2^2}$$
$$a_{EB}=\mu_a\,\overline{b'e'}=\sqrt{(a_{EB}^{n})^2+(a_{EB}^{t})^2}=\sqrt{(\omega_2^2 l_{BE})^2+(\alpha_2 l_{BE})^2}=$$
$$l_{BE}\sqrt{\omega_2^4+\alpha_2^2}=\mu_1\,\overline{BE}\sqrt{\omega_2^4+\alpha_2^2}$$
$$a_{EC}=\mu_a\,\overline{c'e'}=\sqrt{(a_{EC}^{n})^2+(a_{EC}^{t})^2}=\sqrt{(\omega_2^2 l_{EC})^2+(\alpha_2 l_{EC})^2}=$$
$$l_{EC}\sqrt{\omega_2^4+\alpha_2^2}=\mu_1\,\overline{EC}\sqrt{\omega_2^4+\alpha_2^2}$$

由此可得

$$a_{CB}:a_{EB}:a_{EC}=\overline{BC}:\overline{BE}:\overline{EC}$$

即

$$\overline{b'c'}:\overline{b'e'}:\overline{e'c'}=\overline{BC}:\overline{BE}:\overline{EC}$$

此式表明，在加速度关系中也存在和速度影像原理一致的加速度影像原理。因此，要求 E 点的加速度 $\boldsymbol{a}_E$ 时，可以 $b'c'$ 为边作$\triangle b'c'e'\backsim\triangle BCE$（图 4-7(c)），且其角标字母顺序方向一致，即可求得点 e'，从而求出 $\boldsymbol{a}_E$。

图 4-7(c)称为加速度多边形（或加速度图）。p'点称为加速度多边形的极点。在加速度多边形中，由极点 p'向外放射的矢量，代表构件上相应点的绝对加速度，而连接两绝对加速度矢端的矢量，则代表构件上相应两点间的相对加速度，而相对加速度又可分解为相对法向加速度和相对切向加速度。

应该注意，速度影像和加速度影像原理只适用于同一构件，不适用于整个机构，即同一构件上的点满足速度影像和加速度影像原理，由图 4-7 中不难看出，三个图(a)、(b)、(c)总体上并不相似。

4.3.2 利用两构件重合点间的运动关系作机构的速度和加速度分析

如图 4-8(a)所示的机构中，设已知各构件尺寸及原动件 1 的运动规律（以 ω_1 逆时针方向匀速转动），构件 2 和构件 3 组成移动副，现研究此两构件重合点 B 的运动。由运动合成原理可知，构件 3 上 B_3 点的运动可认为是其随构件 2 上 B_2 点的转动和相对于构件 2 的移动的合成。因此其速度和加速度关系分别为

$$\boldsymbol{v}_{B_3}=\boldsymbol{v}_{B_2}+\boldsymbol{v}_{B_3B_2} \tag{4-5}$$

	$\boldsymbol{v}_{B_3}$	$\boldsymbol{v}_{B_2}$	$\boldsymbol{v}_{B_3B_2}$
方向	$\perp BC$	$\perp AB$	$//BC$
大小	?	$\omega_1 l_{AB}$	?

上式矢量方程中有两个未知数，可用作图法求解（图 4-8(b)）。具体求解过程与上述步骤类似，这里不再详细说明。

加速度关系为

$$\boldsymbol{a}_{B_3}=\boldsymbol{a}_{B_2}+\boldsymbol{a}_{B_3B_2}^{k}+\boldsymbol{a}_{B_3B_2}^{r} \tag{4-6}$$

$$\boldsymbol{a}_{B_3}=\boldsymbol{a}_{B_3C}^{n}+\boldsymbol{a}_{B_3C}^{t}=\boldsymbol{a}_{B_2}+\boldsymbol{a}_{B_3B_2}^{k}+\boldsymbol{a}_{B_3B_2}^{r}$$

	$\boldsymbol{a}_{B_3C}^{n}$	$\boldsymbol{a}_{B_3C}^{t}$	$\boldsymbol{a}_{B_2}$	$\boldsymbol{a}_{B_3B_2}^{k}$	$\boldsymbol{a}_{B_3B_2}^{r}$
方向	$B\rightarrow C$	$\perp BC$	$B\rightarrow A$	$\perp BC$	$//BC$
大小	$\omega_3^2 l_{BC}$	?	$\omega_1^2 l_{AB}$	$2\omega_2 v_{B_3B_2}$	?

式中，$\boldsymbol{a}_{B_3B_2}^{r}$为点 B_3 对于 B_2 的相对加速度，其方向平行于相对运动方向；$\boldsymbol{a}_{B_3B_2}^{k}$为点 B_3

相对于点 B_2 的哥氏加速度，其大小为 $a^{k}_{B_3B_2}=2\omega_2 v_{B_3B_2}$（$\omega_2=\omega_3$），方向为将相对速度 $\boldsymbol{v}_{B_3B_2}$ 沿牵连构件 2 的角速度 ω_2 的转向转过 90°后的方向。其加速度图如图 4-8(c)所示，具体作图步骤就不再赘述。

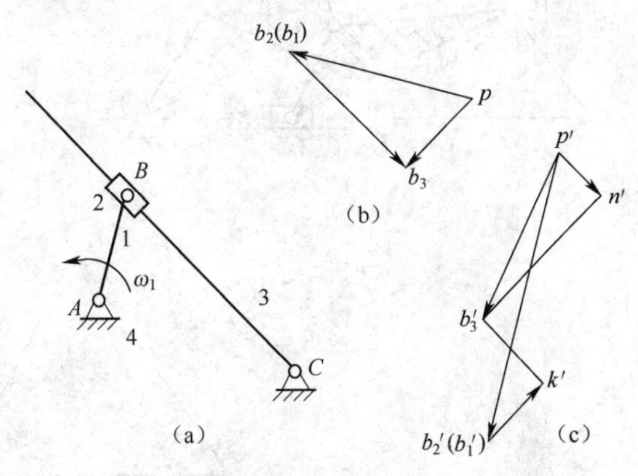

图 4-8

由上述分析可见，要求机构中构件上某点的速度和加速度，只要已知该构件上另外一点的速度和加速度（包括大小和方向），或者另一构件上与该点重合的点的速度和加速度（包括大小和方向），以及该点的速度和加速度的方向，就可以用图解法求解。故在以图解法作机构的速度及加速度分析时，应先从具备这种条件的构件着手，然后再分析与该构件依次相联的其他各个构件。

例 4-2　图 4-9 所示为一六杆机构。设已知各构件的尺寸为 $l_{AB}=150\text{mm}$，$l_{BC}=280\text{mm}$，$l_{BD}=200\text{mm}$，$l_{CD}=110\text{mm}$，$l_{DE}=130\text{mm}$，$l_{AF}=500\text{mm}$；原动件 1 上 B 点的速度、加速度分别为 $v_B=2.3\text{m/s}$，$a_B=60\text{m/s}^2$，方向如图所示。求机构在图示位置时 C 点的速度和加速度及构件 2、5 的角速度和角加速度。

解：1) 作机构运动简图

选取尺寸比例尺 $\mu_1=\dfrac{l_{AB}}{AB}=0.005\text{m/mm}$，按给定的原动件的位置，准确作出机构运动简图（图 4-9(a)）。若运动简图不准确，将严重影响到运动分析结果的正确性。

2) 速度分析

根据已知条件，速度分析应由 B 点开始，根据同一构件上的两点之间的速度关系可以求出点 C 的速度 $\overrightarrow{v_C}$。

$$\boldsymbol{v}_C=\boldsymbol{v}_B+\boldsymbol{v}_{CB}$$

	$\boldsymbol{v}_C$	$\boldsymbol{v}_B$	$\boldsymbol{v}_{CB}$
方向	$//XX$	$\perp AB$	$\perp BC$
大小	?	√	?

式中仅有两个未知数，可用作图法求解（图 4-9(b)）。取点 p 作为速度图的极点，并作 $\overrightarrow{pb}$ 代表 $\boldsymbol{v}_B$，取速度比例尺 $\mu_v=\dfrac{v_B}{pb}=0.05(\text{m/s})/\text{mm}$。再分别自点 b、p 作垂直于 BC、平行于 XX 的直线 bc、pc 代表 $\boldsymbol{v}_{CB}$、$\boldsymbol{v}_C$ 的方向线，两线交于点 c，则

$v_C=\mu_v\,\overline{pc}=0.05\times50=2.5\text{m/s}$　（沿 $\overrightarrow{pc}$ 方向，式中 $\overline{pc}$ 长度可直接由图中量取）

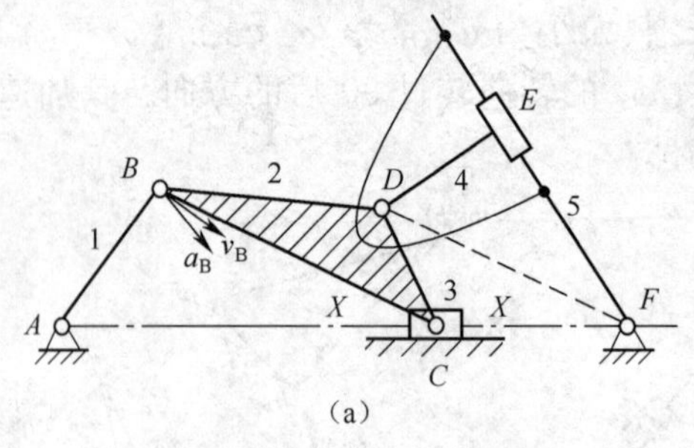

(a)

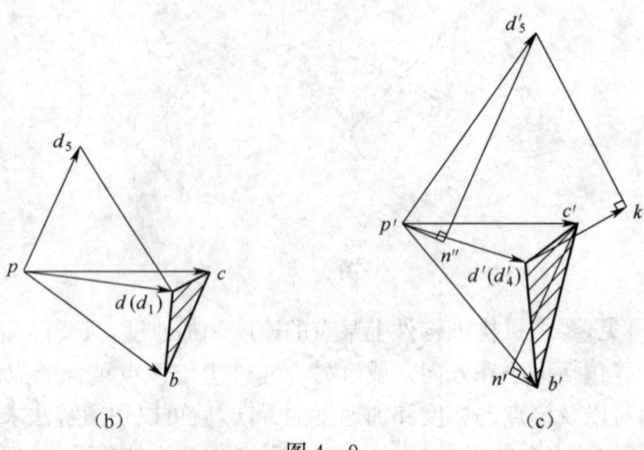

(b) (c)

图 4-9

$$\omega_2=\frac{v_{CB}}{l_{BC}}=\frac{\mu_v\,\overline{bc}}{l_{BC}}=0.05\times30/0.28=5.36\text{rad/s}(\text{逆时针})$$

由于点 $D(D_4)$、B、C 同在构件 2 上，因 $\boldsymbol{v}_B$、$\boldsymbol{v}_C$已知，故可利用速度影像法求得 $\boldsymbol{v}_D$，则

$$v_D=\mu_v\,\overline{pd}=0.05\times40=2.0\text{m/s}\ (\text{沿}\,\overrightarrow{pd}\,\text{方向})$$

为求 ω_5，需先求得构件 5 上任一点的速度。因构件 5 与构件 4 组成移动副，故可由两构件上重合点间的速度关系求解。由运动合成原理可知，重合点 D_5 及 D_4 有

$$\boldsymbol{v}_{D_5}=\boldsymbol{v}_{D_4}+\boldsymbol{v}_{D_5D_4}$$

方向	$\perp DF$	√	$/\!/EF$
大小	?	√	?

上式可用作图法求解(图 4-9(b))，由点 d_4 作 $\boldsymbol{v}_{D_5D_4}$ 的方向线 $d_4d_5/\!/EF$，再由点 p 作 $\boldsymbol{v}_{D_5}$ 的方向线 $pd_5\perp DF$，两方向线交于点 d_5，则

$$\omega_5=\frac{v_{D_5}}{l_{DF}}=\frac{\mu_v\,\overline{pd_5}}{\mu_l\,\overline{DF}}=(0.05\times35/0.005\times48)=7.29\text{rad/s}(\text{顺时针})$$

3) 加速度分析

加速度分析步骤与速度分析相同，先求 $\boldsymbol{a}_C$，然后依次求角加速度 α_2、$\boldsymbol{a}_D$ 及 α_5。根据点 C 相对于点 B 的运动关系可得

$$\boldsymbol{a}_C=\boldsymbol{a}_B+\boldsymbol{a}_{CB}=\boldsymbol{a}_B+\boldsymbol{a}^{\text{n}}_{CB}+\boldsymbol{a}^{\text{t}}_{CB}$$

方向	$/\!/XX$	√	$C\rightarrow B$	$\perp BC$
大小	?	√	$\omega_2^2 l_{BC}$	?

式中仅有两个未知数，可用作图法求解(图 4-9(c))。取点 p'作为加速度图的极点，

并作$\overrightarrow{p'b'}$代表$\boldsymbol{a}_B$，取加速度比例尺$\mu_a=\dfrac{a_B}{\overline{p'b'}}=1(\text{m/s}^2)/\text{mm}$，再过$b'$点作代表$\boldsymbol{a}_{CB}^{\text{n}}$的矢量$\overrightarrow{b'n'}$（$/\!/BC$，方向由$C$指向$B$），过$n'$点作代表$\boldsymbol{a}_{CB}^{\text{t}}$的方向线$n'c'$（$\perp BC$），过$p'$作代表$\boldsymbol{a}_C$的方向线（$/\!/XX$），其与方向线$n'c'$交于点$c'$，则

$a_C=\mu_a\overline{p'c'}=1\times50=50\text{m/s}^2$　（沿$\overrightarrow{p'c'}$方向，式中$\overline{p'c'}$长度可直接由图中量取）

$$\alpha_2=\frac{a_{CB}^{\text{t}}}{l_{BC}}=\frac{\mu_a\overline{n'c'}}{l_{BC}}=\frac{2\times46.5}{0.28}=332.1\text{rad/s}^2\text{（逆时针）}$$

与速度分析一样，利用加速度影像法可求得$\boldsymbol{a}_D$。

由两构件上重合点的加速度关系可得

	$\boldsymbol{a}_{D_5}=$	$\boldsymbol{a}_{D_5F}^{\text{n}}$	$+\boldsymbol{a}_{D_5F}^{\text{t}}=$	$\boldsymbol{a}_{D_4}$	$+\boldsymbol{a}_{D_5D_4}^{\text{k}}$	$+\boldsymbol{a}_{D_5D_4}^{\text{r}}$
方向		$D\to F$	$\perp DF$	√	$\perp EF$	$/\!/EF$
大小		$\omega_5^2l_{DF}$	?	√	$2\omega_4v_{D_5D_4}$	?

根据上式作图（图4-9(c)），过点p'作代表$\boldsymbol{a}_{D_5F}^{\text{n}}$的矢量$\overrightarrow{p'n''}$（$/\!/DF$，方向由$D$指向$F$），过$d'_4$作代表$\boldsymbol{a}_{D_5D_4}^{\text{k}}$的方向线$d'_4k'$，再过$k'$作代表$\boldsymbol{a}_{D_5D_4}^{\text{r}}$的方向线$k'd'_5$，其与过$n''$代表$\boldsymbol{a}_{D_5F}^{\text{t}}$的方向线交于$d'_5$，则

$$\alpha_5=\frac{a_{D_5F}^{\text{t}}}{l_{DF}}=\frac{\mu_a\overline{n''d'_5}}{\mu_l\overline{DF}}=\left(\frac{2\times63.9}{0.005\times48}\right)=532.3\text{rad/s}^2\text{（顺时针）}$$

对于含高副的机构，为了简化其运动分析，将其高副用低副代替后再作运动分析。

4.4　综合运用瞬心法和矢量方程图解法对复杂机构进行速度分析

对某些复杂的机构，如果单纯应用瞬心法或矢量方程图解法对其进行速度分析显得比较复杂，但是如果综合应用上述两种方法进行求解，则往往显得比较简便。下面举例加以说明。

例4-3　图4-10所示机构，这是一种较复杂的六杆机构。设已知各构件尺寸及原动件1的角速度。求机构在图示位置时的速度多边形。

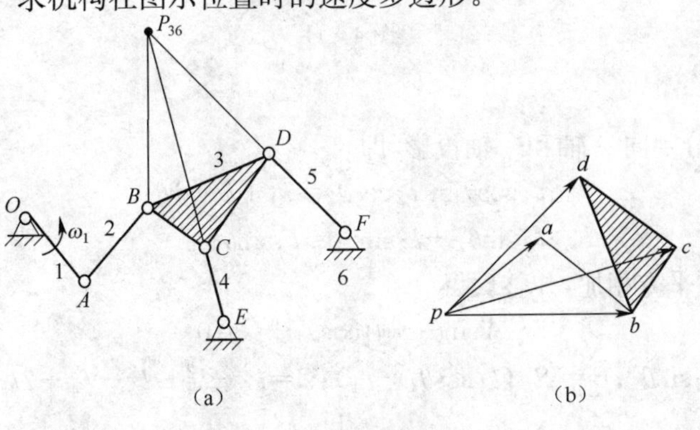

图4-10

解：根据题意，求解的关键应先求出 $\boldsymbol{v}_B$，为此可列出矢量方程为

$$\boldsymbol{v}_B=\boldsymbol{v}_A+\boldsymbol{v}_{BA}$$

方向　？ $\perp OA$ $\perp AB$

大小　？ $\omega_1 l_{OA}$ ？

此方程中有三个未知数，故无法用图解法求解。为解决此问题，可利用绝对瞬心 P_{63} 先定出 $\boldsymbol{v}_B$ 的方向。根据三心定理，绝对瞬心 P_{63} 可如图确定。而 $\boldsymbol{v}_B$ 的方向应垂直于 $P_{63}B$，$\boldsymbol{v}_B$ 的方向定出后，其余的求解过程就很简单了，作出速度多边形如图 4-10(b)所示。

4.5　用解析法作机构的运动分析

用解析法作机构的运动分析，首先要建立机构的位置方程式，然后将位置方程式对时间求一阶和二阶导数，即可求得机构的速度和加速度方程，进而解出所需位移、速度和加速度，完成机构的运动分析。根据建立位置方程所采用的数学工具不同，解析法分为多种，这里介绍几种比较容易掌握且便于应用的方法：矢量法、复数法和矩阵法。

4.5.1　矢量法

用矢量法建立机构位置方程时，需要将构件用矢量来表示，并作出机构的封闭矢量多边形。如图 4-11 所示，先建立一直角坐标系。设构件 1 的长度为 l_1，其方位角为 θ_1，则构件的杆矢量 $\boldsymbol{l}_1=\overrightarrow{AB}$。机构中其余构件均可表示成相应的杆矢量，$\boldsymbol{l}_2=\overrightarrow{BC}$，$\boldsymbol{l}_3=\overrightarrow{DC}$，$\boldsymbol{l}_4=\overrightarrow{AD}$，这样机构各杆矢量组成一个封闭矢量方程，即

$$\boldsymbol{l}_1+\boldsymbol{l}_2=\boldsymbol{l}_3+\boldsymbol{l}_4 \tag{4-7}$$

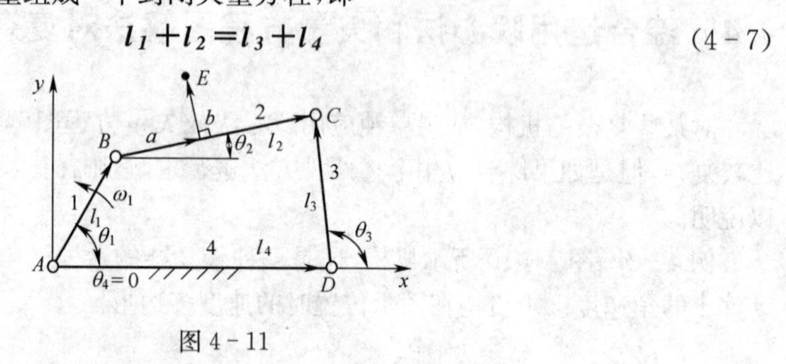

图 4-11

1. 位置分析

将式(4-7)分别向 x 轴和 y 轴投影，即

$$\begin{cases} l_1\cos\theta_1+l_2\cos\theta_2=l_4+l_3\cos\theta_3 \\ l_1\sin\theta_1+l_2\sin\theta_2=l_3\sin\theta_3 \end{cases} \tag{4-8}$$

经移项、两端平方相加，并整理得

$$A\sin\theta_3+B\cos\theta_3+C=0 \tag{4-9}$$

式中，　$A=2l_1l_3\sin\theta_1$；$B=2l_3(l_1\cos\theta_1-l_4)$；$C=l_2^2-l_1^2-l_3^2-l_4^2+2l_1l_4\cos\theta_1$。

令 $x=\tan\dfrac{\theta_3}{2}$，则 $\sin\theta_3=\dfrac{2x}{1+x^2}$，$\cos\theta_3=\dfrac{1-x^2}{1+x^2}$，式(4-9)化为二次方程，即

$$(B-C)x^2-2Ax-(B+C)=0$$

解之得

$$\theta_3=2\arctan\frac{A\pm\sqrt{A^2+B^2-C^2}}{B-C} \tag{4-10}$$

式(4-10)中 θ_3 有两个值，说明在满足相同杆长的条件下，机构有两种装配方案，如图 4-11 所示。当 B、C、D 为顺时针排列时，θ_3 按式(4-10)取“-”计算，当 B、C、D 为逆时针排列时，θ_3 按式(4-10)取“+”计算。

由式(4-8)求得构件 2 的角位移为

$$\theta_2=\arctan\frac{l_3\sin\theta_3-l_1\sin\theta_1}{l_4+l_3\cos\theta_3-l_1\cos\theta_1} \tag{4-11}$$

2. 速度分析

将式(4-8)对时间求导数，得

$$\begin{cases}-l_1\omega_1\sin\theta_1-l_2\omega_2\sin\theta_2=-l_3\omega_3\sin\theta_3\\ l_1\omega_1\cos\theta_1+l_2\omega_2\cos\theta_2=l_3\omega_3\cos\theta_3\end{cases} \tag{4-12}$$

消去 ω_2，得

$$\omega_3=\omega_1\frac{l_1\sin(\theta_1-\theta_2)}{l_3\sin(\theta_3-\theta_2)} \tag{4-13}$$

消去 ω_3，得

$$\omega_2=-\omega_1\frac{l_1\sin(\theta_1-\theta_3)}{l_2\sin(\theta_2-\theta_3)} \tag{4-14}$$

角速度为正表示逆时针方向；为负表示顺时针方向。

3. 加速度分析

将式(4-12)对时间求导数，得

$$\begin{cases}-l_1\omega_1^2\cos\theta_1-l_2\alpha_2\sin\theta_2-l_2\omega_2^2\cos\theta_2=-l_3\alpha_3\sin\theta_3-l_3\omega_3^2\cos\theta_3\\ -l_1\omega_1^2\sin\theta_1+l_2\alpha_2\cos\theta_2-l_2\omega_2^2\sin\theta_2=l_3\alpha_3\cos\theta_3-l_3\omega_3^2\sin\theta_3\end{cases} \tag{4-15}$$

解得

$$\alpha_3=\frac{l_2\omega_2^2+l_1\omega_1^2\cos(\theta_1-\theta_2)-l_3\omega_3^2\cos(\theta_3-\theta_2)}{l_3\sin(\theta_3-\theta_2)} \tag{4-16}$$

$$\alpha_2=\frac{l_3\omega_3^2-l_1\omega_1^2\cos(\theta_1-\theta_3)-l_2\omega_2^2\cos(\theta_2-\theta_3)}{l_2\sin(\theta_2-\theta_3)} \tag{4-17}$$

角加速度的正负号可表明角速度的变化趋势，角加速度与角速度同号时表示加速；反之表示减速。

4.5.2 复数法

现以图 4-11 所示的四杆机构为例来说明矢量法作平面运动分析的方法。将各杆矢量用指数形式的复数来表示，即 $\boldsymbol{l}=l\mathrm{e}^{i\theta}$，$l$ 为杆长，θ 为方位角。则式(4-7)表示为矢量形式为

$$l_1\mathrm{e}^{i\theta_1}+l_2\mathrm{e}^{i\theta_2}=l_3\mathrm{e}^{i\theta_3}+l_4 \tag{4-18}$$

1. 位置分析

应用欧拉公式 $\mathrm{e}^{i\theta}=\cos\theta+i\sin\theta$ 代入上式，得

$$l_1(\cos\theta_1+\mathrm{i}\sin\theta_1)+l_2(\cos\theta_2+\mathrm{i}\sin\theta_2)=l_3(\cos\theta_3+\mathrm{i}\sin\theta_3)+l_4$$

将上式中的实部与虚部分离后，得

$$\begin{cases}l_1\cos\theta_1+l_2\cos\theta_2=l_3\cos\theta_3+l_4\\ l_1\sin\theta_1+l_2\sin\theta_2=l_3\sin\theta_3\end{cases} \tag{4-19}$$

解此方程即可求得两个未知方向角 θ_2 和 θ_3。

2. 速度分析

将式(4-19)对时间 t 求导，得

$$\begin{cases}-l_1\omega_1\sin\theta_1-l_2\omega_2\sin\theta_2=-l_3\omega_3\sin\theta_3\\ l_1\omega_1\cos\theta_1+l_2\omega_2\cos\theta_2=l_3\omega_3\cos\theta_3\end{cases} \tag{4-20}$$

解此方程即可求得两个未知角速度 ω_2 和 ω_3。

3. 加速度分析

将式(4-20)对时间 t 求导，可得

$$\begin{cases}l_1\omega_1^2\cos\theta_1+l_2\omega_2^2\cos\theta_2+l_2\alpha_2\sin\theta_2=l_3\omega_3^2\cos\theta_3+l_3\alpha_3\sin\theta_3\\ -l_1\omega_1^2\sin\theta_1-l_2\omega_2^2\sin\theta_2+l_2\alpha_2\cos\theta_2=-l_3\omega_3^2\sin\theta_3+l_3\alpha_3\cos\theta_3\end{cases} \tag{4-21}$$

解此方程即可求得两个未知角加速度 α_2 和 α_3。

4.5.3 矩阵法

仍以图 4-11 所示的四杆机构为例来说明矩阵法作平面运动分析的方法。

1. 位置分析

将式(4-8)改写成方程左边仅含未知量项的形式，即

$$\begin{cases}l_2\cos\theta_2-l_3\cos\theta_3=l_4-l_1\cos\theta_1\\ l_2\sin\theta_2-l_3\sin\theta_3=-l_1\sin\theta_1\end{cases} \tag{4-22}$$

解此方程即可求得两个未知方向角 θ_2 和 θ_3。

2. 速度分析

将式(4-22)对时间 t 求导，可得

$$\begin{cases}-l_2\omega_2\sin\theta_2+l_3\omega_3\sin\theta_3=\omega_1 l_1\sin\theta_1\\ l_2\omega_2\cos\theta_2-l_3\omega_3\cos\theta_3=-\omega_1 l_1\cos\theta_1\end{cases} \tag{4-23}$$

解之可得两个未知角速度 ω_2 和 ω_3。式(4-23)写成矩阵形式为

$$\begin{bmatrix}-l_2\sin\theta_2 & l_3\sin\theta_3\\ l_2\cos\theta_2 & -l_3\cos\theta_3\end{bmatrix}\begin{bmatrix}\omega_2\\ \omega_3\end{bmatrix}=\omega_1\begin{bmatrix}l_1\sin\theta_1\\ -l_1\cos\theta_1\end{bmatrix} \tag{4-24}$$

此式即为该机构的速度分析关系式。

3. 加速度分析

将式(4-23)对时间 t 求导，写成矩阵的形式，可得机构的加速度分析关系式为

$$\begin{bmatrix}-l_2\sin\theta_2 & l_3\sin\theta_3\\ l_2\cos\theta_2 & -l_3\cos\theta_3\end{bmatrix}\begin{bmatrix}\alpha_2\\ \alpha_3\end{bmatrix}=-\begin{bmatrix}-\omega_2 l_2\cos\theta_2 & \omega_3 l_3\cos\theta_3\\ -\omega_2 l_2\sin\theta_2 & \omega_3 l_3\sin\theta_3\end{bmatrix}\begin{bmatrix}\omega_2\\ \omega_3\end{bmatrix}+\omega_1\begin{bmatrix}\omega_1 l_1\cos\theta_1\\ \omega_1 l_1\sin\theta_1\end{bmatrix} \tag{4-25}$$

由上式可求得两个未知角加速度 α_2 和 α_3。

若还需求连杆上任一点 E 的位置、速度和加速度时，可由下列各式直接求得

$$\begin{cases}x_E=l_1\cos\theta_1+a\cos\theta_2+b\cos(90^\circ+\theta_2)\\ y_E=l_1\sin\theta_1+a\sin\theta_2+b\sin(90^\circ+\theta_2)\end{cases} \tag{4-26}$$

$$\begin{bmatrix} v_{p_x} \\ v_{p_y} \end{bmatrix} = \begin{bmatrix} \dot{x}_E \\ \dot{y}_E \end{bmatrix} = \begin{bmatrix} -l_1\sin\theta_1 & -a\sin\theta_2 - b\sin(90^\circ+\theta_2) \\ l_1\cos\theta_1 & a\cos\theta_2 + b\cos(90^\circ+\theta_2) \end{bmatrix} \begin{bmatrix} \omega_1 \\ \omega_2 \end{bmatrix} \tag{4-27}$$

$$\begin{aligned} \begin{bmatrix} a_{p_x} \\ a_{p_y} \end{bmatrix} = \begin{bmatrix} \ddot{x}_E \\ \ddot{y}_E \end{bmatrix} &= \begin{bmatrix} -l_1\sin\theta_1 & -a\sin\theta_2 - b\sin(90^\circ+\theta_2) \\ l_1\cos\theta_1 & a\cos\theta_2 + b\cos(90^\circ+\theta_2) \end{bmatrix} \begin{bmatrix} 0 \\ \alpha_2 \end{bmatrix} \\ &- \begin{bmatrix} l_1\cos\theta_1 & a\cos\theta_2 + b\cos(90^\circ+\theta_2) \\ l_1\sin\theta_1 & a\sin\theta_2 + b\sin(90^\circ+\theta_2) \end{bmatrix} \begin{bmatrix} \omega_1^2 \\ \omega_2^2 \end{bmatrix} \end{aligned} \tag{4-28}$$

在矩阵法中，为了便于书写和记忆，速度分析关系式可表示为

$$[\boldsymbol{A}]\{\boldsymbol{\omega}\} = \omega_1\{\boldsymbol{B}\} \tag{4-29}$$

式中　$[\boldsymbol{A}]$——机构从动件的位置参数矩阵；

$\{\boldsymbol{\omega}\}$——机构从动件的速度列阵；

$\{\boldsymbol{B}\}$——机构原动件的位置参数列阵；

ω_1——机构原动件的速度。

机构的加速度分析关系式可表示为

$$[\boldsymbol{A}]\{\boldsymbol{\alpha}\} = -[\dot{\boldsymbol{A}}]\{\boldsymbol{\omega}\} + \omega_1\{\dot{\boldsymbol{B}}\} \tag{4-30}$$

式中　$\{\boldsymbol{\alpha}\}$——机构从动件的加速度列阵；

$$[\dot{\boldsymbol{A}}] = \mathrm{d}[\boldsymbol{A}]/\mathrm{d}t$$

$$\{\dot{\boldsymbol{B}}\} = \mathrm{d}[\boldsymbol{B}]/\mathrm{d}t$$

通过上述对四杆机构运动分析的过程可见，用解析法作机构运动分析的关键是位置方程的建立和求解。至于其速度和加速度分析只不过是对其位置方程作进一步的数学运算而已。位置方程的求解需解非线性方程组，难度较大，而速度方程和加速度方程的求解，则只需解线性方程组，相对而言较容易。上述分析方法对于复杂的机构同样适用。

思考题及习题

4-1　何谓速度瞬心？相对瞬心与绝对瞬心有何异同？

4-2　当两构件不直接组成运动副时，怎么确定瞬心位置？

4-3　试求题 4-3 图所示的各机构在图示位置时全部瞬心的位置。

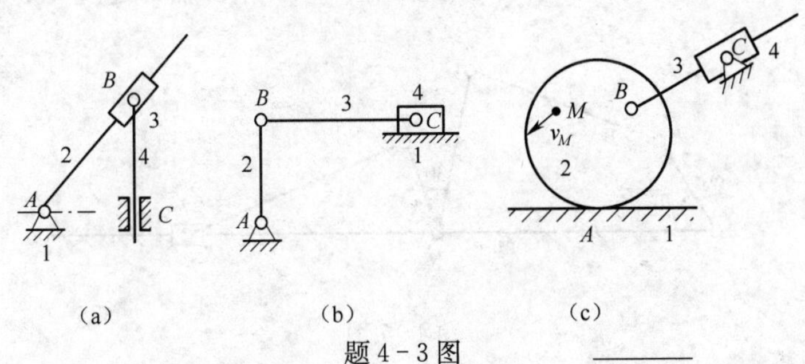

题 4-3 图

4-4　对图 4-5 所示机构，应用式(4-2)可得$\dfrac{\omega_2}{\omega_4} = \dfrac{\overline{P_{14}P_{24}}}{\overline{P_{12}P_{24}}}$，所用到的三个瞬心各是什么瞬心？为什么不利用 P_{23}、P_{24}、P_{34}之间的关系？构件 2 和构件 4 的转向关系如

何判定?

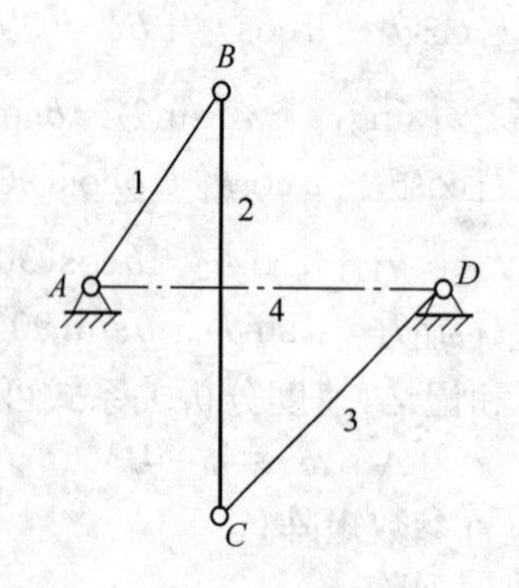

题 4-5 图

4-5 求下列机构在题 4-5 图所示位置时全部速度瞬心的位置和构件 1、3 的角速度比$\frac{\omega_1}{\omega_3}$。

4-6 在题 4-6 图所示机构中，已知主动件 1 的角速度 ω_1=20rad/s 和作图的比例尺。试用瞬心法求构件 4 上 E 点的速度。

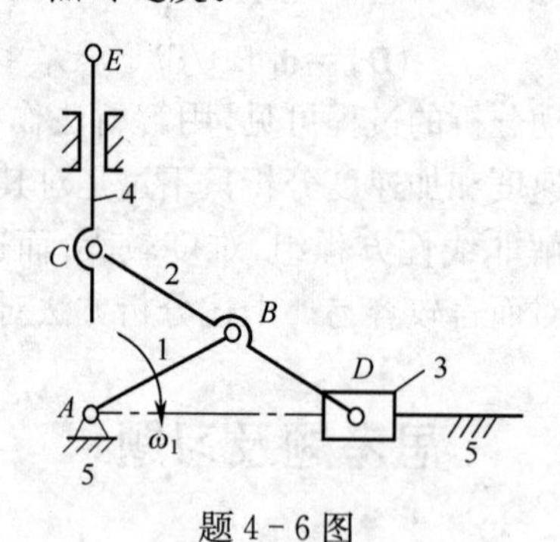

题 4-6 图

4-7 在题 4-7 图所示的机构中，已知各构件长度，l_{AB}=150mm、l_{BC}=400mm、l_{CD}=350mm、l_{DE}=140mm、l_{EF}=400mm、l_{AD}=450mm。曲柄 2 以等角速度 ω_2=15rad/s 逆时针转动，试用图解法求图示位置(θ_2=60°)时 F 点的速度和加速度。

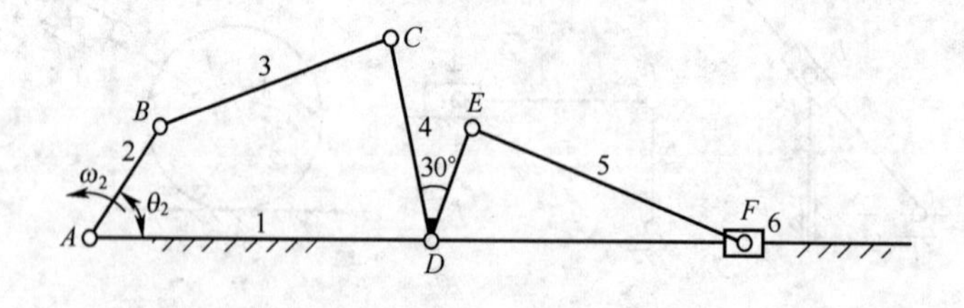

题 4-7 图

4-8 在题 4-8 图所示的机构中，已知各构件长度 l_{AB}=400mm、l_{AC}=200mm，原动件以等角速度 ω_1=10rad/s 顺时针转动，试用图解法求图示位置(θ=30°)构件 3 上 B 点的速度和加速度。

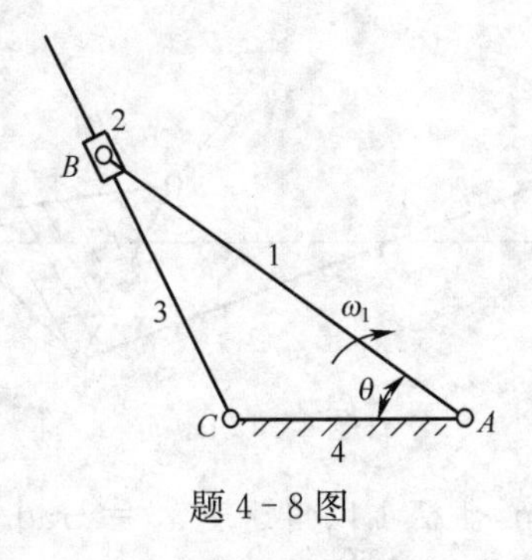

题 4-8 图

4-9 在题 4-9 图所示的机构中，已知各构件长度，$l_{AB}=60$mm、$l_{CD}=100$mm、$l_{DE}=85$mm，原动件 1 以等角速度 $\omega_1=10$rad/s 顺时针转动，试用图解法求图示位置($\alpha=30^\circ$)时 E 点的速度和加速度。

4-10 在题 4-10 图所示的机构中，已知各构件长度，$l_{AE}=70$mm、$l_{AB}=40$mm、$l_{DE}=35$mm、$l_{CD}=75$mm、$l_{EF}=60$mm、$l_{BC}=50$mm，原动件 1 以等角速度 $\omega_1=15$rad/s 逆时针转动，试用图解法求图示位置($\varphi_1=50^\circ$) 时 C 点的速度和加速度。

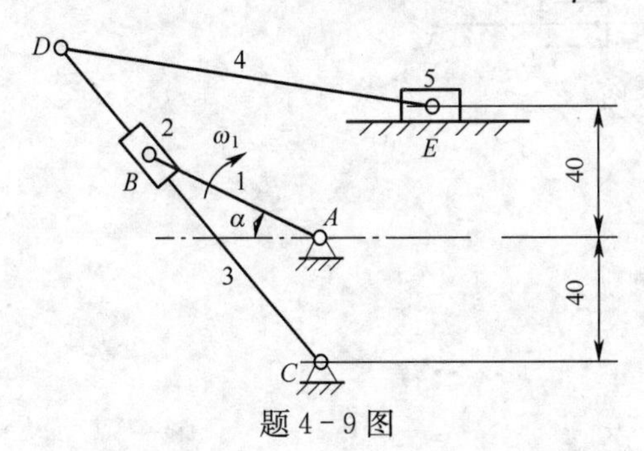

题 4-9 图

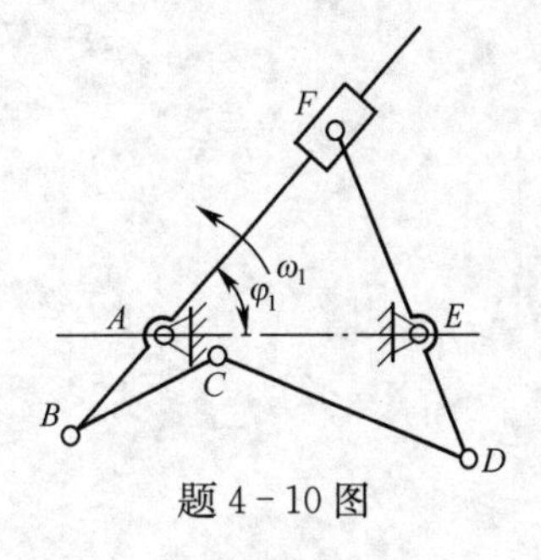

题 4-10 图

4-11 在题 4-11 图所示的各机构中，设已知各构件的尺寸，原动件 1 以等角速度 ω_1 顺时针转动，试用图解法求机构在图示位置时构件 3 上 C 点的速度及加速度(比例尺任选)。

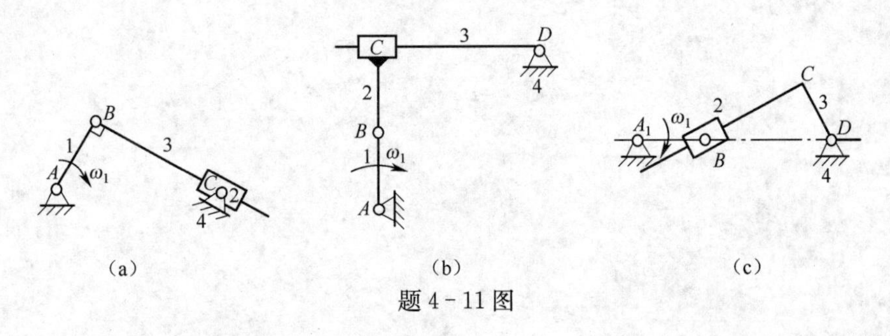

题 4-11 图

4-12 在题 4-12 图所示的机构中，已知 $n_1=1000$r/min、$a=100$mm、$b=1750$mm、$c=e=450$mm、$\alpha_3=75^\circ$、$l_{EF}=60$mm、$d=300$mm、$f=600$mm、$x_G=2210$mm、$y_G=420$mm、$x_F=1080$mm、$y_F=670$mm，试综合运用瞬心法和矢量方程图解法求 $\varphi_1=60^\circ$时 E 点的速度。

4-13 在题 4-12 图所示的偏置曲柄滑块机构中，已知曲柄 1 长度为 50mm，连杆 2

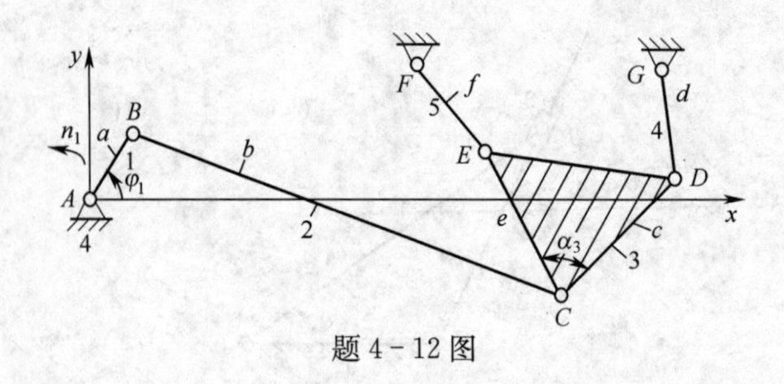

题 4-12 图

长度为 200mm，偏距 $e=40$mm，曲柄 1 以角速度 $\omega_1=1$rad/s 作等角速逆时针转动，求当曲柄回转一周时，滑块 3 的位置 s、速度 v、加速度 a 的变化规律。

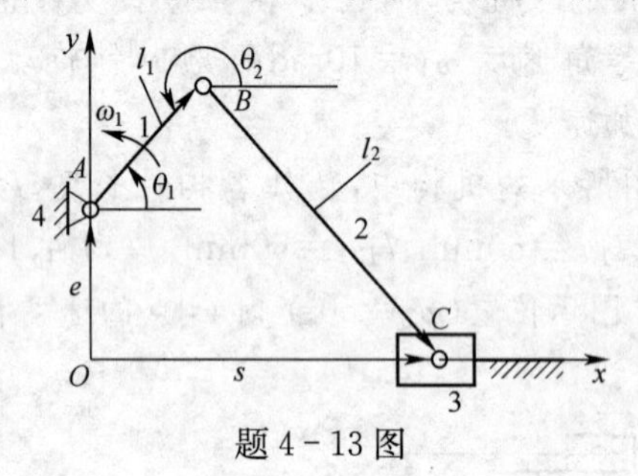

题 4-13 图

第 5 章　凸轮机构及其设计

5.1　凸轮机构的应用、特点和分类

凸轮机构是由凸轮通过高副接触带动从动轮实现预期运动的一种机构。被广泛应用于各种机构,特别是自动机械、自控装置和装配生产线中。在设计机械时,当需要准确实现某种预期的运动规律时,常采用凸轮机构。

5.1.1　凸轮机构的应用和特点

如图 5-1 所示为绕线机中用于排线的凸轮机构。当绕线轴 3 快速转动时,经齿轮机构(图中未画出)带动凸轮 1 慢速转动,通过凸轮的曲线轮廓驱动从动件 2 往复摆动,从而使线均匀地绕在绕线轴 3 上。

图 5-2 所示为一自动机床的进刀机构。当具有凹槽的圆柱凸轮 1 回转时,其凹槽的侧面通过嵌于凹槽中的滚子 3 迫使从动件 2 绕轴 O 做往复摆动,从而控制刀架 4 的进刀和退刀运动。至于进刀和退刀的运动规律如何,则决定于凹槽曲线的形状。

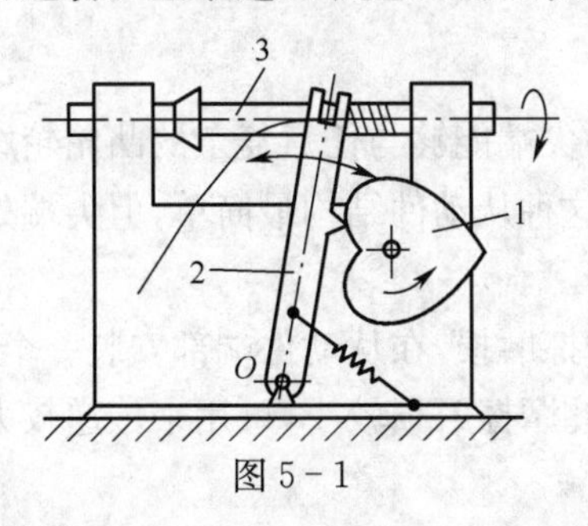

图 5-1

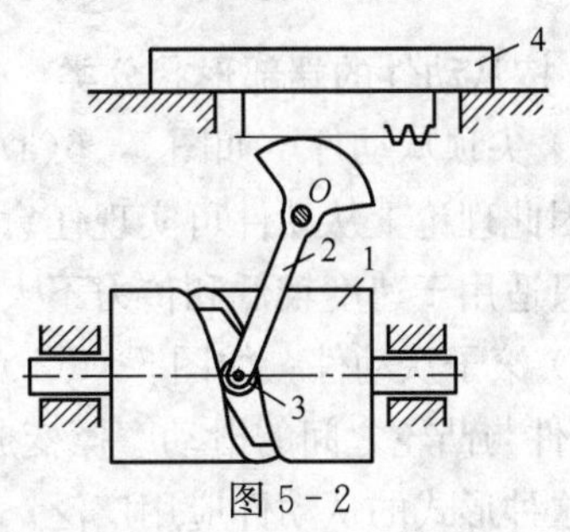

图 5-2

图 5-3 所示为利用靠模法车削手柄的移动凸轮机构。凸轮 1 作为靠模被固定在床身上,滚轮 2 在弹簧作用下与凸轮轮廓紧密接触,当拖板 3 横向运动时,与从动件相连的刀头便走出与凸轮轮廓相同的轨迹,因而切削出工件的曲线形面。

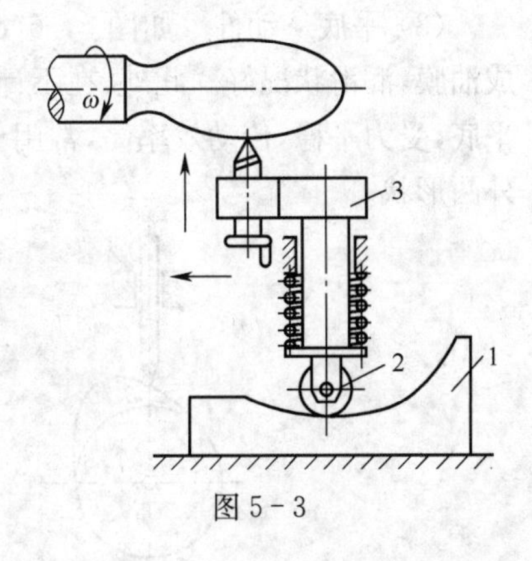

图 5-3

由以上实例可见,凸轮机构是由凸轮、从动件和机架三个基本构件组成的高副机构。其中凸轮是一个具有曲线轮廓或凹槽的构件,它通常作连续匀速转动,从动件则在凸轮驱动下按预定的运动规律作往复直线移动或摆动。

凸轮机构的主要优点是只要适当地设计出凸轮的轮廓曲线,就可以使从动件得到各种预期的运动规律,而且结构简单、紧凑;其缺点是凸轮轮廓线与从动件之间为点、线接

触，易磨损，凸轮制造较困难。

5.1.2　凸轮机构的分类

工程实际中所使用的凸轮机构型式多种多样，常用的凸轮机构分类方法有以下几种：

1. 按凸轮形状分类

(1) 盘形凸轮　如图 5-1 所示，凸轮呈盘状，并且具有变化的向径，当其绕轴线转动时，可推动从动件在垂直于轴线的平面内运动。它是凸轮的基本形式。

(2) 移动凸轮　当盘形凸轮的轴线位于无穷远时，就演化成了图 5-4 所示的移动凸轮，它相对于机架作直线运动。

(3) 圆柱凸轮　这种凸轮是一个在圆柱面上开有曲线凹槽(图 5-2)或是在圆柱端面上作出曲线轮廓(图 5-5)的构件。圆柱凸轮可看作是将移动凸轮卷于圆柱体上形成的。由于凸轮与从动件的运动不在同一平面内，所以它属于空间凸轮机构。

图 5-4　　图 5-5

2. 按从动件的端部形状分类

(1) 尖顶从动件　如图 5-6(a)所示，从动件的尖端能够与任意复杂的凸轮轮廓保持接触，因此理论上从动件可实现任意的运动规律。这种从动件结构最简单，但尖端处易磨损，故只适用于速度较低和传力不大的场合。

(2) 滚子从动件　如图 5-6(b)所示，为减小摩擦磨损，在从动件端部安装一个滚子，把从动件与凸轮之间的滑动摩擦变成滚动摩擦，因此摩擦磨损较小，可用来传递较大的动力，故这种形式的从动件应用广泛。

(3) 平底从动件　如图 5-6(c)所示，从动件与凸轮轮廓之间为线接触，接触处易形成油膜，润滑状况好。此外，在不计摩擦时，凸轮对从动件的作用力始终垂直于从动件的平底，受力平稳，传动效率高，常用于高速场合。缺点是与之配合的凸轮轮廓必须全部为外凸形状。

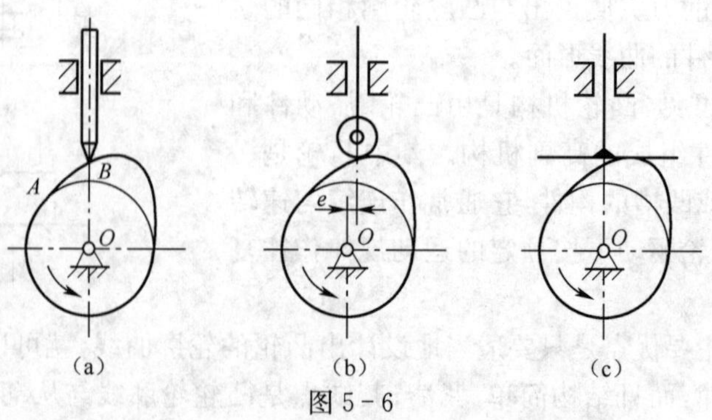

图 5-6

3. 按照从动件的运动形式分类

(1) 直动从动件　如图 5-6(a)所示,从动件作往复直线移动。根据从动件轴线与凸轮回转轴心的相对位置,直动从动件盘形凸轮机构又可分为对心(图 5-6(a))和偏置(图 5-6(b))两种。

(2) 摆动从动件　如图 5-1 所示,从动件作往复摆动。

4. 按照凸轮与从动件保持接触的方法分类

(1) 力封闭的凸轮机构　利用弹簧力、从动件自身重量等外力使从动件与凸轮始终保持接触。如图 5-1、图 5-6 所示。

(2) 几何封闭的凸轮机构　利用凸轮和从动件的特殊结构形状使从动件与凸轮始终保持接触。常用的几何封闭的凸轮机构有以下几种:

图 5-7(a)所示为凹槽凸轮机构,利用凸轮上的凹槽与置于槽中的从动件上的滚子使凸轮与从动件保持接触;在图 5-7(b)所示的等宽凸轮机构中,因与凸轮廓线相切的任意两平行线间的宽度 B 处处相等,且等于从动件内框上、下壁间的距离,所以凸轮和从动件可始终保持接触;图 5-7(c)所示的为等径凸轮机构,因凸轮理论廓线在径向线上两点之间的距离 D 处处相等,故可使凸轮与从动件始终保持接触;图 5-7(d)所示为共轭凸轮机构,用两个固结在一起的凸轮控制同一从动件,从而使凸轮与从动件始终保持接触。

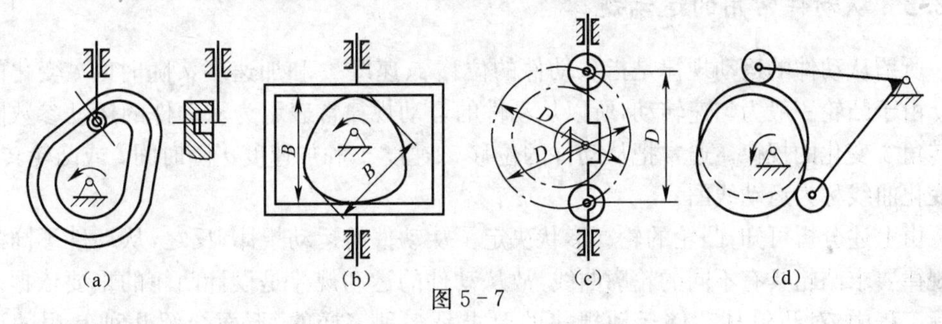

图 5-7

综合上述分类方法,就可得到各种不同类型的凸轮机构。

5.2　从动件的运动规律及其选择

5.2.1　凸轮机构的运动过程

如图 5-8(a)所示为一对心尖顶直动从动件盘形凸轮机构。凸轮的轮廓曲线由 AB、BC、CD 及 DA 四段组成。以凸轮轮廓的最小向径 r_b 为半径所作的圆称为凸轮的基圆,r_b 为基圆半径。图示位置为从动件运动的起始位置,即离凸轮轴心最近的位置。当凸轮逆时针方向以等角速度 ω 回转时,从动件的位移 s 将按图 5-8(b)所示的 $S-\delta$ 曲线变化。即凸轮逆时针转过角度 δ_1 时,向径渐增的轮廓 AB 段将从动件推到离凸轮轴心最远位置,这一过程称为推程,相应的凸轮转角 δ_1 称为推程运动角;从动件移动的最大距离 h 称为行程。当凸轮又转过角度 δ_2 时从动件与凸轮廓线 BC 段接触,由于 BC 段是以 O 为圆心的圆弧,所以从动件将处在最高的位置静止不动,这一过程称为远休止,与之相应的凸轮转角 δ_2 称为远休止角;当凸轮再转过角度 δ_3 时,从动件与凸轮向径渐减的轮廓 CD

段接触，它又由最高位置回到最低位置，这一过程称为回程，相应的凸轮转角 δ_3 称为回程运动角；同理当从动件与凸轮廓线 DA 段接触时，由于 DA 段也是以 O 为圆心的圆弧，所以从动件将处在最低的位置静止不动，这一过程称为近休止，与之相应的凸轮转角 δ_4 称为近休止角。凸轮再继续转动时，从动件又重复上述过程。

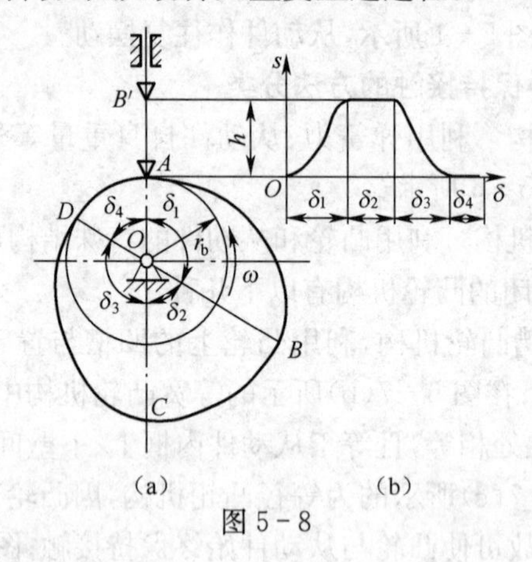

图 5-8

5.2.2 从动件常用的运动规律

所谓从动件的运动规律是指从动件的位移 s、速度 v 和加速度 a 随时间 t 变化的规律。由于凸轮一般为匀速转动，所以从动件的运动规律常表示为从动件的运动参数随凸轮转角 δ 变化的规律。通常把从动件的位移 s、速度 v 和加速度 a 随时间 t 或凸轮转角 δ 的变化曲线称为运动线图。

由上述分析可知，凸轮的轮廓形状决定了从动件的运动规律，反之，从动件不同的运动规律要求凸轮具有不同的轮廓曲线，故从动件的运动规律是设计凸轮的重要依据。在实际工程中，对凸轮从动件运动规律的要求是多种多样的，下面介绍几种常用的运动规律。

1. 多项式运动规律

从动件的多项式运动规律一般表达式为

$$s=c_0+c_1\delta^1+c_2\delta^2+\cdots+c_n\delta^n \tag{5-1}$$

式中，s 为从动件的位移，δ 为凸轮的转角，c_0、c_1、c_2、…、c_n 为待定系数。

1）一次多项式运动规律（等速运动规律）

式(5-1)中的 $n=1$ 时有 $s=c_0+c_1\delta$。

设凸轮以等角速度 ω 转动，推程运动角为 δ_1，从动件的行程为 h，上式对时间 t 求导两次，并注意到 $\dot{s}=\dfrac{\mathrm{d}s}{\mathrm{d}t}=v$，$\dfrac{\mathrm{d}\delta}{\mathrm{d}t}=\omega$，$\ddot{s}=\dfrac{\mathrm{d}^2s}{\mathrm{d}t^2}=a$，有

$$\begin{cases} s=c_0+c_1\delta \\ v=\mathrm{d}s/\mathrm{d}t=c_1\omega \\ a=\mathrm{d}v/\mathrm{d}t=0 \end{cases} \tag{5-2}$$

为求待定系数 c_0、c_1，给定两个边界条件，即 $\delta=0$ 时，$s=0$；$\delta=\delta_1$ 时，$s=h$。代入式(5-2)可得 $c_0=0$，$c_1=h/\delta_1$，则从动件在推程时的运动方程为

$$
\begin{cases}
s=\dfrac{h}{\delta_1}\delta \\
v=\dfrac{h}{\delta_1}\omega \\
a=0
\end{cases}
\tag{5-3}
$$

式中,凸轮转角 δ 的变化范围为 $0\sim\delta_1$。

同理,由回程边界条件,$\delta=0$ 时,$s=h$;$\delta=\delta_3$ 时,$s=0$,可得回程时从动件的运动方程为

$$
\begin{cases}
s=h-\dfrac{h}{\delta_3}\delta \\
v=-\dfrac{h}{\delta_3}\omega \\
a=0
\end{cases}
\tag{5-4}
$$

式中,δ_3 为回程运动角,凸轮转角 δ 的变化范围为 $0\sim\delta_3$。

由式(5-3)、式(5-4)可知此时从动件作等速运动,故又称为等速运动规律。图5-9为等速运动的推程运动线图。由图可见,在推程开始时,从动件速度由零突变为 $h\omega/\delta_1$,故 $a=+\infty$;在推程终止时,从动件速度由 $h\omega/\delta_1$ 突变为零,故 $a=-\infty$,在这两个位置理论上将产生无穷大的惯性力,因而会使凸轮机构受到极大的冲击,称为刚性冲击。刚性冲击对机构传动很不利,因此这种运动规律只能用于凸轮转速很低的场合。

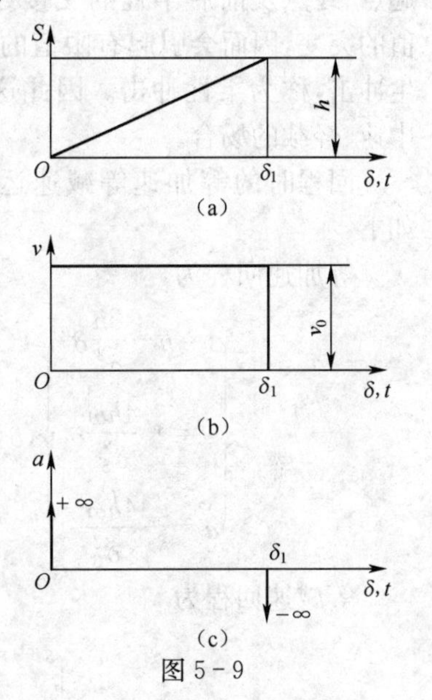

图5-9

2)二次多项式运动规律(等加速等减速运动规律)

令式(5-1)中的 $n=2$,且对时间 t 求导两次有

$$
\begin{cases}
s=c_0+c_1\delta+c_2\delta^2 \\
v=\dfrac{ds}{dt}=c_1\omega+2c_2\omega\delta \\
a=\dfrac{dv}{dt}=2c_2\omega^2
\end{cases}
\tag{5-5}
$$

由式(5-5)可见,这时从动件的加速度为常数。为了保证凸轮机构运动的平稳性,在推程的起点和终点,从动件的速度均为零,通常是前半程作等加速运动,后半程作等减速运动,所以这种运动规律又称为等加速等减速运动规律。一般取凸轮的运动角及从动件的行程各占一半,即各为 $\delta_1/2$ 及 $h/2$。

推程加速段的边界条件为:$\delta=0$,$s=0$,$v=0$;$\delta_1/2$ 时,$s=h/2$。代入式(5-5),可得 $c_0=0$,$c_1=0$,$c_2=2h/\delta_1^2$,则从动件推程加速段的运动方程为

$$
\begin{cases}
s=\dfrac{2h}{\delta_1^2}\delta^2 \\
v=\dfrac{4h\omega}{\delta_1^2}\delta \\
a=\dfrac{4h\omega^2}{\delta_1^2}
\end{cases}
\tag{5-6a}
$$

式中，δ 的取值范围为 $0\sim\delta_1/2$。

推程减速段的边界条件为 $\delta_1/2$ 时，$s=h/2$；$\delta=\delta_1$，$s=h$，$v=0$。代入式(5-5)中，可得，$C_0=-h$，$C_1=\dfrac{4h}{\delta_1}$，$C_2=\dfrac{2h}{\delta_1^2}$，故从动件推程减速段的运动方程为

$$\begin{cases}s=h-\dfrac{2h}{\delta_1^2}(\delta_1-\delta)^2\\ v=\dfrac{4h\omega}{\delta_1^2}(\delta_1-\delta)\\ a=-\dfrac{4h\omega^2}{\delta_1^2}\end{cases}\tag{5-6b}$$

式中，δ 的变化范围为 $\delta_1/2\sim\delta_1$。

推程从动件等加速等减速运动规律的运动曲线如图 5-10 所示。由图可见，这种运动规律在推程的起点、终点及前后半程的交接处也存在加速度有限值的突变，因而会引起有限值的惯性力，而使机构产生冲击，称为柔性冲击。因此这种运动规律适用于中速、轻载的场合。

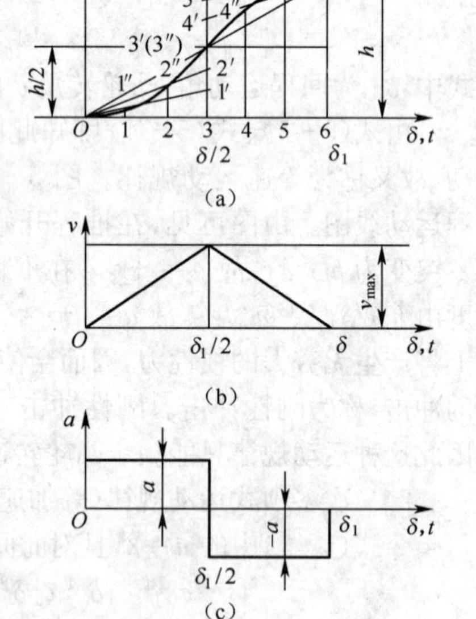

图 5-10

回程时的等加速等减速运动规律的运动方程如下：

等加速回程为

$$\left.\begin{cases}s=h-\dfrac{2h}{\delta_3^2}\delta^2\\ v=-\dfrac{4h\omega}{\delta_3^2}\delta\\ a=-\dfrac{4h\omega^2}{\delta_3^2}\end{cases}\right\}(\delta=0\sim\delta_3/2)\tag{5-7a}$$

等减速回程为

$$\left.\begin{cases}s=\dfrac{2h}{\delta_3^2}(\delta_3-\delta)^2\\ v=-\dfrac{4h\omega}{\delta_3^2}(\delta_3-\delta)\\ a=\dfrac{4h\omega^2}{\delta_3^2}\end{cases}\right\}(\delta=\delta_3/2\sim\delta_3)\tag{5-7b}$$

3) 五次多项式运动规律

令式(5-1)中 $n=5$，且对时间 t 求导两次有

$$\begin{cases}s=c_0+c_1\delta+c_2\delta^2+c_3\delta^3+c_4\delta^4+c_5\delta^5\\ v=\dfrac{\mathrm{d}s}{\mathrm{d}t}=c_1\omega+2c_2\omega\delta+3c_3\omega\delta^2+4c_4\omega\delta^3+5c_5\omega\delta^4\\ a=\dfrac{\mathrm{d}v}{\mathrm{d}t}=2c_2\omega^2+6c_3\omega^2\delta+12c_4\omega^2\delta^2+20c_5\omega^2\delta^3\end{cases}\tag{5-8}$$

因待定系数有六个，故可设定六个边界条件为：当 $\delta=0$ 时，$s=0$、$v=0$、$a=0$；当 $\delta=\delta_1$

时，$s=h$、$v=0$、$a=Z0$。代入式(5-8)可解得 $c_0=c_1=c_2=0$、$c_3=\frac{10h}{\delta_1^3}$、$c_4=-\frac{15h}{\delta_1^4}$、$c_5=\frac{6h}{\delta_1^5}$，故其位移方程式为

$$s=\frac{10h}{\delta_1^3}\delta^3-\frac{15h}{\delta_1^4}\delta^4+\frac{6h}{\delta_1^5}\delta^5 \tag{5-9}$$

图 5-11 为其运动线图。由图可见，此运动规律既无刚性冲击也无柔性冲击。可用于高速凸轮。

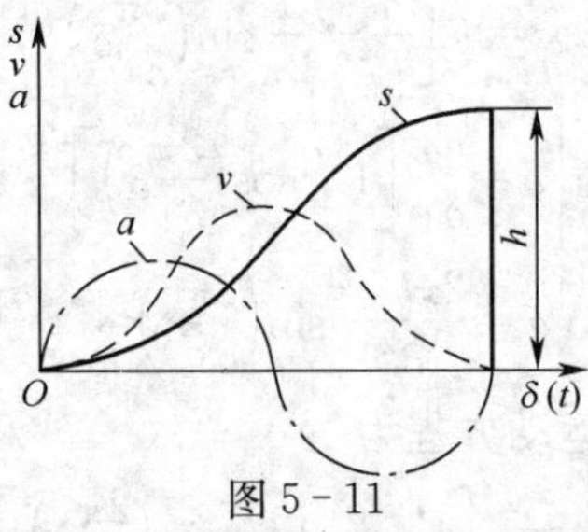

图 5-11

如果对凸轮机构有多种工作要求，只需把这些要求列成相应的边界条件，且增加多项式中的方次，即可求得从动件相应的运动方程式。但边界条件越多，设计计算越复杂，加工精度也难以达到，故通常不宜采用太高次数的多项式。

2. 三角函数运动规律

1) 余弦加速度运动规律(又称为简谐运动规律)

质点在圆周上作匀速运动时，它在这个圆的直径上的投影所构成的运动称为简谐运动。其运动线图如图 5-12 所示，以行程 h 为直径作一圆，显然从动件的位移为 $s=\frac{h}{2}(1-\cos\theta)$，又因 $\delta=\delta_1$ 时，$\theta=\pi$，故 $\theta=\frac{\pi}{\delta_1}\delta$，代入上式，并对时间 t 求导两次可得其推程时的运动方程为

$$\begin{cases} s=\frac{h}{2}\left[1-\cos\left(\frac{\pi}{\delta_1}\delta\right)\right] \\ v=\frac{\pi h\omega}{2\delta_1}\sin\left(\frac{\pi}{\delta_1}\delta\right) \\ a=\frac{\pi^2 h\omega^2}{2\delta_1^2}\cos\left(\frac{\pi}{\delta_1}\delta\right) \end{cases} \tag{5-10a}$$

用类似方法可导出回程时的运动方程为

$$\begin{cases} s=\frac{h}{2}\left[1+\cos\left(\frac{\pi}{\delta_3}\delta\right)\right] \\ v=-\frac{\pi h\omega}{2\delta_3}\sin\left(\frac{\pi}{\delta_3}\delta\right) \\ a=-\frac{\pi^2 h\omega^2}{2\delta_3^2}\cos\left(\frac{\pi}{\delta_3}\delta\right) \end{cases} \tag{5-10b}$$

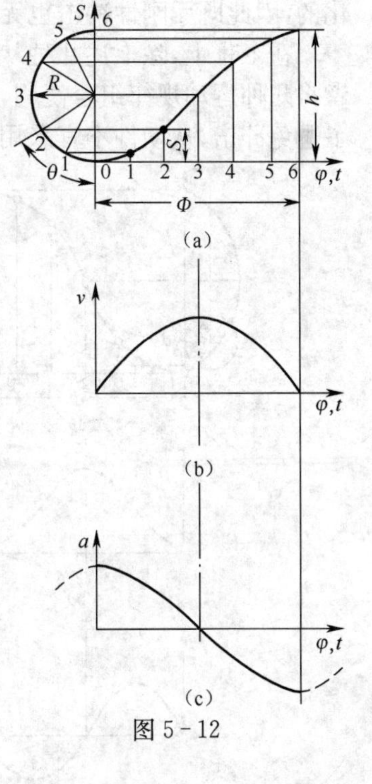

图 5-12

由推程时的运动线图可见，这种运动规律只在首、末两点才有加速度的突变，故有柔性冲击而无刚性冲击。但当从动件作无停歇的升—降—升往复运动时，将得到连续的加

速度曲线，从而完全消除了柔性冲击，在这种情况下可用于高速凸轮。

2）正弦角速度运动规律（又称摆线运动规律）

由解析几何可知，当滚圆沿纵轴匀速纯滚动时，圆周上点 A 将描绘出一条摆线。点 A 在纵轴上的投影则构成摆线运动规律。其运动线图如图 5-13 所示，由位移线图可以看出，滚圆纯滚动时，$\overset{\frown}{BA}=\overline{BA_0}=r\theta$，则其位移方程为 $s=\overline{A_0B}-r\sin\theta=r\theta-r\sin\theta$，又因 $h=2\pi r$，则 $\theta=\dfrac{2\pi}{\delta_1}\delta$，代入上式并对时间 t 求导两次，则得推程时的运动方程为

$$\begin{cases} s=h\left[\dfrac{\delta}{\delta_1}-\dfrac{1}{2\pi}\sin\left(\dfrac{2\pi}{\delta_1}\delta\right)\right] \\ v=\dfrac{h\omega}{\delta_1}\left[1-\cos\left(\dfrac{2\pi}{\delta_1}\delta\right)\right] \\ a=\dfrac{2\pi h\omega^2}{\delta_1^2}\sin\left(\dfrac{2\pi}{\delta_1}\delta\right) \end{cases} \tag{5-11a}$$

用类似方法可得回程时的运动方程为

$$\begin{cases} s=h\left[1-\dfrac{\delta}{\delta_3}+\dfrac{1}{2\pi}\sin\left(\dfrac{2\pi}{\delta_3}\delta\right)\right] \\ v=\dfrac{h\omega}{\delta_3}\left[\cos\left(\dfrac{2\pi}{\delta_3}\delta\right)-1\right] \\ a=-\dfrac{2\pi h\omega^2}{\delta_3^2}\sin\left(\dfrac{2\pi}{\delta_3}\delta\right) \end{cases} \tag{5-11b}$$

由推程时的运动线图可见，这种运动规律的速度曲线和加速度曲线都是始终连续变化的，因此既无刚性冲击也无柔性冲击，可以用在高速传动中。

在工程上，除上述几种从动件的常用运动规律外，还可选择其他类型的运动规律，或者将几种运动规律组合使用，以改善从动件的运动和动力特性。例如，在凸轮机构中，为了避免冲击，从动件不宜采用加速度有突变的运动规律，但是工作过程又要求从动件采用

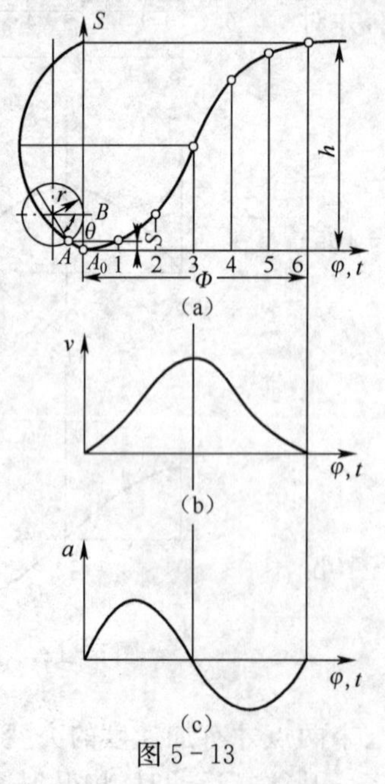

图 5-13

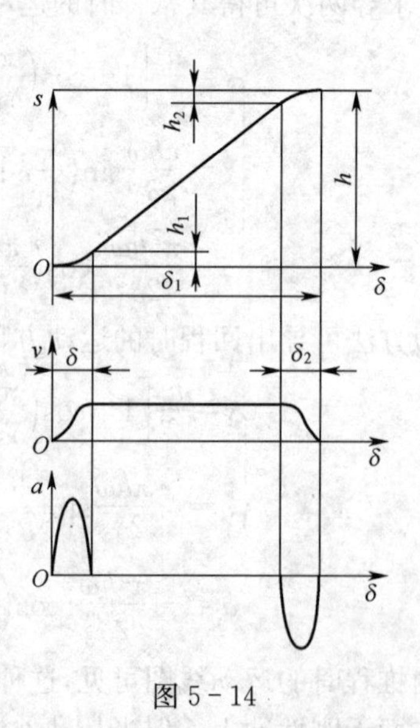

图 5-14

等速运动规律，此时为了同时满足上述两方面的要求，可将等速运动规律适当加以修正，在其行程两端与正弦加速度运动规律组合起来(图 5-14)。为了获得性能较好的组合运动规律，组合时，要保证运动规律在衔接点上的运动参数(位移、速度、加速度)的连续性，并在运动的起始和终止处满足边界条件。

上述以直动从动件盘型凸轮机构为例，讨论了从动件的运动规律，对于摆动从动件凸轮机构，只需要将上述方程中直动从动件的位移、速度和加速度改成摆动从动件的角位移、角速度和角加速度即可。

5.2.3 从动件运动规律的选择

选择从动件的运动规律时，首先应满足机器的工作要求，同时还应使凸轮机构具有良好的动力特性和使所设计的凸轮便于加工等。

1. 根据运动规律的特性值选择从动件的运动规律

特性值是指对凸轮机构工作性能有较大影响的参数，如从动件的最大速度 $v_{\max}$、最大加速度 $a_{\max}$和跃度(加速度对时间的导数)等参数。

$v_{\max}$越大，则动量 mv 越大，若从动件突然被阻止时，会导致很大的冲击力，因此，当从动件系统质量较大时，应选择 $v_{\max}$较小的运动规律；$a_{\max}$越大，则惯性力越大，由于惯性力而引起的动压力，对机构的强度和磨损都有较大的影响，因此对于高速运动的凸轮机构，为了减小惯性力的危害，应选择 $a_{\max}$较小的运动规律。为了便于比较，现将几种常用从动件运动规律的特点和适用场合列于表 5-1 中。

表 5-1 常用从动件运动规律的比较

运动规律	最大速度 $v_{\max}$/ $(\frac{h}{\delta_1}\omega_1)\times$	最大加速度 $a_{\max}$/ $(\frac{h}{\delta_1^2}\omega_1^2)\times$	最大跃度 $j_{\max}$/ $(\frac{h}{\delta_1^3}\omega_1^3)\times$	冲击性质	适用场合
等速运动	1.00	∞		刚性冲击	低速轻载
等加速等减速	2.00	4.00	∞	柔性冲击	中速轻载
余弦加速度	1.57	4.93	∞	柔性冲击	中低速重载
正弦加速度	2.00	6.28	39.5	无冲击	中高速轻载
五次多项式	1.88	5.77	60.0	无冲击	高速中载

2. 根据工艺要求选择从动件运动规律

图 5-15 所示为凸轮机构带动刀架运动。根据工作要求，为了保证被加工零件的质量，刀架在工作进给时应作等速运动，从动件的运动规律可以设计为等速运动规律或改进型等速运动规律。

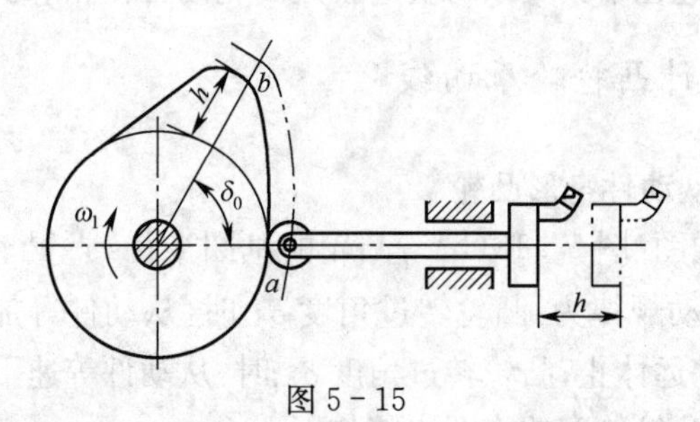

图 5-15

当机器的工作过程只要求凸轮转过某一角度 δ_1 时，从动件完成行程 h，对从动件的运动规律无严格要求时，可只从加工方便考虑，采用圆弧、直线或其他易于加工的曲线作为凸轮廓线。如图 5-16 所示为机床中用于夹紧工件的机构。当凸轮转过 φ_0 时，廓线通过 a、b 两点要使摆杆转过 φ 夹紧工件，对于 a、b 之间的曲线无特殊要求。

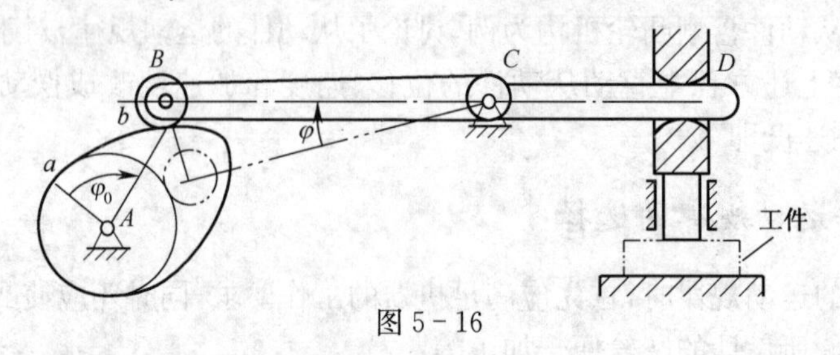

图 5-16

3. 高速凸轮机构中从动件运动规律的选择

即使机器工作过程对从动件的运动规律并无具体要求，但应考虑到机构运动速度较高，如果从动件的运动规律选择不当，则会产生很大的惯性力、冲击和振动，从而影响到凸轮机构的强度、寿命和正常工作。因此应选择最大加速度值较小且无突然变化的运动规律，如果高速凸轮对从动件的运动规律也提出要求，则必须采用组合运动规律。

5.3 凸轮轮廓曲线的设计

根据工作要求和结构条件选定凸轮机构的型式、基本尺寸、从动件的运动规律后，就可以进行凸轮轮廓曲线的设计了，凸轮工作轮廓的设计方法有图解法和解析法，其所依据的基本原理都是相同的。

5.3.1 凸轮轮廓曲线设计方法的基本原理

当凸轮机构工作时，凸轮和从动件都是运动的，为了在图纸上绘制出凸轮轮廓曲线，应当使凸轮与图纸平面相对静止，为此可采用“反转法”。下面以图 5-17 所示的对心尖顶直动从动件盘形凸轮机构为例，说明这种方法的原理。假想给整个机构加上一个与凸轮角速度 ω 大小相等、方向相反的角速度 $-\omega$，凸轮机构中各构件间的相对运动关系并不改变，这时凸轮相对静止，而从动件一方面随导路以角速度 $-\omega$ 绕凸轮轴心转动，另一方面按已知的运动规律在其导路中往复移动。由于从动件的尖端始终与凸轮工作轮廓相接触，所以从动件在反转过程中其尖顶的轨迹就是凸轮的工作轮廓。

5.3.2 用图解法设计凸轮轮廓曲线

1. 尖顶对心直动从动件盘形凸轮

已知从动件位移线图(图 5-18(b))，凸轮的基圆半径 r_b、凸轮以等角速度 ω 顺时针方向转动，从动件的运动规律为：凸轮转过角度 δ_1 时，从动件等加速等减速上升 h；凸轮转过角度 δ_2 时，从动件远休止；凸轮转过角度 δ_3 时，从动件等速下降 h；凸轮转过角度 δ_4 时，从动件近休止。则凸轮轮廓的作图步骤如下：

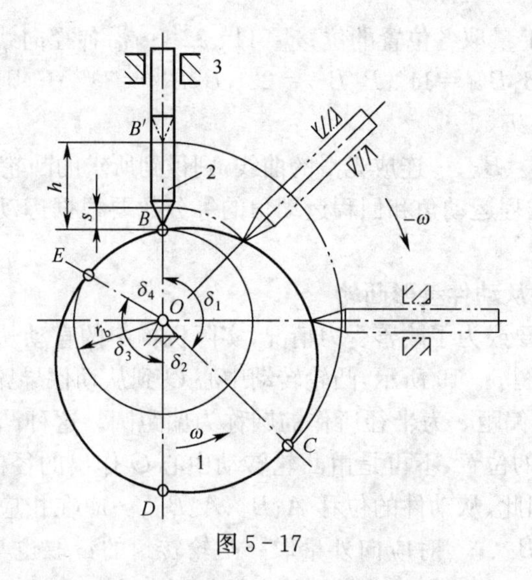

图 5-17

(1) 绘制位移线图，如图 5-18(b)所示，并且等分推程运动角和回程运动角，得分点 1、2、…、10、各分点处对应的从动件位移量为 11″、22″、…、99″。或者根据位移方程求得各分点的位移值列表。

δ/(°)	0	15	30	…	360
S/mm					

(2) 选定合适的比例尺 μ_1（最好与位移线图纵坐标比例尺一致），以 r_b 为半径作基圆。基圆与导路的交点 B_0 为从动件尖顶的起始位置。

(3) 如图 5-18(a)所示，在基圆上，以 OB_0 为起始位置沿 ω 的相反方向（即 $-\omega$ 方向）依次取推程运动角 δ_1、远休止角 δ_2、回程运动角 δ_3 及近休止角 δ_4，并将 δ_1 和 δ_3 各分成与位移线图对应的若干等分，得基圆上各点 B_1'、B_2'、B_3'、…。连接各径向线 OB_1'、OB_2'、OB_3'、…便得从动件导路反转后的一系列位置。

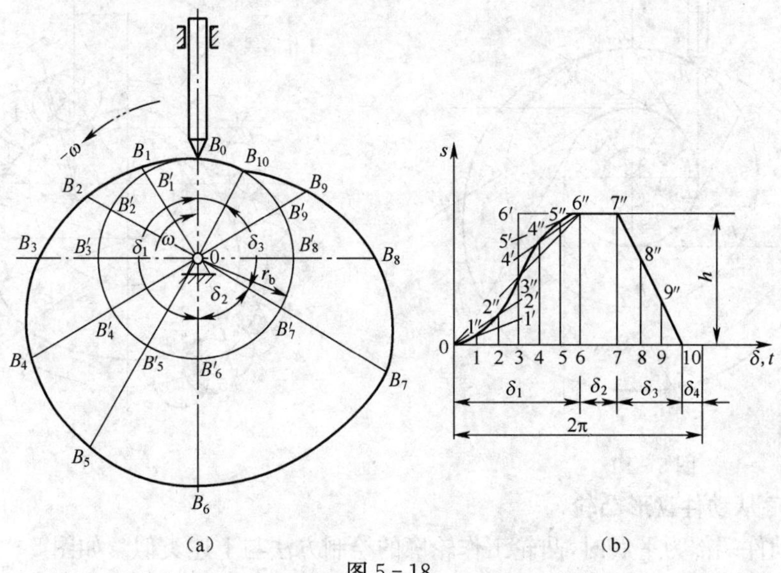

图 5-18

(4) 在位移曲线上量取各位置的位移量 11″、22″,…沿各径向线自基圆开始截取相应的位移量,即取线段 $B_1B'_1=11''$,$B_2B'_2=22''$,$B_3B'_3=33''$,…,则得从动件尖顶反转后的一系列位置 B_1、B_2、B_3、…。

(5) 将 B_0、B_1、B_2、B_3、…连成光滑的曲线,则得到所求的凸轮轮廓曲线。

需要说明的是:推程运动角和回程运动角的等分数要根据运动规律的复杂程度和精度要求来确定。

2. 尖顶偏置直动从动件盘形凸轮

由于结构上的需要或为了改善受力情况,实际机构中的直动从动件盘形凸轮机构常设计成偏置式的。如图 5-19 所示,凸轮转动中心 O 到从动件导路中心线的距离 e 称为偏距;以 O 为圆心,以偏距 e 为半径所作的圆称为偏距圆。这种凸轮机构的从动件在反转过程中依次所占据的位置,不再是由凸轮转动中心 O 作出的径向线,而是偏距圆的切线 K_1B_1、K_2B_2、…因此,从动件的位移 A_1B_1、A_2B_2、…应在相应的切线上并且从其与基圆的交点(B_1、B_2、B_3、…)对应向外量取。凸轮转角的量取也与对心式不同,而是以 OK 作为开始的位置,沿 $-\omega$ 方向进行。其余的作图方法与尖顶对心直动从动件盘形凸轮类同。

3. 滚子从动件盘形凸轮

如图 5-20 所示,滚子从动件凸轮机构在运动过程中,滚子中心 A 与从动件的运动规律相同。因此,可以把滚子中心看作尖顶从动件的尖顶,按照前述方法绘制尖顶从动件的凸轮轮廓理论廓线,再以理论廓线上各点为圆心,以滚子半径为半径,按照相同的比例尺画一系列滚子圆,这些圆的内包络线即为滚子从动件盘形凸轮的工作廓线。由作图过程可知,滚子从动件盘形凸轮的基圆半径 r_b 应在凸轮理论廓线上度量。需要指出的是:滚子与凸轮工作廓线的接触点不一定在从动件的导路中心线上。

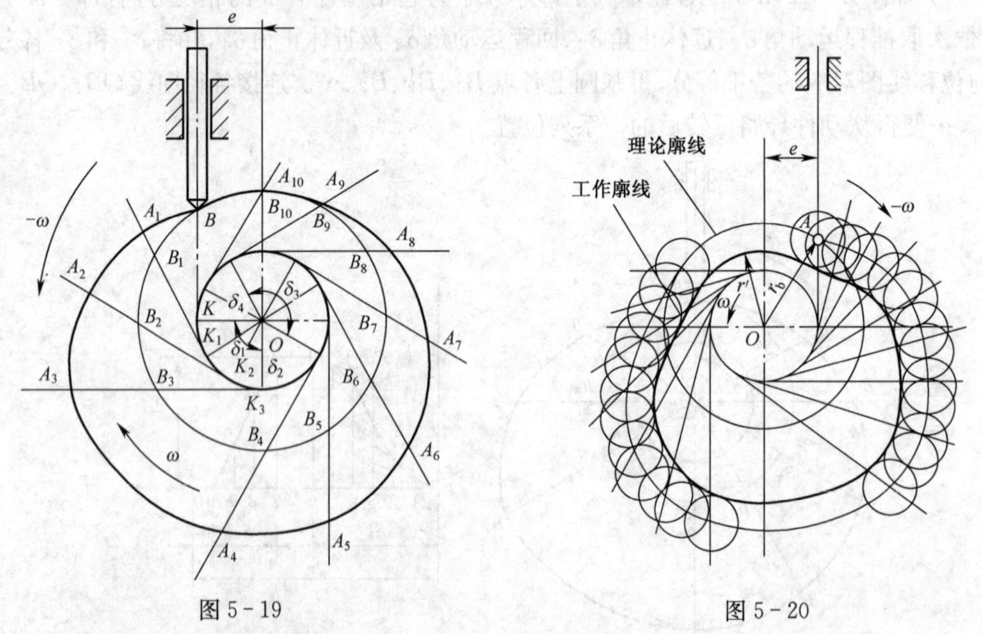

图 5-19　　　　图 5-20

4. 平底从动件盘形凸轮

当从动件端部为平底时,凸轮工作轮廓的绘制方法与上述类似。如图 5-21 所示,先将从动件的平底与导路中心线的交点 A 看作尖顶从动件的尖顶，按照尖顶从动件凸轮轮廓的画法找出尖顶的一系列位置 1′、2′、3′、…然后过这些点分别画出从动件平底的各个位置，并作这些平底的包络线，即得平底从动件盘形凸轮的工作轮廓。

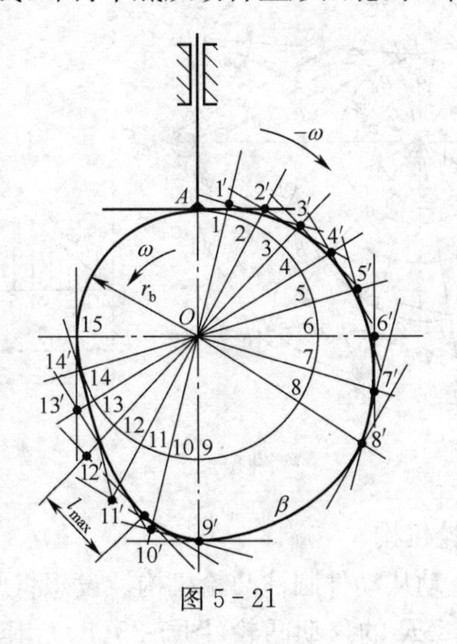

图 5-21

5. 摆动从动件盘形凸轮

对于摆动从动件盘形凸轮机构，其凸轮轮廓的作法与上述方法类似，也是利用反转法原理。如图 5-22 所示，设已知凸轮基圆半径 r_b、凸轮与摆动从动件的中心距 L_{0A}、摆动从动件长度 L_{AB}、凸轮以等角速度 ω 逆时针转动，并绘出了从动件的角位移曲线图(图 5-22(b))，其纵坐标可以表示从动件的摆角 φ[°/mm]，也可以表示尖顶的弧线位移[mm/mm]，或者根据位移方程计算各分点的角位移并列表。其凸轮轮廓的绘制过程如下：

(1) 将角位移线图的 δ_1 和 δ_3 各分为若干等分。

(2) 选定合适的比例尺，根据给定的 L_{0A} 定出 O 点和 A_0 点的位置。以 O 为中心，以 r_b 为半径作基圆，再以 A_0 为中心及 L_{AB} 为半径作弧交基圆于 B_0 点，A_0B_0 即为摆动从动件的起始位置，φ_0 称为从动件初位角。

(3) 以 O 为中心，以 OA_0 为半径作圆，沿凸轮转动的相反方向(即 $-\omega$ 方向)，自 OA_0 开始依次取 δ_1、δ_2 和 δ_3。再将 δ_1 和 δ_3 角各分成与位移曲线图中相对应的等分，得径向线 OA_1、OA_2、OA_3，…这些径向线即为机架 OA_0 在反转运动中依次所占据的一系列位置。

(4) 由图 5-22(b)求出从动件在各位置摆角的数值。据这些数值及 φ_0 作出摆动从动件在反转过程中相对于机架的一系列位置 A_1B_1、A_2B_2、A_3B_3、…，即作 $\angle OA_1B_1=\varphi_0+\varphi_1$，$\angle OA_2B_2=\varphi_0+\varphi_2$，$\angle OA_3B_3=\varphi_0+\varphi_3$，…。

(5) 分别以 A_1、A_2、A_3、…为中心，以 $L_{A_0B_0}$ 为半径作圆弧截 A_1B_1 于 B_1 点、A_2B_2 于 B_2 点、A_3B_3 于 B_3 点、…，将 B_0、B_1、B_2、B_3、…连成光滑曲线，即得摆动尖顶从动件盘形凸轮轮廓曲线。

如果采用滚子或平底从动件，上述求得的摆动尖顶从动件凸轮轮廓相当于理论廓线，只需要在理论廓线上选定一系列点作滚子圆或平底，再作其包络线，即可得到相应的凸轮实际廓线。

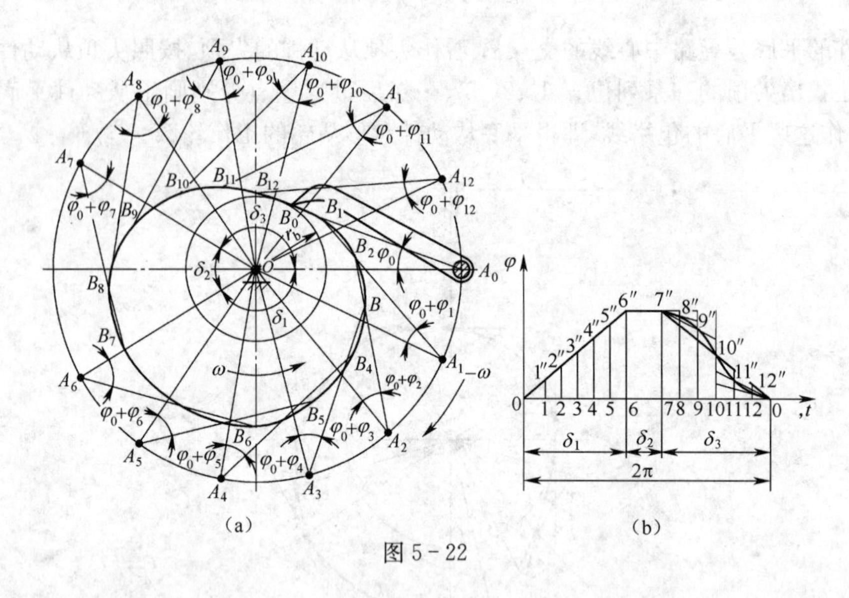

图 5-22

6. 直动从动件圆柱凸轮机构

如图 5-23 所示为一直动从动件圆柱凸轮机构。设想将此圆柱凸轮的外表面展开在平面上，则得到一个长度为 $2\pi R$ 的移动凸轮(图 5-23(b))，其移动速度 $V=\omega R$。根据反转法原理，给整个移动凸轮机构加上一公共线速度 $-V$ 后，则凸轮将静止不动，而从动件则一方面随其导轨沿 $-V$ 方向移动，同时又在导轨中按预期的运动规律往复移动。从动件在作复合运动时，其滚子中心 B 描绘出的轨迹(图中点划线 β)即为凸轮的理论廓线。图中切于从动件滚子圆族的两条包络线 β' 即为凸轮的工作廓线。其具体作法与盘形凸轮廓线的作法相似。最后，将这样作出的直动凸轮图卷于以 R 为半径的圆柱体上，并将其上的曲线描在圆柱体的表面上，即为所求的圆柱凸轮的轮廓曲线。

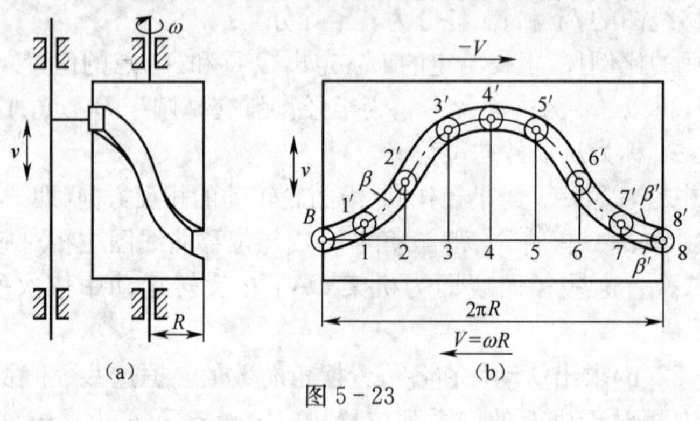

图 5-23

5.3.3 用解析法设计凸轮轮廓曲线

随着近代工业的不断进步，机械也日益朝着高速、精密、自动化方向发展，因此对机械中的凸轮机构的转速和精度要求也不断提高，而且作图法设计凸轮的轮廓曲线已难以满足要求。因而需用解析法设计以提高凸轮廓线的设计精度。

用解析法设计凸轮轮廓的实质是建立凸轮轮廓的数学方程式，计算凸轮轮廓上各点的坐标，各点坐标可用极坐标值或直角坐标值表示。下面以盘形凸轮机构的设计为例加以介绍。

1. 偏置直动滚子从动件盘形凸轮机构

如图 5-24 所示为右偏置的滚子直动从动件盘形凸轮机构，其凸轮基圆半径 r_b、偏距 e 和从动件运动规律 $s=s(\varphi)$ 均为已知。建立 Oxy 坐标系，B_0 点为凸轮推程段轮廓线的起始点。开始从动件滚子中心处于 B_0 点，当凸轮转过 δ 角时，从动件产生相应的位移 s，由图可看出，此时滚子中心处于 B 点，其直角坐标为

$$\begin{cases} x=(s_0+s)\sin\delta+e\cos\delta \\ y=(s_0+s)\cos\delta-e\sin\delta \end{cases} \tag{5-12}$$

式中，e 为偏距，$s_0=\sqrt{r_b^2-e^2}$，此式即为凸轮的理论廓线方程式。

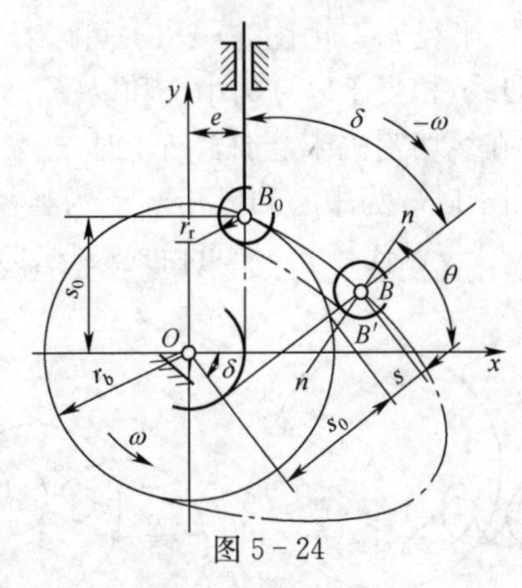

图 5-24

因为工作廓线与理论廓线在法线方向的距离应等于滚子半径 r_r，故当已知理论廓线上任意一点 $B(x,y)$ 时，只要沿理论廓线在该点的法线方向取距离为 r_r，即得工作廓线上的相应点 $B'(x',y')$，因此工作廓线是理论廓线的等距曲线，该等距曲线有两条，即内等距曲线和外等距曲线。由高等数学知识可知，理论廓线 B 点处法线 $n-n$ 的斜率（与切线斜率为负倒数）应为

$$\tan\theta=-\frac{\mathrm{d}x}{\mathrm{d}y}=\left(\frac{\mathrm{d}x}{\mathrm{d}\delta}\right)/\left(\frac{-\mathrm{d}y}{\mathrm{d}\delta}\right)=\frac{\sin\theta}{\cos\theta} \tag{5-13}$$

将式(5-12)对 δ 求导，有

$$\begin{cases} \dfrac{\mathrm{d}x}{\mathrm{d}\delta}=\left(\dfrac{\mathrm{d}s}{\mathrm{d}\delta}-e\right)\sin\delta+(s_0+s)\cos\delta \\ \dfrac{\mathrm{d}y}{\mathrm{d}\delta}=\left(\dfrac{\mathrm{d}s}{\mathrm{d}\delta}-e\right)\cos\delta-(s_0+s)\sin\delta \end{cases} \tag{5-14}$$

由图 5-25，可得

$$\begin{cases} \sin\theta=\dfrac{\left(\dfrac{\mathrm{d}x}{\mathrm{d}\delta}\right)}{\sqrt{\left(\dfrac{\mathrm{d}x}{\mathrm{d}\delta}\right)^2+\left(\dfrac{\mathrm{d}y}{\mathrm{d}\delta}\right)^2}} \\ \cos\theta=\dfrac{-\left(\dfrac{\mathrm{d}y}{\mathrm{d}\delta}\right)}{\sqrt{\left(\dfrac{\mathrm{d}x}{\mathrm{d}\delta}\right)^2+\left(\dfrac{\mathrm{d}y}{\mathrm{d}\delta}\right)^2}} \end{cases} \tag{5-15}$$

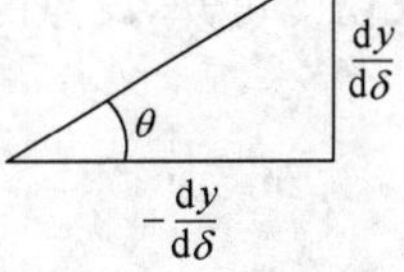

θ　$\dfrac{\mathrm{d}y}{\mathrm{d}\delta}$　$-\dfrac{\mathrm{d}y}{\mathrm{d}\delta}$

图 5-25

工作廓线上对应点 $B'(x',y')$ 的坐标为

$$\begin{cases}x'=x\pm r_{\mathrm{r}}\cos\theta\\ y'=y\pm r_{\mathrm{r}}\sin\theta\end{cases}\tag{5-16}$$

式中“+”用于外等距曲线，“−”用于内等距曲线。此式即为凸轮的工作廓线方程式。

式(5-14)中，e 为代数值，其正负规定如下：如图 5-24 所示，当凸轮沿逆时针方向回转时，若从动件处于凸轮回转中心的右侧，e 为正，反之为负；若凸轮沿顺时针方向回转，则相反。

另外，在数控机床上加工凸轮，通常需给出刀具中心的直角坐标值。若刀具半径与滚子半径完全相等，那么理论廓线的坐标值即为刀具中心的坐标值。但当用砂轮磨削凸轮时，刀具半径 r_{c} 往往大于滚子半径 r_{r}。由图 5-26(a)可以看出，这时刀具中心的运动轨迹 η_{c} 为理论廓线 η 的等距曲线，相当于以 η 为中心和以 $(r_{\mathrm{c}}-r_{\mathrm{r}})$ 为半径所作一系列滚子的外包络线；反之，当用钼丝在线切割机床上加工凸轮时，$r_{\mathrm{c}}<r_{\mathrm{r}}$，如图 5-26(b)所示。这时刀具中心运动轨迹 η_{c} 相当于以 η 为中心和以 $r_{\mathrm{r}}-r_{\mathrm{c}}$ 为半径所作一系列滚子的内包络线。由上分析可知，只要用 $|r_{\mathrm{c}}-r_{\mathrm{r}}|$ 代替 r_{r}，便可由式(5-16)求出外包络线或内包络线上各点的坐标值。

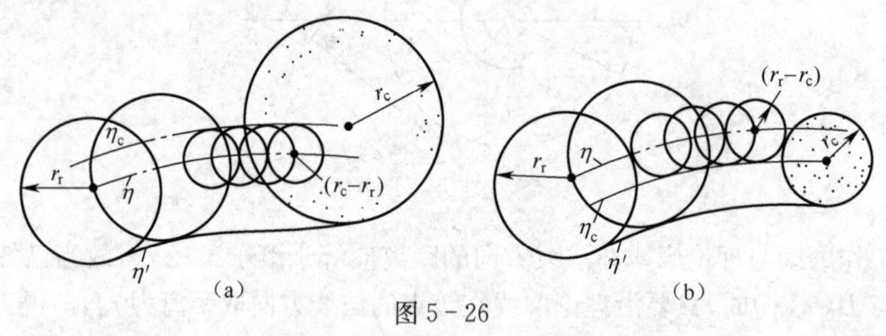

图 5-26

2. 对心平底从动件盘形凸轮机构

如图 5-27 所示为对心平底从动件盘形凸轮机构，其平底与从动件轴线垂直。建立如图所示坐标系，坐标系的 y 轴与从动件轴线重合，当凸轮转角为 δ 时，从动件的位移为 s，根据反转法可知，此时从动件平底与凸轮应在 B 点相切。又由瞬心知识可知，此时凸轮与从动件的相对瞬心在 P 点，故从动件的速度为

$$v=v_{\mathrm{p}}=\overline{OP}\omega$$

或

$$\overline{OP}=v/\omega=\frac{\mathrm{d}s}{\mathrm{d}\delta}$$

又由图可知，B 点的坐标为

$$\begin{cases}x=(r_{\mathrm{b}}+s)\sin\delta+\left(\dfrac{\mathrm{d}s}{\mathrm{d}\delta}\right)\cos\delta\\ y=(r_{\mathrm{b}}+s)\cos\delta-\left(\dfrac{\mathrm{d}s}{\mathrm{d}\delta}\right)\sin\delta\end{cases}\tag{5-17}$$

此即为凸轮工作廓线的方程式。

3. 摆动滚子从动件盘形凸轮机构

如图 5-28 所示，取摆动从动件的轴心 A_0 与凸轮轴心 O 之间的连线为坐标系的 y

轴，在反转运动中，当从动件相对于凸轮转过 δ 角时，摆动从动件处于图示 AB 位置，其角位移为 φ，则 B 点坐标为

$$\begin{cases} x=a\sin\delta-l\sin(\delta+\varphi+\varphi_0) \\ y=a\cos\delta-l\cos(\delta+\varphi+\varphi_0) \end{cases} \tag{5-18}$$

式中，φ_0 为从动件的初始位置角，其值为

$$\varphi_0=\arccos\frac{a^2+l^2-r_0^2}{2al} \tag{5-19}$$

式(5-18)为凸轮理论廓线方程，而其工作廓线则仍按式(5-16)计算。

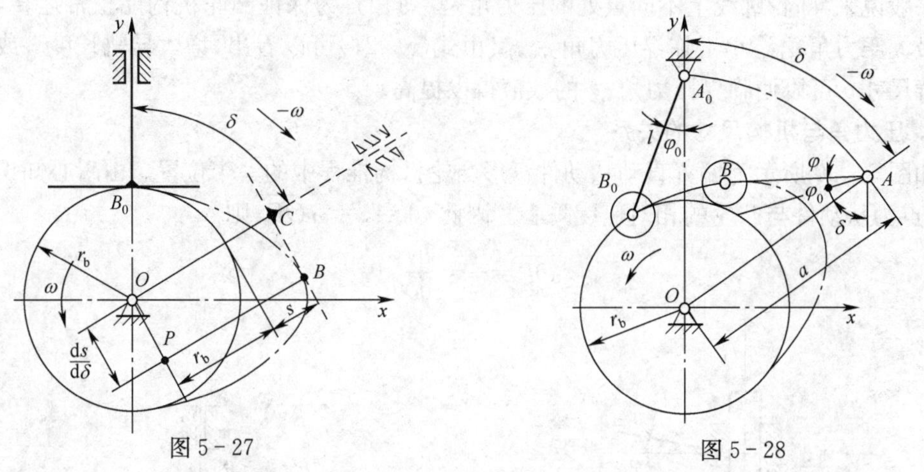

图 5-27　　图 5-28

5.4 凸轮机构基本尺寸的确定

在上面介绍的凸轮机构设计时，基圆半径 r_b、滚子半径 r_r 和平底尺寸等都是作为已知条件给定的。而在实际设计中这些基本尺寸都是设计者确定的，需要考虑凸轮机构的受力是否良好，运动是否失真，结构是否紧凑等问题。

5.4.1 凸轮机构的压力角及其许用值

1. 压力角与作用力的关系

图 5-29 所示为对心尖顶直动从动件盘形凸轮在推程中的一个任意位置，F_r 为从动件所受的载荷(包括工作阻力自重和弹簧压力等)，F 为凸轮对从动件的作用力，F_{R1}、F_{R2} 分别为导轨两侧作用于从动件上的总反力，α 为从动件所受正压力 F_n 的方向与从动件 B 点的速度方向之间所夹的锐角，称为凸轮机构在图示位置的压力角。根据力的平衡条件，分别由 $\sum F_x=0$、$\sum F_y=0$ 和 $\sum M_B=0$，可得

$$-F\sin(\alpha+\varphi_1)+(F_{R1}-F_{R2})\cos\varphi_2=0$$

$$-F_r+F\cos(\alpha+\varphi_1)-(F_{R1}+F_{R2})\sin\varphi_2=0$$

$$F_{R2}(l+b)\cos\varphi_2-F_{R1}b\cos\varphi_2=0$$

由上三式整理，得

$$F=\frac{F_r}{\cos(\alpha+\varphi_1)-\left(l+\frac{2b}{l}\right)\sin(\alpha+\varphi_1)\tan\varphi_2} \tag{5-20}$$

由式 5-20 可知，在其他条件相同的情况下，压力角 α 越大，分母越小，作用力 F 将越大；如果 α 大到使式中的分母为零，则 F 将增至无穷大，此时机构将发生自锁，此压力角称为临界压力角 α_c，其值为

$$\alpha_c=\arctan\left\{1/\left[\left(1+\frac{2b}{l}\right)\tan\varphi_2\right]\right\}-\varphi_1 \tag{5-21}$$

一般说来，凸轮廓线上不同点处的压力角是不同的，为保证凸轮机构能正常运转，应使其最大压力角 α_{max} 小于临界压力角 α_c，又由式(5-21)可以看出，增大导轨长度 l 或减小悬臂尺寸 b 可以使临界压力角 α_c 的数值得以提高。

2. 压力角与机构尺寸的关系

如图 5-30 所示为偏置直动从动件盘形凸轮机构推程中的一个位置。由瞬心知识可知，P 点为从动件与凸轮的相对速度瞬心。因此 $v_P=v=\omega\,\overline{OP}$，则

$$\overline{OP}=\frac{v}{\omega}=\frac{ds}{d\delta}$$

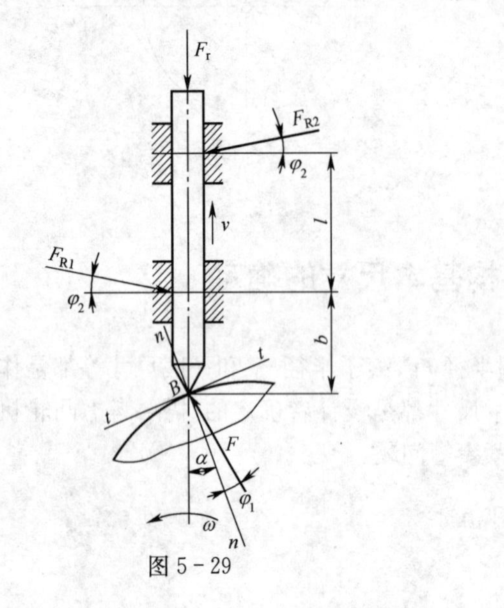

图 5-29

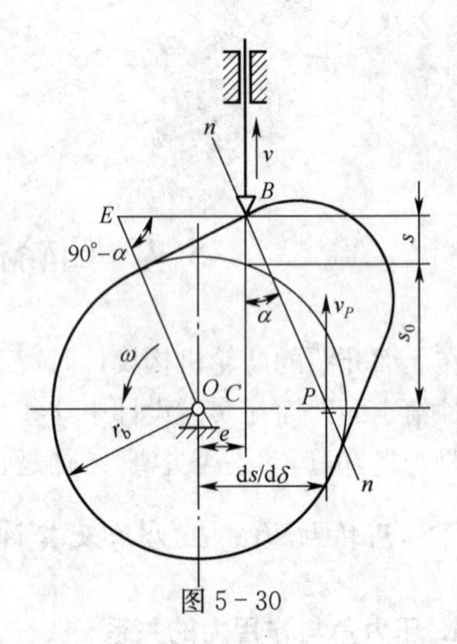

图 5-30

由△BCP 可得

$$\tan\alpha=\frac{\overline{OP}-e}{s_0+s}=\frac{\frac{ds}{d\delta}-e}{\sqrt{r_0^2-e^2}+s} \tag{5-22}$$

由上式可知，在偏距 e 一定，从动件的运动规律已知的条件下，压力角 α 越大，基圆半径 r_b 越小，结构越紧凑；反之，基圆半径越大，压力角越小，机构的传力性能越好。

此外压力角的大小与从动件偏置的方向和偏距大小有关。当凸轮沿逆时针方向回转时，若从动件处于凸轮回转中心的右侧时，即 e 为正值时，压力角 α 可减小，此偏置方式为正偏置；反之 e 为负值时，压力角 α 增大，为负偏置。需要指出的是：若采用偏置的方式来减小压力角，则回程压力角将增大。但回程受力较小且无自锁问题，所以在设计凸轮机构

时通常采用正偏置。

3. 许用压力角

在生产实际中，为了提高机构的效率，改善其受力情况，规定了压力角的许用值$[\alpha]$。由于凸轮廓线上各点的压力角是变化的，故应使$\sigma_{max}<[\sigma]$。在一般设计中，推荐许用的压力角：直动从动件推程时，$[\alpha]\leqslant 30°\sim 40°$；摆动从动件推程时，$[\alpha]\leqslant 40°\sim 50°$。

机构在回程时，由于从动件不是由凸轮推动的，通常是靠外力或自重作用返回的，发生自锁的可能性极小，因此，压力角允许大些，无论是直动从动件还是摆动从动件，通常取$[\alpha]=70°\sim 80°$。

5.4.2 凸轮基圆半径的确定

一般情况下，总希望所设计的凸轮机构既有良好的传力性能，又具有较紧凑的尺寸，但由以上分析可知，两者是相互制约的，在设计凸轮时，应兼顾两者统筹考虑。在设计时，通常是在满足$\sigma_{max}<[\sigma]$的前提下，选择尽可能小的基圆半径。其选择方法可参考有关资料。

在实际设计工作中，不仅要考虑$\sigma_{max}<[\sigma]$的限制，还要考虑凸轮的结构及强度的要求。由于根据$\sigma_{max}<[\sigma]$的条件所确定的凸轮基圆半径r_b一般较小，故在设计工作中，一般凸轮的基圆半径根据结构条件来选择，必要时再检查所设计的凸轮是否满足$\sigma_{max}<[\sigma]$的要求。例如，当凸轮与轴做成一体时，凸轮工作廓线的基圆半径应略大于轴的半径，当凸轮与轴分开制作时，凸轮上要做出轮毂，此时凸轮工作廓线的基圆半径应略大于轮毂半径。

5.4.3 滚子半径选择

当设计滚子从动件盘形凸轮时，应首先选定适当的滚子半径。滚子半径的选择要考虑滚子的结构、强度及凸轮轮廓曲线的形状等方面的因素。下面主要分析滚子半径的选取与凸轮轮廓曲线的关系。

如图5-31(a)所示为内凹的凸轮轮廓曲线，工作廓线的曲率半径ρ_a等于理论廓线的曲率半径ρ与滚子半径r_r之和，即$\rho_a=\rho+r_r$，因此，不论滚子半径大小如何，凸轮的工作廓线总是可以平滑地作出来。如图5-31(b)所示为外凸的凸轮轮廓曲线，其工作廓线的曲率半径等于理论廓线的曲率半径与滚子半径之差，即$\rho_a=\rho-r_r$。当$\rho>r_r$时，如图5-

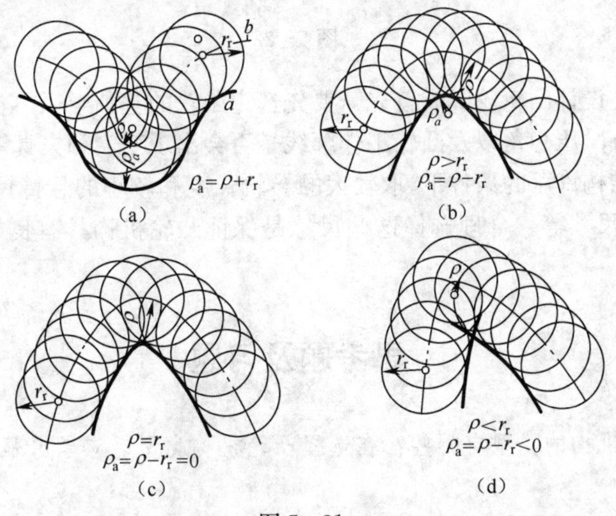

图5-31

31(b)所示，$\rho_a>0$，这时所得的凸轮实际轮廓为平滑的轮廓曲线；如果 $\rho=r_r$ 时，则 $\rho_a=0$，即凸轮实际轮廓上出现了尖点，如图 5-31(c)所示，这种现象称为变尖现象，尖点处很容易磨损；又如图 5-31(d)所示，$\rho<r_r$ 时，则 $\rho_a<0$，这时实际廓线出现交叉，图中阴影部分在加工时将被切去，致使从动件不能按预期的运动规律运动，这种现象称为失真现象。

通过上述分析可知，应使滚子半径 r_r 小于理论轮廓外凸部分的最小曲率半径 ρ_{min}，设计时一般可取 $r_r\leqslant 0.8\rho_{min}$。另外滚子的尺寸还受其强度、结构的限制，不能做的太小，通常取 $r_r=(0.1\sim 0.5)r_b$。

5.4.4 平底从动件平底尺寸的确定

如图 5-27 所示，从动件平底中心至从动件平底与凸轮廓线的接触点间的距离$\overline{BC}$为

$$\overline{OP}=\overline{BC}=\frac{ds}{d\delta}$$

其最大距离 $l_{max}=\overline{BC}_{max}=\left|\frac{ds}{d\delta}\right|_{max}$，$\left|\frac{ds}{d\delta}\right|_{max}$ 应根据推程和回程从动件的运动规律分别进行计算，取其最大值。设平底两侧取同样长度，则从动件平底长度为

$$l=2\left|\frac{ds}{d\delta}\right|_{max}+(5\sim 7) \tag{5-23}$$

在平底从动件凸轮机构中，有时也会产生失真现象。如图 5-32 所示，当取凸轮的基圆半径 r_b 时，由于从动件的平底的 B_1E_1 和 B_3E_3 位置相交于 B_2E_2 之内，因而使凸轮的工作廓线不能与位置 B_2E_2 相切，故从动件不能按预期的运动规律运动，即出现失真现象。为了解决这个问题，可适当增大凸轮的基圆半径。图中将基圆半径由 r_b 增大到 r_b'，即避免了失真现象。

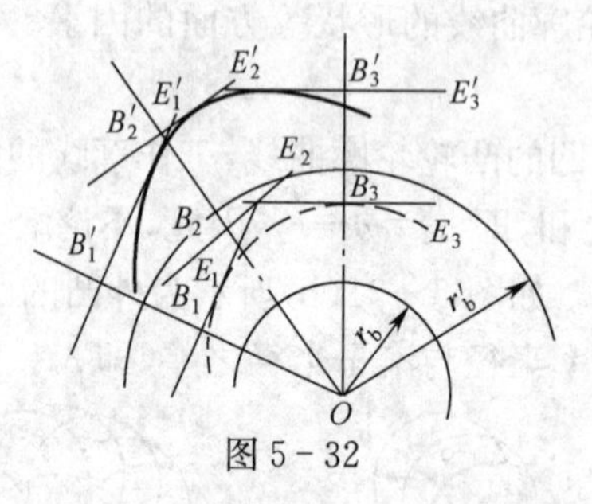

图 5-32

综上所述，在设计凸轮轮廓时首先需要先选定凸轮的基圆半径，它的选择需考虑到机构实际的结构条件、压力角以及凸轮工作廓线是否会出现变尖和失真等。另外，当为直动从动件时，应在结构许可的条件下，取较大的导轨长度和较小的悬臂尺寸，并恰当地选取滚子半径或平底尺寸等。合理选择这些尺寸是保证凸轮机构具有良好工作性能的重要因素。

思考题及习题

5-1 凸轮机构的类型有哪些？在选择凸轮机构类型时应考虑哪些因素？

5-2　从动件的常用运动规律有哪几种？它们各有什么特点？各适用于什么场合？

5-3　何谓凸轮机构中的刚性冲击和柔性冲击？试补全题5-3图各段的$s-\delta$、$v-\delta$、$a-\delta$曲线，并指出哪些地方有刚性冲击，哪些地方有柔性冲击。

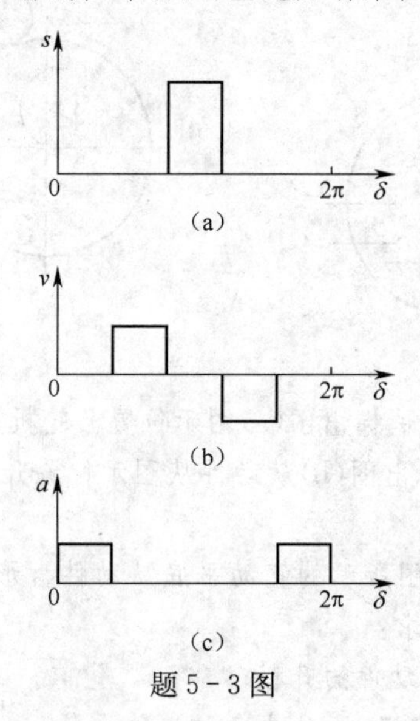

题5-3图

5-4　当要求凸轮机构从动件的运动没有冲击时，应选用何种运动规律？

5-5　从动件运动规律选取的原则是什么？

5-6　不同规律运动曲线拼接时应满足什么条件？

5-7　何谓凸轮的理论廓线？何谓凸轮的实际廓线？两者有何区别与联系？

5-8　理论廓线相同而实际廓线不同的两个对心移动滚子从动件盘形凸轮机构，其从动件的运动规律是否相同？

5-9　何谓凸轮机构的压力角？当凸轮廓线设计完成后，如何检查凸轮转角为中时机构的压力角？若发现压力角超过许用值，可采取什么措施减小推程压力角？

5-10　一对心直动从动件盘形凸轮机构，在使用中发现推程压力角稍偏大，拟采用从动件偏置的办法来改善，问是否可行？为什么？

5-11　何谓运动失真？应如何避免出现运动失真现象？

5-12　一滚子从动件盘形凸轮机构，在使用中发现从动件滚子的直径偏小，欲改用较大的滚子，问是否可以？为什么？

5-13　试说明对心直动尖顶从动件盘形凸轮机构和偏置式直动尖顶从动件盘形凸轮机构在绘制凸轮轮廓的方法上有什么不同？

5-14　在题5-14图所示凸轮机构中，圆弧底摆动从动件与凸轮在B点接触。当凸轮从图示位置逆时针转过90°时，试用图解法标出：

(1)从动件在凸轮上的接触点；

(2)摆动位移角的大小；

(3)凸轮机构的压力角。

5-15　在题5-15图所示机构中，哪个是正偏置？哪个是负偏置？说明偏置方向对凸轮机构压力角有何影响？

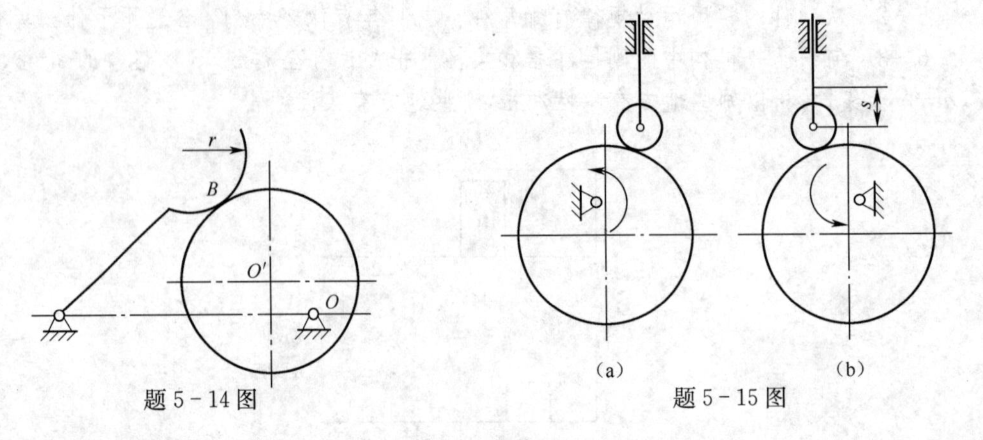

题 5-14 图　　　　题 5-15 图

5-16　在题 5-15 图中，试标出图(a)图示位置凸轮机构的压力角，凸轮从图示位置转过 90°后从动件的位移；并标出图(b)从动件从图示位置升高位移 s 时，凸轮的转角和凸轮机构的压力角。

5-17　已知如题 5-17 图所示的直动平底从动件盘形凸轮机构，凸轮为 $r=30\text{mm}$ 的偏心圆盘，$\overline{AO}=15\text{mm}$。试求：

(1) 凸轮的基圆半径和从动件的升程；

(2) 推程运动角、回程运动角、远休止角和近休止角；

(3) 凸轮机构的最大压力角和最小压力角。

5-18　试用作图法设计一对心直动尖顶从动件盘形凸轮机构的凸轮廓线。设从动件运动规律如题 5-18 图所示，凸轮逆时针转动，其基圆半径 $r_b=30\text{mm}$。

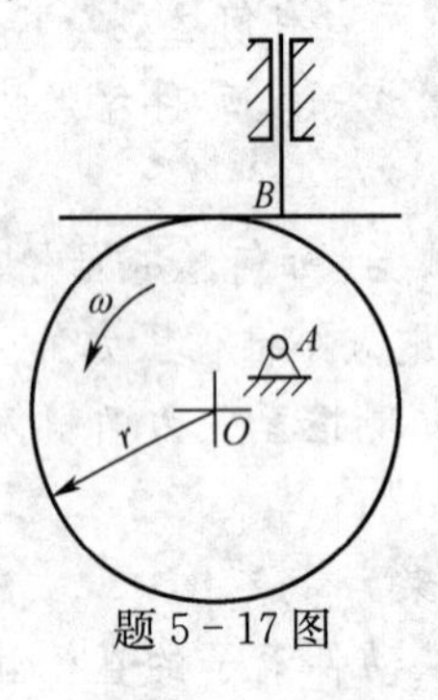

题 5-17 图

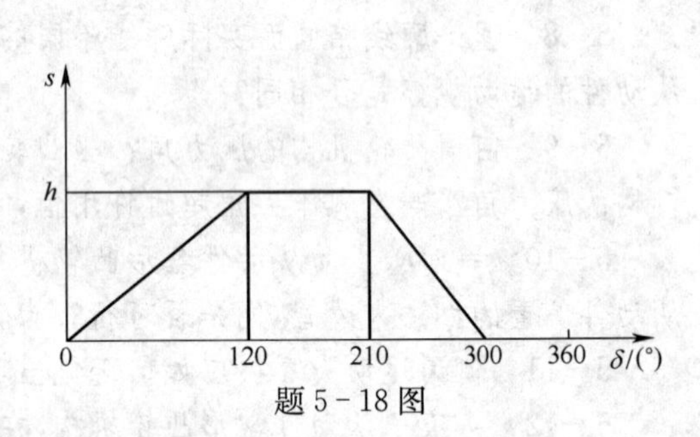

题 5-18 图

5-19　试用作图法设计一偏置直动滚子从动件盘形凸轮机构的凸轮廓线。已知凸轮以等角速度顺时针回转，正偏距 $e=10\text{mm}$，基圆半径 $r_b=40\text{mm}$。从动件的运动规律为：凸轮转角 $\delta=0°\sim150°$时，从动件等速上升 $h=16\text{mm}$；凸轮转过角度 $\delta=150°\sim180°$时，从动件远休止；凸轮转过角度 $\delta=180°\sim300°$时，从动件等加速等减速下降 $h=16\text{mm}$；$\delta=300°\sim360°$时，从动件近休止。

5-20　试以作图法设计一个对心平底直动从动件盘形凸轮机构的轮廓曲线。已知凸轮基圆半径 $r_b=30\text{mm}$，从动件平底与导轨的中心线垂直，凸轮顺时针方向匀速转动。当凸轮转过 120°时凸轮以等加速等减速运动上升 20mm，在转过 150°时，从动件又以余弦加速度运动回到原位，凸轮转过其余 90°时，从动件静止不动。

5-21　有一摆动滚子从动件盘形凸轮机构(图 5-22)，已知 $l_{oA}=60\text{mm}$，$r_b=$

25mm，l_{AB}=50mm，r_r=8mm。凸轮顺时针方向匀速转动，要求当凸轮转过180°时，从动件以等速运动向上摆动25°；转过一周中的其余角度时，从动件以等加速等减速运动摆回到原位置。试以作图法设计凸轮的工作廓线。

5-22　试设计一对心直动滚子从动件盘形凸轮机构，滚子半径 r_r=10mm，凸轮以等角速度逆时针回转。凸轮转角 δ=0°～120°时，从动件等速上升20mm；δ=120°～180°时，从动件远休止；δ=180°～270°时，从动件等加速等减速下降20mm；δ=270°～360°时，从动件近休止。要求推程的最大压力角 $\alpha_{max}\leqslant 30°$，试选取合适的基圆半径，并绘制凸轮的廓线。问此凸轮机构是否有缺陷，应如何补救。

5-23　题5-23图所示为书本打包机的推书机构简图。凸轮逆时针转动，通过摆杆滑块机构带动滑块 D 左右移动，完成推书工作。已知滑块行程 H=80mm，凸轮理论廓线的基圆半径 r_b=50mm，l_{AC}=160mm，l_{CD}=120mm，其他尺寸如图所示。当滑块处于左极限位置时，AC 与基圆切于 B 点；当凸轮转过120°时，滑块以等加速等减速运动规律向右移动80mm；当凸轮接着转过30°时，滑块在右极限位置静止不动；当凸轮再转过60°时，滑块又以等加速等减速运动向左移动至原处；当凸轮转过最后150°时，滑块在左极限位置静止不动。试设计该凸轮机构。

5-24　在题5-24图所示绕线机构中，导线杆的轴向等速往复移动由凸轮机构控制。设 B、C 两杆轴线之间的距离为300mm，当支点 D 到 B、C 两杆的距离相等时，要求导线杆移动的行程为100mm。试设计该凸轮的廓线。已知滚子半径 r_r=5mm。

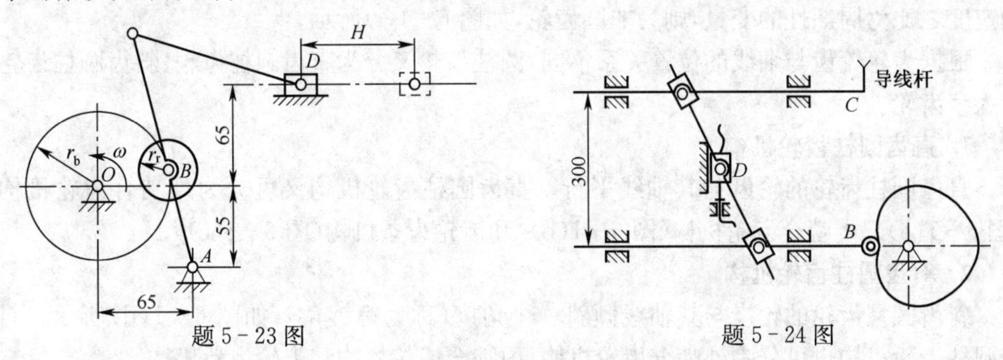

题5-23图　　　　题5-24图

5-25　试用解析法设计偏置直动滚子从动件盘形凸轮机构凸轮的理论轮廓曲线和工作廓线。已知凸轮轴置于从动件轴线右侧，偏距 e=20mm，基圆半径 r_b=50mm，滚子半径 r_r=10mm。凸轮以等角速度沿顺时针方向回转，在凸轮转过角 δ_1=120°的过程中，从动件按正弦加速度运动规律上升 h=50mm；凸轮继续转过 δ_2=30°时，从动件保持不动；其后，凸轮再回转角度 δ_3=60°时，从动件又按余弦加速度运动规律下降至起始位置；凸轮转过一周的其余角度时，从动件又静止不动。

第6章　齿轮机构及其设计

6.1　齿轮机构的特点和类型

齿轮机构是现代机械中应用最为广泛的传动机构之一，它可以用来传递空间任意两轴间的运动和动力。其主要特点是传动比准确，机械效率高，使用寿命长，工作可靠，结构紧凑，所传递的功率和适用的速度范围大等；但制造和安装精度要求较高，不宜用于传递两轴中心距较大的场合，低精度的齿轮机构在使用时噪声较大。

齿轮机构的类型很多，按两轮轴线间的相对位置可分为平面齿轮机构和空间齿轮机构两类。

6.1.1　平面齿轮机构

平面齿轮机构用来传递两平行轴之间的运动，齿轮上各点均在互相平行的平面中运动。若两轮所传递的角速度之比为常数，这时平面齿轮为圆柱齿轮。如果两轮所传递的角速度之比为周期性的变量，则为非圆齿轮，如图 6-1(i)所示。

根据齿轮轮齿与轴线的位置关系不同，圆柱齿轮又分为直齿圆柱齿轮、斜齿圆柱齿轮和人字齿轮。

1. 直齿圆柱齿轮机构

直齿圆柱齿轮的轮齿与其轴线平行。直齿圆柱齿轮机构又可分为外啮合齿轮机构(图 6-1(a))、内啮合齿轮机构(图 6-1(b))和齿轮齿条机构(图 6-1(c))。

2. 斜齿圆柱齿轮机构

斜齿圆柱齿轮的轮齿与其轴线倾斜一个角度(称为螺旋角)，如图 6-1(d)所示。斜齿圆柱齿轮机构也可分为外啮合齿轮机构、内啮合齿轮机构和齿轮齿条机构。

3. 人字齿轮

人字齿轮的轮齿成人字形，它相当于两个螺旋角大小相等方向相反的斜齿轮合并而成，如图 6-1(e)所示。

6.1.2　空间齿轮机构

空间齿轮机构用来传递两不平行轴之间的运动(两轴线在空间相交或交错)，它们的相对运动为空间运动，常见的类型有圆锥齿轮机构、交错轴斜齿轮机构和蜗杆机构等。

1. 圆锥齿轮机构

这种齿轮的轮齿沿圆锥母线排列于截锥表面，称为圆锥齿轮或伞齿轮，如图 6-1(f)所示。圆锥齿轮又有直齿、斜齿和曲齿之分，其中以直齿圆锥齿轮应用最为广泛。

2. 交错轴斜齿轮机构

就单个齿轮而言，这种齿轮与斜齿圆柱齿轮完全相同。但机构中两齿轮的螺旋角数值不等，两轮轴线是互相交错的，如图 6-1(g)所示。

3. 蜗杆机构

蜗杆机构中两轴交错角成 90°。这种机构传动比较大；结构紧凑、传动平稳、噪声和振动小；传动效率较低，如图 6-1(h)所示。

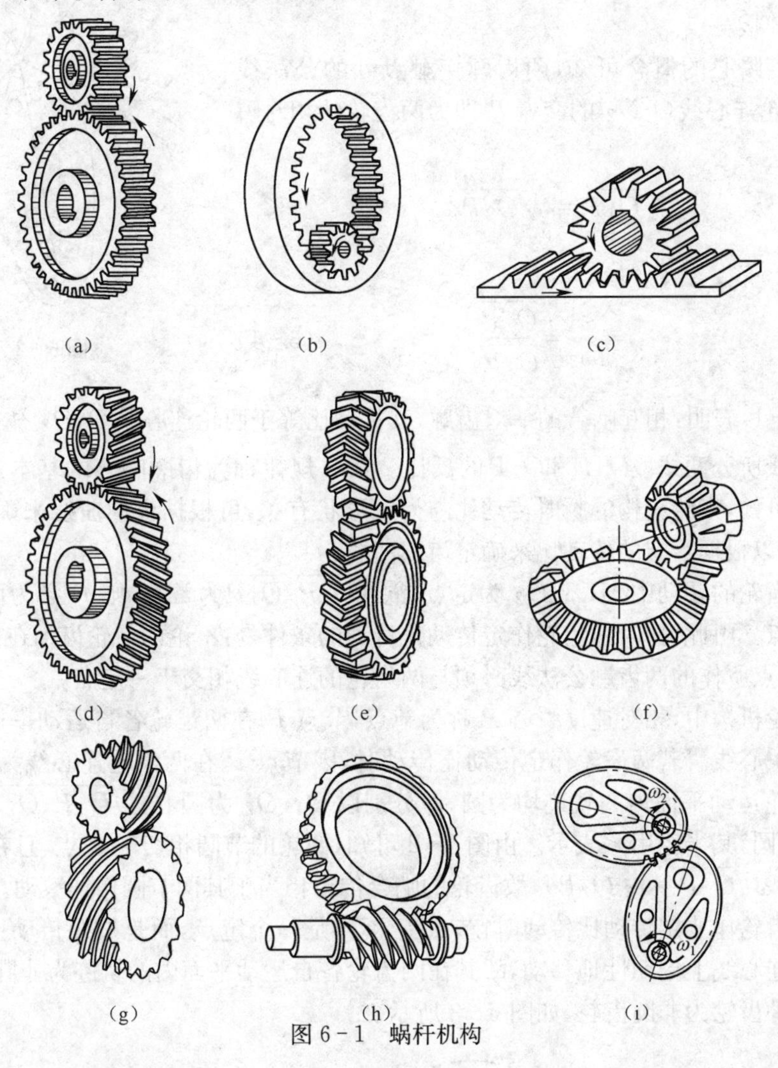

图 6-1　蜗杆机构

其中，直齿圆柱齿轮机构是最简单、应用最广泛的一种齿轮机构。本章将重点讨论直齿圆柱齿轮机构的啮合原理、几何参数计算等，并以此为基础对其他类型的齿轮机构进行简要论述。

6.2　齿廓啮合基本定律

齿轮机构的运动是依靠主动轮的齿廓依次推动从动轮的齿廓来实现的，两轮的角速度之比称为齿轮机构的传动比。两齿轮啮合时，其瞬时传动比的变化规律与两轮齿廓形状有关，齿廓形状不同，其瞬时传动比的变化规律也不同。下面就来分析齿轮机构的传动比与齿廓形状之间的关系。

图 6-2 所示为一对相互啮合的齿轮齿廓，O_1、O_2 为两齿轮的转动中心，齿轮 1 以角速度 ω_1 转动并以齿廓 C_1 推动齿轮 2 的齿廓 C_2 以角速度 ω_2 转动，K 点为两齿廓某一瞬时的接触点。

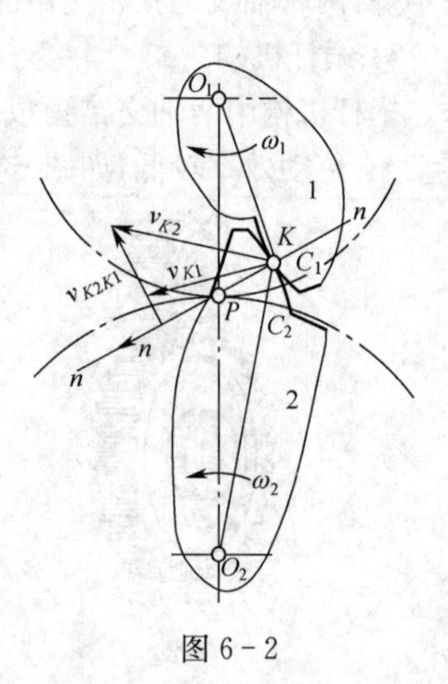

图 6-2

由速度瞬心的概念可知，两齿廓接触点处的公法线 $n-n$ 与两轮连心线 O_1O_2 的交点 P 即为两齿轮的相对瞬心，故有

$$\omega_1 \overline{O_1P}=\omega_2 \overline{O_2P}$$

得

$$i_{12}=\frac{\omega_1}{\omega_2}=\frac{\overline{O_2P}}{\overline{O_1P}} \tag{6-1}$$

式(6-1)表明：相互啮合的一对齿廓，其传动比等于两轮连心线 O_1O_2 被齿廓接触点处的公法线所分两线段 $\overline{O_1P}$ 和 $\overline{O_2P}$ 的反比。这一规律称为齿廓啮合的基本定律。根据这一定律可知，齿轮机构的瞬时传动比与齿廓形状有关，可根据齿廓曲线来确定传动比；反之，也可以根据给定的传动比来确定齿廓曲线。

因两齿轮的转动中心 O_1、O_2 为定点，欲使 $\overline{O_2P}/\overline{O_1P}$ 为常数，则 P 必为两齿轮连心线上一定点。由此可知，两齿轮作定传动比传动的条件是：不论两齿轮齿廓在任何位置接触，过接触点所作的两齿廓公法线必须与两齿轮的连心线相交于一定点。

在齿轮机构中，相对速度瞬心 P 称为节点，节点 P 在两齿轮各自运动平面内的轨迹称为相对瞬心线。若两齿轮作定传动比传动时，因节点 P 在两齿轮连心线为一定点，故 P 点在两轮运动平面内的轨迹均为圆，即分别以 O_1、O_2 为圆心、以 $\overline{O_1P}$、$\overline{O_2P}$ 为半径的圆，称为节圆，其半径用 r' 表示。由图 6-2 可知，两轮的节圆相切于 P 点，且在 P 点的速度相等(即 $\omega_1 \overline{O_1P}=\omega_2 \overline{O_2P}$)，故齿轮的啮合传动相当于其两节圆作纯滚动。

若两齿轮作非定传动比传动时，节点 P 不再是一个定点，而是按照传动比的变化规律在两轮连心线上周期性地移动，故其在两齿轮各自运动平面内的轨迹为非圆曲线，称为节线。这种齿轮为非圆齿轮，如图 6-3 所示。

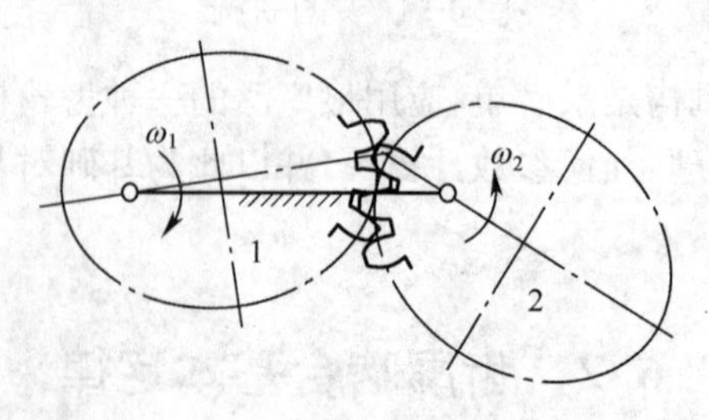

图 6-3

凡能够满足齿廓啮合基本定律的一对齿廓，称为共轭齿廓。理论上共轭齿廓有很多，但齿廓曲线的选择除了要符合齿廓啮合基本定律外，还要考虑齿轮制造、安装和强度等方面的要求。对于定传动比传动的齿轮，目前采用的齿廓曲线主要有渐开线、摆线和圆弧等

几种曲线，其中渐开线应用最为广泛，故本章着重介绍渐开线齿廓的齿轮。

6.3 渐开线齿廓及其啮合特性

6.3.1 渐开线的形成及其特性

如图 6-4 所示，当一直线 BK 沿一圆作纯滚动时，直线上任意一点 K 的轨迹 AK 就是该圆的渐开线。这个圆称为渐开线的基圆，基圆半径用 r_b 表示；直线 BK 称为渐开线的发生线；渐开线上 K 点的向径 OK 与渐开线起始点的向径 OA 之间的夹角 θ_K 称为渐开线 AK 段的展角。根据渐开线形成的过程可知，渐开线具有下列基本性质：

(1) 发生线沿基圆滚过的长度等于基圆上被滚过的圆弧长度，即

$$\overline{BK}=\overset{\frown}{AB}$$

(2) 发生线 BK 沿基圆作纯滚动时，它与基圆的切点 B 即为速度瞬心，故发生线 BK 即为渐开线在点 K 的法线。又因发生线恒切于基圆，所以渐开线上任意点的法线恒与基圆相切。

(3) 发生线与基圆的切点 B 也是渐开线在点 K 处的曲率中心，而线段 BK 就是渐开线在 K 处的曲率半径。渐开线越接近于基圆的部分，其曲率半径越小。在基圆上其曲率半径为零。

(4) 渐开线的形状取决于基圆的大小。如图 6-5 所示，基圆越小，渐开线越弯曲；基圆越大，渐开线越平直；当基圆半径趋向无穷大时，渐开线就成为一条斜直线。齿条的齿廓曲线就是变成直线的渐开线。

(5) 基圆内无渐开线。

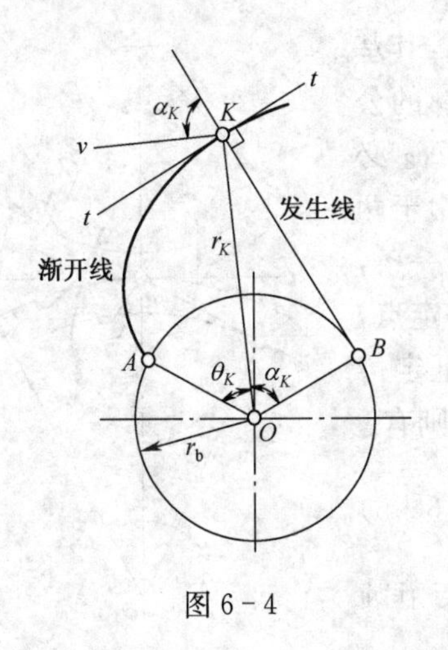

图 6-4

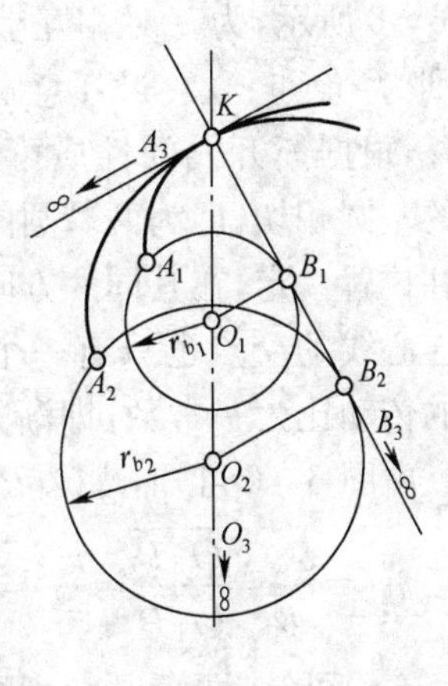

图 6-5

6.3.2 渐开线方程及渐开线函数

在研究渐开线齿轮传动时，常用到渐开线数学方程及渐开线函数。下面根据渐开线的形成过程来推导渐开线方程。

如图 6-4 所示，r_K 为渐开线上 K 点的向径。以渐开线作为齿轮的齿廓，当与其共

轭齿廓啮合时，在啮合点 K 所受正压力的方向（即法线方向）与该点的线速度方向（齿轮绕轴心 O 转动时，齿廓上 K 点的线速度与 OK 垂直）之间所夹的锐角 α_K 称为该点的压力角。由图可知

$$\cos\alpha_K=\frac{\overline{OB}}{\overline{OK}}=\frac{r_b}{r_K} \tag{6-2}$$

式(6-2)表明，渐开线齿廓上各点的向径不同，则压力角不同，向径越大（即 K 点距基圆越远），其压力角越大。基圆上的压力角 $\alpha_b=0°$。

以基圆中心为极坐标原点，以渐开线起始点 A 的向径 OA 为极坐标轴，则渐开线上任意一点 K 的极坐标可用展角 θ_K 和向径 r_K 确定。由该图可知

$$\tan\alpha_K=\frac{\overline{BK}}{r_b}=\frac{\overset{\frown}{AB}}{r_b}=\frac{r_b(\alpha_K+\theta_K)}{r_b}=\alpha_K+\theta_K$$

由上式可知，展角 θ_K 是压力角 α_K 的函数，称其为渐开线函数，用 $\mathrm{inv}\alpha_K$ 来表示，即

$$\theta_K=\mathrm{inv}\alpha_K=\tan\alpha_K-\alpha_K \tag{6-3}$$

综合式(6-2)和式(6-3)可得渐开线的极坐标方程为

$$\begin{cases} r_K=\dfrac{r_b}{\cos\alpha_K} \\ \theta_K=\mathrm{inv}\alpha_K=\tan\alpha_K-\alpha_K \end{cases} \tag{6-4}$$

6.3.3　渐开线齿廓的啮合特性

以渐开线作为齿廓曲线的齿轮，称为渐开线齿轮。渐开线齿廓啮合传动具有如下几个特性。

1. 能够保证定传动比传动

如图 6-6 所示，为一对相互啮合的渐开线齿廓，其基圆半径分别为 r_{b1} 和 r_{b2}。过任意啮合点 K 作两齿廓的公法线 N_1N_2，根据渐开线的性质可知，此公法线 N_1N_2 必与两齿轮的基圆相切，即为两基圆的一条内公切线，由于两基圆大小和位置一定，在其同一方向上内公切线只有一条，它与两轮连心线的交点也只有一个，即节点 P 为一定点，故两齿轮的传动比为一常数，即渐开线齿廓能够保证定传动比传动。由图 6-6 可知，$\triangle O_1PN_1\backsim\triangle O_2PN_2$，则有

$$i_{12}=\frac{\omega_1}{\omega_2}=\frac{\overline{O_2P}}{\overline{O_1P}}=\frac{r'_2}{r'_1}=\frac{r_{b2}}{r_{b1}}=\text{常数} \tag{6-5}$$

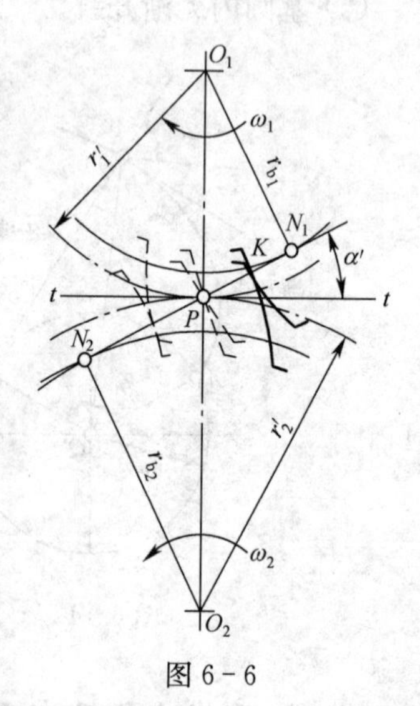

图 6-6

由式(6-5)可知，两渐开线齿廓啮合的传动比与节圆半径成反比，同时也与基圆半径成反比。

2. 中心距具有可分性

渐开线齿轮机构的传动比取决于两轮基圆半径的大小，对于已加工完成的两个渐开线齿轮，其基圆半径已完全确定，所以两轮的传动比亦完全确定，因而即使两轮实际安装中心距与设计的中心距略有偏差，由渐开线性质可知，$\triangle O_1PN_1\backsim\triangle O_2PN_2$ 和式(6-5)总能成立，故不会影响两轮的传动比，这一特性称为

中心距的可分性，这对于渐开线齿轮的制造、装配和使用都是十分有利的，也正是渐开线齿廓被广泛采用的主要原因之一。

3. 渐开线齿廓之间正压力不变

由图 6-6 可知，一对渐开线齿轮不论在何处啮合，其啮合点的公法线 N_1N_2 恒为两基圆的内公切线，两齿廓啮合点均在 N_1N_2 上，即 N_1N_2 为啮合点的轨迹，称为啮合线。啮合线与两齿廓接触点的公法线始终重合。

当不计摩擦时，渐开线齿廓间的作用力即为作用在公法线 N_1N_2 上的正压力，其方向始终不变。若主动轮上的驱动力矩为常数时，它作用于从动轮齿廓上的正压力大小不变。正压力大小、方向均不变的特性对齿轮传动的平稳性是很有利的。

4. 啮合角恒等于节圆压力角

两齿轮在啮合传动时，其节点的圆周速度方向与啮合线 N_1N_2 之间所夹的锐角，称为啮合角，用 α' 表示，其大小等于渐开线齿廓在节点 P 处的压力角。

6.4 标准直齿圆柱齿轮的基本参数和几何尺寸

为了进一步研究齿轮的传动原理和设计问题，必须首先熟悉齿轮各部分的名称、符号及其几何尺寸之间的关系。

6.4.1 齿轮各部分名称和符号

图 6-7 所示为直齿圆柱外齿轮的一部分，它的每个轮齿的两侧齿廓均由形状相同而方向相反的渐开线曲面组成，现介绍齿轮各部分名称和符号如下：

齿数　在齿轮的整个圆周上轮齿的总数，称为齿数，用 z 表示。

齿顶圆　过所有齿顶端部的圆，称为齿顶圆，其直径用 d_a 表示。

齿根圆　过所有轮齿底部的圆，称为齿根圆，其直径用 d_f 表示。

齿厚　任意圆周上一个轮齿的两侧齿廓间的弧线长度，称为该圆上的齿厚，用 s_i 表示。

齿槽宽　相邻两齿间的空间称为齿槽，任意圆周上齿槽两侧齿廓间的弧线长度，称为该圆上的齿槽宽，用 e_i 表示。

齿距　任意圆周上相邻两齿同侧齿廓间的弧线长度，称为齿距，用 p_i 表示。同一圆周上，齿距等于齿厚与齿槽宽之和，即

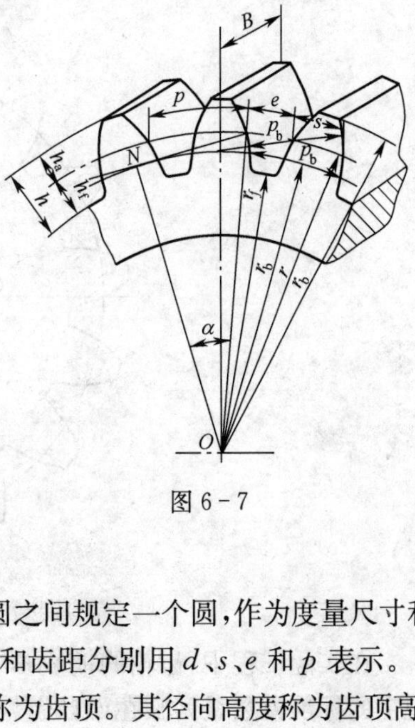

$$p_i = s_i + e_i \tag{6-6}$$

图 6-7

分度圆　为设计和制造的方便，在齿根圆与齿顶圆之间规定一个圆，作为度量尺寸和设计的基准圆，该圆称为分度圆，其直径、齿厚、齿槽宽和齿距分别用 d、s、e 和 p 表示。

齿顶高　位于分度圆与齿顶圆之间的轮齿部分，称为齿顶。其径向高度称为齿顶高，

用 h_a 表示。

齿根高　位于分度圆与齿根圆之间的轮齿部分，称为齿根。其径向高度称为齿根高，用 h_f 表示。

全齿高　齿根圆与齿顶圆之间的径向距离，称为全齿高，用 h 表示，则有

$$h = h_a + h_f \tag{6-7}$$

齿宽　轮齿的轴向宽度，称为齿宽，用 B 表示。

6.4.2　渐开线齿轮的基本参数

1. 模数 m

齿轮的分度圆是计算各部分尺寸的基准圆，其直径 d、齿距 p 与齿数 z 的关系为

$$\pi d = pz$$

或

$$d = \frac{p}{\pi} z$$

式中 π 为无理数，对设计、制造和测量均不方便，为此，取 p/π 为一个有理数，称为模数，用 m 表示，即

$$m = \frac{p}{\pi}$$

于是有

$$\begin{cases} d = mz \\ p = \pi m \end{cases} \tag{6-8}$$

模数反映了齿轮的轮齿及各部分尺寸的大小。当齿数不变时，模数越大，其齿距、齿厚、齿高和分度圆直径都相应增大。图 6-8 给出了不同模数齿轮齿形。

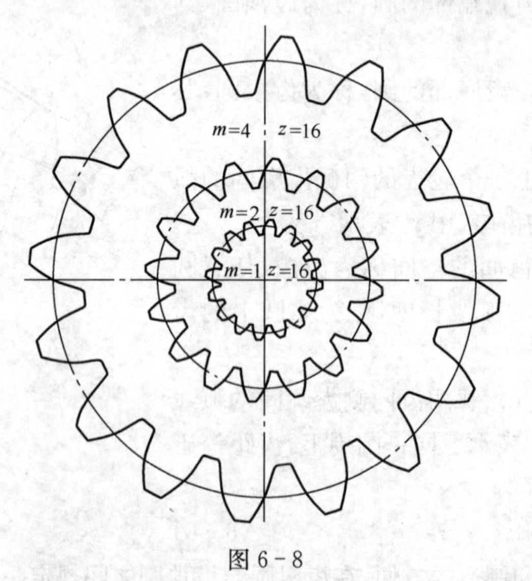

图 6-8

在实际工程中，齿轮的模数 m 已经标准化，表 6-1 为国家标准 GB/T 1357—1987 所规定的标准模数系列。在设计齿轮时，若无特殊要求，应选择标准模数。

表 6-1　标准模数系列表(GB/T 1357—1987)　　(单位:mm)

第一系列	0.1	0.12	0.15	0.2	0.25	0.3	0.4	0.5	0.6	0.8	1	1.25	1.5	2
	2.5	3	4	5	6	8	10	12	16	20	25	32	40	50
第二系列	0.35	0.7	0.9	1.75	2.25	2.75	(3.25)	3.5	(3.75)	4.5	5.5	(6.5)	7	9
	(11)	14	18	22	28	(30)	36	45						
注:1. 对于斜齿轮是指法面模数; 2. 优先采用第一系列,其次是第二系列,括号内的模数尽可能不用														

2. 压力角 α

由式(6-2)可知,同一渐开线齿廓上各点的压力角不同。作为设计基准的圆即分度圆上的压力角应当是已知的标准值,这样才便于齿轮的设计、制造和检测。通常所说的齿轮压力角是指在分度圆上的压力角,用 α 表示。根据式(6-2),有

$$\alpha = \arccos(r_b / r)$$

或

$$r_b = r\cos\alpha = \frac{mz}{2}\cos\alpha \tag{6-9}$$

国家标准 GB/T 1356—1988 中规定,分度圆上的压力角为标准值,$\alpha = 20°$。在某些场合,也有采用压力角为 14.5°、15°、22.5°和 25°的齿轮。

可见,标准直齿轮的分度圆就是具有标准模数和标准压力角的圆。

3. 齿数 z

由式(6-9)可知,当模数 m 和压力角 α 一定时,基圆半径取决于齿数 z 的多少,又由渐开线的特性可知,齿数 z 不同,渐开线的形状也不同。当齿数 z 趋于无穷大时,渐开线就变为直线。

4. 顶隙系数 c^*

齿轮机构中,在一轮的齿顶圆与另一轮的齿根圆之间所留的径向间隙,称为顶隙,通常用 c 表示。顶隙取模数的倍数。即 $c = c^* m$。

5. 齿顶高系数 h_a^*

轮齿的高度取模数的倍数。即

齿顶高　$h_a = h_a^* m$

齿根高　$h_f = (h_a^* + c^*)m$

齿顶高系数 h_a^* 和顶隙系数 c^* 均为标准值,国家标准规定:正常齿高制:$h_a^* = 1$,$c^* = 0.25$;短齿高制:$h_a^* = 0.8$,$c^* = 0.3$。

6.4.3　渐开线标准齿轮的几何尺寸

标准直齿圆柱齿轮是指 m、α、h_a^*、c^* 均为标准值,并且 $s = e$ 的齿轮。渐开线标准直齿圆柱齿轮的几何尺寸和齿廓形状完全由 z、m、α、h_a^* 和 c^* 这五个基本参数确定。为便于计算和设计,现将渐开线标准直齿圆柱齿轮机构几何尺寸的计算公式列于表 6-2 中。

表 6-2　渐开线标准直齿圆柱齿轮机构几何尺寸的计算公式

名　称	符　号	计　算　公　式	
		小齿轮	大齿轮
模数	m	（由强度计算和结构设计确定，选取标准值）	
压力角	α	选取标准值	
分度圆直径	d	$d_1=mz_1$	$d_2=mz_2$
齿顶高	h_a	$h_a=h_a^* m$	
齿根高	h_f	$h_f=(h_a^*+c^*)m$	
全齿高	h	$h=h_a+h_f=2(h_a^*+c^*)m$	
齿顶圆直径	d_a	$d_{a1}=d_1+2h_a=(z_1+2h_a^*)m$	$d_{a2}=d_2+2h_a=(z_2+2h_a^*)m$
齿根圆直径	d_f	$d_{f1}=d_1-2h_f=(z_1-2h_a^*-2c^*)m$	$d_{f2}=d_2-2h_f=(z_2-2h_a^*-2c^*)m$
基圆直径	d_b	$d_{b1}=d_1\cos\alpha$	$d_{b2}=d_2\cos\alpha$
齿距	p	$p=\pi m$	
基圆齿距	p_b	$p_b=p\cos\alpha$	
齿厚	s	$s=\pi m/2$	
齿槽宽	e	$e=\pi m/2$	
中心距	a	$a=m(z_1+z_2)/2$	

6.4.4　渐开线齿轮任意圆上的齿厚

轮齿的厚度是关系到轮齿强度、安装中心距、齿侧间隙、齿轮测量和检测的重要尺寸。渐开线轮齿在任意半径 r_i 圆周上的齿厚 s_i，根据渐开线性质均可用基本参数来表达。对照图 6-9 求解 s_i 如下：

$$r_b=r_i\cos\alpha_i=r\cos\alpha$$

故

$$\alpha_i=\arccos\left(\frac{r}{r_i}\cos\alpha\right)$$

式中 α_i 为半径 r_i 的圆上的压力角。

又
$$s_i=\overset{\frown}{CC}=r_i\varphi_i$$

而

$$\varphi_i=\angle BOB-2\angle BOC=\frac{s}{r}-2(\theta_i-\theta)=$$

$$\frac{s}{r}-2(\mathrm{inv}\alpha_i-\mathrm{inv}\alpha)$$

故

$$s_i=s\,\frac{r_i}{r}-2r_i(\mathrm{inv}\alpha_i-\mathrm{inv}\alpha) \tag{6-10}$$

若以不同圆的半径 r_i 和该圆上的渐开线压力角 α_i 代入上式，即可求得相应的齿厚。

1. 齿顶圆齿厚 s_a

齿顶圆齿厚 s_a 由下式求出

$$\alpha_a=\arccos\left(\frac{r_a}{r_b}\right)$$

$$s_a = s\frac{r_a}{r} - 2r_a(\mathrm{inv}\alpha_a - \mathrm{inv}\alpha) \tag{6-11}$$

2. 基圆齿厚 s_b

由于基圆半径 $r_b = r\cos\alpha$，基圆压力角 $\alpha_b = 0°$，故

$$s_b = s\cos\alpha + mz\cos\alpha\,\mathrm{inv}\alpha \tag{6-12}$$

6.4.5 渐开线齿轮的公法线长度 W_k

如图 6-10 所示，作渐开线齿轮基圆的切线，它与不同的轮齿的左右侧齿廓交于 A、B 两点，根据渐开线的性质(法线恒切于基圆)可知，基圆切线 AB 必为两侧齿廓的法线，称此法线为渐开线齿轮的公法线。渐开线齿轮的公法线长度是齿轮加工和检验中经常检测的量。

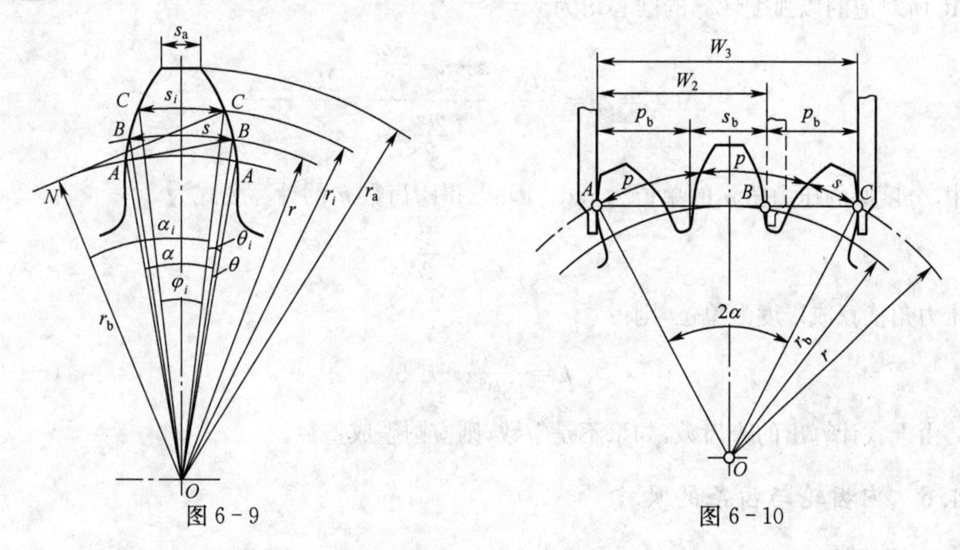

图 6-9　　　　图 6-10

在进行齿轮公法线测量时，用卡尺两卡爪跨过 k 个轮齿($k>1$，图中为 $k=2$ 和 3 的情况)，并于渐开线齿廓切于两点(如 A、B)，卡爪间的距离(如 AB)即为公法线长度。用 W_k 表示。

当跨测两个齿($k=2$)时，包含一个基圆齿距 p_b 和一个基圆齿厚 s_b，有

$$W_2 = \overline{AB} = p_b + s_b$$

当跨测三个齿($k=3$)时，包含两个基圆齿距 p_b 和一个基圆齿厚 s_b，有

$$W_3 = \overline{AC} = 2p_b + s_b$$

当跨测 k 个齿时，包含$(k-1)$个基圆齿距 p_b 和一个基圆齿厚 s_b，有

$$W_k = \overline{AB} = (k-1)p_b + s_b$$

式中基圆齿距为

$$p_b = \frac{\pi d_b}{z} = \frac{\pi}{z}d\cos\alpha = \pi m\cos\alpha$$

对于标准齿轮，其基圆齿厚 s_b 如式(6-12)所示，因此标准齿轮的公法线长度为

$$W_k = (k-1)\pi m\cos\alpha + m\cos\alpha\left(\frac{\pi}{2} + z\,\mathrm{inv}\alpha\right) =$$

$$m\cos\alpha[(k-0.5)\pi+z\,\mathrm{inv}\alpha] \tag{6-13}$$

由式(6-13)可知，在测量公法线长度 W_k 时，必须首先确定跨齿数 k。当齿轮的齿数 z 一定时，如果跨齿数太多，则卡尺的卡爪可能与轮齿顶点形成不相切的接触；如果跨齿数太少，则卡尺的卡爪的尖点可能与轮齿根部非渐开线部分接触，这两种情况测量的结果都不是真正的公法线长度。正确的卡尺位置是：卡尺的卡爪与齿廓中部的渐开线相切。对于标准齿轮，则按照切点正好位于分度圆上的情况，推导出跨测齿数的计算公式。如图6-10所示，当两卡爪跨测 k 个齿时，分度圆上两卡爪切点之间的弧长 $\overset{\frown}{AC}$ 所对的圆心角 $\angle AOC=2\alpha$，同时 $\overset{\frown}{AC}$ 应对应 $(k-1)$ 个分度圆齿距 p 和一个分度圆齿厚 s 之和，即

$$\overset{\frown}{AC}=(k-1)p+s=(k-1)\pi m+\frac{\pi m}{2}=k\pi m-\frac{\pi m}{2}$$

则 $\overset{\frown}{AC}$ 所对应的以弧度计算的圆心角为

$$\angle AOC=2\alpha=\frac{\overset{\frown}{AC}}{r}=\frac{k\pi m-\dfrac{\pi m}{2}}{\dfrac{mz}{2}}=\frac{2k\pi}{z}-\frac{\pi}{z}$$

式中，分度圆的压力角 α 的单位为 rad。因此，得跨齿数 k 的计算公式为

$$k=\frac{\alpha}{\pi}z+\frac{1}{2}$$

将压力角换算成以度为单位，则得

$$k=\frac{\alpha^{\circ}}{180^{\circ}}z+0.5 \tag{6-14}$$

由上式计算出的跨齿数，如果不是整数，则应圆整成整数。

6.4.6 内齿轮与齿条的尺寸

1. 内齿轮

图6-11所示为一圆柱内齿轮。它的轮齿分布在空心圆柱体的内表面上，与外齿轮相比较有下列特点：

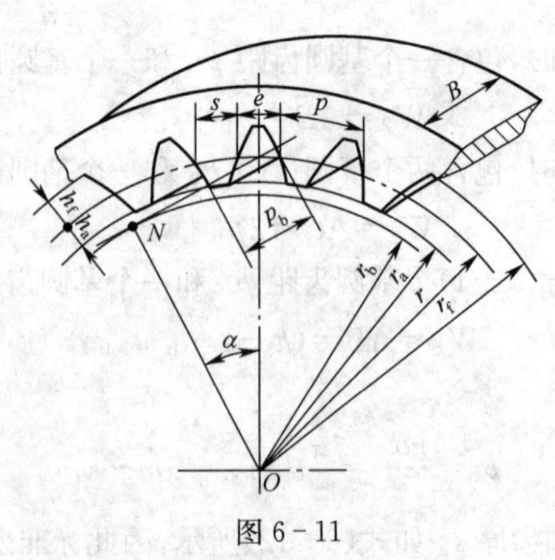

图6-11

(1) 齿厚相当于外齿轮的齿槽宽，而齿槽宽相当于外齿轮的齿厚。所以外齿轮的齿

廓是外凸的，而内齿轮的齿廓是内凹的。

(2) 内齿轮的齿根圆大于齿顶圆。

(3) 为了使齿轮齿顶的齿廓均为渐开线，其齿顶圆必须大于基圆。

基于内齿轮与外齿轮的上述不同点，标准渐开线直齿内齿轮基本尺寸也不难计算，例如内齿轮的分度圆直径仍为 $d=mz$；而齿顶圆直径为 $d_a=d-2h_a=(z-2h_a^*)m$；齿根圆直径为 $d_f=d+2h_f=(z+2h_a^*+2c^*)m$ 等。

2. 齿条

图 6-12 所示为一齿条。齿条与齿轮相比较特点如下：

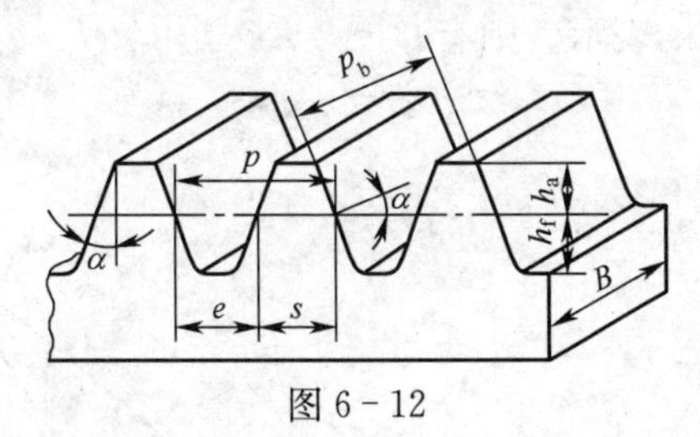

图 6-12

(1) 齿条相当于齿数为无穷多的齿轮，故齿轮中的圆在齿条中都变成了直线，即齿顶线、分度线、齿根线等。

(2) 齿条的齿廓是直线，齿廓上各点的法线相互平行，齿条作直线移动时，其齿廓上各点的压力角相同，其大小等于齿廓直线的倾斜角(称为齿形角)。

(3) 齿条上各同侧齿廓相互平行，任意与分度线平行的直线上的齿距均相等，即 $p_t=p=\pi m$。

齿条的基本尺寸(如 h_a、h_f、s、e、p、p_b 等)均可参照外齿轮尺寸的计算公式进行。

6.5 渐开线标准直齿圆柱齿轮的啮合传动

前面讨论的是单个渐开线齿轮，现在就来研究一对齿轮啮合传动的情况。

6.5.1 渐开线齿轮的啮合过程

如图 6-13 所示为一对渐开线齿轮的啮合传动，主动轮 1 以角速度 ω_1 顺时针方向转动，推动从动轮 2 以角速度 ω_2 逆时针方向转动。在正常情况下，当两轮齿开始进入啮合时，先是主动轮的根部齿廓与从动轮的齿顶部分接触，且接触点必在啮合线上，所以进入啮合的起始啮合点为从动轮 2 的齿顶圆与啮合线 N_1N_2 的交点 B_2。随着啮合传动的进行，轮齿啮合点沿着啮合线 N_1N_2 向 N_2 移动，直到主动轮 1 的齿顶与从动轮的根部齿廓相接触(图中虚线所示的位置)时，两齿轮即将脱离在啮合线 N_1N_2 上的接触，故终止啮合点就是主动轮 1 的齿顶圆与啮合线 N_1N_2 的交点 B_1。从一对轮齿的啮合过程来看，啮合点实际走过的轨迹只是啮合线 N_1N_2 上的一段 B_1B_2，B_1B_2 称为实际啮合线。若将两齿顶圆直径加大，则 B_1、B_2 点分别趋于 N_2、N_1 点，实际啮合线将加长。但因基圆内无渐开线，所以 N_1N_2 是理论上可能达到的最长啮合线段，称为理论啮合线段，而 N_1、N_2 称为啮合极点。

6.5.2 渐开线齿轮的正确啮合条件

虽然渐开线齿轮能够满足定传动比传动的要求，但并非任意两个渐开线齿轮都能正确啮合传动。假如一个齿轮的模数很大，而另一个齿轮模数很小，显然大模数齿轮无法进入小模数齿轮的齿槽进行啮合。所以轮齿必须严格满足一定的几何条件才能正确啮合传动。

为了实现定传动比传动，啮合轮齿工作侧齿廓的接触点必须位于啮合线 N_1N_2 上，若有一对以上的齿廓同时参与啮合，则各对轮齿工作侧齿廓的接触点必须同时在啮合线 N_1N_2 上。如图 6-14 所示为相邻两对齿廓的啮合，当第一对齿廓在 K 点接触时，为了保证正确啮合（即互不干涉、卡死、分离），则后一对齿廓应在啮合线 N_1N_2 上的 K' 点接触，并且 $\overline{K_1K'_1}=\overline{K_2K'_2}$。齿轮上相邻两齿同侧齿廓间沿公法线方向度量的距离 $\overline{KK'}$，称为齿轮的法向齿距，用 p_N 表示。则有

$$p_{N1}=p_{N2}$$

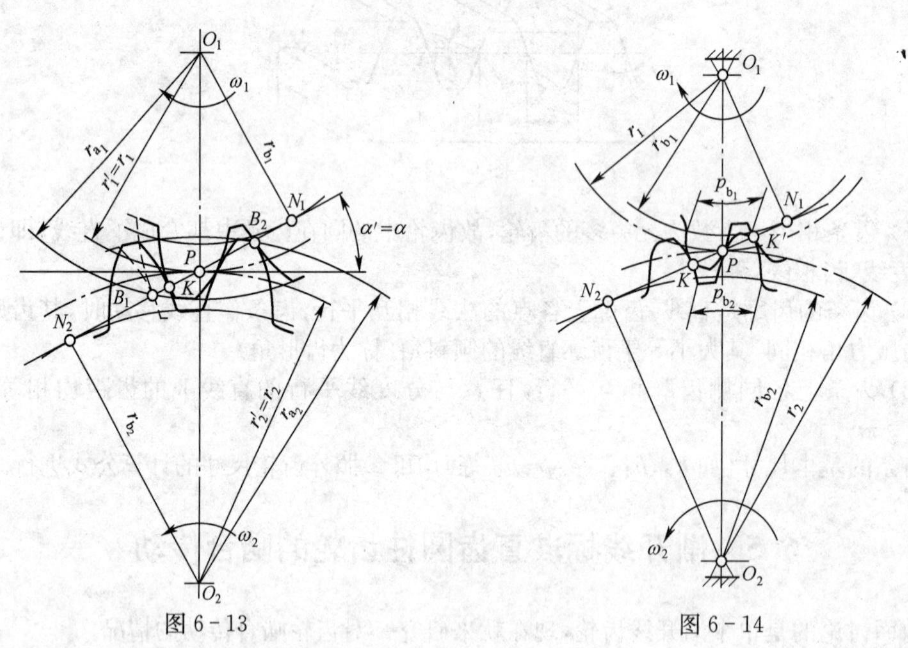

图 6-13　　　　图 6-14

根据渐开线的性质可知，法向齿距 p_N 与基圆齿距 p_b 大小相等，即

$$p_{b_1}=\pi m_1\cos\alpha_1=p_{b_2}=\pi m_2\cos\alpha_2$$

式中，m_1、m_2 及 α_1、α_2 分别为两齿轮的模数与压力角。

由于模数和压力角均已标准化，为满足上式应使

$$\begin{cases}m_1=m_2=m\\ \alpha_1=\alpha_2=\alpha\end{cases}\tag{6-15}$$

故一对渐开线齿轮正确啮合条件是两齿轮分度圆上的模数和压力角分别相等。

6.5.3 渐开线齿轮连续传动的条件

1. 重合度的概念

一对能满足正确啮合条件的齿轮，只能保证在传动时各对齿廓能依次正确啮合，并不能说明齿轮传动是否连续。从上述啮合过程可以看出，要使两齿轮能够连续传动，就必须保证在前一对轮齿尚未脱离啮合时，后一对轮齿能及时进入啮合。要实现这一点，就必须使实际啮合线段 $\overline{B_1B_2}$ 大于或等于齿轮的法向齿距 p_N（$p_N=p_b$），即 $\overline{B_1B_2}\geqslant p_b$，否则，若

$\overline{B_1B_2}<p_b$，其前一对轮齿在 B_1 点处脱离啮合时，后一对轮齿尚未进入 B_2 点啮合，这样使前后两对轮齿交替啮合时必然造成冲击，无法保证传动的平稳性。通常把$\overline{B_1B_2}$与 p_b 的比值称为重合度，用 ε_α 表示。齿轮连续传动的条件可用下式表示：

$$\varepsilon_\alpha=\frac{\overline{B_1B_2}}{p_b}\geqslant 1 \tag{6-16}$$

从理论上分析可知，只要重合度 $\varepsilon_\alpha=1$ 就能保证一对齿轮连续传动。但因齿轮制造、安装误差的存在，为确保一对齿轮连续传动，应使所设计的一对齿轮的重合度 ε_α 大于 1。在实际应用中，通常应使 $\varepsilon_\alpha\geqslant[\varepsilon_\alpha]$，$[\varepsilon_\alpha]$为许用值，$[\varepsilon_\alpha]$的许用推荐值如表 6-3 所列。

表 6-3　$[\varepsilon_\alpha]$的推荐值

使用场合	一般机械	汽车、拖拉机	金属切削机床
$[\varepsilon_\alpha]$	1.4	1.1～1.2	1.3

2. 重合度的计算

如图 6-15 所示，实际啮合线为

$$\overline{B_1B_2}=\overline{B_1P}+\overline{B_2P}$$

而

$$\overline{B_1P}=\overline{B_1N_1}-\overline{PN_1}=r_{b_1}(\tan\alpha_{a_1}-\tan\alpha')=\frac{1}{2}mz_1\cos\alpha(\tan\alpha_{a_1}-\tan\alpha')$$

同理

$$\overline{B_2P}=\overline{B_2N_2}-\overline{PN_2}=r_{b_2}(\tan\alpha_{a_2}-\tan\alpha')=\frac{1}{2}mz_2\cos\alpha(\tan\alpha_{a_2}-\tan\alpha')$$

式中，α'为啮合角，α_{a_1}、α_{a_2} 分别为两齿轮的齿顶圆压力角，其值为

$$\alpha_{a_1}=\arccos\left(\frac{r_{b_1}}{r_{a_1}}\right),\alpha_{a2}=\arccos\left(\frac{r_{b_2}}{r_{a_2}}\right)$$

将上式的$\overline{B_1P}$、$\overline{B_2P}$和基圆齿距 $p_b=\pi m\cos\alpha$ 值代入式(6-16)，化简得

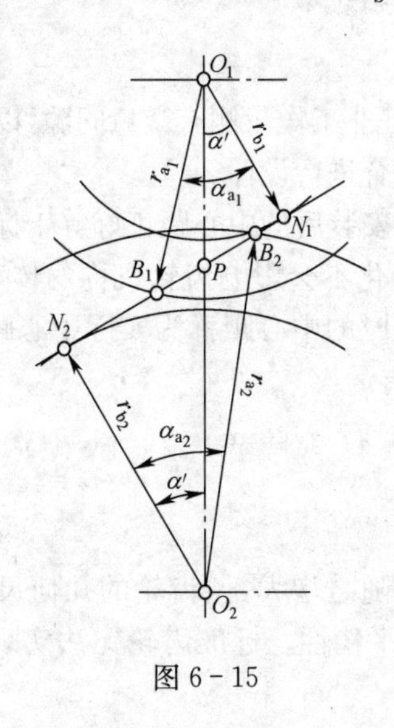

图 6-15

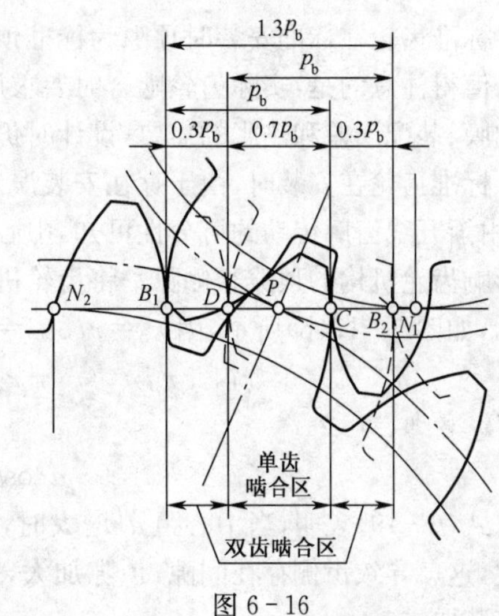

图 6-16

$$\varepsilon_\alpha=\frac{[z_1(\tan\alpha_{a_1}-\tan\alpha')+z_2(\tan\alpha_{a_2}-\tan\alpha')]}{(2\pi)} \qquad (6-17)$$

重合度 ε_α 与模数 m 无关，其值随齿数 z 的增多而增大。当齿数 z 趋向无穷(即齿轮变为齿条)时，极限重合度 $\varepsilon_{\alpha\max}=1.981$。重合度 ε_α 还随啮合角 α' 的减小和齿顶高系数 h^* 的增大而增大。

3. 重合度的意义

重合度 ε_α 的大小不仅反映齿轮传动的平稳性，而且还表示同时参与啮合的轮齿对数的平均值。$\varepsilon_\alpha=1$，表明两齿轮在啮合过程中始终只有一对齿廓在啮合；$\varepsilon_\alpha<1$，表明齿轮传动有部分时间不连续，会产生冲击和振动。图 6-16 表示 $\varepsilon_\alpha>1$ 的情况，如 $\varepsilon_\alpha=1.3$，则表示 $\overline{B_1B_2}=1.3p_b$，在实际啮合线 B_1B_2 的两端各有一段 $0.3p_b$ 长度上(B_1D 段和 B_2C 段)有两对轮齿啮合，称为双齿对啮合区；在其余的 $0.7p_b$ 长度(CD 段)上有一对齿啮合，称为单对齿啮合区。

6.5.4 渐开线齿轮机构的中心距

一对齿轮啮合时非工作齿廓间的间隙称为侧隙。工程中，要求齿轮作无侧隙啮合传动，否则虽能实现啮合传动，但在启动、制动以及轮齿上载荷发生变化时，将在两轮齿齿廓间引起冲击，产生附加动载荷，影响齿轮传动的平稳性。特别在需要正、反方向的传动中，冲击将更大。一对齿轮的啮合相当于一对节圆作纯滚动，要使齿轮作无侧隙啮合传动，一齿轮轮齿的节圆齿厚必须等于另一齿轮轮齿的节圆齿槽宽，即 $s'_1=e'_2$、$s'_2=e'_1$ 称为无侧隙啮合条件。

一对满足正确啮合条件的标准齿轮，其分度圆上的齿厚等于齿槽宽，即 $s_1=e_1=s_2=e_2=\frac{\pi m}{2}$，当两齿轮的分度圆作纯滚动时，侧隙为零，符合无侧隙啮合条件，此时分度圆与各自的节圆重合，这种安装称为标准安装，其中心距称为标准中心距，用 a 表示，如图 6-17(a)所示，有

$$a=r'_1+r'_2=r_1+r_2=\frac{m}{2}(z_1+z_2) \qquad (6-18)$$

标准齿轮在标准安装时顶隙为标准顶隙。

值得注意的是：实际齿轮啮合时要求用公差来保证非工作齿侧有微量间隙，以保证润滑油膜、装配误差和热胀的需要，设计时仍按无侧隙啮合进行设计。

标准齿轮在安装时，由于存在安装误差，很难保证安装后的中心距正好等于标准中心距，由渐开线齿廓传动的可分性可知，中心距的微量变化不会影响齿轮机构的传动比，但会影响齿轮机构的顶隙和侧隙。将齿轮机构实际安装时的中心距称为实际中心距，用 a' 表示，如图 6-17(b)所示，因 $r_b=r\cos\alpha=r'\cos\alpha'$，故有

$$r_{b_1}+r_{b_2}=(r_1+r_2)\cos\alpha=(r'_1+r'_2)\cos\alpha'$$

可得

$$a\cos\alpha=a'\cos\alpha' \qquad (6-19)$$

式(6-19)表明，当中心距 a' 增大时，其啮合角也随之增大，但齿轮的几何尺寸没有变化，这就导致齿侧存在间隙，顶隙加大，影响传动的平稳性。标准齿轮无法实现 $a'<a$ 的安装要求。

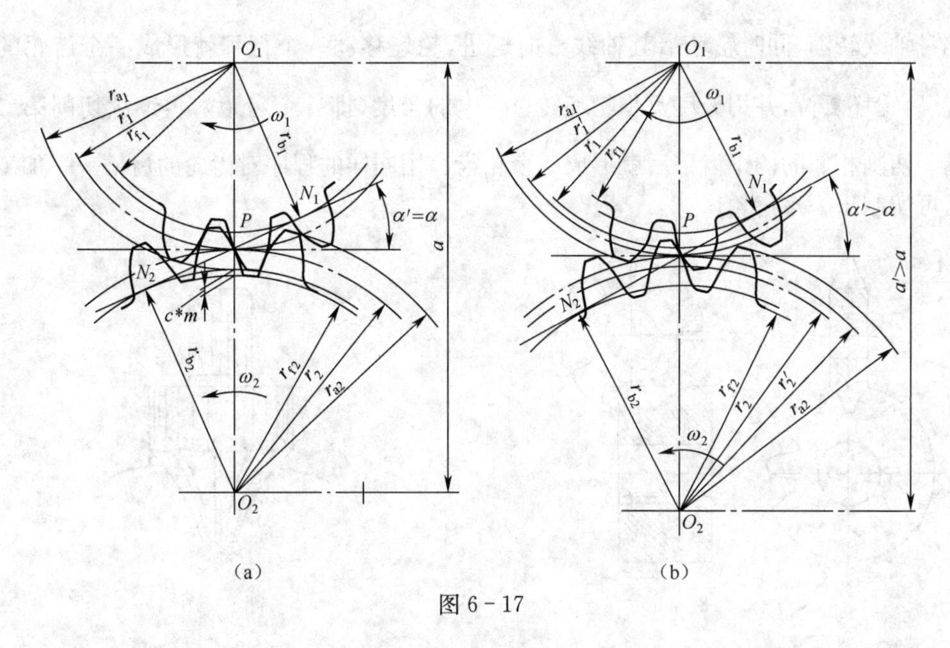

图 6-17

例 6-1 已知一对标准直齿圆柱齿轮，$z_1=20, z_2=32, m=2.5\text{mm}$。若两齿轮的安装中心距比标准中心距大 1mm，试求此对齿轮的节圆半径及啮合角。

解：标准中心距为

$$a=\frac{1}{2}m(z_1+z_2)=\frac{1}{2}\times2.5\times(20+32)=65(\text{mm})$$

故实际安装中心距为

$$a'=r'_1+r'_2=a+1=65+1=66(\text{mm})$$

$$i_{12}=\frac{r'_2}{r'_1}=\frac{z_2}{z_1}=\frac{32}{20}$$

由以上两式联立求解，可得

$$r'_1=25.38\text{mm}, r'_2=40.62\text{mm}$$

由式(6-19)，可得

$$\cos\alpha'=\frac{a\cos\alpha}{\alpha'}=\frac{65\text{mm}\times\cos20^\circ}{66\text{mm}}=0.92545$$

则

$$\alpha'=22^\circ15'49''$$

6.6 渐开线齿廓的切削加工

近代齿轮加工方法很多，如切制法、铸造法、热轧法、冲压法、电加工法等，其中切制法使用最多。切制法按其加工原理可分为仿形法和展成法两大类。

6.6.1 仿形法

仿形法是用与齿槽形状相同的成形刀具或模具将轮坯齿槽的材料去掉。在切削加工中，常用的有盘状铣刀(图 6-18)和指状铣刀(图 6-19)。如图 6-18 所示，切制时，铣刀绕本身轴线转动，同时轮坯沿其轴线方向送进，轮坯移动一个行程就形成一个齿轮的齿槽；然后轮坯复位，并用分度盘将轮坯转过$\frac{360°}{z}$的角度（即一个齿距），再继续切削第二个齿槽。切削相邻的两个齿槽后就形成一个轮齿。用同样的程序对齿轮的齿槽一一加工完毕就可切制出一个齿轮。

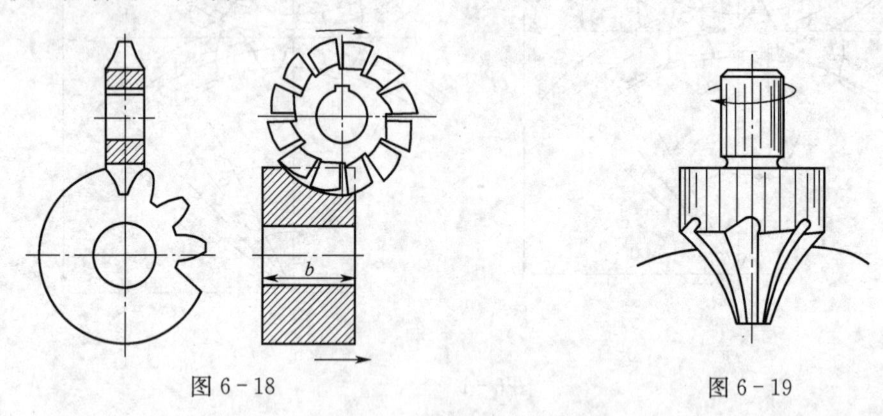

图 6-18　　　　图 6-19

用仿形法加工齿轮时，不需要复杂的齿轮加工专用机床，只要有普通的铣床配以分度盘就可以进行切制。但由于渐开线的形状取决于基圆半径或分度圆上的模数 m、压力角 α 和齿轮的齿数 z，即 $r_b = r\cos\alpha = \frac{1}{2}mz\cos\alpha$，在相同的模数 m 和压力角 α 下，被切制的齿轮的齿数 z 不同，齿形将随之变化。因此，为了简化刀具的数目，便于刀具管理，在生产中切制同一种 m、α 的齿轮时一般只备有从 1 号～8 号八把齿轮铣刀，每一把铣刀对应一定的齿数范围，如表 6-4 所列，由于铣刀的号数有限，因此切出的齿廓是近似的，再加上加工时齿轮分度的误差和刀具的磨损等，使加工出的齿轮精度较低。此外，这种加工过程的不连续性又造成生产率低，故通常用于小批量生产或修配齿轮。

表 6-4　每号铣刀切制齿轮的齿数范围

刀　号	1	2	3	4	5	6	7	8
加工齿数范围	12～13	14～16	17～20	21～25	26～34	35～54	55～134	≥135

6.6.2　展成法

展成法亦称范成法，是目前齿轮加工中最常用的一种方法，如插齿、滚齿、磨齿等都属于这种方法。展成法是利用一对齿轮作无齿侧间隙啮合传动时，两齿廓互为包络线这一原理来加工齿轮的。假想将一对相啮合的齿轮（或齿轮与齿条）之一作为刀具，而另一个作为轮坯，并使两者仍按原传动比传动，同时刀具作切削运动，则在轮坯上便可加工出与刀具齿廓共轭的齿轮齿廓。

如图 6-20 所示为用齿轮插刀加工齿轮的示意图。加工时，插刀沿轮坯轴线方向作往复切削运动，同时插刀与轮坯按恒定的传动比 $i = \omega_{刀}/\omega_{坯}$ 作展成运动；加工过程中，插刀逐步向轮坯径向推进，以便切出轮齿的整个齿高；为避免退刀时擦伤切好的齿面，轮坯还要作小距离的让刀运动。只要改变插刀与轮坯的角速度之比，就可以用同一把插刀加工出模数和压力角相同的各种不同齿数的齿轮。

如图 6-21 所示为用齿条插刀加工齿轮的示意图。加工时,轮坯以角速度 ω 转动,齿条插刀以速度 $v=r\omega$ 移动(即展成运动),式中 r 为被加工齿轮的分度圆半径。其切齿原理与用齿轮插切齿原理相似。

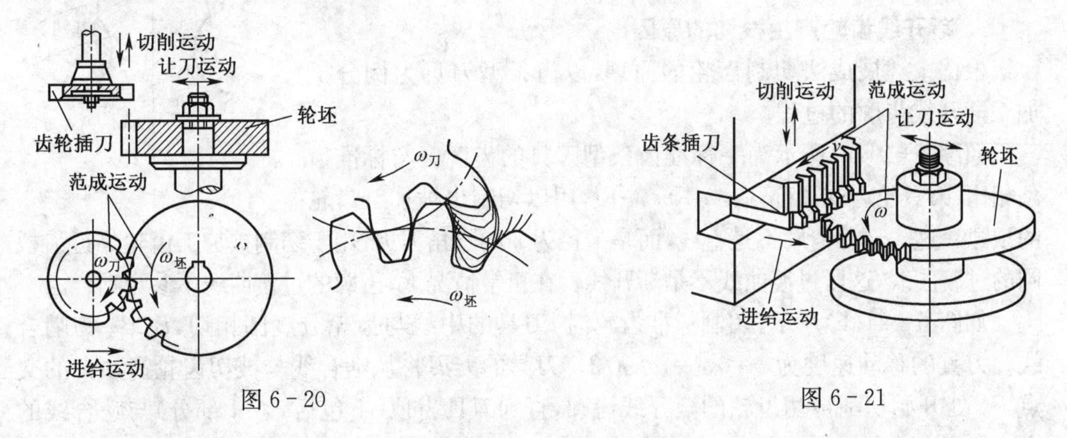

图 6-20　　　　图 6-21

不论用齿轮插刀还是齿条插刀加工齿轮,其切削都是不连续的,这就影响了生产率的提高。因此,在生产中更广泛地采用齿轮滚刀来加工齿轮,如图 6-22 所示。

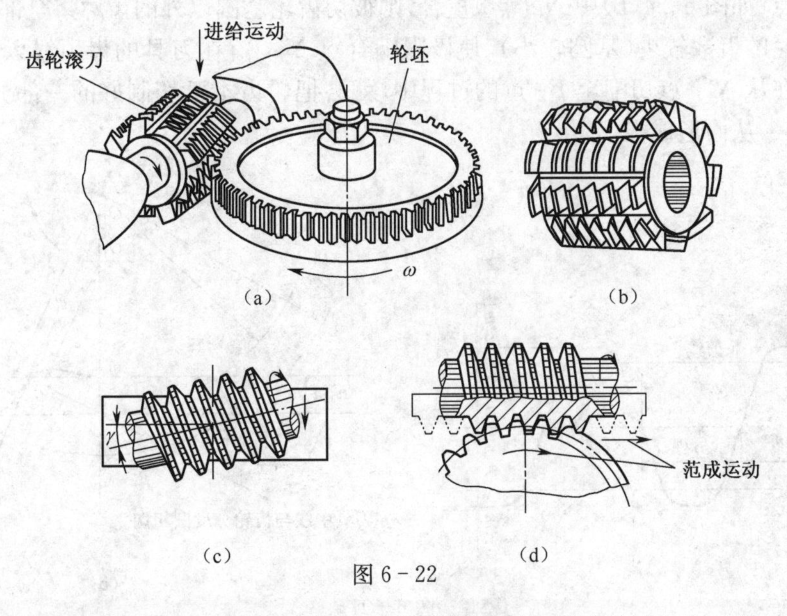

图 6-22

如图 6-22(b)所示,滚刀的外形是一个梯形沿圆柱面作螺旋排列而成,其轴向截形是一个齿条。滚刀转动时,就像一条无穷长的齿条刀具在移动。为了沿齿宽方向加工出齿槽,滚刀在转动的同时,还需沿轮坯轴线方向作进给切削运动。

6.7 渐开线齿廓的根切及其变位修正

6.7.1 渐开线齿廓的根切

用展成法加工齿轮时,有时会发现在展成过程中,刀具的齿顶把被加工齿轮根部已展成出来的渐开线齿廓切去一部分，如图 6－23 所示，使得齿根变薄、强度下降，齿轮传动的重合度下降，影响传动的平稳性。这种现象称为根切现象。

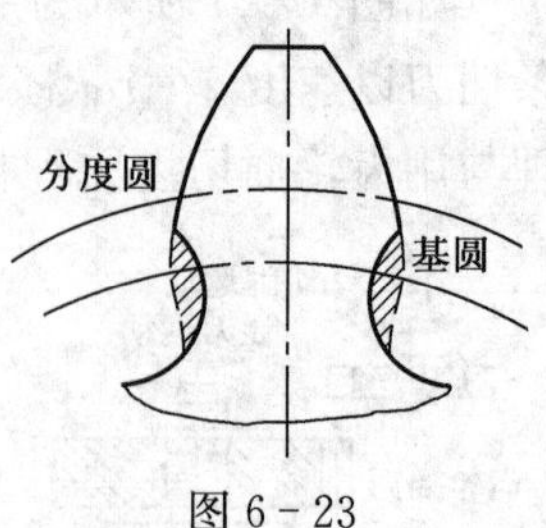

图 6－23

1. 渐开线齿轮产生根切的原因

根据上述展成法切制齿轮的原理，以齿条型刀具为例分析加工渐开线齿廓的过程。

如图 6－24(a)所示为一标准齿条型刀具的齿廓。与标准齿条相比，刀具轮齿的顶部高出 $c^* m$ 一段，用以切制出被加工齿轮的顶隙。这一部分齿廓不是直线，而是半径为 ρ 的圆角刀刃，用于切制被加工齿轮靠近齿根圆的过渡曲线，这段过渡曲线不是渐开线。在正常情况下，齿廓的过渡曲线不参与啮合。

如图 6－24(b)所示，切制标准齿轮时，刀具的中线与齿轮分度圆相切，B_1B_2 为啮合线。刀具的移动速度为 $v=r\omega=mz\omega/2$。刀具的刀刃将从啮合线与被切齿轮齿顶圆的交点 B_1 处开始切削被切齿轮的渐开线齿廓，直到刀具齿顶(不包括 $c^* m$ 部分)与啮合线的交点 B_2 处结束。若 B_2 点位于极限啮合点 N_1 之下，则被切齿廓由 B_2 点至齿顶为渐开线，而在 B_2 点到齿根圆之间的一段曲线为刀具齿顶所形成的过渡曲线；若 B_2 点刚好与极限啮合点(如图 6-24(b)中 N'_1 点)重合，则被切齿轮基圆以外的齿廓将全部为渐开线；若被切齿轮的齿数较少(基圆较小)，使极限啮合点 N''_1 落在刀具的齿顶线以下时，则刀具的齿顶在从 N''_1 点切削至 B_2 点的过程中，就会把轮齿本已切制好的一部分齿根渐开线齿廓切去，从而形成根切。

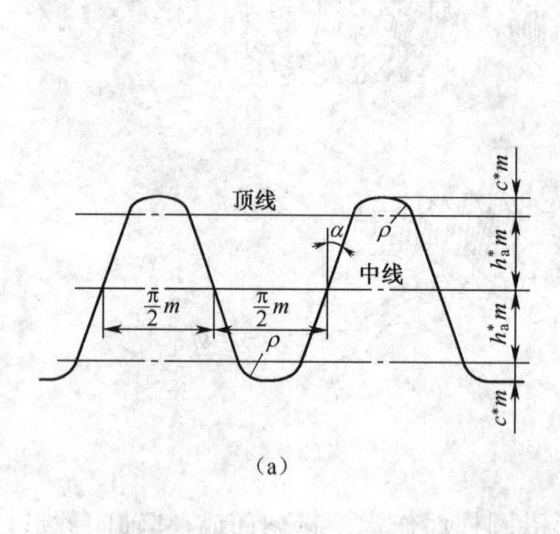

(a)

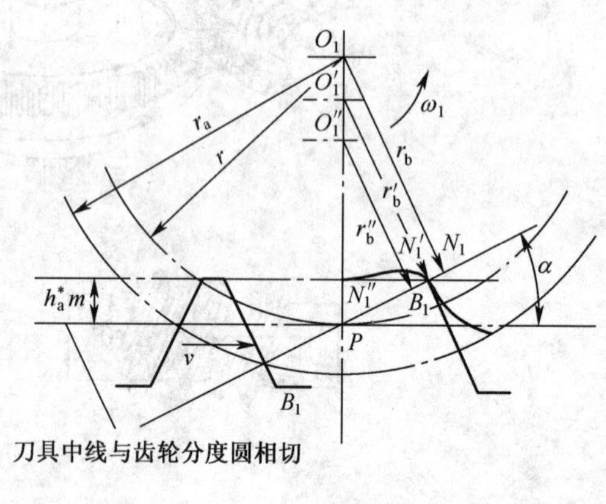

(b)

图 6－24

2. 渐开线齿轮不发生根切的最少齿数

切制标准齿轮时，齿条刀具的中线与齿轮分度圆相切，B_2 点位置已经确定，被切齿轮的齿数越少，基圆半径越小，极限啮合点 N_1 越往下，就越容易发生根切。N_1 点刚好与 B_2 点重合(即$\overline{PN_1}\sin\alpha=h_a^* m$)时，正好不发生根切，此时的齿数为标准渐开线齿轮不发生根切的最少齿数 $z_{\min}$。由图 6－24(b)，可知

$$\overline{PN_1}=r\sin\alpha=\frac{1}{2}mz\sin\alpha$$

将上式代入$\overline{PN_1}\sin\alpha=h_a^* m$，可得

$$z_{\min}=\frac{2h_a^*}{\sin^2\alpha} \tag{6-20}$$

当 $h_a^*=1,\alpha=20°$时，$z_{\min}=17$。说明用齿条型刀具加工标准齿轮不发生根切的最少齿数为 17。

3. 采用变位齿轮避免根切

当被切齿轮的齿数小于 $z_{\min}$时，为避免根切，可以采用将刀具移离齿坯，使刀具齿顶线不高于极限啮合点 N_1 的办法来切齿，这种采用改变刀具与齿坯间的相对位置切齿的方法称作变位修正，所切制的齿轮称为变位齿轮。

6.7.2 渐开线变位齿轮

如图 6-25 所示，当利用变位的方法切制齿轮时，刀具中线相对齿坯移动的距离称为变位量（或移距），常用 xm 表示，其中 m 为模数，x 为变位系数。刀具移离齿坯称正变位，$xm>0,x>0$；刀具移近齿坯称负变位，$xm<0,x<0$。

1. 变位齿轮的几何尺寸

如图 6-25 所示，用齿条刀切制变位齿轮时，由于刀具的齿形角恒等于啮合角，所以齿轮的分度圆的大小不变，此时刀具的节线与其中线不再重合，轮坯分度圆与刀具节线作纯滚动。对于正变位齿轮（$x>0$），有

$$s=\frac{\pi m}{2}+2\,\overline{KJ}=\left(\frac{\pi}{2}+2x\tan\alpha\right)m \tag{6-21}$$

$$e=\frac{\pi m}{2}-2\,\overline{KJ}=\left(\frac{\pi}{2}-2x\tan\alpha\right)m \tag{6-22}$$

$$h_f=(h_a^*+c^*-x)m \tag{6-23}$$

若齿轮变位前后全齿高不变，则变位后齿顶高为

$$h_a=(h_a^*+x)m \tag{6-24}$$

对于负变位齿轮上述公式同样适用，只需注意其变位系数 x 为负值即可。

由上述分析可知，与标准齿轮相比，正变位齿轮分度圆齿厚和齿根圆齿厚增大，轮齿强度增大，但齿顶变尖；负变位齿轮齿厚的变化恰好相反，轮齿强度削弱。模数、压力角、齿数相同的标准齿轮与变位齿轮相比较，如图 6-26 所示，它们的齿廓分别取自同一渐开线上不同区域，其齿的形状有明显差异。

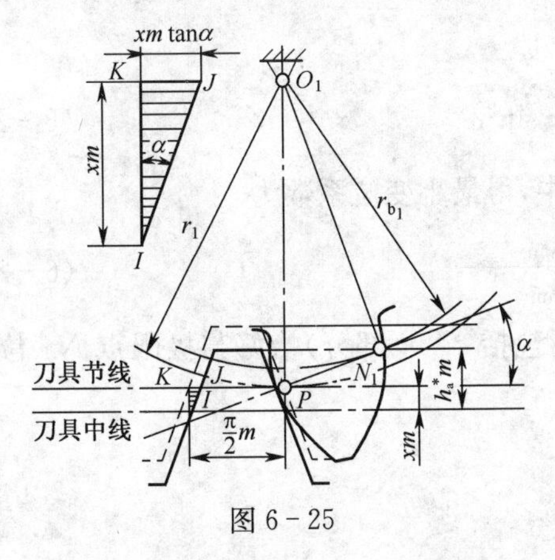

图 6-25

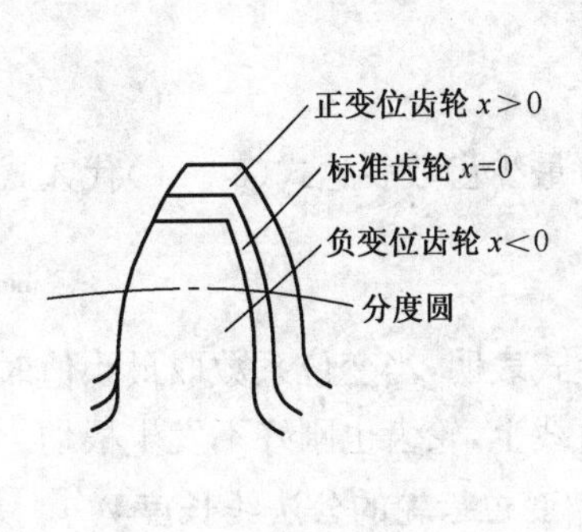

图 6-26

齿轮经变位后，轮齿各部分尺寸的相对变化如表 6-5 所列。

表 6-5　变位齿轮轮齿尺寸的相对变化

参数	s	e	p	m	α	d	d_b	d_a	d_f	s_a	s_f
正变位	↑	↓	——	——	——	——	——	↑	↑	↓	↑
负变位	↓	↑	——	——	——	——	——	↓	↓	↑	↓
注：↑表示增加；↓表示减小；——表示不变											

2. 最小变位系数

如图 6-27 所示，当被加工齿轮的齿数少于不发生根切的最少齿数时，可通过改变刀具的位置使刀具的齿顶线（不包括 c^*m 部分）不高于极限点 N_1 所在的水平线，此时不会

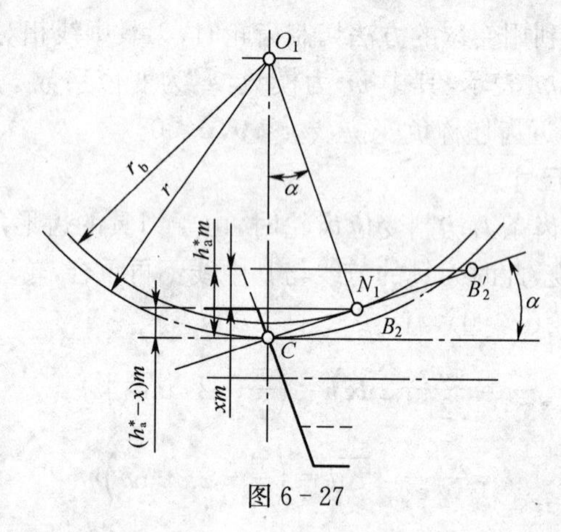

图 6-27

产生根切，其变位量为 xm。则有

$$\overline{PN_1}\sin\alpha \geqslant h_a^* m - xm$$

因

$$\overline{PN_1}\sin\alpha = r\sin^2\alpha = \frac{1}{2}mz\sin^2\alpha$$

从而得

$$\frac{1}{2}mz\sin^2\alpha \geqslant h_a^* m - xm$$

故

$$x \geqslant h_a^* - \frac{1}{2}z\sin^2\alpha \tag{6-25}$$

将最少齿数表达式(6-20)代入式(6-25)中，得最小变位系数为

$$x_{\min} = \frac{h_a^*(z_{\min} - z)}{z_{\min}} \tag{6-26}$$

上式表明，当变位系数取最小值时，齿顶（不包括 c^*m 部分）恰好与极限点 N_1 位于同一直线上，轮齿也刚好不发生根切。

3. 变位齿轮的公法线长度 W'_k

由 6.4 中可知公法线长度 W_k 为

$$W_k=(k-1)p_b+s_b$$

式中,$p_b=p\cos\alpha=\pi m\cos\alpha$,是与变位无关的量,但基圆齿厚 s_b 由于与分度圆齿厚 s 有关,而 s 又与变位量 xm 有关,所以 s_b 是与变位量 xm 有关的量。将式(6-21)代入式(6-12),得

$$s_b=s\cos\alpha+mz\cos\alpha\,\mathrm{inv}\alpha=\left(\frac{\pi m}{2}+2xm\tan\alpha\right)\cos\alpha+mz\cos\alpha\,\mathrm{inv}\alpha$$

整理得

$$s_b=m\cos\alpha\left(\frac{\pi}{2}+z\,\mathrm{inv}\alpha\right)+2xm\sin\alpha \tag{6-27}$$

即变位齿轮基圆齿厚为标准齿轮基圆齿厚与因变位量引起基圆齿厚增量之和。

将变位齿轮的基圆齿厚代入公法线长度计算公式,得变位齿轮公法线长度为

$$W'_k=(k-1)\pi m\cos\alpha+m\cos\alpha\left(\frac{\pi}{2}+z\,\mathrm{inv}\alpha\right)+2xm\sin\alpha$$

整理得

$$W'_k=m\cos\alpha[(k-0.5)\pi+z\,\mathrm{inv}\alpha]+2xm\sin\alpha \tag{6-28}$$

式中第一项为标准齿轮的公法线长度,第二项为因变位量引起的公法线增量。故变位齿轮公法线长度 W'_k 又可表示为

$$W'_k=W_k+2xm\sin\alpha \tag{6-29}$$

对于变位齿轮跨齿数的确定,仍然使卡尺的卡爪切于轮齿高度的中部附近,即切点的半径为$(r+xm)$。据此原则在式(6-14)的基础上添加一个与变位系数有关的量即可,则跨齿数为

$$k=\frac{\alpha^\circ}{180^\circ}z+0.5+\frac{2x}{\pi\tan\alpha} \tag{6-30}$$

由上式计算出的跨齿数,如果不是整数,则应圆整成整数。

6.8 变位齿轮传动

6.8.1 变位齿轮传动的正确啮合条件

变位齿轮传动的正确啮合条件及连续传动条件同标准齿轮传动。

6.8.2 变位齿轮传动的中心距

变位齿轮传动的中心距应满足无侧隙和标准顶隙这两方面的要求。

1. 满足无侧隙要求时的中心距

齿轮作无侧隙啮合时,两轮节圆上的齿厚与齿槽宽应满足 $s'_1=e'_2$(或 $s'_2=e'_1$),由此条件可推导出

$$\mathrm{inv}\alpha'=\frac{2(x_1+x_2)\tan\alpha}{z_1+z_2}+\mathrm{inv}\alpha \tag{6-31}$$

式(6-31)称为无侧隙啮合角的方程式,简称无侧隙啮合方程。

设两齿轮作无侧隙啮合传动时的中心距为 a',它与标准中心距之差为 ym,其中称 y

为中心距变动系数，其他参数的意义同前不变，则有

$$a'=a+ym \tag{6-32}$$

$$y=(z_1+z_2)\frac{\left(\frac{\cos\alpha}{\cos\alpha'}-1\right)}{2} \tag{6-33}$$

2. 满足标准顶隙要求的中心距

要保证两齿轮之间具有标准顶隙 $c=c^*m$，则两齿轮的中心距 a'' 应等于

$$a''=r_{a1}+c+r_{f2}=a+(x_1+x_2)m \tag{6-34}$$

由式(6-32)、式(6-34)可知，如果 $y=x_1+x_2$，就可以同时满足上述两个条件。但只要 $y\neq x_1+x_2$，总是 $x_1+x_2>y$，即 $a''>a'$。工程上通常按 a' 设计齿轮传动的中心距，同时为保证标准顶隙，将两齿轮的齿顶高各减短 Δym。Δy 称为齿顶高降低系数，其值为

$$\Delta y=(x_1+x_2)-y \tag{6-35}$$

此时，齿轮的齿顶高为

$$h_a=(h_a^*+x-\Delta y)m \tag{6-36}$$

6.8.3 变位齿轮传动的类型

按照相互啮合的两齿轮的变位系数之和 (x_1+x_2) 的值不同，可分为如下三种类型。

1. 标准齿轮传动($x_1+x_2=0, x_1=x_2=0$)

此为标准齿轮传动。这类齿轮传动设计简单，使用方便，可以保持标准中心距，但小齿轮的齿数不少于不发生根切的最少齿数。

2. 高度变位齿轮传动($x_1+x_2=0, x_1=-x_2\neq 0$)

又称为等移距变位齿轮传动。有

$$\alpha'=\alpha, a'=a, y=0, \Delta y=0$$

此类变位齿轮传动，通常小齿轮采用正变位，大齿轮采用负变位，使大小齿轮的强度趋于相同，从而提高齿轮的承载能力。

3. 角度变位齿轮传动($x_1+x_2\neq 0$)

由于此种传动的啮合角不再等于标准齿轮传动的啮合角，故称角度变位齿轮传动。它又分为两种情况：

1) 正传动($x_1+x_2>0$)

这种齿轮传动的两分度圆不再相切而是分离。为保证无侧隙和标准顶隙，其全齿高应比标准齿轮缩短 Δym。

$$\alpha'>\alpha, a'>a, y>0, \Delta y>0$$

正传动的主要优点是：可以减小机构的尺寸，减轻轮齿的磨损，提高承载能力，还可以配凑中心距以满足不同中心距的要求。缺点是：重合度减小较多。

2) 负传动($x_1+x_2<0$)

这种齿轮传动的两分度圆不再相切而是相交。为保证无侧隙和标准顶隙，其全齿高应比标准齿轮缩短 Δym。

$$\alpha'<\alpha, a'<a, y<0, \Delta y>0$$

负传动的主要优点是：可以配凑不同的中心距，但其承载能力比标准齿轮有所下降，重合度略有增加。一般只在配凑中心距或在不得已的情况下，才采用负传动。

6.8.4 变位齿轮传动的应用

只要合理的选择变位系数,可提高变位齿轮的承载能力,且不需要特殊的机床、刀具和加工方法。变位齿轮互换性差,必须成对使用。变位齿轮主要用于以下几个方面。

1. 避免轮齿根切

为使齿轮传动结构紧凑,应尽量减小齿轮齿数,当 $z<z_{\min}$ 时,可采用正变位以避免根切。

2. 配凑中心距

在齿数不变的情况下,改变变位系数的取值,可改变变位齿轮传动的中心距,使之满足设计要求。

3. 提高齿轮的承载能力

正传动可提高齿轮的接触强度和弯曲强度。

4. 修复已磨损的旧齿轮

在齿轮传动中,小齿轮表面磨损较严重,而大齿轮磨损较轻,此时利于负变位修复大齿轮齿面,重新配置一个正变位的小齿轮,不但可以减少重新加工大齿轮的费用,同时还能改善其传动性能。

6.8.5 变位齿轮传动的计算公式

外啮合渐开线直齿圆柱变位齿轮传动的计算公式如表 6-6 所列。

表 6-6 外啮合渐开线直齿圆柱变位齿轮传动的计算公式

名 称	符号	标准齿轮传动	高度变位齿轮传动	角度变位齿轮传动
变位系数	x	$x_1=x_2=0$	$x_1+x_2=0$ $x_1=-x_2\neq 0$	$x_1+x_2\neq 0$
分度圆直径	d	$d_i=z_im(i=1,2)$		
节圆直径	d'	$d'_i=d_i=z_im$		$d'_i=\frac{d_i\cos\alpha}{\cos\alpha'}$
啮合角	α'	$\alpha'=\alpha$		$\cos\alpha'=\frac{(a\cos\alpha)}{a'}$
齿顶高	h_a	$h_a=h_a^*m$	$h_{ai}=(h_a^*+x_i)m$	$h_{ai}=(h_a^*+x_i-\Delta y)m$
齿根高	h_f	$h_f=(h_a^*+c^*)m$	$h_{fi}=(h_a^*+c^*-x_i)m$	
齿顶圆直径	d_a	$d_a=d_i+2h_{ai}$		
齿根圆直径	d_f	$d_{fi}=d_i-2h_{fi}$		
中心距	a	$a=(d_1+d_2)/2$		$a'=(d'_1+d'_2)/2$
中心距变动系数	y	$y=0$		$y=(a'-a)/m$
齿顶高降低系数	Δy	$\Delta y=0$		$\Delta y=x_1+x_2-y$

6.9 斜齿圆柱齿轮机构

6.9.1 斜齿圆柱齿轮齿廓曲面的形成与啮合特点

对于直齿圆柱齿轮,因为其轮齿方向与齿轮轴线相平行,在所有与轴线垂直的平面内情形完全相同，所以只需考虑其端面就能代表整个齿轮。但是，齿轮都是有一定宽度的，如图 6-28(a)所示，因此，在端面上的点和线实际上代表着齿轮上的线和面。基圆代表基圆柱，发生线 NK 代表切于基圆柱面的发生面。当发生面沿基圆柱作纯滚动时，其上与基圆柱母线 NN' 平行的直线 KK' 所展成的渐开线面即为直齿轮的齿面。当两个直齿轮啮合时，端面上的接触点实际上代表着两齿廓渐开面的切线，即接触线。由于该接触线与齿轮轴线平行，如图 6-28(b)所示，所以在啮合过程中，一对轮齿是沿整个齿宽同时进入或退出啮合，从而轮齿上的载荷是突然加上或卸掉，因而容易引起冲击和振动，传动平稳性较差，不适于高速传动。为了克服这种缺点，改善啮合性能，工程中可用斜齿圆柱齿轮机构。

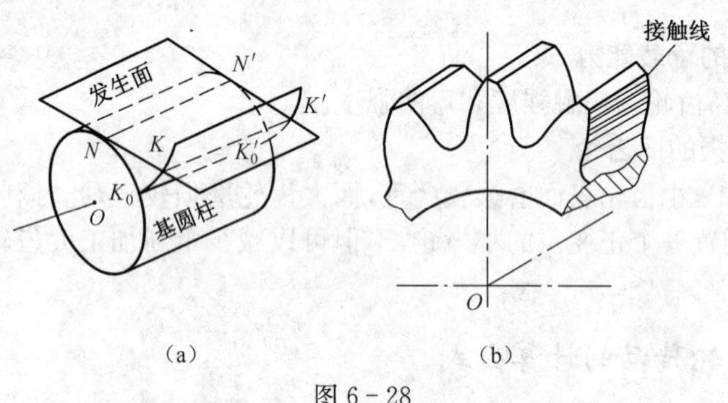

图 6-28

斜齿圆柱齿轮克服了这一缺点，关键在于其齿面形成过程有所不同：发生面上展成渐开面的直线 KK' 不再与基圆柱母线 NN' 平行，而是相对于 NN' 偏斜一个角度 β_b（β_b 称为基圆柱的螺旋角），如图 6-29(a)所示。当发生面沿基圆柱作纯滚动时，斜直线 KK' 上每一点的轨迹，都是一条位于与齿轮轴线垂直的平面内的渐开线，这些渐开线的集合，就形成了渐开线曲面，称为渐开螺旋面。该渐开螺旋面在齿顶圆柱以内的部分，就是斜齿圆柱齿轮的齿廓曲面。

一对斜齿圆柱齿轮啮合时，由于螺旋角的存在，使得轮齿先由一端进入啮合逐渐过渡到轮齿的另一端而最终退出啮合，其齿面上的接触线由短变长，再由长变短，两齿面的接触线为斜线，如图 6-29(b)所示。因此，轮齿上的载荷是逐渐加上，再逐渐卸掉，因而传动比较平稳，冲击、振动和噪声较小，适宜于高速、重载传动。

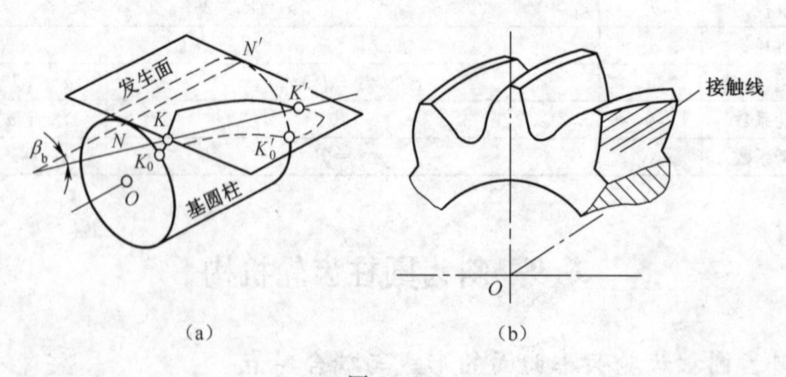

图 6-29

6.9.2 斜齿圆柱齿轮的主要参数

由于斜齿轮的齿面为渐开螺旋面，其垂直于齿轮轴线端面和垂直于螺旋线方向法面的齿形是不同的，因而齿轮端面和法面上的参数也不相同。切制斜齿轮时，刀具进刀的方向垂直于其法面，刀具的参数应与齿轮的法面参数（m_n，α_n，h_{an}^*，c_n^* 等）相同，国家标准规定法面参数为标准参数。但在计算斜齿轮的几何尺寸时，是按端面参数进行计算，因此必须建立端面参数和法面参数的换算关系。

1. 螺旋角 β

斜齿圆柱齿轮的齿面与其分度圆柱面相交形成的螺旋线的切线与齿轮轴线之间所夹的锐角称为斜齿圆柱齿轮分度圆上的螺旋角，简称斜齿轮的螺旋角，用 β 表示。螺旋角分为左旋和右旋，如图 6-30 所示。沿轴线方向，若螺旋线向左方向上升称为左旋，若螺旋线向右方向上升称为右旋。

螺旋线绕基圆柱一周后沿轴向上升的高度，称为螺旋线的导程，用 l 表示，如图 6-31(b)所示。渐开螺旋面与同轴线的任一圆柱面的交线均为螺旋线，且螺旋线的导程相同，但不同圆柱面上的螺旋角不同。则有

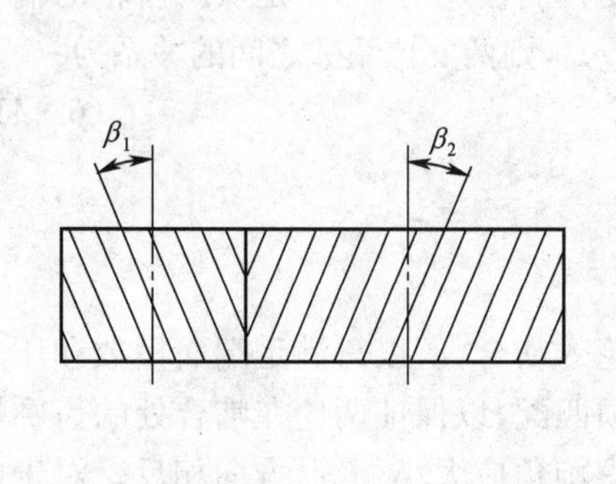

图 6-30

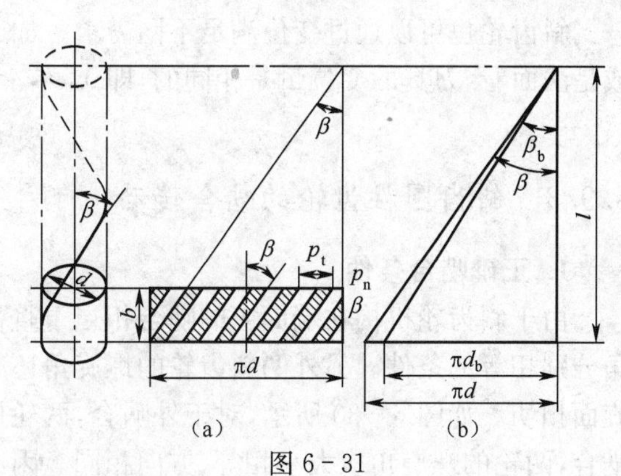

图 6-31

$$l=\frac{\pi d_b}{\tan\beta_b}=\frac{\pi d}{\tan\beta}$$

故

$$\tan\beta_b=\frac{d_b}{d}\tan\beta$$

斜齿圆柱齿轮的分度圆 $d=m_t z$，基圆直径 $d_b=d\cos\alpha_t=m_t z\cos\alpha_t$，将其代入上式得

$$\tan\beta_b=\tan\beta\cos\alpha_t \tag{6-37}$$

2. 法面模数 m_n 和端面模数 m_t

图 6-31(a)为斜齿轮分度圆柱面展开图的一部分。p_n 为法面齿距，p_t 为端面齿距。由图可得

$$p_n=p_t\cos\beta$$

即

$$\pi m_n=\pi m_t\cos\beta$$

则

$$m_n=m_t\cos\beta \tag{6-38}$$

3. 法面压力角 α_n 与端面压力角 α_t

为了便于分析，用斜齿条来说明法面压力角 α_n 与端面压力角 α_t 之间的关系。图 6-32

中端面上的$\triangle abc$ 和法面上的$\triangle a'b'c'$的高相等，即$\overline{ab}=\overline{a'b'}$，由几何关系可得

$$\frac{\overline{ac}}{\tan\alpha_t}=\frac{\overline{a'c'}}{\tan\alpha_n}$$

而

$$\overline{a'c}=\overline{ac}\cos\beta$$

故

$$\tan\alpha_n=\tan\alpha_t\cos\beta \tag{6-39}$$

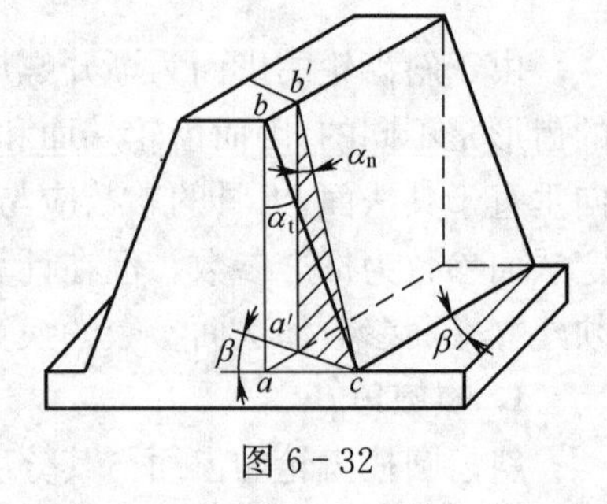

图 6-32

4. 齿顶高系数和顶隙系数

由于不论从斜齿轮的法面或端面来看，其齿顶高和齿根高都是相同的，故有

$$h_a=h_{an}^*m_n=h_{at}^*m_t$$

$$h_f=(h_{an}^*+c_n^*)m_n=(h_{at}^*+c_t^*)m_t$$

由此得

$$\begin{cases}h_{at}^*=h_{an}^*\cos\beta\\ c_t^*=c_n^*\cos\beta\end{cases} \tag{6-40}$$

斜齿轮的法面参数为标准参数，即 $h_a^*=h_{an}^*$，$c^*=c_n^*$。

5. 变位系数

斜齿轮也可以通过变位满足不同需求。加工变位斜齿轮时，不论是从斜齿轮的端面或是法面看，刀具的变位量是相同的，即 $x_tm_t=x_nm_n$，则两变位系数之间的关系为

$$m_t=m_n\cos\beta \tag{6-41}$$

6.9.3 斜齿圆柱齿轮的啮合传动

1. 正确啮合条件

由于斜齿轮机构在端面内的啮合相当于直齿轮的啮合，所以需满足端面模数和压力角分别相等的条件。另外两斜齿轮的螺旋角还必须匹配，以保证两轮在啮合处的齿廓螺旋面相切。如图 6-30 所示，对于外啮合，两轮的螺旋角应大小相等、方向相反。对于内啮合，两轮的螺旋角应大小相等、方向相同。因此，一对斜齿圆柱齿轮的正确啮合条件为

$$\begin{cases}m_{n1}=m_{n2}\\ \alpha_{n1}=\alpha_{n2}\\ \beta_1=\pm\beta_2\end{cases} \tag{6-42}$$

式中："+"用于内啮合；"−"用于外啮合。

2. 斜齿轮传动的重合度

同直齿轮机构啮合传动一样，要保证斜齿圆柱齿轮能够连续传动，其重合度也必须大于(至少等于)1。

为便于计算斜齿圆柱齿轮机构的重合度，以端面参数相同的直齿轮与斜齿轮为例进行比较。如图 6-33 所示，上图为直齿轮传动的啮合区展开图，下图为斜齿轮传动的啮合区展开图。

对于直齿轮传动，轮齿自 B_2B_2 处沿整个齿宽进入啮合，至 B_1B_1 处沿整个齿宽退出啮合，L 为啮合区的长度。

对于斜齿轮传动，轮齿自 B_2B_2 的上端面先进入啮合，此时下端面尚未进入啮合，当轮齿至 B_1B_1 下端面退出啮合时，斜齿轮的实际啮合区比直齿轮增大了 $\Delta L=B\tan\beta_b$ 一

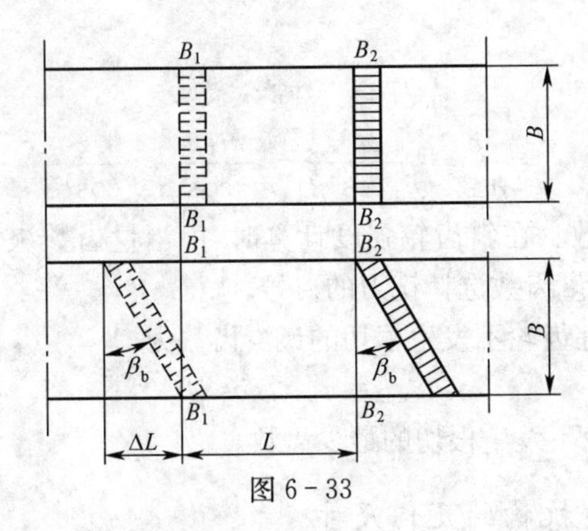

图 6-33

段,$(L+\Delta L)$为斜齿轮啮合区的长度。因此,斜齿轮传动比直齿轮传动的重合度大,其总重合度 ε_γ 为

$$\varepsilon_\gamma=\frac{L+\Delta L}{p_{bt}}=\varepsilon_\alpha+\varepsilon_\beta \tag{6-43}$$

其中 ε_α 为端面重合度,计算方法同直齿轮传动,可将斜齿轮的端面参数代入式(6-17)中求得,即

$$\varepsilon_\alpha=\frac{1}{2\pi}[z_1(\tan\alpha_{at1}-\tan\alpha'_t)+z_2(\tan\alpha_{at2}-\tan\alpha'_t)] \tag{6-44}$$

而增加部分 ε_β 称为轴向重合度,其值为

$$\varepsilon_\beta=\frac{\Delta L}{p_{bt}}=\frac{B\tan\beta_b}{p_{bt}} \tag{6-45}$$

由于 $p_{bt}=p_t\cos\alpha_t=\dfrac{p_b}{\cos\beta}\cos\alpha_t=\dfrac{\pi m_n}{\cos\beta}\cos\alpha_t$,$\tan\beta_b=\tan\beta\cos\alpha_t$,故

$$\varepsilon_\beta=\frac{B\sin\beta}{\pi m_n} \tag{6-46}$$

由于斜齿轮重合度大,故传动平稳性好、承载能力强。

6.9.4 斜齿轮的当量齿轮和当量齿数

用仿形法加工斜齿轮或进行齿轮强度计算时,都需要知道它的法面齿形。由于斜齿轮的端面齿形为渐开线,而法面齿形比较复杂,不易精确求解,一般用下述近似方法求出法面齿形。

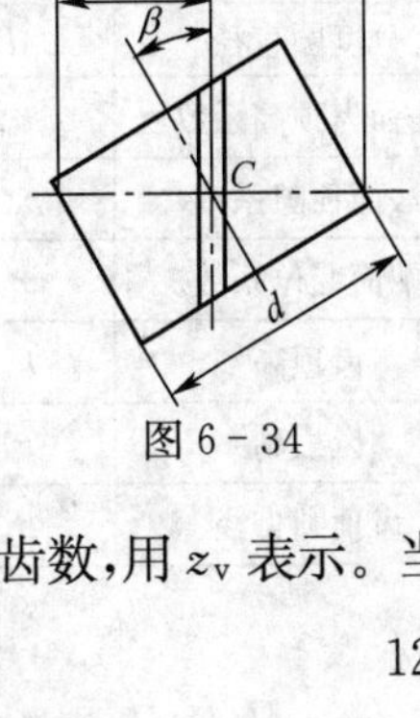

如图 6-34 所示,过斜齿轮分度圆柱螺旋线上的 C 点作轮齿的法面,该法面将分度圆柱剖开,其剖面为一椭圆,C 点附近的齿形可看作斜齿轮的法面齿形,椭圆的长半径 $a=r/\cos\beta$,短半径 $b=r$,由数学知识可知,椭圆上 C 点的曲率半径为

$$\rho=\frac{a^2}{b}=\frac{r}{\cos^2\beta}$$

图 6-34

以 ρ 为分度圆半径,并以 m_n、α_n、p_n 为基本参数,确定一个假想的直齿轮,该齿轮的齿形就可以看作为斜齿轮的法面齿形,此假想的直齿轮称为斜齿轮的当量齿轮。当量齿轮的齿数称为当量齿数,用 z_v 表示。当量

齿轮的分度圆直径为

$$2\rho=m_n z_v$$

故 $$z_v=\frac{2\rho}{m_n}=\frac{2r}{m_n\cos^2\beta}=\frac{m_t z}{m_n\cos^2\beta}=\frac{z}{\cos^3\beta} \tag{6-47}$$

$z_v>z$，一般不是整数。在斜齿轮强度计算时，由当量齿数决定其齿形系数；在用仿形法加工斜齿轮时，由当量齿数选择铣刀的刀号。

渐开线标准斜齿圆柱齿轮不发生根切的最少齿数为

$$z_{\min}=z_{v\min}\cos^3\beta \tag{6-48}$$

式中：$z_{v\min}$为当量直齿轮不发生根切的最少齿数。

6.9.5 斜齿圆柱齿轮机构的几何尺寸

如前所述，一对斜齿圆柱齿轮啮合传动时，从端面看与一对直齿圆柱齿轮传动一样，因此，其几何尺寸计算方法也基本相同。不同的是，由于螺旋角β的存在，斜齿轮有端面参数与法面参数之分，且法面参数为标准值，因此在设计计算时，要把法面参数换算成端面参数。一对标准斜齿圆柱齿轮传动的中心距为

$$a=\frac{d_1+d_2}{2}=\frac{m_n(z_1+z_2)}{2\cos\beta} \tag{6-49}$$

由式(6-49)可知，在z_1、z_2和m_n一定时，可通过改变螺旋角β的办法来调整其中心距。斜齿轮传动的中心距通常取整数，以便于加工、测量。

为计算方便，表6-7列出了外啮合斜齿圆柱齿轮机构的几何尺寸计算公式，供设计时查用。

表6-7 外啮合斜齿圆柱齿轮机构几何尺寸计算公式

名 称	符 号	计算公式	
		小齿轮	大齿轮
螺旋角	β	(一般取8°～20°)	
法面模数	m_n	(根据轮齿受力情况和结构需要确定，选取标准值)	
法面压力角	α_n	选取标准值	
端面模数	m_t	$m_t=\frac{m_n}{\cos\beta}$	
端面压力角	α_t	$\tan\alpha_t=\frac{\tan\alpha_n}{\cos\beta}$	
法面齿距	p_n	$p_n=\pi m_n$	
端面齿距	p_t	$p_t=\pi m_t$	
分度圆直径	d	$d_1=m_t z_1$	$d_2=m_t z_2$
法面齿顶高系数	h_{an}^*	$h_{an}^*=1$	
法面顶隙系数	c_n^*	$c_n^*=0.25$	
端面变位系数	x_t	$x_t=x_n\cos\beta$	
齿顶高	h_a	$h_a=(h_{an}^*+x_n)m_n$	
齿根高	h_f	$h_f=(h_{an}^*+c_n^*-x_n)m_n$	
齿顶圆直径	d_a	$d_{a1}=d_1+2h_a$	$d_{a2}=d_2+2h_a$

（续）

名 称	符 号	计 算 公 式	
		小齿轮	大齿轮
齿根圆直径	d_f	$d_{f1}=d_1-2h_f$	$d_{f2}=d_2-2h_f$
基圆直径	d_b	$d_{b1}=d_1\cos\alpha_t$	$d_{b2}=d_2\cos\alpha_t$
法面齿厚	s_n	$s_n=\left(\frac{\pi}{2}+2x_n\tan\alpha_n\right)m_n$	
端面齿厚	s_t	$s_t=\left(\frac{\pi}{2}+2x_t\tan\alpha_t\right)m_t$	
当量齿数	z_v	$z_{v1}=\frac{z_1}{\cos^3\beta}$	$z_{v2}=\frac{z_2}{\cos^3\beta}$
中心距	a	$a=\frac{(z_1+z_2)m_n}{(2\cos\beta)}$	

6.9.6 斜齿圆柱齿轮传动的优缺点

与直齿圆柱齿轮传动相比，平行轴斜齿轮传动具有以下优点：

(1) 平行轴斜齿轮传动中齿廓接触线是斜直线，轮齿是逐渐进入和退出啮合的，故传动平稳，冲击和噪声小，适用于高速传动。

(2) 重合度较大，有利于提高承载能力和传动的平稳性。

(3) 不发生根切的最少齿数小于直齿轮的最少齿数。

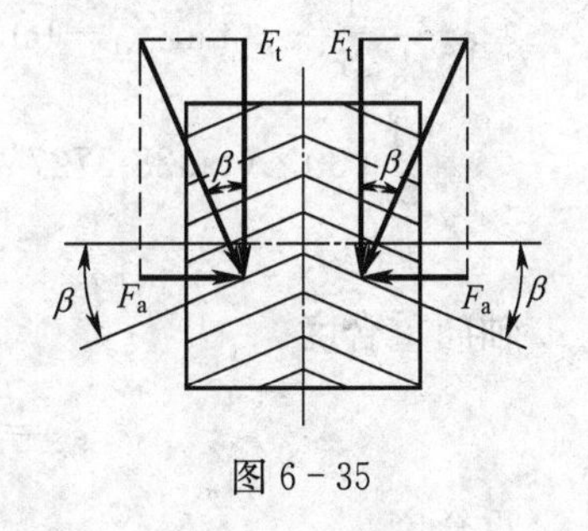

图 6-35

但由于斜齿轮螺旋角的存在，在传动过程中会产生轴向力，且轴向力随螺旋角 β 的增大而增大，为了控制过大的轴向力，一般取 $\beta=8°\sim20°$。若采用图 6-35 所示的人字齿轮，其所产生的轴向力可以互相抵消，但人字齿轮制造复杂，故一般只用于高速重载传动中。

例 6-2 一对标准斜齿圆柱齿轮机构，已知 $z_1=30$，$z_2=60$，$m_n=5\text{mm}$，$\alpha_n=20°$，$B=30\text{mm}$，初步确定 $\beta=12°$，计算中心距 a 及两轮的主要尺寸。

解：中心距 $a=\frac{m_n(z_1+z_2)}{2\cos\beta}=\frac{5\times(30+60)}{2\cos12°}=230.03\text{mm}$ 取：$a=230\text{mm}$

实际螺旋角 $\beta=\arccos\frac{m_n(z_1+z_2)}{2a}=\arccos\frac{5\times(30+60)}{2\times230}=11.9687°=11°58'7''$

当量齿数 $z_{v1}=\frac{z_1}{\cos^3\beta}=\frac{30}{(\cos11.9687°)^3}=32.04$

$$z_{v1}=\frac{z_1}{\cos^3\beta}=\frac{60}{(\cos11.9687°)^3}=64.08$$

端面压力角 $\alpha_t=\arctan\frac{\tan\alpha_n}{\cos\beta}=\arctan\frac{\tan20°}{\cos11.9687°}=20.4081°=20°24'29''$

分度圆直径 $d_1=\frac{z_1m_n}{\cos\beta}=\frac{30\times5}{\cos11.9687°}=153.33\text{mm}$

$$d_2=\frac{z_2m_n}{\cos\beta}=\frac{60\times5}{\cos11.9687°}=306.67\text{mm}$$

齿顶高 $h_a = h_{an}^* m_n = 1 \times 5\text{mm} = 5\text{mm}$

齿根高 $h_f = (h_{an}^* + c_n^*) m_n = (1+0.25) \times 5\text{mm} = 6.25\text{mm}$

全齿高 $h = h_a + h_f = 11.25\text{mm}$

齿顶圆直径 $d_{a1} = d_1 + 2h_a = 153.3 + 2 \times 5 = 163.33\text{mm}$

$d_{a2} = d_2 + 2h_a = 306.6 + 2 \times 5 = 316.67\text{mm}$

齿根圆直径 $d_{f1} = d_1 - 2h_f = 153.3 - 2 \times 6.25 = 140.83\text{mm}$

$d_{f2} = d_2 - 2h_f = 306.6 - 2 \times 6.25 = 294.17\text{mm}$

基圆直径 $d_{b1} = d_1 \cos\alpha_t = 153.33 \times \cos 20.4081° = 143.71\text{mm}$

$d_{b2} = d_2 \cos\alpha_t = 306.67 \times \cos 20.4081° = 287.42\text{mm}$

齿顶圆压力角 $\alpha_{a1} = \arccos \dfrac{d_{b1}}{d_{a1}} = \arccos \dfrac{143.71}{163.33} = 28.3727°$

$$\alpha_{a2} = \arccos \frac{d_{b2}}{d_{a2}} = \arccos \frac{287.42}{316.67} = 24.8198°$$

标准斜齿圆柱齿轮传动,标准安装时 $\alpha'_t = \alpha_t$。

端面重合度

$$\varepsilon_\alpha = \frac{1}{2\pi}[z_1(\tan\alpha_{at1} - \tan\alpha'_t) + z_2(\tan\alpha_{at2} - \tan\alpha'_t)] =$$

$$\frac{1}{2\pi}[30 \times (\tan 28.3727° - \tan 20.4081°) + 60 \times (\tan 24.8198° - \tan 20.4081°)] =$$

$$1.67$$

轴向重合度

$$\varepsilon_\beta = \frac{B\sin\beta}{\pi m_n} = \frac{30 \times \sin 11.9687°}{\pi \times 5} = 0.4$$

重合度

$$\varepsilon_\gamma = \varepsilon_\alpha + \varepsilon_\beta = 1.67 + 0.4 = 2.07$$

6.9.7 交错轴斜齿轮机构简介

前述斜齿圆柱齿轮机构两轮轴线是相互平行的,所以又称平行轴斜齿轮机构,两轮的螺旋角大小相等,旋向相反(外啮合)。当两轮的螺旋角不等($\beta_1 \neq -\beta_2$)时,要保持两轮齿啮合,其轴线就不能平行,而必须交错,这种斜齿轮机构称为交错轴斜齿轮机构。

交错轴斜齿轮机构用来传递两相交轴之间的运动,就单个齿轮而言,它就是一个斜齿圆柱齿轮,只是两轮轴线不平行而已。

1.交错角Σ

图 6-36 所示为一对交错轴斜齿轮传动,两轮的分度圆柱相切于 P 点,两轴线在两分度圆柱公切面上的投影的夹角Σ称为两轮的交错角。它等于两轮的螺旋角之和,用绝对值表示,即

$$\Sigma = |\beta_1 \pm \beta_2| \tag{6-50}$$

在上式中,若两轮的螺旋线方向相同,则 β_1 和 β_2 用同号(均用正值或均用负值)代入;若两轮的螺旋线方向相反,则 β_1 和 β_2 用异号(一个用正值,另一个用负值)代入。

当交错角$\Sigma = 0$ 时,$\beta_1 = -\beta_2$,即两轮螺旋角大小相等,方向相反,变成平行轴斜齿圆

柱齿轮机构。所以平行轴斜齿圆柱齿轮机构是交错轴斜齿圆柱齿轮机构的一个特例。

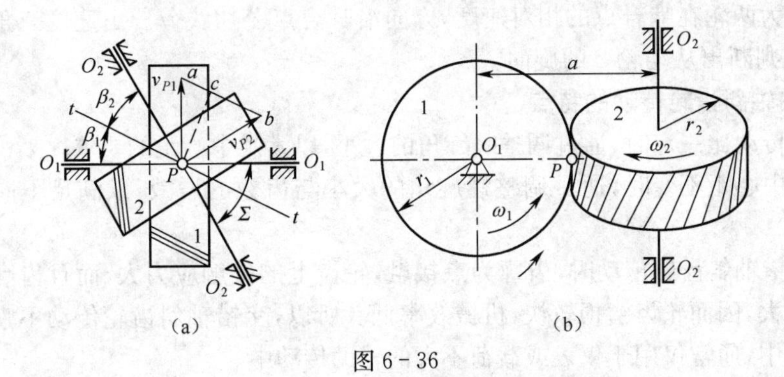

图 6-36

2. 正确啮合条件

一对交错轴斜齿轮传动，其轮齿是在法面内相啮合的，所以交错轴斜齿轮传动的正确啮合条件是：两轮的法面模数 m_{n} 和法面压力角 α_{n} 应分别相等，且两轮的螺旋角大小及旋向要满足交错角要求，即

$$\left.\begin{aligned} m_{\mathrm{n}1}&=m_{\mathrm{n}2}\\ \alpha_{\mathrm{n}1}&=\alpha_{\mathrm{n}2}\\ \Sigma&=|\beta_1\pm\beta_2| \end{aligned}\right\}\tag{6-51}$$

3. 中心距

如图 6-36 所示，两交错轴斜齿轮轴线之间的最短距离 a 即为其中心距，则

$$a=\frac{1}{2}(d_1+d_2)=\frac{1}{2}m_{\mathrm{n}}\left(\frac{z_1}{\cos\beta_1}+\frac{z_2}{\cos\beta_2}\right)\tag{6-52}$$

4. 传动比及从动轮转向

交错轴斜齿轮传动的传动比 i_{12} 为

$$i_{12}=\frac{\omega_1}{\omega_2}=\frac{z_2}{z_1}=\frac{d_2\cos\beta_2}{d_1\cos\beta_1}\tag{6-53}$$

由上式可见，交错轴斜齿轮机构的传动比不仅与分度圆直径有关，还与螺旋角大小有关。

在交错轴斜齿轮传动中，当主动轮的旋向确定后，可由速度矢量图解法判断从动轮的旋向，如图 6-37 所示。主动轮 1 和从动轮 2 在 P 点的线速度分别为 v_{P1} 和 v_{P2}，由两构件重合点之间的速度关系可得

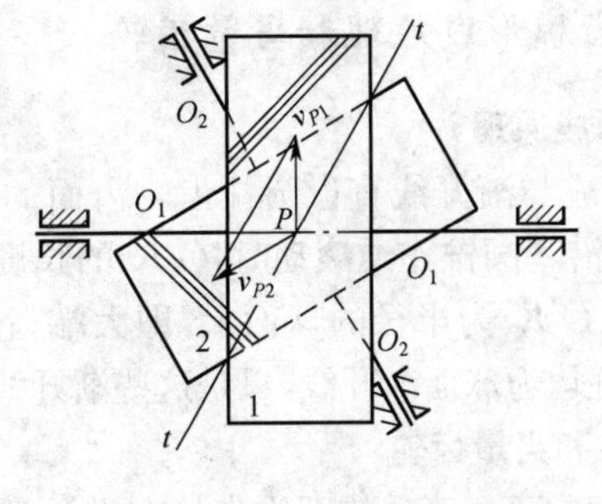

图 6-37

$$v_{P2}=v_{P1}+v_{P2P1}$$

式中,v_{P2P1}为两轮在啮合点的相对速度,方向沿啮合点公切线 tt。由速度三角形即可得 v_{P2},并由此判断出从动轮 2 的旋向。

5. 交错轴斜齿轮传动的特点

(1) 当传动比一定时,通过调整螺旋角的大小,以满足中心距的要求。

(2) 当中心距不变时,通过调整螺旋角的大小与齿数的增减,以满足不同传动比的要求。

(3) 交错轴斜齿轮传动时,齿廓为点接触,轮齿上的接触应力大,而且齿廓间的相对滑动速度较大,因而轮齿磨损较快,机械效率低。所以,交错轴斜齿轮传动不宜用于高速重载的传动中,通常仅用于仪表或载荷不大的辅助传动中。

6.10 圆锥齿轮机构

6.10.1 圆锥齿轮机构概述

圆锥齿轮传动是用来传递两交错轴之间的运动和动力。如图 6-38 所示,圆锥齿轮的轮齿是分布在一个截圆锥体表面,齿体自截圆锥体的大端到小端逐渐收缩,故与圆柱齿轮不同的是一些参数名称都多了一个锥字,如分度圆锥、齿顶圆锥、齿根圆锥、基圆锥、节圆锥。圆锥齿轮按轮齿的走向不同分为直齿、斜齿和曲齿圆锥齿轮,因直齿圆锥齿轮设计、制造和安装较为简单,故在一般机械中应用较广,且通常两轴交角$\Sigma=90°$,本节只讨论直齿圆锥齿轮机构。

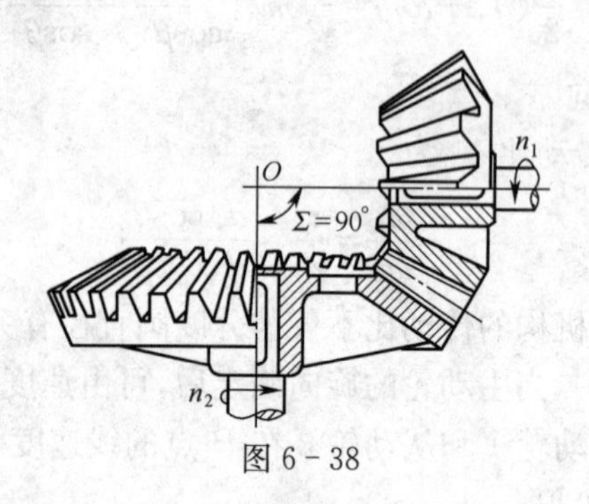

图 6-38

6.10.2 直齿圆锥齿轮齿廓形成原理和当量齿轮

1. 直齿圆锥齿轮齿廓形成原理

直齿圆锥齿轮齿面的形成与渐开线直齿圆柱齿轮齿面的形成相似。如图 6-39 所示,一半径为 R 的扇形平面沿基圆锥作纯滚动时,$O'K$ 的长度始终不变,则 K 点的轨迹所形成的渐开线上各点在以 $O'K$ 为半径的球面上,即大端齿廓曲线为球面渐开线。同理,$O'K$线上任意一点的轨迹均为球面渐开线,只是这些渐开线的球面半径不同而已。

2. 直齿圆锥齿轮的背锥和当量齿轮

由于球面渐开线不能展开为平面,致使圆锥齿轮在设计、制造方面遇到很多困难,通常用一种与它很接近的平面渐开线来代替。

图 6-40 为一标准直齿圆锥齿轮的轴向半剖面图。OAB 为其分度圆锥，eA 弧和 fA 弧为轮齿在球面上的齿顶高和齿根高。过点 A 作直线 $AO_1 \perp AO$，与圆锥齿轮轴线相交于点 O_1。设想以 OO_1 为轴线、AO_1 为母线作一圆锥 AO_1B，该圆锥称为直齿圆锥齿轮的背锥。显然，背锥与球面切于圆锥齿轮大端的分度圆上。

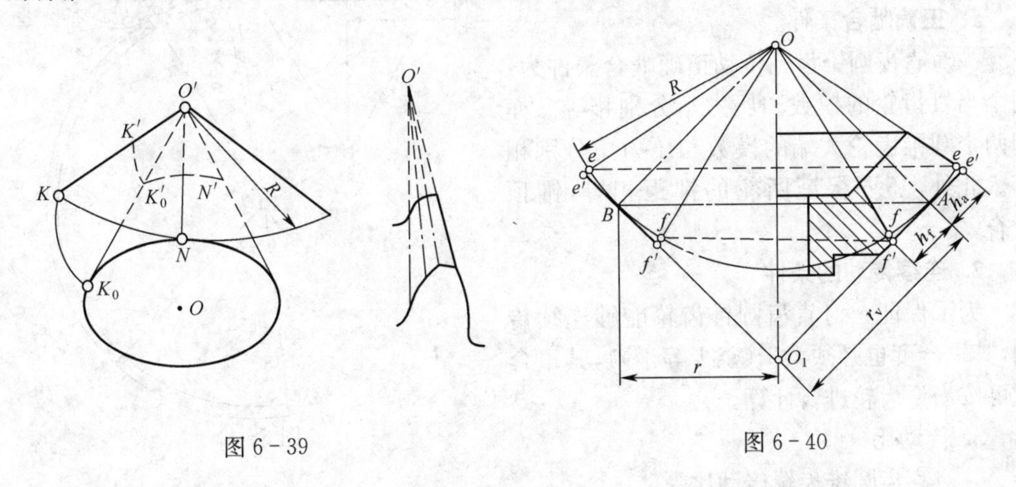

图 6-39　　图 6-40

延长 Oe 和 Of，分别与背锥母线相交于点 e' 和 f'。从图中可以看出，在点 A 和点 B 附近，背锥面与球面非常接近，且锥距 R 与大端模数 m 的比值越大(一般 $R/m>30$)，二者就越接近，球面渐开线 ef 弧与它在背锥上的投影 $e'f'$ 之间的差别就越小。因此，可以用背锥上的齿形近似地代替直齿圆锥齿轮大端球面上的齿形。由于背锥可以展成平面，这就给直齿圆锥齿轮的设计和制造带来了方便。

图 6-41 为一对圆锥齿轮的轴向剖面图，OAP 和 OBP 为其分度圆锥，O_1AP 和 O_2BP 为其背锥。将两背锥展成平面后即得到两个扇形齿轮，该扇形齿轮的模数、压力角、齿顶高和齿根高分别等于圆锥齿轮大端的模数、压力角、齿顶高和齿根高，其齿数就是圆锥齿轮的实际齿数 z_1 和 z_2，其分度圆半径 r_{v1} 和 r_{v2} 就是背锥的锥距 O_1A 和 O_2B。如果将这两个齿数分别为 z_1 和 z_2 的扇形齿轮补足成完整的直齿圆柱齿轮，则它们的齿数将增加为 z_{v1} 和 z_{v2}。把这对虚拟的直齿圆柱齿轮称为这对圆锥齿轮的当量齿轮，其齿数 z_{v1} 和 z_{v2} 称为当量齿数。

由图 6-41 可知，当量齿轮的分度圆半径为

$$r_v = \frac{r}{\cos\delta} = \frac{zm}{(2\cos\delta)}$$

又因

$$r_v = \frac{z_v m}{2}$$

故得

$$z_v = \frac{z}{\cos\delta} \tag{6-54}$$

圆锥齿轮不产生根切的最少齿数为

$$z_{min} = z_{vmin}\cos\delta \tag{6-55}$$

6.10.3 直齿圆锥齿轮的啮合传动

如上所述，一对直齿圆锥齿轮的啮合相当于其当量齿轮的啮合。因此可以用直齿圆柱齿轮的理论来分析。

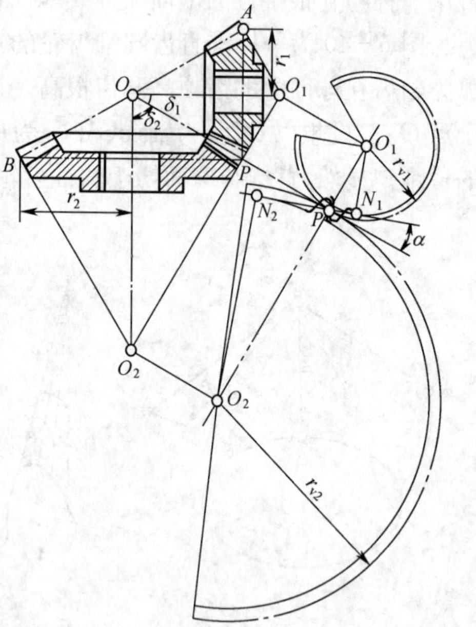

1. 正确啮合条件

一对直齿圆锥齿轮传动正确啮合条件为：两个当量齿轮的模数和压力角分别相等。亦即两个圆锥齿轮大端的模数和压力角分别相等。此外，还要保证两轮的锥距相等，锥顶重合。

2. 连续传动的条件

为了保证一对直齿圆锥齿轮能够连续传动，其重合度也必须大于(至少等于)1，其重合度可按当量齿轮进行计算。

图 6-41

3. 传动比

一对直齿圆锥齿轮传动比为

$$i_{12}=\frac{\omega_1}{\omega_2}=\frac{z_2}{z_1}=\frac{r_2}{r_1} \tag{6-56}$$

当轴交角$\Sigma=\delta_1+\delta_2=90°$时，则为

$$i_{12}=\frac{\omega_1}{\omega_2}=\frac{z_2}{z_1}=\cot\delta_1=\tan\delta_2 \tag{6-57}$$

6.10.4 直齿圆锥齿轮的基本参数和几何尺寸

1. 基本参数

直齿圆锥齿轮大端的参数为标准值，其模数按表 6-8 选取，压力角一般为 20°，齿顶高系数 $h_a^*=1$，顶隙系数 $c^*=0.2$。

表 6-8 圆锥齿轮模数(摘自 GB 12368—1990)

…	1	1.125	1.25	1.375	1.5	1.75	2	2.25	2.5	2.75	3	3.25	3.5
4	4.5	5	5.5	6	6.5	7	8	9	10	11	12	13	14	16	18	20
22	25	28	30	32	36	40	45	50	—				

2. 标准直齿圆锥齿轮的几何尺寸计算

直齿圆锥齿轮的几何计算以齿的大端为基准。用大端的分度圆直径、顶圆直径、根圆直径等来表征圆锥齿轮。

直齿圆锥齿轮的齿高通常都是由大端到小端逐渐收缩的，称为收缩齿圆锥齿轮。这种齿轮的齿顶圆锥角和齿根圆锥角的大小与两圆锥齿轮啮合时对顶隙的要求有关。国家标准(GB/T 12369—1990，GB/T 12379—1990)规定，有不等顶隙收缩齿(或正常收缩齿)圆锥齿轮机构(图 6-42(a))和等顶隙收缩齿圆锥齿轮机构(图 6-42(b))，其各部分名称

及几何尺寸计算如表 6-9 所列。

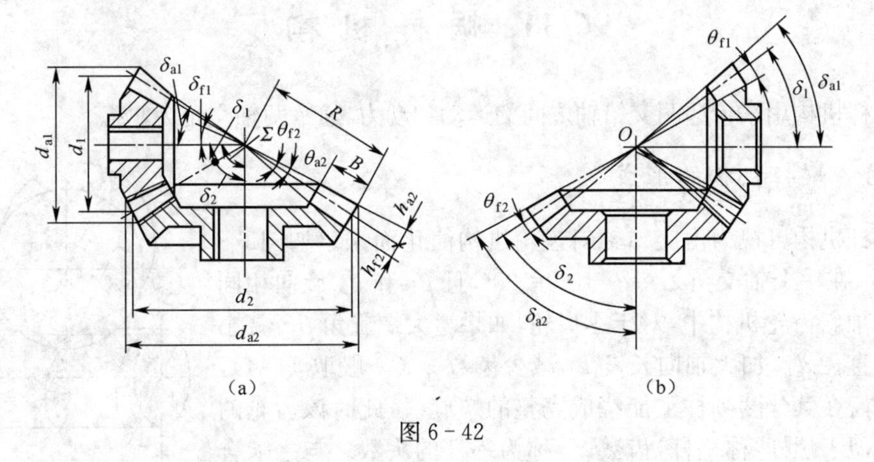

图 6-42

表 6-9　渐开线标准直齿圆锥齿轮传动几何尺寸的计算公式

名　称	代号	计　算　公　式	
		小 齿 轮	大 齿 轮
模数	m	(根据齿轮强度计算和结构设计确定,选取标准值)	
压力角	α	选取标准值	
分度圆锥角	δ	$\delta_1=\arctan\dfrac{z_1}{z_2}$	$\delta_2=90°-\delta_1$
齿顶高	h_a	$h_a=h_a^* m$	
齿根高	h_f	$h_f=(h_a^*+c^*)m$	
分度圆直径	d	$d_1=mz_1$	$d_2=mz_2$
齿顶圆直径	d_a	$d_{a1}=d_1+2h_a\cos\delta_1$	$d_{a2}=d_2+2h_a\cos\delta_2$
齿根圆直径	d_f	$d_{f1}=d_1-2h_f\cos\delta_1$	$d_{f2}=d_2-2h_f\cos\delta_2$
锥距	R	$R=\dfrac{m}{2}\sqrt{z_1^2+z_2^2}$	
齿根角	θ_f	$\theta_{f1}=\theta_{f2}=\arctan\dfrac{h_f}{R}$	
齿顶角	θ_a	不等顶隙收缩齿:$\theta_{a1}=\theta_{a2}=\arctan\dfrac{h_a}{R}$	
		等顶隙收缩齿:$\theta_{a1}=\theta_{f2}$,$\theta_{a2}=\theta_{f1}$	
齿顶圆锥角	δ_a	不等顶隙收缩齿:$\delta_{a1}=\delta_1+\theta_{a1}$,$\delta_{a2}=\delta_2+\theta_{a2}$	
		等顶隙收缩齿:$\delta_{a1}=\delta_1+\theta_{f2}$,$\delta_{a2}=\delta_2+\theta_{f1}$	
齿根圆锥角	δ_f	$\delta_{f1}=\delta_1-\theta_{f1}$	$\delta_{f2}=\delta_2-\theta_{f2}$
顶隙	c	$c=c^* m$	
分度圆齿厚	s	$s=\dfrac{\pi m}{2}$	
当量齿数	z_v	$z_{v1}=\dfrac{z_1}{\cos\delta_1}$	$z_{v2}=\dfrac{z_1}{\cos\delta_2}$
齿宽	B	$B\leqslant R/3$(取整数)	

6.11 蜗 杆 机 构

蜗杆机构用来传递两交错轴之间的运动和动力，通常两轴交角为 90°。

6.11.1 蜗杆机构的形成

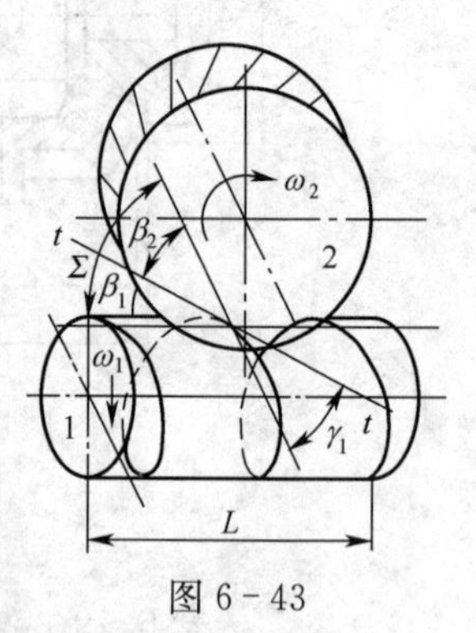

图 6-43

蜗杆机构可视为由交错轴斜齿轮机构演化而来。如图 6-43 所示，在一个轴交角 $\Sigma=\beta_1+\beta_2=90°$，且 β_1 和 β_2 旋向相同的交错轴斜齿轮机构中，对于小齿轮，如果增大螺旋角 β_1，减小分度圆直径 d_1，加大轴向长度 L，减少齿数 z_1（一般取 1～4），使得轮齿在其分度圆柱上能绕成完整的螺旋线，此时该齿轮的外形类似于螺杆，称蜗杆，齿数 z_1 称为蜗杆的头数。与之啮合的大齿轮 2 的螺旋角 β_2 较小，$\beta_2=90°-\beta_1$，分度圆直径 d_2 很大，且轴向长度较短，齿数 z_2 很多，将此斜齿轮称为蜗轮。

这样的交错轴斜齿轮机构，仍然为点接触，为了改善其啮合性能，通常将蜗轮的分度圆柱的母线改为弧形，使之将蜗杆部分包住，使点接触变为线接触，如图 6-45 所示，这种传动机构称为蜗杆机构。

6.11.2 蜗杆机构的特点

蜗轮与斜齿轮相似，蜗杆与螺旋相似，也有左旋和右旋之分，一般用右旋蜗杆较多。

蜗杆机构的主要特点有

(1)传动比大，一般传动比 $i_{12}=10～80$，在手动或分度机构中传动比可达 1000。

(2)传动平稳，噪声小。

(3)机械效率低。一般效率 $\eta=0.7～0.8$；当机构具有自锁性要求时，其效率 $\eta\leqslant0.5$。

(4)蜗轮蜗杆啮合齿面间的相对滑动速度较大，易引起发热和磨损，常需用较贵重的青铜来制造蜗轮，故成本较高。

6.11.3 蜗杆机构的类型

同螺杆一样，蜗杆也有左旋、右旋及单头、多头之分。工程中多采用右旋蜗杆。除此之外，根据蜗杆形状的不同，可以将蜗杆蜗轮机构分为 3 类：圆柱蜗杆机构（图 6-44(a)）、环面蜗杆机构（图 6-44(b)）和锥蜗杆机构（图 6-44(c)）。

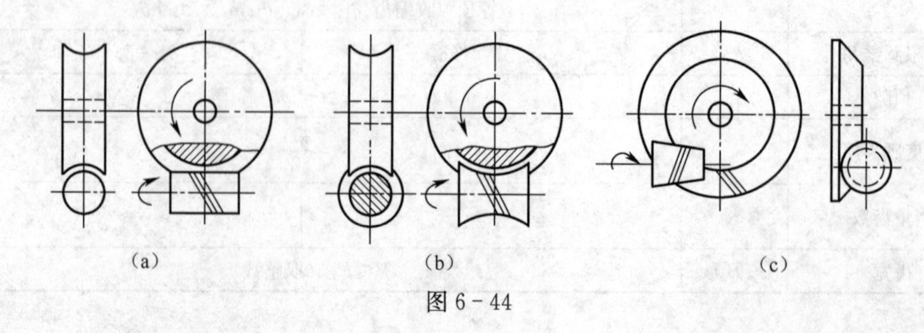

图 6-44

圆柱蜗杆机构又可分为普通圆柱蜗杆机构和圆弧蜗杆机构。在普通蜗杆机构中，最为常用的是阿基米德蜗杆机构，蜗杆的端面齿形为阿基米德螺线，轴面齿形为直线，相当于齿条。由于这种蜗杆加工方便，应用广泛，所以本章重点讨论阿基米德蜗杆机构，其传动的基本知识也适用于其他类型的蜗杆机构。

6.11.4 蜗杆机构的正确啮合条件

如图 6-45 所示为阿基米德蜗杆机构的啮合情况，过蜗杆轴线并垂直于蜗轮轴线作一平面称为蜗杆机构的中间平面(或主平面)，该平面对于蜗杆是轴面，对于蜗轮是端面。在中间平面内，蜗轮与蜗杆的啮合相当于齿轮与齿条的啮合，因此蜗杆机构的正确啮合条件为:在中间平面内，蜗杆和蜗轮的模数和压力角分别相等，即蜗轮的端面模数 m_{t2} 和压力角 α_{t2} 分别等于蜗杆的轴面模数 m_{x1} 和压力角 α_{x1}，且均取标准值 m 和 α。当交错角 $\sum=90°=\beta_1+\beta_2$ 时，由于蜗杆螺旋线的导程角 $\gamma_1=90°-\beta_1$，故还必须满足 $\gamma_1=\beta_2$，即蜗轮的螺旋角等于蜗杆的导程角，而且蜗轮和蜗杆的旋向相同。

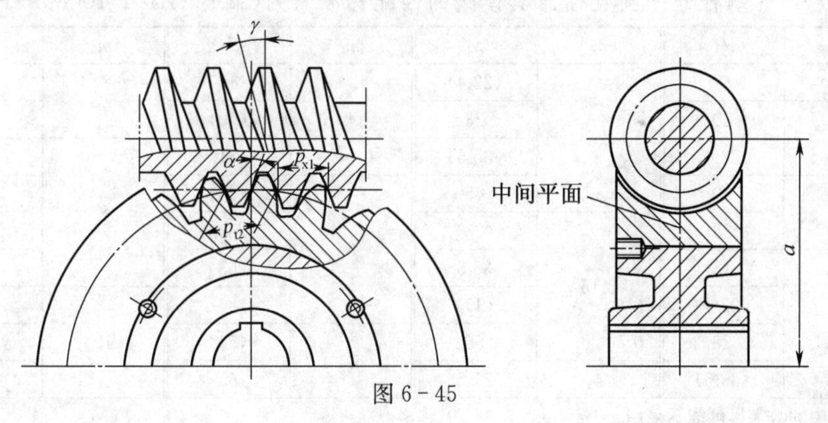

图 6-45

综上所述，蜗杆机构的正确啮合条件为

$$\left.\begin{aligned} m_{x1}&=m_{t2}=m \\ \alpha_{x1}&=\alpha_{t2}=\alpha \\ \gamma_1&=\beta_2 \end{aligned}\right\} \tag{6-58}$$

此外，为了保证正确啮合传动，蜗杆蜗轮传动的中心距还必须等于用蜗轮滚刀展成加工蜗轮的中心距。

6.11.5 蜗杆机构的主要参数和几何尺寸

1. 蜗杆的头数 z_1、蜗轮的齿数 z_2

蜗杆的齿数是指端面上的齿数，又称为蜗杆的头数，用 z_1 表示。一般可取 $z_1=1$～10，推荐取 $z_1=1$、2、4、6。当要求传动比大或者反行程具有自锁时，常取 $z_1=1$，即单头蜗杆；当要求具有较高传动效率时，则 z_1 应取大值。蜗轮的齿数 z_2 可根据传动比及选定的 z_1 计算而得。对于动力传动，一般推荐 $z_2=29$～70。

2. 模数 m

蜗杆模数系列与齿轮模数系列有所不同。国家标准 GB/T 10088—1988 中对蜗杆模数作了规定，表 6-10 为部分摘录，供设计时查阅。

表 6-10　蜗杆的标准模数 m（摘自 GB/T 10088—1988）

第一系列	1　1.25　1.6　2　2.5　3.15　4　5　6.3　8　10　12　12.5　16　20　25　31.5　40
第二系列	1.5　3　3.5　4.5　5.5　6　7　12　14
注：优先采用第一系列	

3. 压力角 α

国家标准 GB/T 10087—1988 规定，阿基米德蜗杆的压力角 $\alpha=20^\circ$。在动力传动中，允许增大压力角，推荐用 25°；在分度传动中，允许减小压力角，推荐用 15°或 12°。

4. 蜗杆分度圆直径 d_1 和导程角 γ_1

因为在用蜗轮滚刀切制蜗杆时，滚刀的尺寸、形状与工作蜗杆相同，为了限制蜗轮滚刀的数目，国家标准规定将蜗杆的分度圆直径标准化，且与其模数相匹配，d_1 与 m 匹配标准系列如表 6-11 所列。

表 6-11　蜗杆分度圆直径与其模数的匹配标准系列（摘自 GB/T 10085—1988）

m	d_1	m	d_1	m	d_1	m	d_1
1	18	2.5	(22.4)	4	40	6.3	(80)
1.25	20		28		(50)		112
	22.4		(35.5)		71	8	(63)
1.6	20		45	5	(40)		80
	28	3.15	(28)		50		(100)
2	(18)		35.5		(63)		140
	22.4		(45)		90	10	71
	28		56	6.3	(50)		90
	(35.5)	4	31.5		63		⋮
注：括号中的数字尽可能不采用							

设蜗杆的分度圆直径为 d_1，头数为 z_1，螺旋导程为 l，轴向齿距为 p_{x1}，导程角为 γ_1，则有

$$\tan\gamma_1=\frac{l}{\pi d_1}=\frac{z_1 p_{x1}}{\pi d_1}=\frac{z_1\pi m}{\pi d_1}=\frac{z_1 m}{d_1} \tag{6-59}$$

d_1 和 m 均为标准值，当 d_1 和 m 一定时，蜗杆的头数越多，γ_1 越大，传动效率越高，加工难度越大。蜗轮的分度圆直径的计算公式同齿轮，即 $d_2=mz_2$。

5. 传动比 i_{12}

传动比为

$$i_{12}=\frac{\omega_1}{\omega_2}=\frac{z_2}{z_1} \tag{6-60}$$

值得注意的是，因为 $z_2=\dfrac{d_2}{m}$，$z_1=\dfrac{d_1\tan\gamma_1}{m}$，所以 $i_{12}=\dfrac{d_2}{d_1\tan\gamma_1}\neq\dfrac{d_2}{d_1}$。

6. 蜗杆传动的中心距

蜗杆传动的中心距为

$$a=\frac{1}{2}(d_1+d_2)=r_1+r_2 \tag{6-61}$$

7. 几何尺寸

蜗杆和蜗轮的齿顶高、齿根高、齿全高、齿顶圆直径和齿根圆直径，均可参照直齿轮的计算公式进行计算，但要注意其顶隙系数 $c^* = 0.2$。设计计算时可查阅有关国家标准。

思考题及习题

6-1　对齿轮机构的最基本要求是什么？

6-2　何谓齿廓啮合的基本定律？何谓定比传动条件？

6-3　渐开线是如何形成的？有哪些重要性质？渐开线的特性有哪些？为何渐开线齿廓能够满足定传动比传动？

6-4　渐开线齿廓上某点压力角是如何确定的？渐开线齿廓上各点的压力角是否相同？

6-5　渐开线直齿圆柱齿轮的基本参数有哪几个？哪些是有标准的，其标准值为多少？

6-6　何谓标准齿轮、标准安装？

6-7　分度圆与节圆有什么区别？在什么情况下节圆与分度圆重合？

6-8　何谓啮合角？啮合角与压力角有什么区别？在什么情况下两者大小相等？

6-9　重合度的意义是什么？哪些参数会影响重合度，这些参数的增加会使重合度增大还是减小？

6-10　直齿轮、斜齿轮、锥齿轮、蜗杆机构的正确啮合条件各是什么？

6-11　一对渐开线外啮合直齿圆柱齿轮机构的实际中心距略大于设计中心距，其传动比 i_{12} 是否有变化？节圆与啮合角是否有变化？这一对齿轮能否正确啮合？重合度是否有变化？

6-12　何谓齿廓的根切现象？产生根切的原因是什么？根切有什么危害？如何避免根切？

6-13　何谓变位齿轮？齿轮变位修正的目的是什么？齿轮变位后与标准齿轮相比较哪些尺寸发生了变化？哪些尺寸没有改变？

6-14　直齿圆柱齿轮有哪些传动类型？它们各用在什么场合？

6-15　正传动类型中的齿轮是否一定都是正变位齿轮？负传动类型中的齿轮是否一定都是负变位齿轮？

6-16　什么传动类型必须将齿轮的齿顶高降低，为什么？齿高变动系数如何确定？

6-17　斜齿圆柱齿轮机构的基本参数有哪些？基本参数的标准值是在端面还是在法面，为什么？

6-18　斜齿圆柱齿轮机构的螺旋角 β 对传动有什么影响？它的常用取值范围是多少，为什么？

6-19　何谓蜗杆蜗轮机构的中间平面？在中间平面内，蜗杆蜗轮机构相当于什么传动？与齿轮传动比较，蜗杆传动的 d_1、i、a 有何不同？

6-20　何谓斜齿圆柱齿轮和直齿圆锥齿轮的当量齿数？当量齿数有什么用途？如何计算？

6-21　当两轴中心距不等于齿轮机构标准中心距时，有何解决措施？各有何优缺点？

6-22　一渐开线直齿圆柱齿轮机构，齿数 $z_1=30$，$z_2=93$，测得齿顶圆直径 $d_{a_1}=160\text{mm}$、$d_{a_2}=475\text{mm}$。试确定齿轮机构的模数、齿顶高系数、顶隙系数，判断是否为标准齿轮；并计算其中心距、传动比、分度圆直径、齿根圆直径、基圆直径、齿厚、齿距、重合度。

6-23　渐开线标准直齿圆柱齿轮，齿数为多少时，基圆与齿根圆重合？若要使基圆大于齿根圆的直径，齿数如何选取？

6-24　设有一对外啮合标准直齿圆柱齿轮，已知齿数 $z_1=30$，$z_2=63$，模数 $m=8\text{mm}$，试计算其标准中心距。当实际中心距 $a'=375\text{mm}$ 时，其啮合角 α' 为多少？当取啮合角为 $\alpha'=22°30'$ 时，实际中心距又是多大？

6-25　有一个渐开线直齿圆柱齿轮，用卡尺测量出 3 个齿和 2 个齿的反向渐开线之间的法向距离（即公法线长度，参考图 6-10）分别为 $W_3=61.84\text{mm}$ 和 $W_2=37.56\text{mm}$，齿顶圆直径 $d_a=208\text{mm}$，齿根圆直径 $d_f=172\text{mm}$，数得其齿数 $z=24$。试求：

(1) 该齿轮的模数 m、分度圆压力角 α、齿顶高系数 h_a^* 和顶隙系数 c^*；

(2) 该齿轮的基圆齿距 p_b 和基圆齿厚 s_b。

6-26　已知一对渐开线外啮合标准直齿圆柱齿轮机构，$\alpha=20°$，$h_a^*=1$，$m=4\text{mm}$，$z_1=18$，$z_2=41$，

(1) 试求两轮的几何尺寸 r、r_b、r_f、r_a 和标准中心距 a 以及重合度 ε_α；

(2) 用长度比例尺 $\mu_l=0.5\text{mm/mm}$ 画出理论啮合线 N_1N_2，在其上标出实际啮合线 B_1B_2、单齿啮合区、双齿啮合区以及节点 P 的位置。

6-27　在一铣床齿轮箱中，有一对外啮合渐开线直齿圆柱齿轮传动，已知齿数 $z_1=17$，$z_2=118$，$h_a^*=1$，安装中心距 $a'=337.5\text{mm}$，模数 $m=5\text{mm}$。检修时发现小齿轮磨损严重，拟报废；而大齿轮磨损较轻，分度圆齿厚两侧磨损量为 0.75mm，拟修复使用，并要求为修复后的大齿轮配一个小齿轮，且不能降低传动性能，试设计这一对齿轮。

6-28　一车间正在进行技术改造，现有一个中心距 $a=270\text{mm}$ 的旧齿轮箱体，欲配制一对齿数 $z_1=29$、$z_2=76$、模数 $m_n=5\text{mm}$ 的标准斜齿轮。试求此对齿轮的螺旋角和两齿轮的分度圆直径。

6-29　某车间原有一标准直齿圆柱齿轮传动，齿数 $z_1=18$，$z_2=82$，模数 $m=5\text{mm}$。为了提高其承载能力，欲将此传动改为斜齿圆柱齿轮传动，要求中心距、模数保持不变，传动比变动不超过 5%，试确定此斜齿轮的齿数、螺旋角。

6-30　已知一对标准斜齿圆柱齿轮传动的齿数 $z_1=20$、$z_2=40$，模数 $m=8\text{mm}$，$B=30\text{mm}$，$h_{an}^*=1$，可初选螺旋角 $\beta=15°$。试求中心距 a（要求圆整，并确定实际螺旋角大小）、重合度 ε_γ 和齿轮 1 的分度圆直径 d、齿根圆直径 d_f、基圆直径 d_b、齿厚 s、齿距 p 及当量齿数 z_v。

6-31　在题 6-31 图所示的齿轮变速箱中，两轴中心距为 80mm，各轮齿数为：$z_1=35$、$z_2=45$、$z_3=24$、$z_4=55$、$z_5=19$、$z_6=59$，模数均为 $m=2\text{mm}$，试确定 z_1-z_2，z_3-z_4，z_5-z_6 各对齿轮的传动类型（不要求计算各轮几何尺寸）。

6-32　在题 6-32 图所示的机构中，已知各直齿圆柱齿轮模数均为 2mm，$z_1=15$、$z_2=32$、$z_{2'}=20$、$z_3=30$，要求齿轮 1、3 同轴线。试问：

(1) 齿轮1、2和齿轮2′、3选择什么传动类型最好？为什么？

(2) 若齿轮1、2改为斜齿轮传动来凑中心距，当齿数不变、模数不变时，斜齿轮的螺旋角为多少？这两个斜齿轮的当量齿数是多少？

(3) 当用展成法（如用滚刀）来加工齿数 $z_1=15$ 的斜齿轮1时，是否会产生根切？

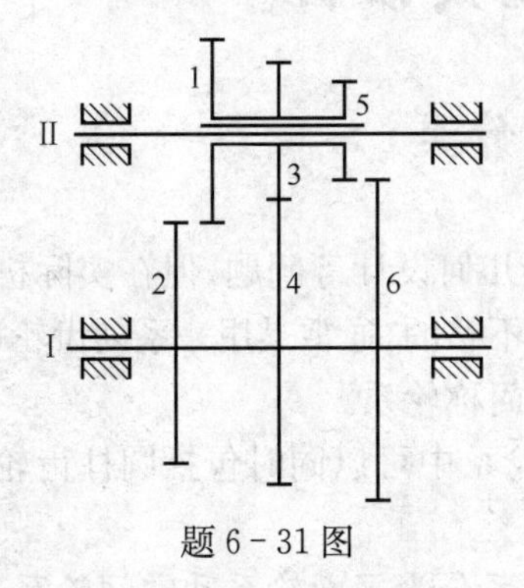

题6-31图

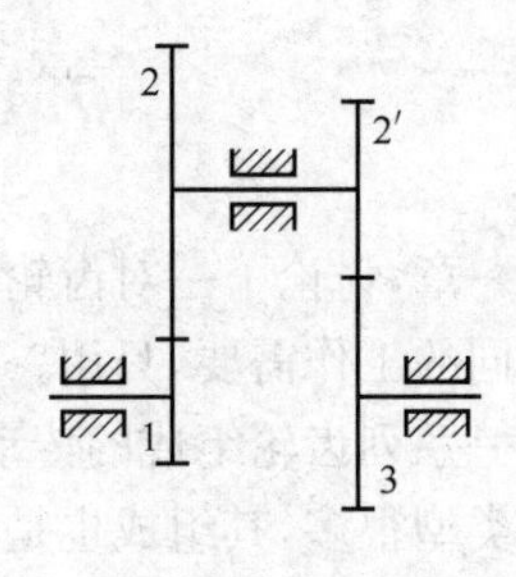

题6-32图

6-33　一对渐开线标准直齿圆锥齿轮传动，已知齿数 $z_1=18$，$z_2=30$，模数 $m=10\text{mm}$，$\Sigma=90°$。试求其分度圆、齿顶圆、齿根圆直径，齿顶圆锥角、齿根圆锥角。

6-34　已知一蜗杆传动的参数为 $z_1=1$，$i_{12}=40$，$d_2=200\text{mm}$。试求：

(1) 模数 m 和蜗杆的分度圆直径 d_1；

(2) 蜗杆的轴面齿距 p_{x1} 和导程 l；

(3) 中心距 a；

(4) 蜗杆的导程角 γ_1、蜗轮的螺旋角 β_2，并说明两者轮齿的旋向。

第 7 章　齿轮系及其设计

7.1　齿轮系及其分类

在前面一章，讨论了一对齿轮传动的啮合原理和几何设计等问题，但在实际机械中，为了满足不同的工作需要，只用一对齿轮传动往往是不够的，通常是用一系列齿轮进行传动。这种由一系列齿轮组成的传动系统称为齿轮系，简称轮系。

轮系的类型很多，其组成也是各式各样的，一个轮系中可以同时包括圆柱齿轮、圆锥齿轮、蜗轮蜗杆等各种齿轮机构。

根据轮系运转时，各轮的轴线是否平行可以把轮系分为平面轮系和空间轮系。平面轮系由圆柱齿轮所组成，其各轮的轴线相互平行，如图 7－1 所示；空间轮系中不但含有圆柱齿轮，而且还包含有圆锥齿轮、交错轴齿轮、蜗杆蜗轮等空间齿轮，如图 7－5 所示。

根据轮系运转时，各轮轴线的位置是否固定，可将轮系分为定轴轮系、周转轮系和复合轮系。

7.1.1　定轴轮系

如图 7－1 所示，轮系运转时，所有齿轮几何轴线的位置都是固定不变的，这种轮系称为定轴轮系。

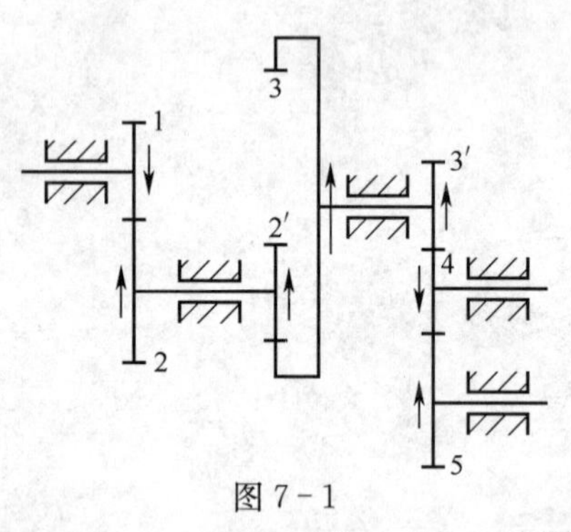

图 7－1

7.1.2　周转轮系

如图 7－2 所示，轮系运转时，至少有一个齿轮轴线的位置不固定，而是绕某一固定轴线回转，这种轮系称为周转轮系。在该轮系中，绕固定轴线运转的齿轮 1 和 3 称为中心轮或太阳轮；既绕自己的几何轴线 O_2 自转，又随构件 H 一起绕几何轴线 O_1（O_3、O_H）公转的齿轮 2 称为行星轮；支撑行星轮的构件 H 称为系杆或行星架。

中心轮 1、3 和系杆 H 的回转轴线的位置均固定且重合，通常以它们作为运动的输入或输出构件，称为周转轮系的基本构件。

根据周转轮系所具有的自由度数目的不同，周转轮系可进一步分为以下两类：

(1) 差动轮系　在图 7-2 所示的周转轮系中，中心轮 1 和 3 均为活动构件，该轮系的自由度为 2。这种自由度为 2 的周转轮系称为差动轮系。

(2) 行星轮系　在图 7-2 所示的周转轮系中，若将中心轮 3(或 1)固定，则这个轮系的自由度为 1。这种自由度为 1 的周转轮系称为行星轮系。

此外，周转轮系还可以根据其基本构件的不同来分类。若轮系中的太阳轮以 K 表示，行星架用 H 表示，则图 7-2 所示的轮系称为 2K—H 型周转轮系，又称为基本周转轮系，在实际机械中应用较多；图 7-3 所示的轮系称为 3K—H 型周转轮系，其基本构件是三个太阳轮 1、3、4，而行星架 H 只起支撑行星轮的作用，不传递外力的作用，也不作输入、输出构件用。

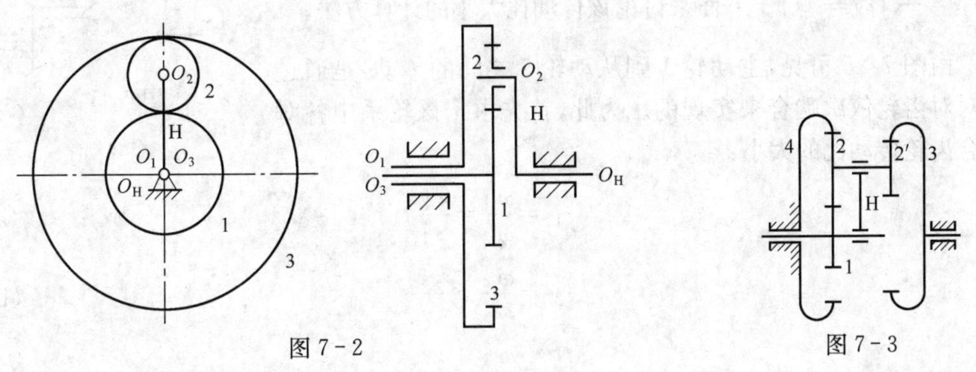

图 7-2　　　　图 7-3

7.1.3　复合轮系

在工程实际中，除了采用单一的定轴轮系和周转轮系外，还经常采用既含有定轴轮系又含周转轮系或者由几个基本的周转轮系所组成的复杂轮系，通常把这种轮系称为复合轮系或混合轮系。如图 7-4(a)是由定轴轮系和周转轮系组成的复合轮系，图 7-4(b)是由两个基本的周转轮系组成的复合轮系。

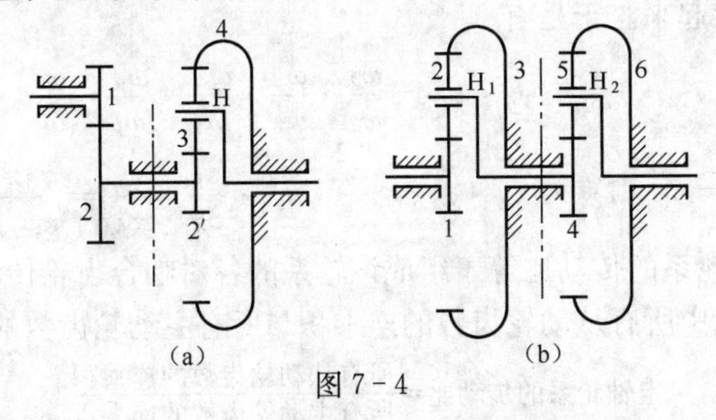

图 7-4

7.2　轮系的传动比

一对齿轮的传动比是指该两齿轮的角速度(或转速)之比，而轮系的传动比是指轮系中输入轴(首轮)与输出轴(末轮)的角速度(或转速)之比，用 i_{ab} 表示，下标 a 、b 为输入轴与输出轴的代号，即

$$i_{ab}=\frac{\omega_a}{\omega_b}=\frac{n_a}{n_b}$$

一个轮系传动比的确定,包括计算传动比的大小和确定输入输出轴转向之间的关系。

7.2.1 定轴轮系的传动比

1. 传动比大小的计算

以图 7-5 所示的轮系为例,来讨论定轴轮系传动比大小的计算方法。该轮系由齿轮对 1—2、2—3、3′—4 和 4′—5 组成,设齿轮 1 为主动轮,齿轮 5 为最后的从动轮,则该轮系的总传动比为$i_{15}=\frac{\omega_1}{\omega_5}\left(\text{或}=\frac{n_1}{n_5}\right)$。下面来讨论该传动比大小的计算方法。

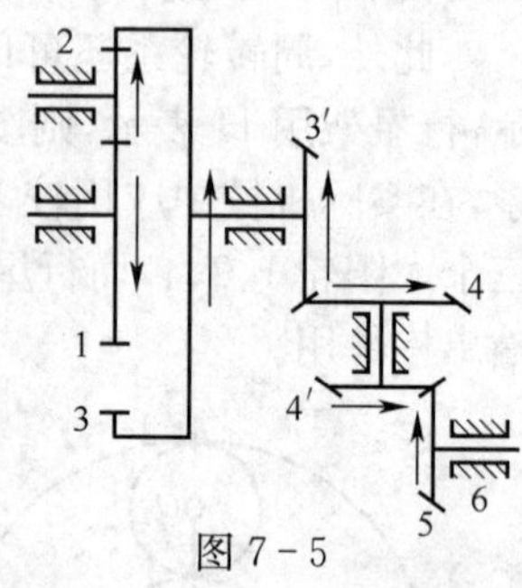

图 7-5

由图 7-5 可见,主动轮 1 到从动轮 5 之间的传动,是通过一对对齿轮依次啮合来实现的。为此,首先求出该轮系中各对啮合齿轮传动比的大小:

$$i_{12}=\frac{\omega_1}{\omega_2}=\frac{z_2}{z_1} \tag{a}$$

$$i_{23}=\frac{\omega_2}{\omega_3}=\frac{z_3}{z_2} \tag{b}$$

$$i_{3'4}=\frac{\omega_{3'}}{\omega_4}=\frac{z_4}{z_{3'}} \tag{c}$$

$$i_{4'5}=\frac{\omega_{4'}}{\omega_5}=\frac{z_5}{z_{4'}} \tag{d}$$

由上述各式可以看出,主动轮 1 的角速度 ω_1出现在式(a)的分子中,从动轮 5 的角速度 ω_5出现在式(d)的分母中,而各中间齿轮的角速度 ω_2、$\omega_3(=\omega'_3)$、$\omega_4(=\omega'_4)$在这些式子的分子和分母中均各出现一次。因此,为了求得整个轮系的传动比 $i_{15}=\frac{\omega_1}{\omega_5}$,可将上述各式两边分别连乘起来。于是有

$$i_{12}\cdot i_{23}\cdot i_{3'4}\cdot i_{4'5}=\frac{\omega_1}{\omega_2}\cdot\frac{\omega_2}{\omega_3}\cdot\frac{\omega_{3'}}{\omega_4}\cdot\frac{\omega_{4'}}{\omega_5}=\frac{\omega_1}{\omega_5}$$

即 $$i_{15}=\frac{\omega_1}{\omega_5}=i_{12}\cdot i_{23}\cdot i_{3'4}\cdot i_{4'5}=\frac{z_2}{z_1}\cdot\frac{z_3}{z_2}\cdot\frac{z_4}{z_{3'}}\cdot\frac{z_5}{z_{4'}}=\frac{z_3z_4z_5}{z_1z_{3'}z_{4'}}$$

上式表明:定轴轮系的传动比等于组成该轮系的各对啮合齿轮传动比的连乘积;其大小等于各对啮合齿轮中所有从动轮齿数的连乘积与所有主动轮齿数的连乘积之比,即

$$\text{定轴轮系的传动比}=\frac{\text{所有从动轮齿数的连乘积}}{\text{所有主动轮齿数的连乘积}} \tag{7-1}$$

2. 主从动轮转向关系的确定

齿轮传动的转向关系可以用正、负号或用箭头表示。

1) 平面定轴轮系

组成这种轮系的齿轮均为圆柱齿轮,一对外啮合齿轮传动,两轮转向相反,结果用“—”号表示;一对内啮合齿轮传动,两轮转向相同,结果用“+”号表示。在平面定轴轮系中,每经过一对外啮合输出轴就改变一次方向,而内啮合传动不改变输出轴的转动方向。

故可用轮系中外啮合的次数来确定主、从动轮的转向关系。若轮系中外啮合的次数用 m 表示，则可用 $(-1)^m$ 来确定轮系传动比的正负号，即

$$\text{定轴轮系的传动比}=(-1)^m\frac{\text{所有从动轮齿数的连乘积}}{\text{所有主动轮齿数的连乘积}} \tag{7-2}$$

若计算结果为正，则说明首、末动轮转向相同；若结果为负，则说明首、末动轮转向相反。

例如对于图 7-1 所示的平面定轴轮系，$m=3$，所以其传动比为

$$i_{15}=\frac{\omega_1}{\omega_5}=(-1)^3\frac{z_2z_3z_4z_5}{z_1z_{2'}z_{3'}z_4}=-\frac{z_2z_3z_5}{z_1z_{2'}z_{3'}}$$

传动比结果为负，说明从动轮 5 与主动轮 1 的转向相反。

由图 7-1 可以看出，齿轮 4 同时与齿轮 3′和齿轮 5 啮合，对于齿轮 3′来讲，它是从动轮，对于齿轮 5 来讲，它又是主动轮。因此，其齿数 z_4 在上式的分子、分母中同时出现，可以约去。齿轮 4 的作用仅仅是改变齿轮 5 的转向，而它的齿数的多少并不影响该轮系传动比的大小，这样的齿轮为惰轮或过轮。

2）空间定轴轮系

用正负号表示首、末动轮转向的方法，只有当首、末动轮的轴线平行时才有意义，但对空间定轴轮系，由于齿轮的几何轴线并不都是平行的，故其转向关系不能再由 $(-1)^m$ 决定，必须在图中用画箭头的方法确定。如图 7-6 所示，圆柱齿轮机构用一对同向（内啮合）或反向（外啮合）的箭头表示；圆锥齿轮机构用一对同时指向节点或同时背离节点的箭头表示；至于蜗杆、蜗轮的转向关系，可按左、右手法则来确定：左旋的用左手、右旋的用右手，四指顺着已知运动构件的转向，则大拇指的相反方向即为另一构件啮合点处的圆周速度方向。

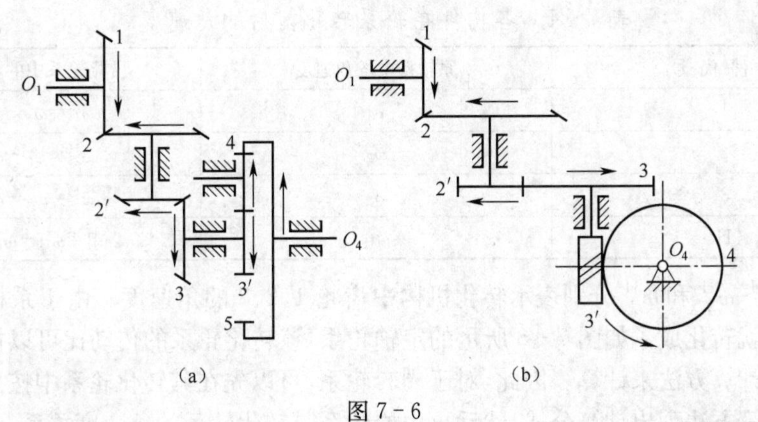

图 7-6

尽管空间定轴轮系中所有轮的轴线并不都是平行的，但若首、末两轮的轴线相平行时，它们的转向关系仍可用正负号表示。例如在图 7-6(a)所示的空间定轴轮系中，按上述方法在图中画出箭头判定。由图可知首轮 1 和末轮 5 的转向相反，则其传动比为

$$i_{15}=\frac{\omega_1}{\omega_5}=-\frac{z_2z_3z_5}{z_1z_{2'}z_{3'}}$$

图 7-6(b)所示的空间定轴轮系，因首、末两轮的轴线不平行，故它们的转向关系只能在图上用箭头表示，其传动比不再带符号，只表示大小。所以，其传动比为

$$i_{14}=\frac{\omega_1}{\omega_4}=\frac{z_2z_3z_4}{z_1z_{2'}z_{3'}}$$

7.2.2 周转轮系的传动比

周转轮系与定轴轮系的区别在于周转轮系中有轴线不固定的行星齿轮，由于行星齿轮既有自转又有公转，故其传动比不能直接用定轴轮系传动比的公式来计算。但是，如果能够设法使系杆 H 固定不动，那么周转轮系就可转化成一个定轴轮系。为此，假想给整个轮系加上一个公共的角速度（$-\omega_H$），根据相对运动原理可知，各构件之间的相对运动关系并不改变，但此时系杆的角速度就变成了 $\omega_H-\omega_H=0$，即系杆可视为静止不动。于是，周转轮系就转化成了一个假想的定轴轮系，通常称这个假想的定轴轮系为周转轮系的转化轮系（或转化机构）。

下面以图 7-7 所示的 2K-H 型周转轮系为例，来说明当给整个轮系加上一个（$-\omega_H$）公共角速度后，各构件角速度的变化情况。

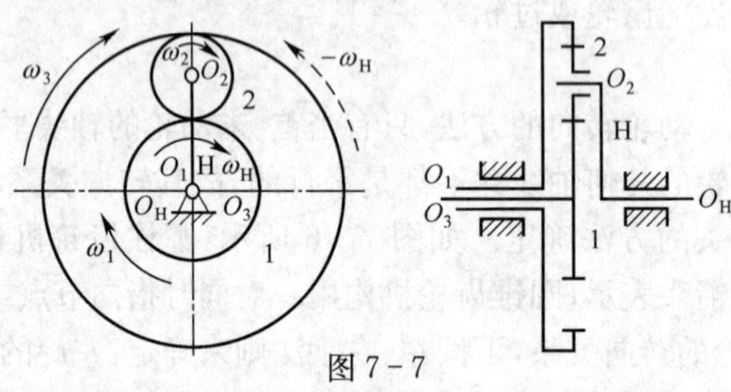

图 7-7

如图，当给整个轮系加上公共角速度（$-\omega_H$）后，其各构件的角速度变化情况如表 7-1 所列。

表 7-1　各构件在轮系转化前后的角速度

构件代号	原轮系中的角速度	转化轮系中的角速度
1	ω_1	$\omega_1^H=\omega_1-\omega_H$
2	ω_2	$\omega_2^H=\omega_2-\omega_H$
3	ω_3	$\omega_3^H=\omega_3-\omega_H$
H	ω_H	$\omega_H^H=\omega_H-\omega_H=0$

表中 ω_1^H、ω_2^H 和 ω_3^H 分别表示转化机构中齿轮 1、2、3 的角速度。由于系杆固定后上述周转轮系就转化成了如图 7-8 所示的定轴轮系，该转化轮系的传动比可以按照定轴轮系传动比的计算方法来计算。因此，对于周转轮系，可以先在其转化轮系中按照定轴轮系传动比的计算方法列出计算公式，然后再由原轮系与转化轮系的角速度关系，求出实际轮系的角速度关系。

在图 7-8 所示的转化轮系中，根据式（7-2），齿轮 1 与齿轮 3 的传动比 i_{13}^H 为

$$i_{13}^H=\frac{\omega_1^H}{\omega_3^H}=\frac{\omega_1-\omega_H}{\omega_3-\omega_H}=(-1)^1\frac{z_2z_3}{z_1z_2}=-\frac{z_3}{z_1}$$

可见，在图 7-7 所示的差动轮系中，只要给定了 ω_1、ω_3 和 ω_H 三者中的任意两个参数，就可以由上式求出第三者。

若轮系为行星轮系时，轮 1 或轮 3 固定，此处假定轮 3 固定，即 $\omega_3=0$，则上式可以

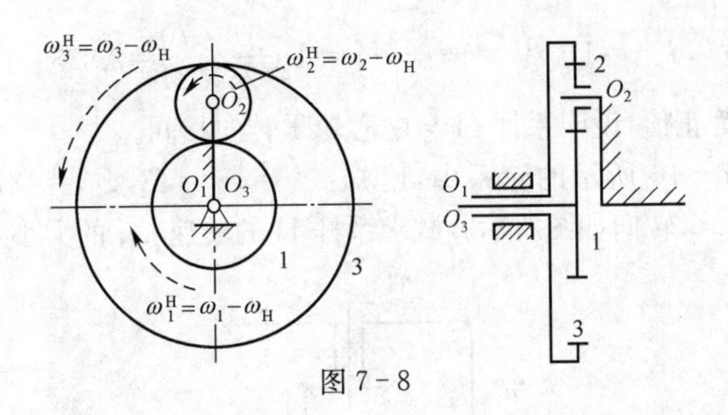

图 7-8

写为

$$i_{13}^{H}=\frac{\omega_1^H}{\omega_3^H}=\frac{\omega_1-\omega_H}{\omega_3-\omega_H}=\frac{\omega_1-\omega_H}{0-\omega_H}=-\frac{z_3}{z_1}=1-i_{1H}$$

即

$$i_{1H}=1-i_{13}^{H}=1+\frac{z_3}{z_1}$$

若 a、b 为周转轮系中的任意两个齿轮，系杆为 H，则其转化轮系传动比计算的一般公式为

$$i_{ab}^{H}=\frac{\omega_a^H}{\omega_b^H}=\frac{\omega_a-\omega_H}{\omega_b-\omega_H}=\pm\frac{\text{转化轮系中由 } a \text{ 至 } b \text{ 各从动轮齿数的乘积}}{\text{转化轮系中由 } a \text{ 至 } b \text{ 各主动轮齿数的乘积}} \tag{7-3a}$$

若轮系为行星轮系，设固定轮为 b，即 $\omega_b=0$，则式(7-3a)可以写为

$$i_{ab}^{H}=\frac{\omega_a^H}{\omega_b^H}=\frac{\omega_a-\omega_H}{0-\omega_H}=i_{aH}+1$$

即

$$i_{aH}=1-i_{ab}^{H} \tag{7-3b}$$

若一个周转轮系转化机构的传动比为“+”，则称其为正号机构；为“−”，则称其为负号机构。

应用式(7-3)计算周转轮系传动比时，需要注意以下几点：

(1) 式(7-3)适用于任何基本周转轮系，但要求 a、b 两轮和系杆 H 的几何轴线必须重合。

(2) 式中 i_{ab}^{H} 是转化机构中轮 a 主动、轮 b 从动时传动比，其大小和正负号是在转化机构中按定轴轮系的方法来确定的。在具体计算时，要特别注意转化机构传动比 i_{ab}^{H} 的正负号，它不仅表明在转化机构中轮 a 和轮 b 之间的转向关系，而且将直接影响到周转轮系传动比的大小和正负号。

(3) 式中 ω_a、ω_b 和 ω_H 分别为周转轮系中相应构件的绝对角速度，均为代数量，在使用时要带上相应的正负号，这样求出的角速度就可按其符号来确定转动方向。

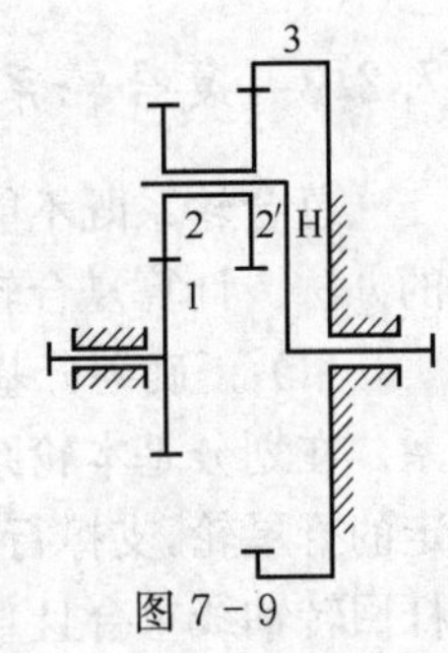

图 7-9

例 7-1　图 7-9 所示的轮系中，已知各轮齿数为：$z_1=28$，$z_2=18$，$z_{2'}=24$，$z_3=70$。试求传动比 i_{1H}。

解：这是一个 2K−H 型行星轮系。其转化机构的传动比为

$$i_{13}^{H}=\frac{\omega_1-\omega_H}{\omega_3-\omega_H}=\frac{\omega_1-\omega_H}{0-\omega_H}=-\frac{z_2z_3}{z_1z_{2'}}=1-i_{1H}$$

由此得到行星轮系的传动比

$$i_{1H}=1-i_{13}^{H}=1+\frac{z_2z_3}{z_1z_{2'}}=1+\frac{18\times70}{28\times24}=2.875$$

计算结果 i_{1H} 为正值,说明系杆 H 与中心轮 1 转向相同。

例 7-2 图 7-10 所示的轮系中,已知:$z_1=z_2=48$,$z_{2'}=18$,$z_3=24$,$n_1=250$ r/min,$n_3=100$r/min,转向如图所示。试求系杆 H 的转速 n_H 的大小及方向。

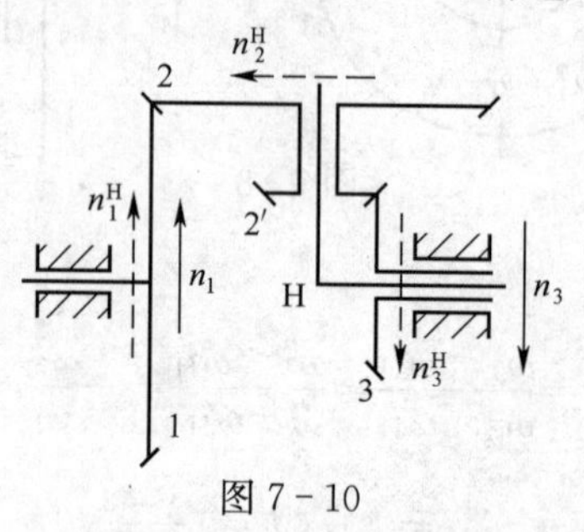

图 7-10

解:这是一个由锥齿轮所组成的差动轮系。虽然是空间轮系,但其输入轴和输出轴是平行的。以画虚线箭头的方法确定出该轮系转化机构中,齿轮 1 与齿轮 3 的转向相反,如图所示,故其转化机构的传动比为

$$i_{13}^{H}=\frac{n_1^H}{n_3^H}=\frac{n_1-n_H}{n_3-n_H}=-\frac{z_2z_3}{z_1z_{2'}}=-\frac{48\times24}{48\times18}=-\frac{4}{3}$$

由于已知条件给定 n_1、n_3 的转向相反,设 n_1 为正、n_3 为负,代入上式

$$\frac{250-n_H}{-100-n_H}=-\frac{4}{3}$$

解得

$$n_H=50\text{r/min}$$

计算结果为正,说明系杆 H 与齿轮 1 的转向相同,与齿轮 3 的转向相反。

对于由圆锥齿轮组成的周转轮系,在计算传动比时应注意以下两点:

(1) 由于行星轮的轴线与中心轮和系杆的轴线不平行,因而它们的角速度不能按代数量进行加减,故利用转化轮系计算传动比时,只适合于该轮系的基本构件(中心轮 1、3 和系杆 H),而不适合于行星轮 2、2′。当需要知道其行星轮的角速度时,应用角速度向量来进行计算。这里不作详细介绍,可参阅有关资料。

(2) 图中用虚线箭头所表示的是转化轮系中各轮的相对转向,不代表其实际转向。

7.2.3 复合轮系的传动比

复合轮系既不能将整个轮系作为定轴轮系来处理,也不能对整个轮系采用转化轮系的办法。计算复合轮系传动比的正确方法与步骤是:

(1) 正确划分基本轮系。所谓基本轮系,是指单一的定轴轮系或单一的基本周转轮系。在划分基本轮系时,首先要找出各个基本周转轮系。具体方法是:先找轴线位置不固定的行星轮,支撑行星轮的构件就是系杆 H(注意系杆不一定是杆状),而几何轴线与系杆回转轴线重合且直接与行星轮相啮合的定轴齿轮就是中心轮。这样由行星轮、系杆、中心轮所组成的轮系,就是一个基本的周转轮系。重复上述过程,直至将所有基本周转轮系

一一找出。划分出各个基本周转轮系后,剩余的那些由定轴齿轮所组成的部分就是定轴轮系。

(2) 分别列出计算各基本轮系传动比的方程式。

(3) 找出各基本轮系之间的联系。

(4) 将各基本轮系传动比方程式联立求解,即可求得复合轮系的传动比。

例 7-3 如图 7-11 所示的轮系中,设已知各轮齿数 z_1、z_2、$z_{2'}z_3$、z_4、z_5、z_6、$z_{6'}$、z_7,试求传动比 i_{1A}。

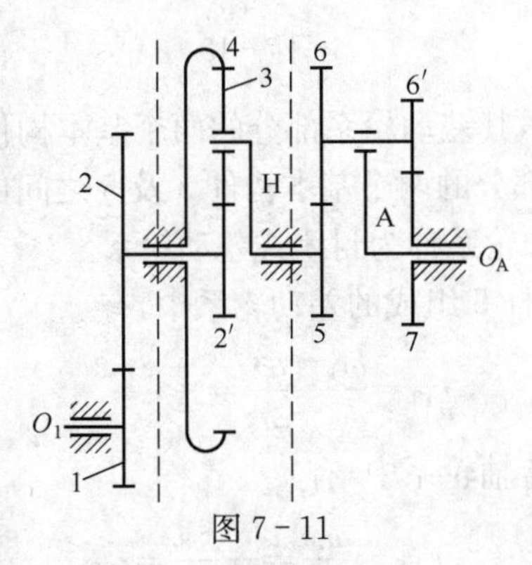

图 7-11

解:这是一个复合轮系。首先划分各基本轮系。从图中可以看出,齿轮 3 的轴线不固定,它是一个行星轮,支承该行星轮的构件 H 即为系杆,而与行星轮 3 相啮合的定轴齿轮 2′、4 为中心轮。因此,由齿轮 2′、3、4 和系杆 H 组成了一个基本周转轮;同理可以划分出由齿轮 5、6、6′、7 和系杆 A 组成的行星轮系;剩余的齿轮 1 和 2 为一定轴轮系。

下面分别列出各基本轮系传动比的计算式。

在齿轮 1、2 组成的定轴轮系中,有

$$i_{12}=\frac{n_1}{n_2}=-\frac{z_2}{z_1}$$

在齿轮 2′、3、4 和系杆 H 组成的行星轮系中,有

$$i_{2'H}=\frac{n_{2'}}{n_H}=1-i_{2'4}^{H}=1+\frac{z_4}{z_2}$$

在齿轮 5、6、6′、7 和杆 A 组成的行星轮系中,有

$$i_{5A}=\frac{n_5}{n_A}=1-i_{57}^{H}=1-\frac{z_6z_7}{z_5z_{6'}}$$

联立上述三式求解,并注意 $n_2=n_{2'}$,$n_H=n_5$

得 $$i_{1A}=i_{12}\cdot i_{2'5}\cdot i_{5A}=-\frac{z_2}{z_1}\left(1+\frac{z_4}{z_{2'}}\right)\left(1-\frac{z_6z_7}{z_5z_{6'}}\right)$$

例 7-4 图 7-12(a)所示为一电动卷扬机的减速器运动简图,设已知各轮齿数为:$z_1=24$,$z_2=33$,$z_{2'}=21$,$z_3=z_5=78$,$z_{3'}=18$,$z_4=30$。试求其传动比 i_{15}。

解:这也是一个复合轮系。首先划分各基本轮系。从图中可以看出,双联齿轮 2、2′的轴线不固定,它是一个双联行星轮,支承该行星轮的构件 5 即为系杆 H,而与行星轮 2、2′相啮合的定轴齿轮 1、3 为中心轮。因此,由齿轮 1、2-2′、3、4 和系杆 5(H)组成了一个差动轮系,如图 7-12(b)所示。剩余的由定轴齿轮 3′、4 和 5 组成一个定轴轮系,如图

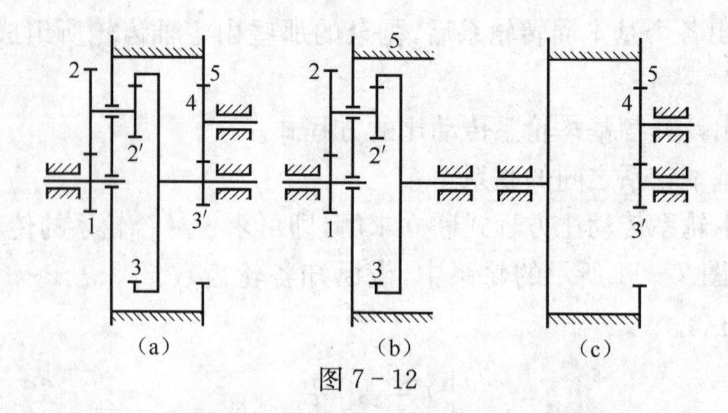

图 7-12

7-12(c)所示。在该轮系中,其差动轮系部分的两个基本构件 3 及 5,被定轴轮系部分封闭起来了,从而使差动轮系部分的两个基本构件 3 及 5 之间保持一定的速比关系,而整个轮系变成了自由度为 1,这种轮系称为封闭式差动轮系。

在齿轮 1、2—2′、3 和系杆 5 组成的差动轮系中,有

$$i_{13}^{5}=\frac{\omega_1-\omega_5}{\omega_3-\omega_5}=-\frac{z_2 z_3}{z_1 z_{2'}}$$

在齿轮 3′、4、5 组成的定轴轮系中,有

$$i_{3'5}=\frac{\omega_{3'}}{\omega_5}=-\frac{z_5}{z_{3'}}=i_{35}$$

联立求解,得

$$i_{15}=\frac{z_2 z_3}{z_1 z_{2'}}\left(1+\frac{z_5}{z_{3'}}\right)+1=\frac{33\times78}{24\times21}\left(1+\frac{78}{18}\right)+1=28.24$$

计算结果为正,说明系齿轮 1 与齿轮 5(系杆)的转向相同。

7.3 轮系的功用

在各种机械设备中,广泛应用着各种轮系。主要概括为以下几个方面。

7.3.1 定轴轮系的功用

1. 实现相距较远的两轴之间的传动

当两轴之间的距离较远时,如果只用一对齿轮直接把输入轴的运动传递给输出轴,如图 7-13 中的齿轮 1 和齿轮 2 所示,齿轮的尺寸很大。这样,既占空间又费材料。如果改用齿轮 a、b、c、d 组成的轮系来传动,便可克服上述缺点。

2. 实现分路传动

利用轮系可将输入轴的转动同时传到几根输出轴上。如图 7-14 所示为滚齿机上实现轮坯与滚刀展成运动的传动简图,通过电动机带动的主轴Ⅰ上的齿轮 1 和 3,将运动和动力分两路去带动滚刀和轮坯,以保证所需的准确对滚关系。

3. 实现变速传动

在输入轴转速不变的条件下,利用轮系可使输出轴得到若干种不同的工作转速,这种传动称为变速传动。图 7-15 所示为汽车变速箱中的轮系,图中轴Ⅰ为动力输入轴,轴Ⅱ为输出轴,齿轮 4、6 为滑移齿轮,A、B 为离合器。通过操纵滑移齿轮和离合器可以得到

四种不同的转速。

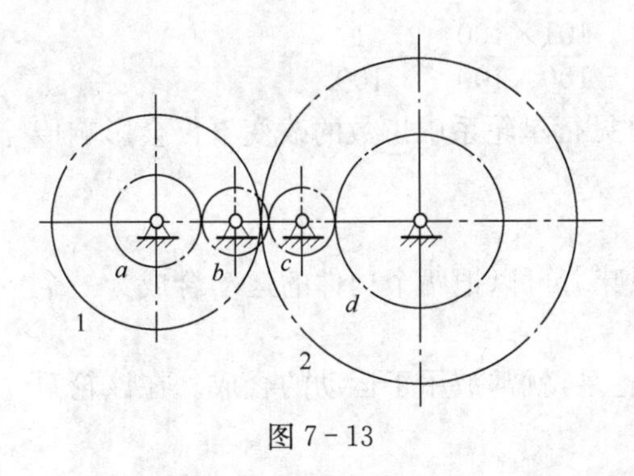

图 7-13

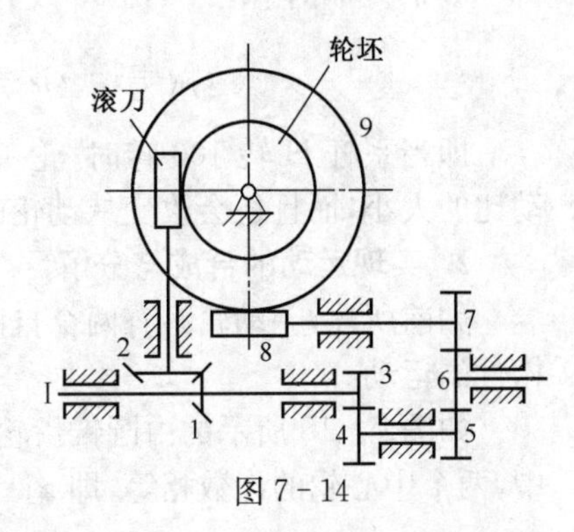

图 7-14

4. 实现变向传动

轮系中的过轮,虽不影响传动比的大小,但可改变从动轮的转向。图 7-16 所示是车床走刀丝杠的三星轮换向机构。互相啮合着的齿轮 2 和 3 浮套在三角形构件 a 的两个轴上,构件 a 可通过手柄使之绕轮 4 的轴转动。在图 7-16(a)所示的位置上,主动轮 1 的转动经中间齿轮 2 和 3 而传给从动轮 4,从动轮 4 与主动轮 1 的转向相反;如果通过手柄转动三角形构件 a,使齿轮 2 和 3 位于图 7-16(b)所示的位置,则齿轮 2 不参与传动,这时从动轮 4 与主动轮 1 转向相同。

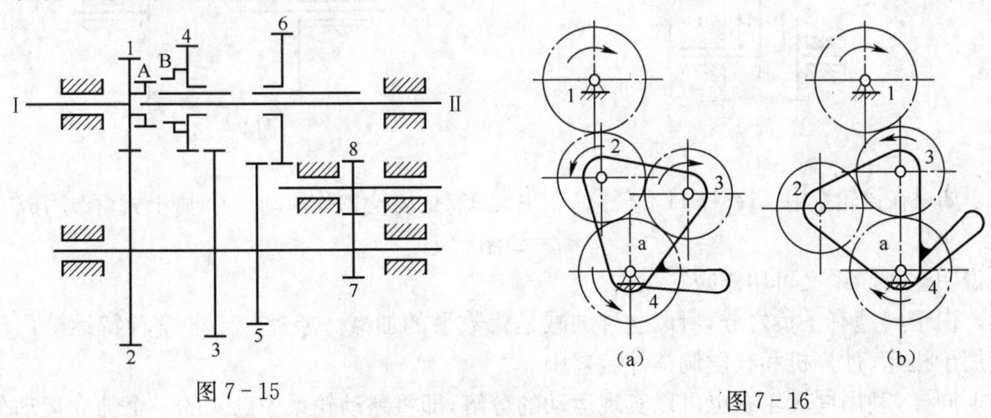

图 7-15　　　　图 7-16

7.3.2 周转轮系的功用

1. 获得大的传动比

在齿轮传动中,一对齿轮的传动比一般不超 8,当两轴之间需要很大的传动比时,固然可以用多级齿轮组成的定轴轮系来实现,但由于轴和齿轮的数量增多,会导致结构复杂。若采用行星轮系,则只需很少几个齿轮,就可获得很大的传动比。如图 7-17 所示的行星轮系,设各轮齿数为:$z_1=100$,$z_2=101$,$z_{2'}=100$,$z_3=99$,其传动比 i_{1H} 为

$$i_{1H}=1-i_{13}^{H}=1-\frac{z_2 z_3}{z_1 z_{2'}}=1-\frac{101\times 99}{100\times 100}=\frac{1}{10000}$$

即当系杆 H 转 10000 转时,轮 1 才同向转 1 转,可见行星轮系可获得极大的传动比。但这种轮系的效率很低,且当轮 1 主动时将发生自锁,因此,这种轮系只适用于轻载下的运动传递或作为微调机构。

如果将本例中的 z_3 由 99 改为 100，则

$$i_{1\mathrm{H}}=1-i_{13}^{\mathrm{H}}=1-\frac{z_2 z_3}{z_1 z_{2'}}=1-\frac{101\times100}{100\times100}=-\frac{1}{100}$$

即当系杆 H 转 100 转时，轮 1 反转 1 转，可见行星轮系中齿数的改变不仅会影响传动比的大小，而且还会改变从动轮的转向。

2. 实现运动的合成与分解

如前所述，差动轮系有两个自由度。这就意味着可以把两个构件的运动合成为一个构件的运动。

如图 7-18 所示的由圆锥齿轮组成的差动轮系，就常被用于运动的合成。在该轮系中，两个中心轮的齿数相等，即 $z_1=z_3$，有

$$i_{13}^{\mathrm{H}}=\frac{n_1^{\mathrm{H}}}{n_3^{\mathrm{H}}}=\frac{n_1-n_{\mathrm{H}}}{n_3-n_{\mathrm{H}}}=-\frac{z_3}{z_1}=-1$$

故

$$n_{\mathrm{H}}=\frac{1}{2}(n_1+n_3)$$

上式说明，系杆 H 的转速是两个中心轮转速的合成，所以这种轮系可用作加法机构。

图 7-17　　图 7-18

如果在该轮系中，以系杆 H 和任意一个中心轮(如齿轮 3)作原动件时，则上式可改写成

$$n_1=2n_{\mathrm{H}}-n_3$$

这说明这种轮系又可用作减法机构。

由于转速有正负之分，所以这种加减是代数量的加减。差动轮系的这种特性被广泛应用于机床、计算机和补偿调整等装置中。

同样，利用周转轮系也可以实现运动的分解，即将差动轮系中已知的一个独立运动分解为两个独立的运动。图 7-19 所示为装在汽车后桥上的差动轮系(称为差速器)。发动机的运动从变速箱通过传动轴驱动齿轮 5，齿轮 4 上固连着系杆 H，其上装有行星轮 2。齿轮 1、2、3 及系杆 H 组成一差动轮系。在该轮系中，$z_1=z_3$，$n_{\mathrm{H}}=n_4$，有

$$i_{13}^{\mathrm{H}}=\frac{n_1^{\mathrm{H}}}{n_3^{\mathrm{H}}}=\frac{n_1-n_4}{n_3-n_4}=-\frac{z_3}{z_1}=-1$$

$$n_4=\frac{1}{2}(n_1+n_3) \tag{e}$$

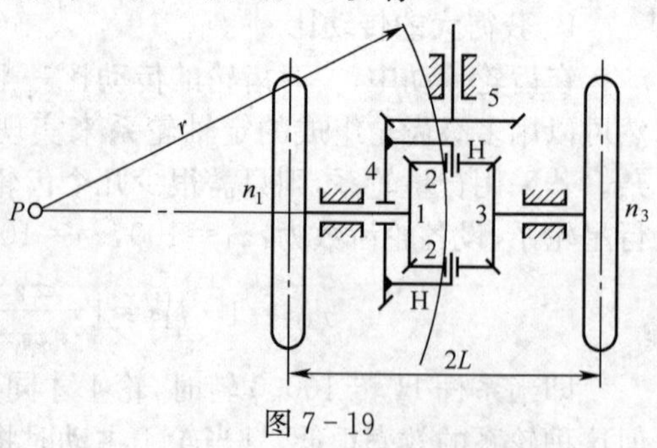

图 7-19

由于差动轮系具有两个自由度，因此，只有圆锥齿轮 5 为主动时，圆锥齿轮 1 和 3 的转速是不能确定的，但 n_1+n_3 却总为常数。当汽车直线行驶时，由于两个后轮所滚过的距离是相等的，其转速也相等，所以有 $n_1=n_3$，代

如上式，得 $n_1=n_3=n_H=n_4$，即齿轮 1、3 和系杆 H 之间没有相对运动。此时，整个轮系形成一个同速转动的整体，一起随轮 4 转动。当汽车转弯时，由于两后轮的转弯半径不相等，则两后轮的转速应不相等（$n_1 \neq n_3$）。在汽车后桥上采用差动轮系，就能使汽车沿不同弯道行驶时，自动改变两后轮的转速。

设汽车向左转弯行驶，汽车的两前轮在如图 7-20 所示的梯形转向机构 $ABCD$ 的作用下向左偏转，其轴线与两后轮的轴线相交于 p 点，这时整个汽车可以看成是绕着 p 点回转。在两后轮与地面不打滑的条件下，其转速应与弯道半径成正比，由图可得

$$\frac{n_1}{n_3}=\frac{r-L}{r+L} \tag{f}$$

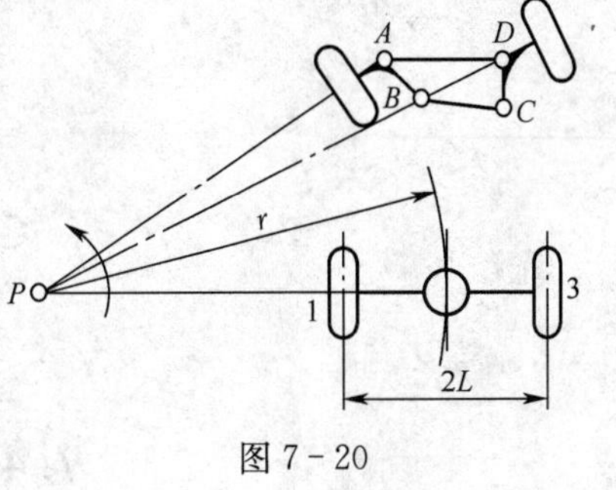

图 7-20

这是一个附加的约束条件，联立式（e）、（f），得两后轮的转速分别为

$$n_1=\frac{r-L}{r}n_4$$

$$n_3=\frac{r+L}{r}n_4$$

可见，当汽车转弯时，可利用后桥上的差速器自动将主轴的转动分解为两后轮的不同转动，其转速 n_1 和 n_3 随弯道半径的不同而变化。此时行星轮 2 除与系杆 H 一起公转外，还绕系杆 H 作自转。

3. 实现结构紧凑的大功率传动

在周转轮系中，多采用多个行星轮的结构形式，各行星轮均匀地布置在中心轮周围，如图 7-21 所示，这样既可用多个行星轮来共同分担载荷，又可使各啮合处的径向分力和行星轮公转所产生的离心惯性力得以平衡。可大大改善受理情况。此外，采用内啮合又有效地利用了空间，加之其输入轴和输出轴同轴线，故可减小径向尺寸。即结构紧凑的条件下，实现大功率传动。

图 7-22 所示为某涡轮螺旋桨发动机主减速器的传动简图。其右部是差动轮系，左部是定轴轮系。动力自中心轮 1 输入后，经系杆 H 和内齿轮 3 分两路输往左部，最后在系杆 H 与内齿轮 5 的接合处汇合到一起输往螺旋桨。由于是功率分路传动，又采用了多个行星轮（图中只画了一个）均布承载，从而使整个装置在体积小、质量轻的情况下，实现大功率传动。该减速器的外部尺寸仅 0.5m 左右，而传递的功率可达 2850kW。

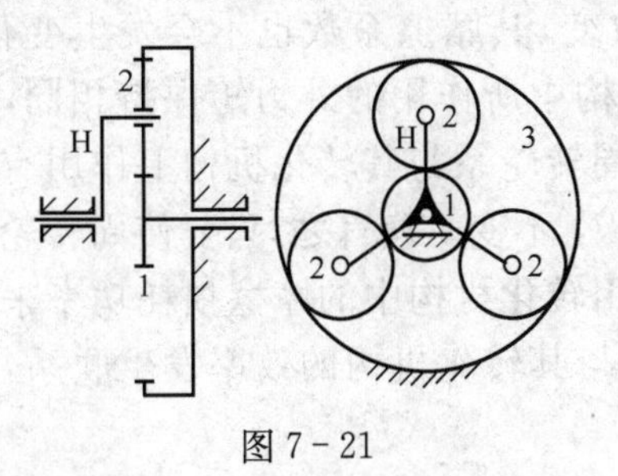

图 7-21

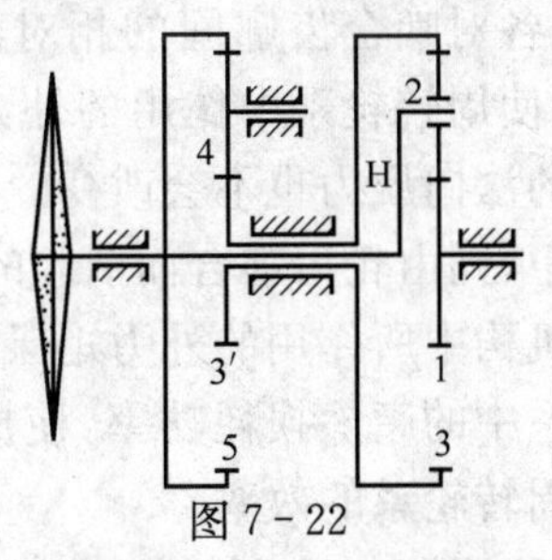

图 7-22

4. 实现执行构件的复杂运动

由于在周转轮系中，行星轮既自转又公转，工程实际中的一些装置直接利用了行星轮

的这一特有的运动特点，来实现机械执行构件的复杂动作。

图 7-23 所示为一种行星搅拌机构的简图。其搅拌器与行星轮固结为一体，从而得到复合运动，增加了搅拌效果。

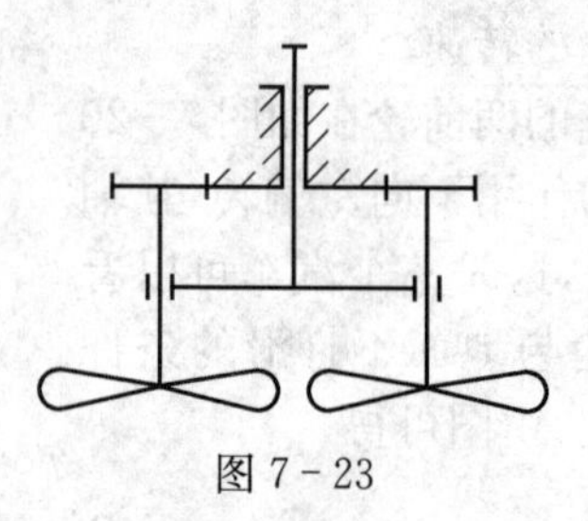

图 7-23

7.4 行星轮系的效率

轮系的效率计算涉及到多方面的因素，是一个比较复杂的问题。加之实际加工精度、安装精度和使用情况等都会直接影响到效率的大小，故工程中一般常用实验方法来测定。本节只讨论涉及轮齿啮合损耗的效率计算，因为它对在设计阶段评价方案的可行性(如效率的高低、是否会发生自锁现象等)和进行方案的比较与选择十分有用。

在各种轮系中，定轴轮系的效率计算最为简单，当轮系由 k 对齿轮串联组成时，其传动的总效率为

$$\eta=\eta_1\eta_2\cdots\eta_k \tag{7-4}$$

式中：$\eta_1,\eta_2,\cdots,\eta_k$ 为每对齿轮的传动效率，可通过查有关手册得到。

由于行星轮系中有既有自转又有公转的行星轮，它的效率不能用定轴轮系的计算公式来计算。本节主要讨论行星轮系效率的计算问题。

在研究周转轮系传动比计算问题时，我们曾通过"转化轮系法"找到了周转轮系与定轴轮系之间的内在联系，从而得到了周转轮系传动比的计算方法；同样，利用"转化轮系法"也可以找出两者在效率方面的内在联系，进而得到计算周转轮系效率的方法。这种方法的理论基础是：齿廓啮合传动时，其齿面摩擦引起的功率损耗取决于齿面间的法向压力、摩擦系数和齿面间的相对滑动速度。而周转轮系的转化轮系与原周转轮系相比，二者的差别仅在于给整个机构附加了一个公共的角速度($-\omega_{\mathrm{H}}$)。经过这样的转化后，各对啮合齿廓间的相对滑动速度并未改变，其摩擦系数也不会发生变化；此外，只要使周转轮系中作用的外力矩与其转化机构中所作用的外力矩保持相同，则齿面之间的法向压力也不会改变。这说明，只要使周转轮系与其转化机构上作用有相同的外力矩，则由轮齿啮合而引起的摩擦损耗功率 P_f 不变。换言之，只要使周转轮系和其转化机构中所作用的外力矩保持不变，就可以用转化机构中的摩擦损耗功率来代替周转轮系中的摩擦损耗功率，使周转轮系的效率与其转化机构的效率发生联系，从而计算出周转轮系的效率。

下面以图 7-24 所示的 2K-H 行星轮系为例来具体说明这种方法的运用。

设中心轮 1 和系杆 H 为受有外力矩的两个转动构件。中心轮 1 的角速度为 ω_1，其上作用有外力矩 M_1；系杆 H 的角速度为 ω_{H}。则齿轮 1 所传递的功率为

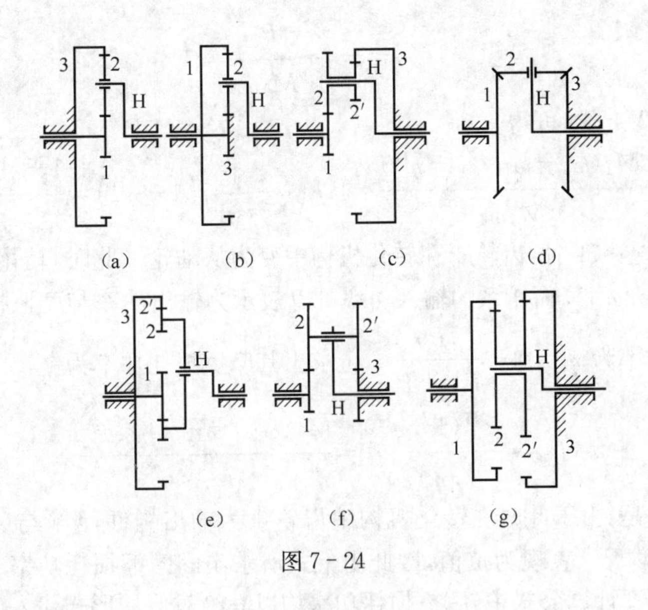

图 7-24

$$P_1 = M_1\omega_1$$

而在其转化机构中，由于齿轮 1 的角速度为 $\omega_1^{\mathrm{H}} = \omega_1 - \omega_{\mathrm{H}}$，故在外力矩 M_1 保持不变的情况下，齿轮 1 所传递的功率为

$$P_1^{\mathrm{H}} = M_1\omega_1^{\mathrm{H}} = M_1(\omega_1 - \omega_{\mathrm{H}}) = P_1\left(1 - \frac{1}{i_{1\mathrm{H}}}\right) \tag{g}$$

由上式可以看出：当 $1 - \frac{1}{i_{1\mathrm{H}}} > 0$，即 $i_{1\mathrm{H}} > 1$ 或 $i_{1\mathrm{H}} < 0$ 时，P_1^{H} 与 P_1 同号，这表明在行星轮系和其转化轮系中，齿轮 1 主动或从动的地位不变，即若齿轮 1 在行星轮系中为主动轮，则其在转化机构中仍为主动轮，反之亦然。当 $1 - \frac{1}{i_{1\mathrm{H}}} < 0$，即 $0 < i_{1\mathrm{H}} < 1$ 时，P_1^{H} 与 P_1 异号，这表明在行星轮系和其转化机构中，齿轮 1 的主、从动地位发生变化，即若齿轮 1 原为主动轮，则在转化机构中变为从动轮；若齿轮 1 原为从动轮，则在转化机构中变为主动轮。

下面分两大类进行讨论。

7.4.1 在行星轮系中，中心轮 1 为主动件，系杆 H 为从动件

这时有两种可能的情况：

(1) 当 $i_{1\mathrm{H}} > 1$ 或 $i_{1\mathrm{H}} < 0$ 时，齿轮 1 在转化机构中仍为主动轮。此时，转化轮系的输入功率为 $P_1^{\mathrm{H}} = M_1(\omega_1 - \omega_{\mathrm{H}})$。若用 P_f 来表示其摩擦损耗功率，则转化机构的效率 $\eta^{\mathrm{H}} = 1 - \frac{P_f}{P_1^{\mathrm{H}}}$，由此可求出其摩擦损耗功率为

$$P_f = P_1^{\mathrm{H}}(1 - \eta^{\mathrm{H}}) = M_1(\omega_1 - \omega_{\mathrm{H}})(1 - \eta^{\mathrm{H}}) \tag{h}$$

由于转化机构是个定轴轮系，因此 η^{H} 可由式(7-4)求出。在外力矩 M_1 相同的情况下，上述转化轮系中的摩擦损耗功率 P_f 即为行星轮系中的摩擦损耗功率。

因为在行星轮系中，主动中心轮 1 的输入功率为 $P_1 = M_1\omega_1$，故轮系的效率为

$$\eta_{1H}=1-\frac{P_f}{M_1\omega_1}$$

将式(h)代入上式,可得

$$\eta_{1H}=1-\frac{M_1(\omega_1-\omega_H)(1-\eta^H)}{M_1\omega_1}=1-\left(1-\frac{1}{i_{1H}}\right)\left(1-\eta^H\right)=\frac{1-\eta^H(1-i_{1H})}{i_{1H}}\tag{7-5}$$

(2) 当 $0<i_{1H}<1$ 时,齿轮 1 在转化机构中变为从动轮。此时,转化轮系的输出功率为 $P_1^H=M_1(\omega_1-\omega_H)$,而轮系的输入功率可以表示为输出功率与摩擦损耗功率之和,因此转化轮系的效率为 $\eta^H=1-\frac{P_f}{P_1^H+P_f}$,可求出其摩擦损耗功率为

$$P_f=\frac{P_1^H(1-\eta^H)}{\eta^H}=\frac{M_1(\omega_1-\omega_H)(1-\eta^H)}{\eta^H}$$

需要指出的是:由于此时在转化机构中齿轮 1 为输出构件,M_1 与$(\omega_1-\omega_H)$的方向相反,故输出功率 P_1^H 表现为负值,因此由上式所求出的摩擦损耗功率 P_f 也将为负值。鉴于在一般的效率计算公式中,摩擦损耗功率均以其绝对值的形式代入,所以需把上式加一负号,即用下式表示

$$P_f=-\frac{M_1(\omega_1-\omega_H)(1-\eta^H)}{\eta^H}=\frac{M_1(\omega_H-\omega_1)(1-\eta^H)}{\eta^H}\tag{i}$$

由于在行星轮系中,主动中心轮 1 的输入功率为 $P_1=M_1\omega_1$,故轮系的效率为

$$\eta_{1H}=1-\frac{P_f}{M_1\omega_1}$$

将式(i)代入上式,可得

$$\eta_{1H}=1-\frac{M_1(\omega_H-\omega_1)(1-\eta^H)}{M_1\omega_1\eta^H}=1-\frac{\left(1-\frac{1}{i_{1H}}\right)(1-\eta^H)}{\eta^H}=\frac{\eta^H-(1-i_{1H})}{i_{1H}\eta^H}\tag{7-6}$$

7.4.2 在行星轮系中,中心轮 1 为从动件,系杆 H 为主动件

这时也有两种可能的情况:

(1) 当 $i_{1H}>1$ 或 $i_{1H}<0$ 时,齿轮 1 在转化机构中仍为从动轮。此时,由于在转化机构中中心轮 1 为从动轮,故可仿照上述类型的第二种情况求出其摩擦损耗功率

$$P_f=\frac{M_1(\omega_H-\omega_1)(1-\eta^H)}{\eta^H}\tag{j}$$

由于在行星轮系中中心轮 1 为从动轮,故其输出功率为负值的 $P_1=M_1\omega_1$,所以行星轮系的效率为

$$\eta_{1H}=1-\frac{P_f}{(-M_1\omega_1+P_f)}$$

将式(j)代入上式,整理后可得

$$\eta_{1H}=\frac{i_{1H}\eta^H}{\eta^H-(1-i_{1H})}=\frac{\eta^H}{1-i_{H1}(1-\eta^H)}\tag{7-7}$$

(2) 当 $0<i_{1H}<1$ 时，齿轮 1 在转化机构中变为主动轮。由于齿轮 1 在转化机构中为主动轮，因此可仿照上述类型的第一种情况求出其摩擦损耗功率

$$P_f=M_1(\omega_1-\omega_H)(1-\eta^H) \tag{k}$$

鉴于此时在行星轮系中中心轮 1 为从动轮，故其输出功率为负值的 $P_1=M_1\omega_1$，所以行星轮系的效率为

$$\eta_{H1}=1-\frac{P_f}{(-M_1\omega_1+P_f)}$$

将式(k)代入上式，整理后可得

$$\eta_{H1}=\frac{i_{1H}}{1-\eta^H(1-i_{1H})}=\frac{1}{i_{H1}+\eta^H(1-i_{H1})} \tag{7-8}$$

由以上两大类四种情况的效率表达式可见，行星轮系的效率是其传动比 i_{1H} 的函数，其具体计算公式又因主动件的不同而各异。其变化曲线如图 7-25 所示，图中设转化轮系的效率 $\eta^H=0.95$。图中实线为 $\eta_{1H}-i_{1H}$ 线图，是中心轮 1 为输入件，系杆 H 为输出件的情况；虚线为 $\eta_{H1}-i_{H1}$ 线图，是系杆 H1 为输入件，中心轮为输出件的情况。

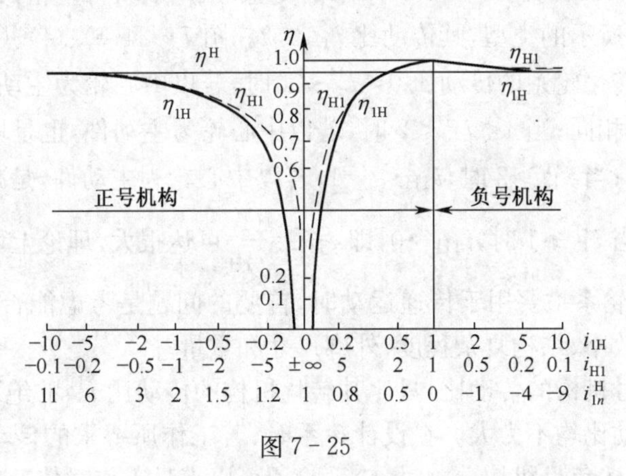

图 7-25

进一步分析行星轮系效率的四个计算公式和效率曲线图，可以得出下面几点重要结论：

(1) 由 2K-H 行星轮系传动比计算公式可知：$i_{1H}=1-i_{13}^H$。当转化机构的传动比 $i_{13}^H<0$ 时，行星轮系为负号机构，$i_{1H}>1$，由效率曲线可以看出，此时无论是中心动轮主动还是系杆主动，轮系的效率都很高，均高于其转化机构的效率 η^H。这说明，对于负号机构来说，无论是用作增速还是减速，都具有较高的效率。因此，在设计行星轮系时，若用于传递功率，应尽可能选用负号机构。但需要指出的是：负号机构的传动比 i_{1H} 的值，只比其转化机构的传动比 i_{13}^H 的绝对值大 1。因此，若希望利用负号机构来实现大的减速比，首先要设法增大其转化机构的传动比的绝对值，这势必造成机构本身尺寸增大。

(2) 当转化机构的传动比 $i_{13}^H>0$ 时，行星轮系为正号机构，$i_{1H}=1-i_{13}^H<1$。由图 7-25可以看出，在这种情况下，当系杆 H 为主动件时，行星轮系的效率 η_{H1} 总不会为负值，机构将不会发生自锁；而当中心轮 1 为主动件时，η_{1H} 则有可能为负值，故轮系可能发生自锁。在此范围内时，若改为系杆 H 作主动件，虽不会发生自锁，但此时效率却很低。

综上所述，在行星轮系中，存在着效率、传动比和轮系外形尺寸等相互制约的矛盾。

因此在设计行星轮系时，应根据工作要求和工作条件，适当选择行星轮系的类型。

7.5 行星轮系的设计简介

在机构运动方案设计阶段，周转轮系设计的主要任务是：合理选择轮系的类型，确定各轮的齿数，选择适当的均衡装置。

7.5.1 行星轮系类型的选择

选择轮系的类型时，主要应从传动比范围、效率高低、承载能力、结构复杂程度及外廓尺寸等几方面考虑。首先是考虑能否满足传动比的要求。如图 7－24 所示的 2K－H 型行星轮系，图 7－24(a)、(b)、(c)、(d)所示的四种型式为负号机构，当以中心轮为主动时是减速传动，这时输出轴转向与输入轴相同。图 7－24(a)所示的类型，其传动比 $i_{1H}>2$，实用范围为 $i_{1H}=2.8\sim13$；如果要求传动比小于 2，可采用图 7－24(b)的型式，其传动比 $i_{1H}<2$，$i_{1H}=1.14\sim1.56$；图 7－24(c)所示的类型，采用双联行星轮，其传动比可达 $i_{1H}=8\sim16$；图7－24(d)所示的类型，其传动比 $i_{1H}\leqslant2$。图 7－24(e)、(f)、(g)所示的三种型式为正号机构，当其转化轮系的传动比 $0<i_{13}^{H}<1$ 时，若以中心轮为主动件，是增速传动，输出轴与输入轴转向相同；当 $1<i_{13}^{H}<2$ 时，若以中心轮为主动件，也是增速传动，但输出轴与输入轴转向相反；当 $i_{13}^{H}>2$ 时，$i_{1H}<-1$，若以中心轮为主动件，是减速传动，输出轴与输入轴转向相反；当 $i_{13}^{H}\rightarrow1$ 时，$i_{1H}\rightarrow0$，即 $i_{H1}=\dfrac{1}{i_{1H}}$可达很大，理论上可趋向无穷大。

(1) 当设计的轮系主要用于传递运动时，首要的问题是考虑能否满足工作所要求的传动比，其次兼顾效率、结构复杂程度、外廓尺寸和重量。

如前所述，负号机构的传动比，只比其转化机构的传动比 i_{13}^{H}的绝对值大 1，因此单一的负号机构，其传动比均不太大。在设计轮系时，若工作所要求的传动比不太大，则可根据具体情况选用上述负号机构。这时，轮系除了可以满足工作对传动比的要求外，还具有较高的效率。

由于负号机构传动比的大小主要取决于其转化机构中各轮的齿数比，因此，若希望利用负号机构来实现大的传动比，首先要设法增大其转化机构传动比的绝对值，这势必会造成机构外廓尺寸过大。此时可考虑选用复合轮系。

利用正号机构可以获得很大的减速比，且当传动比很大时，其转化机构的传动比将接近于 1。因此，机构的尺寸不致过大，这是正号机构的优点，其缺点是效率较低。若设计的轮系是用于传动比大而对效率要求不高的场合，可考虑选用正号机构。需要注意的是，正号机构用于增速时，虽然可以获得极大的传动比，但随着传动比的增大，效率将急剧下降，甚至出现自锁现象。

(2) 当设计的轮系主要用于传递动力时，首先要考虑机构效率的高低，其次兼顾传动比、外廓尺寸、结构复杂程度和质量。

由“行星轮系的效率”一节的讨论可知，对于负号机构来说，无论是用于增速还是减速，都具有较高的效率。因此，当设计的轮系主要是用于传递动力时，为了使所设计的机构具有较高的效率，应选用负号机构。若所设计的轮系除了用于传递动力外，还要求具有较大的传动比，而单级负号机构又不能满足传动比的要求时，可将几个负号机构串联起来，或采用负号机构与定轴轮系串联的混合轮系，以获得较大的传动比。

7.5.2 行星轮系中各轮齿数的确定

设计行星轮系时，轮系中各轮的齿数必须同时满足传动比条件、同心条件、装配条件和邻接条件。现以图 7-24(a)为例说明如下。

1. 传动比条件

行星轮系用来传递运动，就必须实现工作所要求的传动比 i_{1H}，因此各轮齿数必须满足(或近似满足)传动比条件。

因

$$i_{1H}=1-i_{13}^{H}=1+\frac{z_3}{z_1}$$

故

$$\frac{z_3}{z_1}=i_{1H}-1$$

由此可得

$$z_3=(i_{1H}-1)z_1 \tag{7-9}$$

2. 同心条件

行星轮系是一种共轴式的传动装置。为了保证装在系杆上的行星轮在传动过程中始终与中心轮正确啮合，必须使系杆的转轴与中心轮的轴线重合，这就要求各轮齿数必须满足同心条件。对于所研究的行星轮系，如果采用标准齿轮或等变位齿轮传动时，则同心条件是：齿轮 1 和齿轮 2 的中心距应等于齿轮 2 和齿轮 3 的中心距，即

$$r_1+r_2=r_3-r_2$$

由于齿轮 2 同时与齿轮 1 和齿轮 3 啮合，它们的模数应相等，故上式可写成

$$z_1+z_2=z_3-z_2$$

即

$$z_3=z_1+2z_2 \tag{7-10}$$

3. 装配条件

行星轮系中，通常采用若干个行星轮。其行星轮的数目和各轮的齿数之间必须满足一定的条件，才能使各个行星轮能够均布地装入两中心轮之间，如图 7-26(b)所示，否则将会因中心轮和行星轮互相干涉，而不能均布装配，如图 7-26(a)所示。

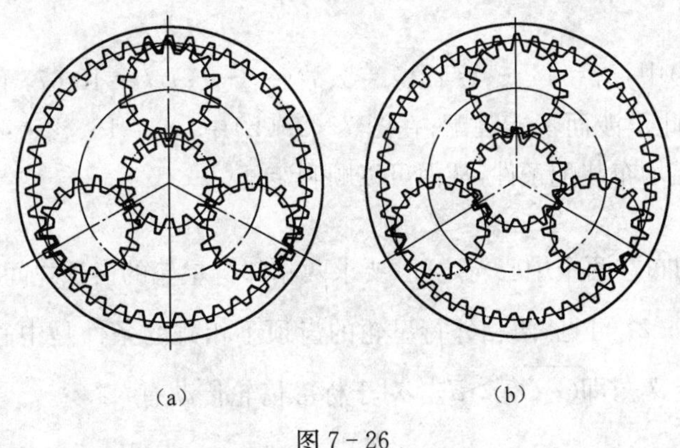

图 7-26

如图 7-27 所示，设有 k 个行星轮，则相邻两行星轮之间的圆心角 $\varphi=360°/k$。当在两中心轮之间 O_2 点处装入第一个行星轮后，两中心轮的轮齿之间相对转动位置已通过

该行星轮建立了关系。为了在相隔 φ 处装入第二个行星轮，可以设想把中心轮 3 固定起来，而转动中心轮 1，使第一个行星轮的位置由 O_2 外转到 O'_2，这时中心轮 1 上的 A 点转到 A'点位置，转过的角度为 θ，根据传动比关系有

$$\frac{\theta}{\varphi}=\frac{\omega_1}{\omega_H}=i_{1H}=1+\frac{z_3}{z_1}$$

所以
$$\theta=\left(1+\frac{z_3}{z_1}\right)\varphi=\left(1+\frac{z_3}{z_1}\right)\frac{360°}{k} \tag{l}$$

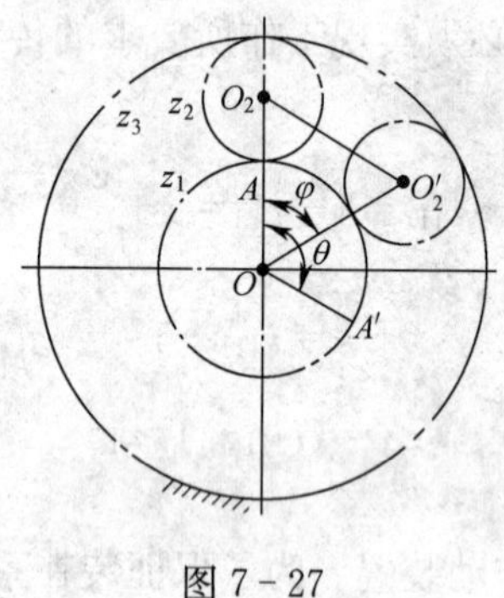

图 7-27

为了在 O_2 点能装入第二个行星轮，则要求中心轮 1 恰好转过 N 个整数齿，即

$$\theta=N\frac{360°}{z_1} \tag{m}$$

将式(m)代入式(l)，得
$$\frac{z_1+z_3}{k}=N$$

式中：N 为整数；$\frac{360°}{z_1}$为中心轮 1 的齿距角。

这时，轮 1 与轮 3 的齿的相对位置又回复到与开始装第一个行星轮时一模一样，故在原来装第一个行星轮的位置 O_2 点处，一定能装入第二个、第三个、……，直至第 k 个行星轮。由此可知，要满足装配条件，则两个中心轮的齿数和(z_1+z_3)应能被行星轮个数 k 整除。

在图 7-26(a)中，$z_1=14$、$z_3=42$、$k=3$、故$(z_1+z_3)/k=18.67$，不能满足均布装配条件，将因轮齿彼此干涉而不能装配；在图 7-26(b)中，$z_1=15$、$z_3=45$、$k=3$、故$(z_1+z_3)/k=20$，能满足均布装配条件，从而可以顺利装配。

4. 邻接条件

多个行星轮均布在两个中心轮之间，要求两相邻行星轮的齿顶之间不得相碰，这即为邻接条件。由图 7-27 可见，两相邻行星轮的齿顶不相碰的条件是中心距$\overline{O_2O'_2}$大于行星轮的齿顶圆直径 d_{a2}，即$\overline{O_2O'_2}>d_{a2}$，对于标准齿轮传动有

$$2(r_1+r_2)\sin\frac{180°}{k}>2(r_2+h_a^* m)$$

即
$$(z_1+z_2)\sin\frac{180°}{k}>(z_2+2h_a^*)$$

7.5.3 行星轮系的均载装置

行星轮系由于在结构上采用了多个行星轮来分担载荷，所以在传递动力时具有承载能力高和单位功率小等优点。但实际上，由于行星轮、中心轮及系杆等各个零件都存在着不可避免的制造和安装误差，导致各个行星轮负担的载荷不均匀，致使行星传动装置的承载能力和使用寿命降低。为了改变这种现象，更充分地发挥它的优势，必须采用结构上的措施来保证载荷接近均匀的分配。目前采用的均载方法是从结构设计上采取措施，使各个构件间能够自动补偿各种误差，为此，常把行星轮系中的某些构件做成可以浮动的。在轮系运转中，如各行星轮受力不均匀，这些构件能在一定范围内自由浮动，从而达到每个行星轮受载均衡的目的。此方法即所谓的"均载装置"。均载装置的类型很多，可参阅有关文献。

图 7-28 是采用双齿或单齿联轴器使中心轮浮动的均载装置。

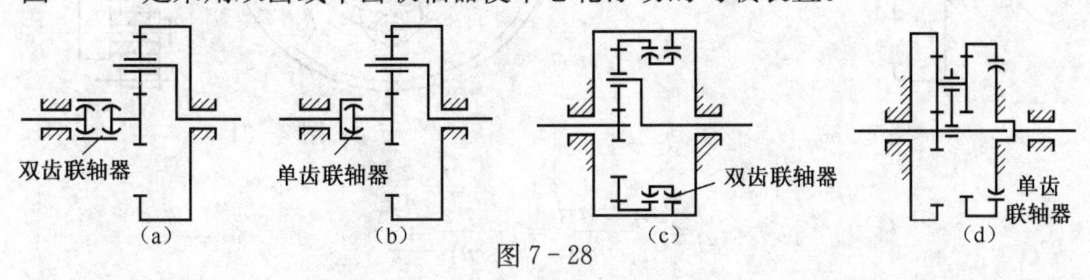

图 7-28

图 7-29 是采用弹性元件使中心轮或行星轮浮动的均载装置。

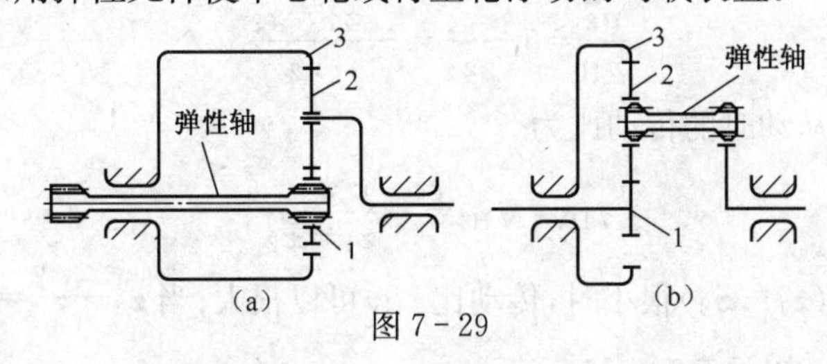

图 7-29

*7.6 其他类型的行星传动简介

7.6.1 渐开线少齿差行星传动

如图 7-30 所示的行星轮系，中心内齿轮 1 与行星齿轮 2 均为渐开线齿轮，且齿数差很少(一般为 1～4)，故称为渐开线少齿差行星传动。这种轮系用于减速时，运动由系杆 H 输入，通过等角速比机构由轴 V 输出。它与前述各种行星轮系的不同之处在于，它输出的是行星轮的绝对转动，而不是中心轮或系杆的绝对运动。由于行星轮 2 除自转外还有随系杆 H 的公转运动，故其中心 O_2 不可能固定在一点。为了将行星轮的运动不变地传递给具有固定回转轴线的输出轴 V，需要在二者间安装一能实现等角速比传动的输出机构。目前用得最为广泛的是如图 7-31 所示的双盘销轴式输出机构。图中 O_2、O_3 分别为行星轮 2 和输出轴圆盘的中心。在输出轴圆盘上，沿半径为 ρ 的圆周上均匀分布有若干个轴销(一般为 6～12 个)，其中心为 B。为了改善工作条件，在这些圆柱销的外边套

有半径为 r_x 的滚动销套。将这些带有销套的轴销对应地插入行星轮轮幅上中心为 A、半径为 r_k 的销孔内。若设计时取系杆的偏距 $e=r_k-r_x$，则 O_2、O_3、A、B 将构成平行四边形 O_2ABO_3。由于在运动过程中，位于行星轮上的 O_2A 和位于输出钢圆盘上的 O_3B 始终保持平行，故输出轴 V 将始终与行星轮 2 等速同向转动。

这种少齿差行星齿轮传动只有 1 个中心轮、1 个系杆和 1 个带输出机构的输出轴 V，故又称为 K－H－V 行星轮系。其转化机构的传动比为

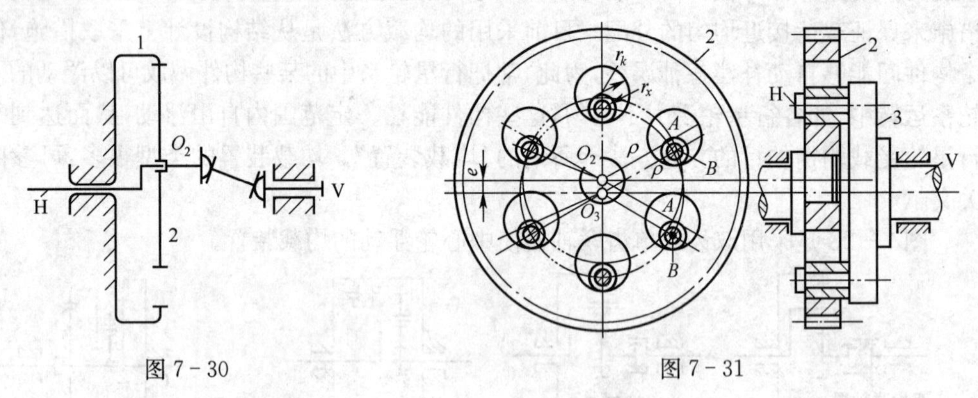

图 7-30　　　　图 7-31

$$i_{21}^{\mathrm{H}}=\frac{n_2-n_{\mathrm{H}}}{n_1-n_{\mathrm{H}}}=1-\frac{n_2}{n_{\mathrm{H}}}=\frac{z_1}{z_2}$$

由此可得

$$\frac{n_2}{n_{\mathrm{H}}}=1-\frac{z_1}{z_2}=-\frac{z_1-z_2}{z_2}$$

故系杆主动、行星轮从动时的传动比为

$$i_{\mathrm{HV}}=i_{\mathrm{H2}}=-\frac{z_2}{z_1-z_2}$$

该式表明，当齿数差(z_1-z_2)很小时，传动比 i_{HV} 可以很大；当 $z_1-z_2=1$ 时，称为一齿差行星传动，其传动比 $i_{\mathrm{HV}}=-z_2$。

渐开线少齿差行星传动具有传动比大、结构简单紧凑、体积小、质量轻、加工装配及维修方便、传动效率高等优点，被广泛用于冶金机械、食品工业、石油化工、起重运输及仪表制造等行业。但由于齿数差很少，又是内啮合传动，为避免产生齿廓重叠干涉，一般需采用啮合角很大的正传动，从而导致轴承压力增大。加之还需要一个输出机构，故使传递的功率受到一定限制，一般用于中、小功率传动。

7.6.2　摆线针轮行星传动

图 7-32 所示为摆线针轮行星传动的示意图。其中，1 为针轮，2 为摆线行星轮，H 为系杆，3 为输出机构。运动由系杆 H 输入，通过输出机构 3 由轴 V 输出。同渐开线一齿差行星传动一样，摆线针轮行星传动也是一种 K－H－V 型一齿差行星传动。两者的区别仅在于：在摆线针轮传动中，行星轮的齿廓曲线不是渐开线，而是变态外摆线；中心内齿轮采用了针齿，又称为针轮。

同渐开线少齿差行星传动一样，其传动比为

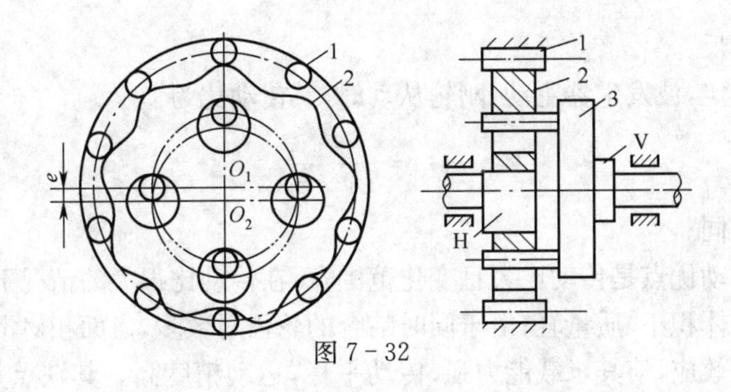

图 7-32

$$i_{HV}=i_{H2}=-\frac{z_2}{z_1-z_2}$$

由于 $z_1-z_2=1$，故 $i_{HV}=-z_2$。即利用摆线针轮行星传动可获得大传动比。

摆线针轮行星传动具有减速比大、结构紧凑、传动效率高、传动平稳、承载能力高（理论上有近半数的齿同时处于啮合状态）、使用寿命长等优点。此外，与渐开线少齿差行星传动相比，无齿顶相碰和齿廓重叠干涉等问题。因此，日益受到世界各国的重视，在军工、矿山、冶金、造船、化工等工业部门得到广泛应用。

7.6.3 谐波齿轮传动

谐波传动是建立在弹性变形理论基础上的一种新型传动，它的出现为机械传动技术带来了重大突破。图 7-33 所示为谐波传动的示意图。它由 3 个主要构件所组成，即具有内齿的刚轮 1、具有外齿的柔轮 2 和波发生器 H。这 3 个构件和前述的少齿差行星传动中的中心内齿轮 1、行星轮 2 和系杆 H 相当。通常波发生器为主动件，而刚轮和柔轮之一为从动件，另一个为固定件。

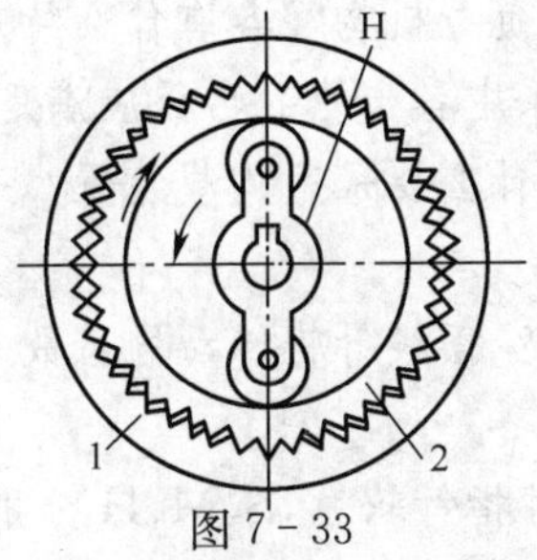

图 7-33

当波发生器装入柔轮内孔时，由于前者的总长度略大于后者的内孔直径，故柔轮变为椭圆形，于是在椭圆的长轴两端产生了柔轮与刚轮轮齿的两个局部啮合区；同时在椭圆短轴两端，两轮轮齿则完全脱开。至于其余各处，则视柔轮回转方向的不同，或处于啮入状态，或处于啮出状态。当波发生器连续转动时，柔轮长短轴的位置不断变化，从而使轮齿的啮合处和脱开处也随之不断变化，于是在柔轮与刚轮之间就产生了相对位移，从而传递运动。

由于在谐波齿轮传动过程中，柔轮与刚轮的啮合过程与行星齿轮传动类似，故其传动比可按周转轮系的计算方法求得。

当刚轮 1 固定，波发生器 H 主动、柔轮 2 从动时，其传动比为

$$i_{HV}=i_{H2}=-\frac{z_2}{z_1-z_2}$$

主从动件转向相反。

当柔轮 2 固定，波发生器主动、刚轮从动时，其传动比为

$$i_{H1}=\frac{z_1}{z_1-z_2}$$

主从动件转向相同。

谐波齿轮传动优点是传动比大且变化范围宽；在传动比很大的情况下，仍具有较高的效率；结构简单、体积小、质量轻；由于同时啮合的轮齿对数多，齿面相对滑动速度低，加之多齿啮合的平均效应，使其承载能力强、传动平稳，运动精度高。其缺点是柔轮易发生疲劳损坏，启动力矩大。

近年来谐波齿轮传动技术发展十分迅速，应用日益广泛。在机械制造、冶金、发电设备、矿山、造船及国防工业中（如航空航天技术、雷达装置等）都得到了广泛应用。

思考题及习题

7-1 如何计算定轴轮系的传动比？平面定轴轮系和空间定轴轮系输出轴的转向如何确定？

7-2 什么是惰轮？它在轮系中起什么作用？

7-3 如何计算周转轮系的传动比？何谓周转轮系的“转化机构”？它在计算周转轮系传动比中起什么作用？周转轮系中主、从动件的转向关系如何确定？

7-4 计算复合轮系的传动比时，能否采用转化机构法？如何计算复合轮系的传动比？如何划分一个复合轮系的定轴轮系部分和各基本周转轮系部分？

7-5 何谓正号机构？何谓负号机构？各有什么特点？应用在什么场合？

7-6 设计行星轮系时，轮系中各齿轮的齿数应满足哪些条件？

7-7 在行星轮系传动中为什么要采用均载装置？采用均载装置后会不会影响轮系的传动比？

7-8 何谓少齿差行星传动？摆线针轮传动的齿数差是多少？在谐波传动中柔轮与刚轮的齿数差如何确定？

7-9 题 7-9 图示为一时钟指针轮系，S、M、H 分别表示秒针、分针、时针。图中括弧内的数字表示该轮的齿数。假设齿轮 B 和 C 的模数相等，试求齿轮 A、B、C 的齿数。

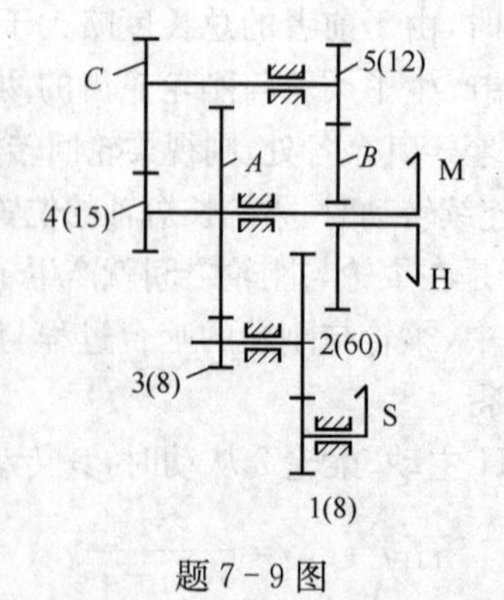

题 7-9 图

7-10　在题 7-10 图示的滚齿机工作台传动机构中，工作台与蜗轮 5 固联。若已知 $z_1=z_{1'}=15$、$z_2=35$、$z_{4'}=1$(右旋)，$z_4=40$，滚刀 $z_6=1$(左旋)，$z_7=28$，今要切制一个齿数 $z_{5'}=64$ 的齿轮，应如何选配挂轮组的齿数 $z_{2'}$、z_3 和 z_4。

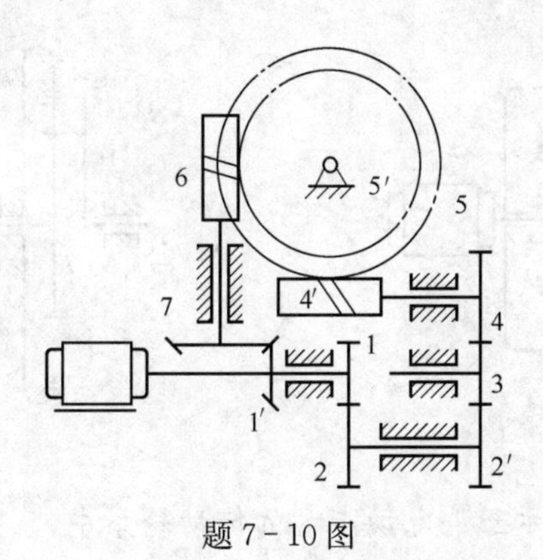

题 7-10 图

7-11　题 7-11 图示为一手摇提升装置，其中各轮齿数均已知，试求传动比 i_{15}，并指出当提升重物时手柄的转向。

7-12　在题 7-12 图示轮系中，已知 $z_1=20$、$z_2=30$、$z_3=18$、$z_4=68$，齿轮 1 的转速 $n_1=150\text{r/min}$，试求系杆 H 的转速 n_H 的大小和方向。

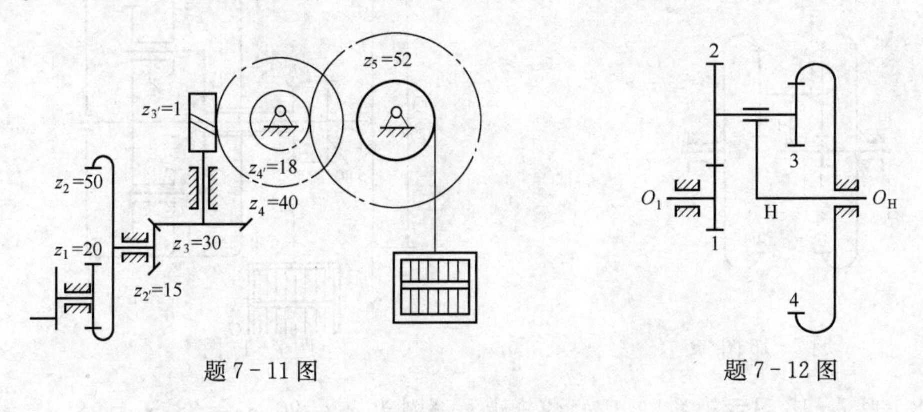

题 7-11 图　　　　　　　　　　题 7-12 图

7-13　题 7-13 图(a)、(b)示为两个不同结构的锥齿轮周转轮系，已知 $z_1=20$、$z_2=24$、$z_{2'}=30$、$z_3=40$，$z_4=49$，$z_{4'}=69$，$n_1=200\text{r/min}$，$n_3=-100\text{r/min}$，试求两种结构中系杆 H 的转速 n_H 的大小和方向。

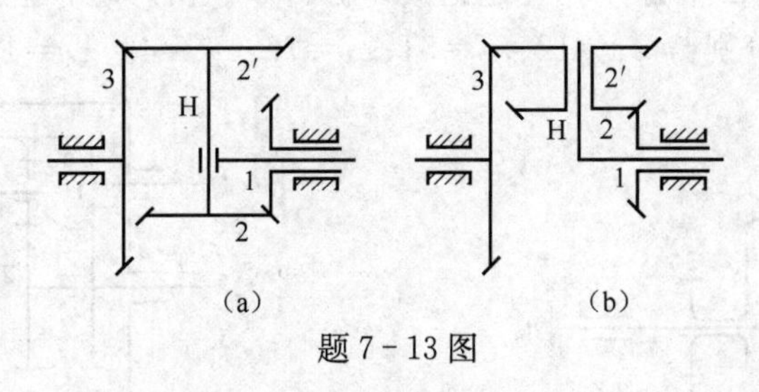

题 7-13 图

7-14　题 7-14 图示为一装配用电动螺丝刀的传动简图。已知各轮齿数为 $z_1=z_4=7$、$z_2=z_5=16$，若 $n_1=3000\text{r/min}$，试求螺丝刀的转速。

7-15 在题 7-15 图示的复合轮系中，已知各轮齿数为 $z_1=36$、$z_2=60$、$z_3=23$，$z_4=49$，$z_{4'}=69$，$z_5=31$、$z_6=131$、$z_{7'}=94$、$z_8=36$、$z_9=167$，若 $n_1=3549\text{r/min}$，试求系杆 H 的转速 n_H 的大小和方向。

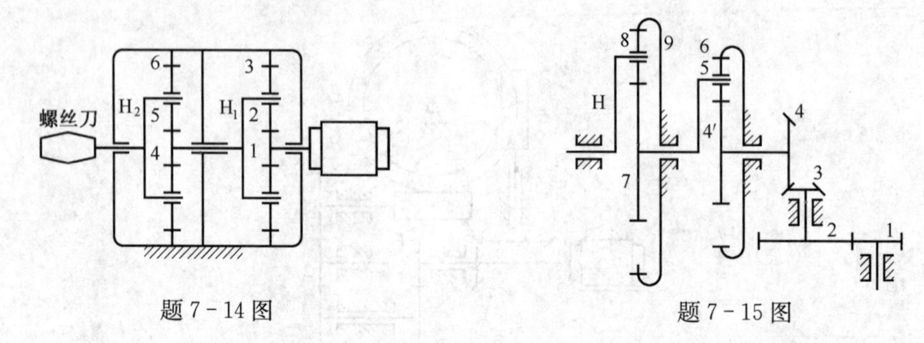

题 7-14 图　　　　题 7-15 图

7-16 在题 7-16 图示三爪电动卡盘的传动轮系中，已知各轮齿数为 $z_1=6$、$z_2=z_{2'}=25$、$z_3=57$，$z_4=56$，试求传动比 i_{14}。

7-17 题 7-17 图示为手动起重葫芦传动系统简图，已知 $z_1=z_{2'}=10$、$z_3=40$，设传动系统的总效率 $\eta=0.95$，为提升重 $G=10\text{kN}$ 的重物，求必须施加于链轮 A 上的圆周力 F。

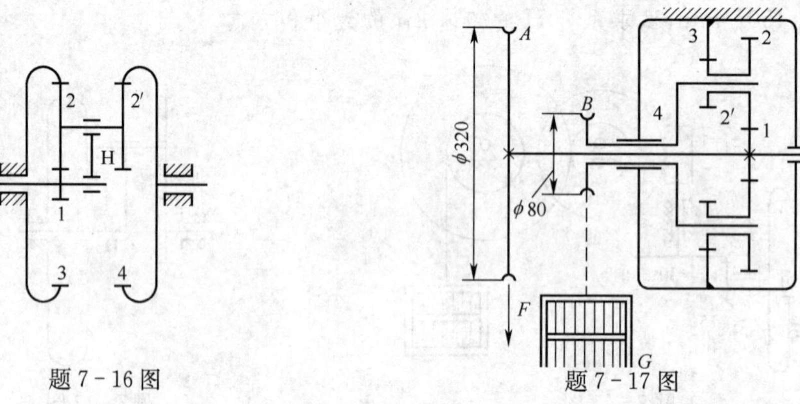

题 7-16 图　　　　题 7-17 图

7-18 题 7-18 图示轮系中，已知各轮齿数分别为 $z_1=20$、$z_2=38$、$z_3=18$、$z_4=42$、$z_{4'}=24$、$z_5=36$。又知道轴 A 和轴 B 的转速分别为 $n_A=350\text{r/min}$，$n_B=400\ \text{r/min}$，转向如图所示，试确定轴 C 转速的大小及方向。

7-19 题 7-19 图示为一种大速比减速器的示意图。动力由齿轮 1 输入，系杆 H 输出。已知各轮齿数分别为 $z_1=12$、$z_2=51$、$z_3=76$、$z_{2'}=49$、$z_4=12$、$z_{3'}=73$。

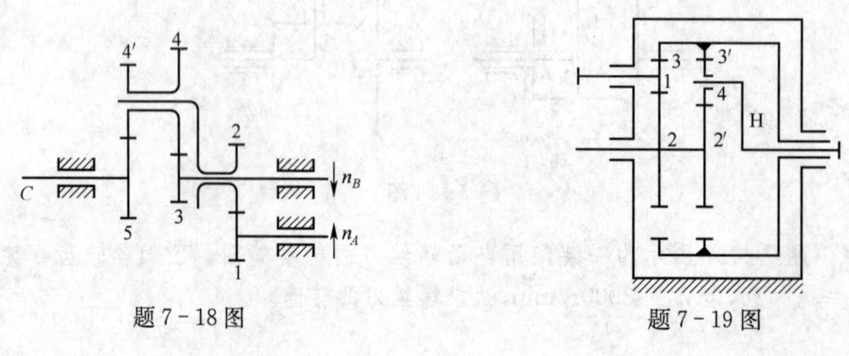

题 7-18 图　　　　题 7-19 图

(1) 试求传动比 i_{1H}。

(2) 若将齿轮 2 的齿数改为 52(即增加一个齿)则传动比 i_{1H} 又为多少?

7-20 题 7-20 图示轮系中,已知各轮齿数分别为 $z_1=18$、$z_2=27$、$z_{2'}=20$、$z_3=25$、$z_4=18$、$z_5=42$、$z_{5'}=24$、$z_6=36$。又知道轴 B 转速为 $n_B=600\text{r/min}$,按图示方向回转。试求轴 C 转速的大小和方向。

7-21 题 7-21 图示的轮系中,已知各轮齿数分别为 $z_1=32$、$z_2=34$、$z_{2'}=36$、$z_3=64$、$z_4=32$、$z_5=17$、$z_6=24$。若轴 A 按图示方向以 1250r/min 的转速回转,轴 B 按图示方向以600r/min的转速回转,试确定轴 C 的转速大小及转向。

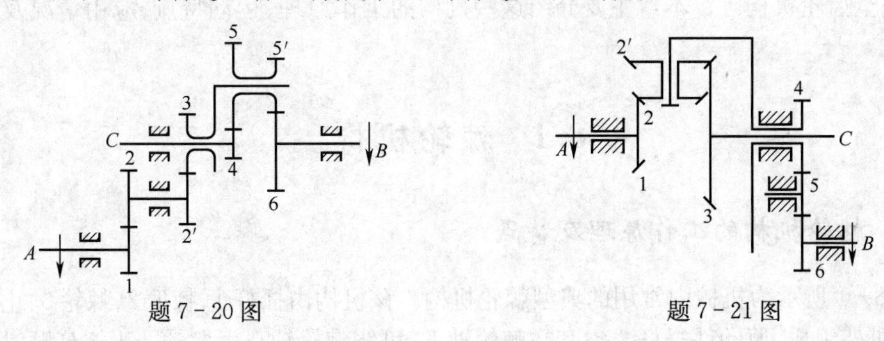

题 7-20 图　　　　题 7-21 图

第 8 章　其他常用机构

前面讨论的连杆机构、凸轮机构和齿轮机构是组成机械的几种主要机构。除此之外，在许多机械中，还经常用到其他类型的一些机构，如间歇运动机构、螺旋机构、万向铰链机构、不完全齿轮机构等。本章主要介绍这些机构的工作原理、运动特点、应用情况及设计要点等。

8.1　棘轮机构

8.1.1　棘轮机构的工作原理及特点

图 8-1 所示为机械中常用的典型棘轮机构。该机构由摇杆 1、棘爪 2、棘轮 3、止动棘爪 4 和机架组成，原动件摇杆 1 空套在棘轮轴上，可绕棘轮轴自由摆动。当摇杆顺时针方向摆动时，棘爪 2 插入棘轮齿槽推动棘轮转过一定角度；当摇杆逆时针方向摆动时，止动棘爪 4 插入棘轮齿槽阻止棘轮转动，铰接在摇杆上的棘爪 2 在棘轮的齿背上滑过，随着摇杆的往复摆动，棘轮作单向间歇运动。为了工作可靠，棘爪 2 和止动棘爪 4 上装有扭簧 5，使棘爪贴紧在棘轮轮齿上。

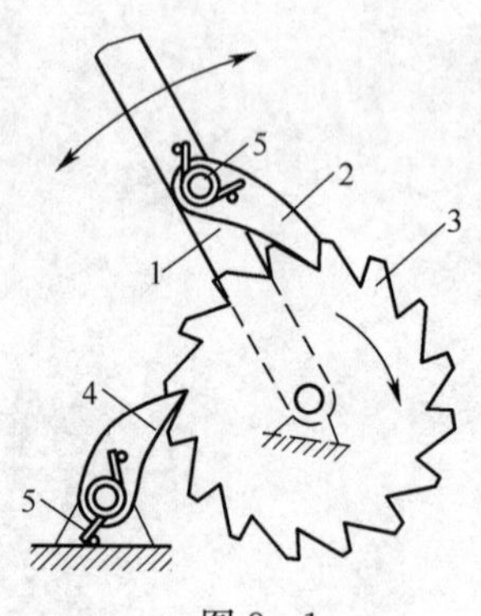

图 8-1

棘轮转角的大小可用下列方法调节：

(1) 改变摇杆的摆角　通过改变导杆机构中杆的长度，可改变摇杆的最大摆角 ψ 的大小，从而调节棘轮转角，如图 8-2 所示。

(2) 用棘轮罩调节转角　在摇杆摆角 ψ 不变的前提下，在棘轮外加装一个棘轮罩用以遮盖部分摇杆摆角范围内的棘齿，也可调节棘轮转角的大小，如图 8-3 所示。

棘轮机构的优点是结构简单、运动可靠、制造方便；而且棘轮轴每次转过角度的大小可以在较大的范围内调节。其缺点是工作时有较大的冲击和噪声，而且运动精度较差。所以棘轮机构常用于速度较低和载荷不大的场合。

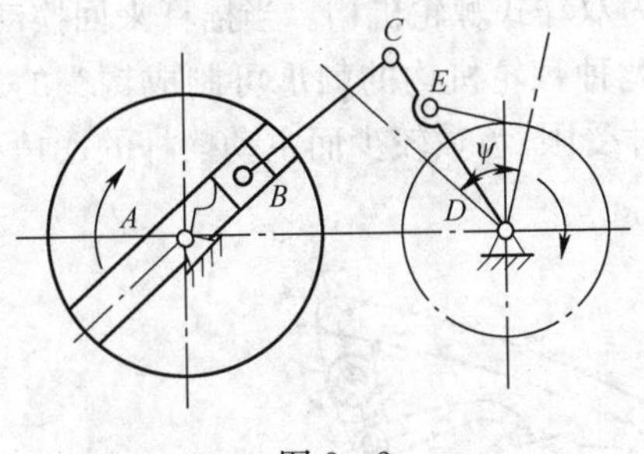

图 8-2

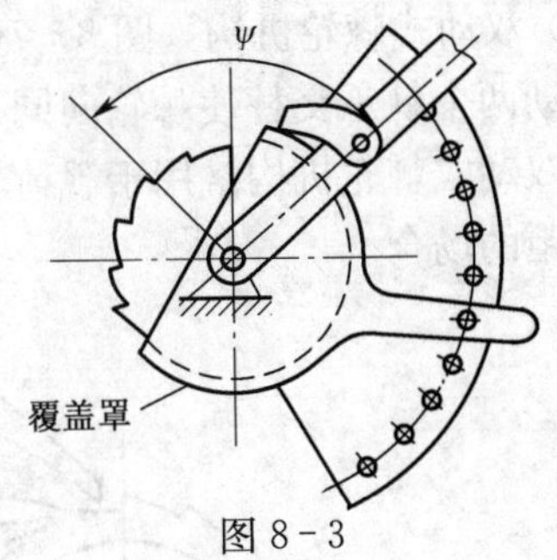

图 8-3

8.1.2 棘轮机构的类型及应用

按照棘轮机构的工作原理和结构特点，常用的棘轮机构有下列两大类。

1. 齿式棘轮机构

这类棘轮机构在棘轮的外缘或内缘上具有刚性轮齿，依靠棘爪推动棘轮棘齿使其作单向间歇运动。图 8-1 所示为外棘轮机构（棘轮的齿做在外缘上），图 8-4 所示为内棘轮机构（棘轮的齿做在内缘上）。

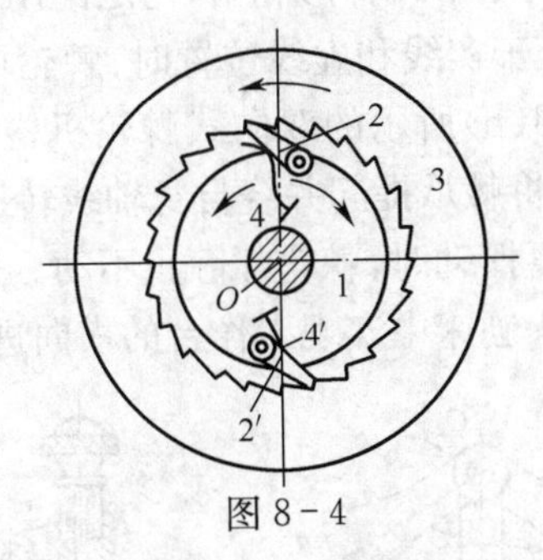

图 8-4

根据齿式棘轮机构的运动情况不同，它又可以分为如下几种：

(1) 单动式棘轮机构　如图 8-1、图 8-4 所示，这种棘轮机构，棘轮的轮齿多为锯齿形，当摇杆向一个方向摆动时，棘轮沿同方向转过某一角度；而当摇杆反向摆动时，棘轮则静止不动，所以棘轮的运动只能是单向的间歇运动。

棘轮机构的单向间歇运动特性可用于送进、制动等机构中，如图 8-5 所示为浇注自动线的输送装置。图 8-6 所示为提升机中使用的棘轮制动器。

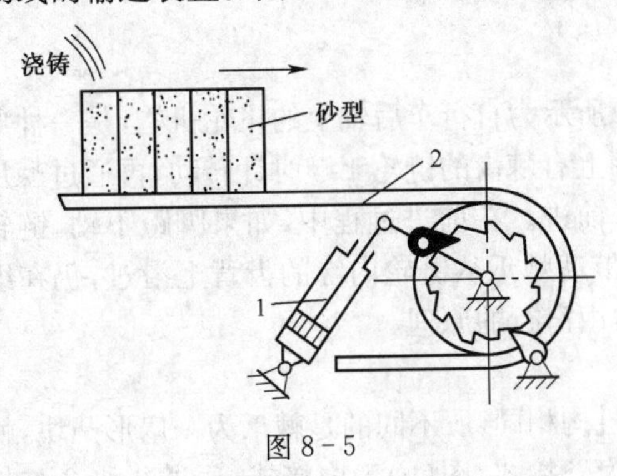

图 8-5

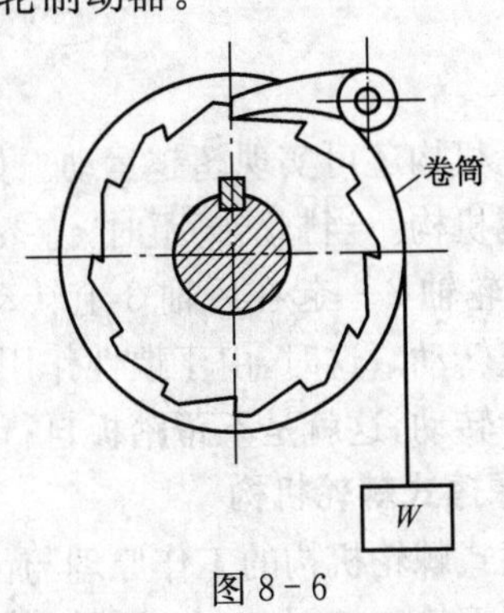

图 8-6

(2) 双动式棘轮机构　图 8-7(a)、(b)所示为双动式棘轮机构。当摇杆来回摆动时，分别带动两个棘爪交替使棘轮向同一方向转动，此种棘轮机构的棘爪可制成钩头的或直头的。双动式棘轮机构常用于载荷较大、棘轮尺寸受限、齿数较少而主动摆杆的摆角小于棘轮齿距的场合。

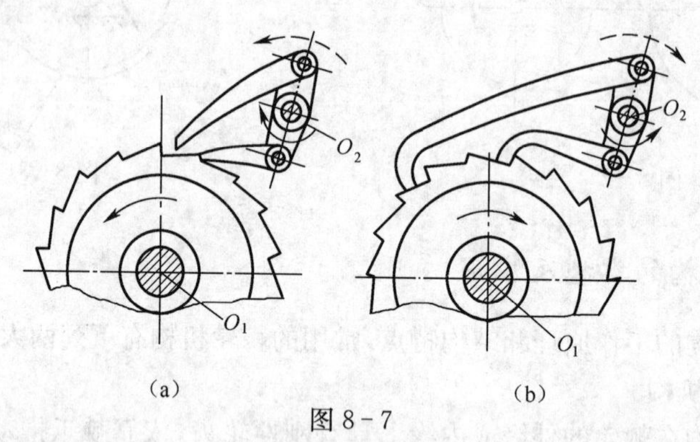

图 8-7

(3) 双向式棘轮机构　双向式棘轮机构，可通过改变棘爪的位置来改变棘轮的转动方向，其棘轮轮齿常采用对称的矩形或梯形轮齿，与之配用的棘爪为特殊的对称形状。如图 8-8(a)所示，当棘爪分别处于实线和虚线位置时，棘轮可以分别实现逆时针和顺时针方向的单向间歇运动。图 8-8(b)所示的双向式棘轮机构，通过将棘爪绕自身轴线转过 180°来实现棘轮的转向。又若将棘爪提起并绕自身轴线转过 90°搁置在壳体的平台上，则棘爪和棘轮脱开，从而棘爪往复摆动时，棘轮却静止不动。这种棘轮机构常用于实现工作台的间歇进给运动，如用于牛头刨床中实现工作台的横向进给运动。

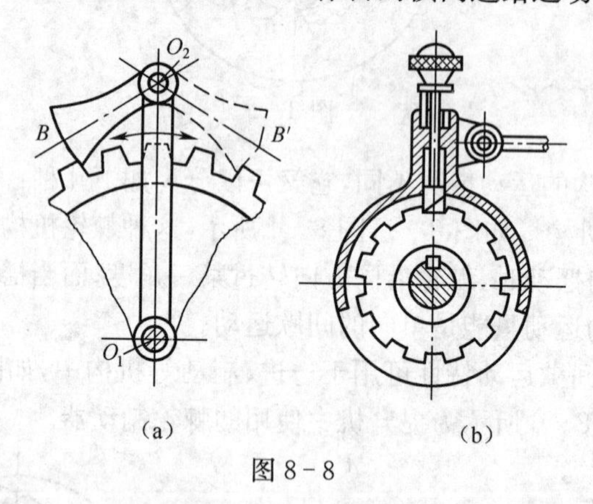

图 8-8

棘轮机构还可实现超越运动。如图 8-9 所示为自行车后轴上的飞轮机构，是一种典型的超越机构。当脚踏脚蹬时，链条带动内圈上有棘齿的链轮 1 顺时针转动，再通过棘爪 4 带动后轮轴 2 一起在后轴 3 上转动，自行车前进。在前进过程中，如果脚蹬不动，链轮也就停止转动。这时，由于惯性作用，后轮轴带动棘爪从链轮内缘的齿背上滑过，仍在继续顺时针转动，这就是不蹬踏板自行车仍能自由滑行的原理。

2. 摩擦式棘轮机构

摩擦式棘轮机构的工作原理与齿式棘轮机构相同，所不同的是棘爪为一扇形凸块，棘轮为一摩擦轮。如图 8-10 所示，其中图(a)为外接式，图(b)为内接式，通过凸块 2 与从

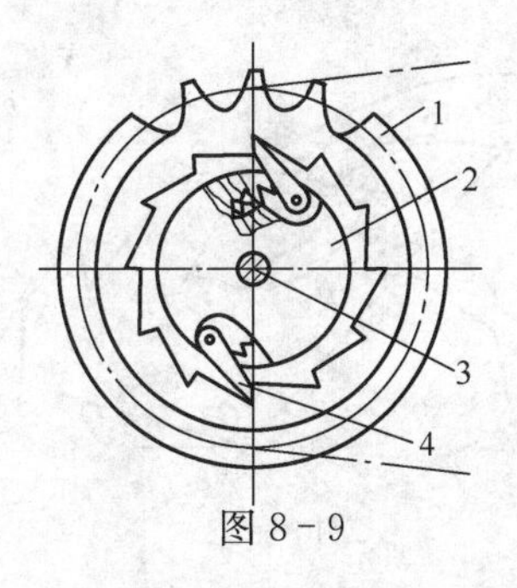

图 8-9

动轮 3 间的摩擦力推动从动轮间歇转动，它的优点是减小了冲击及噪声，棘轮每次转过的角度可实现无级调节，但其运动准确性较差。

图 8-11 所示的单向离合器，可看作是内接摩擦式棘轮机构。它由星轮 1、套筒 2、弹簧顶杆 3 及滚柱 4 等组成。若星轮 1 为主动件，当其逆时针回转时，滚柱借摩擦力滚向楔形空间小的一端，从而将套筒楔紧，使其随星轮一起转动；而当星轮顺时针回转时，滚柱借摩擦力滚向楔形空间大的一端，将套筒松开，此时套筒静止不动。这种机构可用于单向离合器和超越离合器。所谓单向离合器，是指当主动件向某一方向转动时，主、从动件结合，而当主动件向另一方向回转时，主、从动件结合分离。而所谓超越离合器，是指当主动星轮 1 逆时针转动时，套筒 2 如果转动的速度更高，两者便自动分离，套筒 2 以较高的速度自由转动。

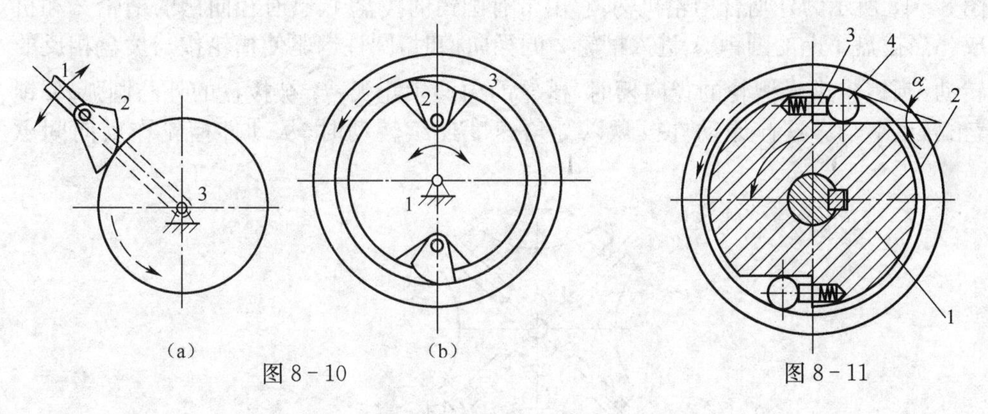

图 8-10　　图 8-11

8.1.3　棘轮机构的设计要点

在设计棘轮机构时，应主要考虑棘轮齿形的选择、齿数的确定、棘爪顺利进入齿槽条件及棘轮转角的调节方法等。

为了保证棘轮机构能正常工作，在工作行程，棘爪应能顺利地滑入棘轮齿底不滑脱。如图 8-12 所示，设棘轮齿的工作齿面与向径 OA 的倾角为 α，$\angle O'AO$ 为 Σ，若不计棘爪的重力和转动副中的摩擦，则当棘爪由棘轮齿顶沿工作齿面 AB 滑向齿底时，棘爪将受到棘轮轮齿对其作用的法向压力 F_n 和摩擦力 F_f。为了使棘爪顺利进入棘轮的齿底，则要求 F_n 和 F_f 的合力 F_R 的作用线应位于 $\overline{OO'}$ 之间，即

$$\beta < \Sigma \tag{8-1}$$

式中：β 是合力 F_R 与 OA 方向之间的夹角。

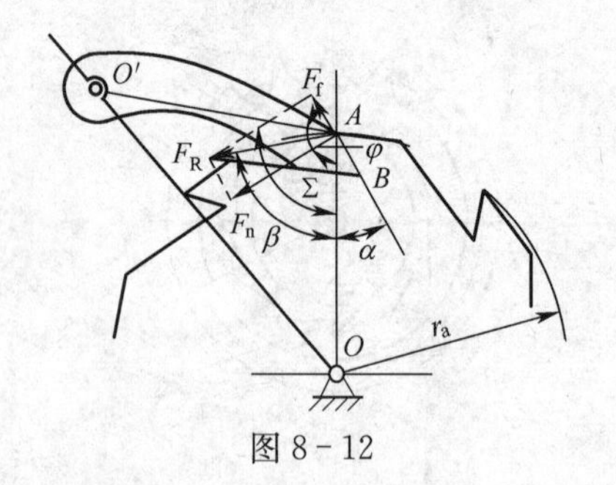

图 8-12

又由图可知，$\beta=90^\circ-\alpha+\varphi$（$\varphi$ 为摩擦角）。再代入式(8-1)，得

$$\alpha>90^\circ+\varphi-\Sigma \tag{8-2}$$

为了在传递相同的转矩时使棘爪受力最小，一般取 $\Sigma=90^\circ$，则有

$$\alpha>\varphi \tag{8-3}$$

由此可知，棘爪能顺利地滑入棘轮齿底的条件是：棘齿的倾斜角 α 应大于摩擦角 φ。

8.2 槽轮机构

8.2.1 槽轮机构的组成和工作原理

图 8-13 所示为外啮合槽轮机构，它由带有圆销的拨盘 1、具有径向槽的槽轮 2 和机架组成。当拨盘 1 上的圆销 A 进入槽轮 2 的径向槽时，圆柱销驱使槽轮按与拨盘相反的方向转动；圆销未进入槽轮的径向槽时，槽轮的内凹锁止弧 $\widehat{efg}$ 被拨盘的外凸圆弧 $\widehat{abc}$ 锁住，槽轮静止不动。这样原动件拨盘以等角速度连续转动时，从动件槽轮作反向间歇运动。

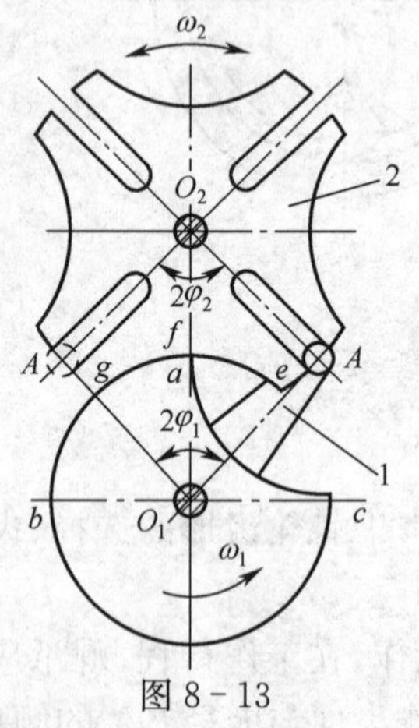

图 8-13

槽轮机构结构简单，工作可靠，效率较高，与棘轮机构相比运动平稳，能准确控制转角的大小。但制造与装配精度要求较高，且槽轮转角大小不能调节。

8.2.2 槽轮机构的类型及应用

普通槽轮机构有外啮合槽轮机构（图 8-13）和内啮合槽轮机构（图 8-14）两种类型。

它们均用于平行轴间的间歇运动，但前者槽轮与拨盘转向相反，而后者则转向相同。

外槽轮机构应用比较广泛。图 8－15 所示为电影放映机中的卷片机构，可实现胶片的间歇移动。图 8－16 所示为槽轮机构在转塔车床刀架转位装置中的应用，可实现刀架的间歇转位。

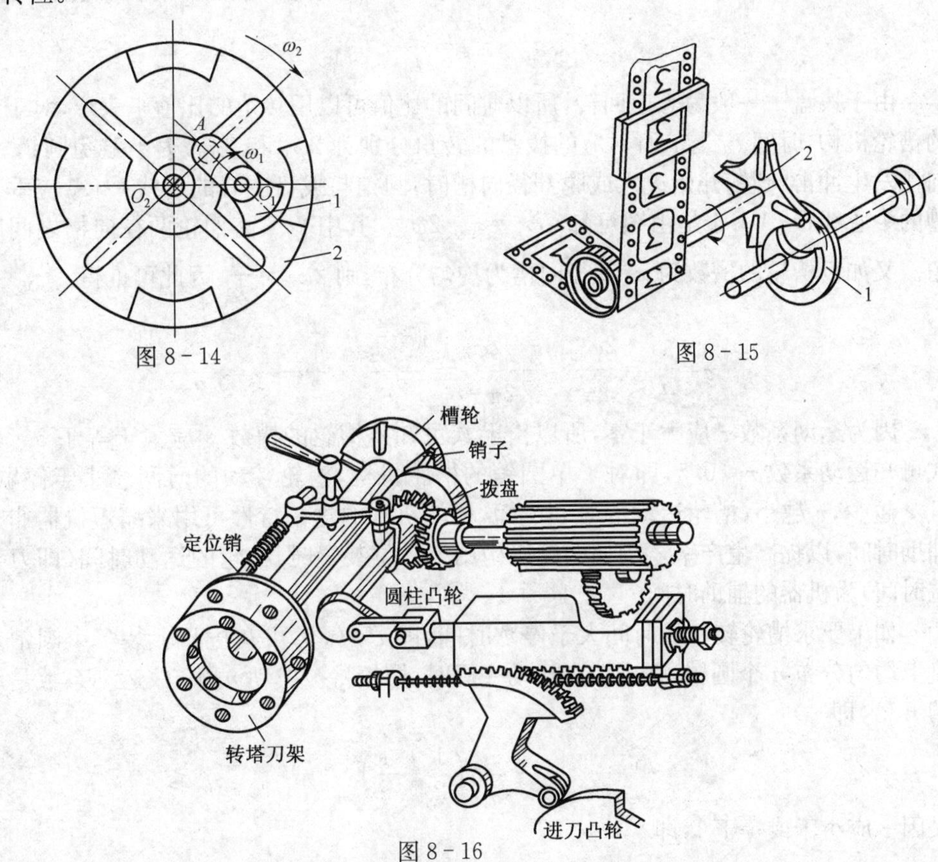

图 8－14

图 8－15

图 8－16

在某些机械中，还用到一些其他类型的槽轮机构。如球面槽轮机构，可用于两相交轴之间进行间歇传动。如图 8－17 所示球面槽轮机构，两相交轴的夹角为 90°，从动槽轮 2 为半球形，主动拨盘 1 的轴线及圆销 3 的轴线均通过球心。该槽轮机构为空间机构。图8－18所示为不等臂长的多销槽轮机构，其径向槽的径向尺寸不同，拨盘上圆销的分布也不均匀，这样在槽轮转一周中，从动槽轮可以实现几个运动时间和停歇时间均不相同的运动要求。

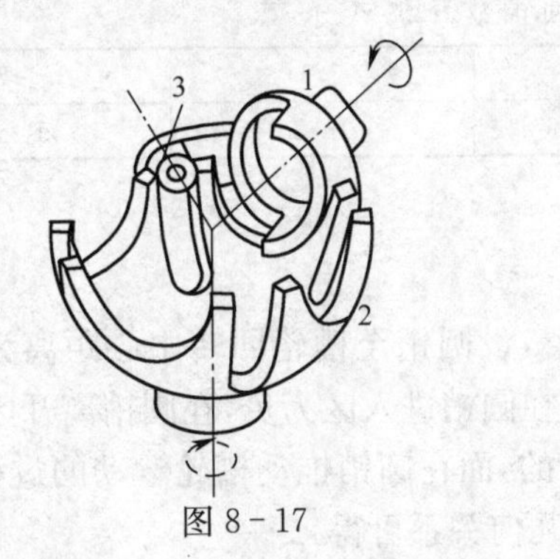

图 8－17

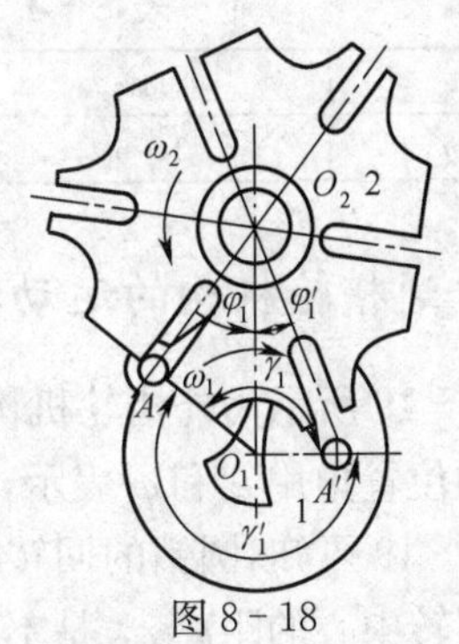

图 8－18

8.2.3 普通槽轮机构的运动系数

如图 8-13 所示的外啮合槽轮机构中，当主动拨盘回转一周时，从动槽轮的运动时间 t_d 与主动拨盘转一周的总时间 t 之比，称为槽轮机构的运动系数。设以 τ 表示，则

$$\tau=\frac{t_d}{t} \tag{8-4}$$

由于拨盘 1 一般为等速回转，所以时间的比值可以用转角的比值来表示，对于单圆销的槽轮机构，时间 t_d 与 t 所对应的拨盘的转角分别为 $2\varphi_1$ 和 2π。为了避免圆销 A 和径向槽发生冲击，圆销开始进入或脱开径向槽时，圆销与拨盘中心的连线 O_1A 应垂直于轮槽的中心线 O_2A。于是由图可知 $2\varphi_1=\pi-2\varphi_2$。其中 $2\varphi_2$ 为槽轮两径向槽之间所夹的角。又如设槽轮的槽数为 z，其径向槽为均匀分布，则 $2\varphi_2=\frac{2\pi}{z}$，因此可推得

$$\tau=\frac{t_d}{t}=\frac{2\varphi_1}{2\pi}=\frac{\pi-2\varphi_2}{2\pi}=\frac{\pi-\frac{2\pi}{z}}{2\pi}=\frac{1}{2}-\frac{1}{z}=\frac{z-2}{2z} \tag{8-5}$$

因为运动系数 τ 应大于零，所以由上式可知外槽轮的槽数 z 应大于等于 3。又由上式可知运动系数 $\tau<0.5$，即对于单圆销的槽轮机构，槽轮转动的时间总小于停歇时间。且 z 越少，τ 越小，槽轮运动的时间越短，槽轮机构的这一特性可用来缩短机器非工作的辅助时间，以提高生产率。例如槽轮机构用于转位装置时，槽轮的运动时间(即刀架的转位时间)为机器的辅助时间。

如果要求槽轮转动的时间大于停歇时间，即 $\tau>0.5$，可在拨盘上装多个圆销。设拨盘上均匀分布 n 个圆销，则当拨盘转动一周时，槽轮将被拨动 n 次，故运动系数是单圆销的 n 倍，即

$$\tau=n\left(\frac{1}{2}-\frac{1}{z}\right)$$

又因 τ 应小于或等于 1，即

$$n\left(\frac{1}{2}-\frac{1}{z}\right)\leqslant 1$$

因此得

$$n\leqslant\frac{2z}{z-2} \tag{8-6}$$

由此式可得槽数与圆销数的关系，如表 8-1 所列。

表 8-1 轮槽数 z 与圆销数 n 的关系

轮槽数 z	3	4	5,6	≥7
圆销数 n	1～6	1～4	1～3	1～2

8.2.4 普通槽轮机构的运动特性

如图 8-19 所示为外槽轮机构的一任意位置，设圆销至槽轮回转中心距离为 r_x，拨盘和槽轮的位置角用 α 和 φ 表示，并规定 α 和 φ 在圆销进入区为负，在圆销离开区为正。

由图 8-19 可知，圆销的回转半径 R 是不变的，而在圆销推动槽轮运动的过程中，圆销到槽轮回转中心的距离 r_x 是不断变化的。由几何关系可得

$$R\sin\alpha = r_x \sin\varphi$$
$$R\cos\alpha + r_x\cos\varphi = L$$

消去 r_x，并令 $\lambda = R/L$，则得

$$\tan\varphi = \frac{\lambda\sin\alpha}{1-\lambda\cos\alpha} \tag{8-7}$$

将上式对时间 t 求导，并令 $\omega_2 = \frac{d\varphi}{dt}$，$\alpha_2 = \frac{d^2\varphi}{dt^2}$，可得

$$\frac{\omega_2}{\omega_1} = \frac{\lambda(\cos\alpha - \lambda)}{(1-2\lambda\cos\alpha + \lambda^2)} \tag{8-8}$$

$$\frac{\alpha_2}{\omega_1^2} = \frac{\lambda(\lambda^2-1)\sin\alpha}{(1-2\lambda\cos\alpha+\lambda^2)} \tag{8-9}$$

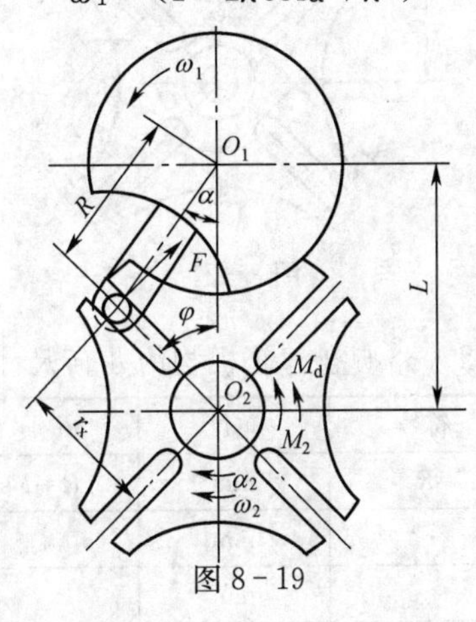

图 8-19

由图 8-19 可知，$\lambda = R/L = \sin(\pi/z)$，将其代入式(8-8)、式(8-9)可知，当拨盘的角速度 ω_1 一定时，槽轮的角速度和角加速度取决于槽轮的槽数 z。如图 8-20 所示为槽轮 $z=3$、4、6 时外槽轮机构的角速度和角加速度的变化曲线。由图可知，槽轮运动的角速度和角加速度的最大值随槽数 z 的减小而增大。圆销在开始进入和退出径向槽时，角加速度有突变，则在此两瞬时有柔性冲击，并且槽轮的槽数 z 越少，柔性冲击越大。

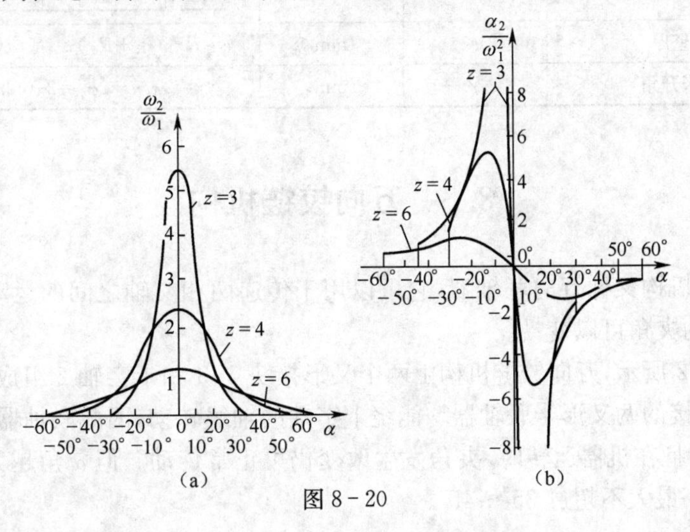

图 8-20

8.2.5 外啮合槽轮机构的几何尺寸

在设计槽轮机构时，首先应根据工作要求确定槽轮的槽数 z、主动拨盘的圆销个数 n 以及中心距 a，然后可参考图 8－21 按表 8－2 计算其几何尺寸。

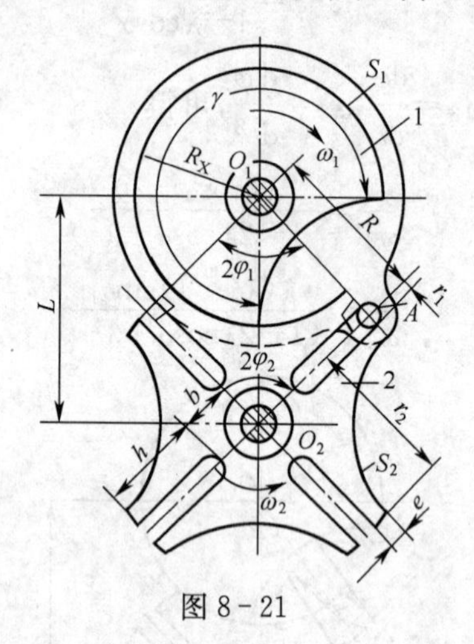

图 8－21

表 8－2　外啮合槽轮机构的几何尺寸计算

名　称	符号	单位	计算公式及说明
圆销转动半径	R	mm	$R=L\sin(\pi/z)$（L 为中心距，单位：mm）
圆销半径	r_1	mm	$r_1 \approx R/6$
槽顶高	r_2	mm	$r_2=L\cos(\pi/z)$
槽底高	b	mm	$b \leqslant L-(R+r_1)$
槽深	h	mm	$h=r_2-b$
锁止弧半径	R_x	mm	$R_x=K_x r_2$ 其中 K_x z：3，4，5，6，8 K_x：1.4，0.7，0.48，0.34，0.2
槽顶口壁厚	e	mm	$e=R-(r_1+R_x)$，一般应使 $e \geqslant (3\sim5)$mm
锁止弧张开角	γ	mm	$\gamma=2\pi/n-2\varphi_1=2\pi(1/n+1/z+1/2)$

8.3 万向铰链机构

万向铰链机构又称万向联轴器，它可以用于传递两相交轴之间的运动，在传动过程中，两轴之间的夹角可以变动。

如图 8－22 所示，万向铰链机构由两个叉形接头 1、3 和十字轴 2 组成。由于中间联接件十字轴联接的两叉形半联轴器均能绕十字轴的轴线转动，因此联轴器的两轴线能成任意角度 α，而且在机器运转时，夹角发生改变仍可正常传动。但 α 角越大，传动效率越低，所以一般 α 最大不超过 35°～45°。

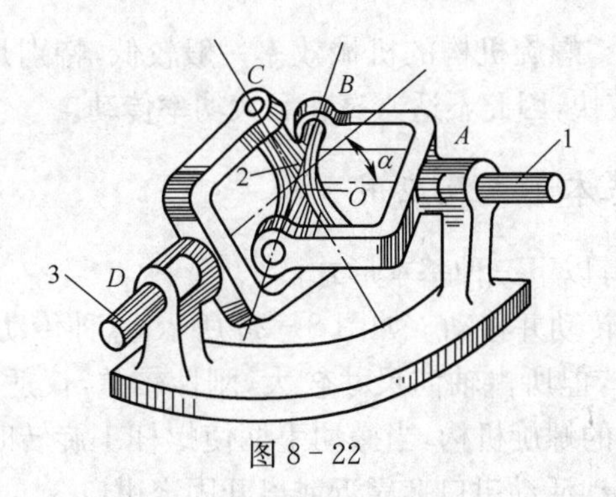

图 8-22

这种铰链机构的缺点是:当主动轴角速度为常数时,从动轴的角速度并不是常数,而是在一定范围内变化,因而在传动中将产生附加动载荷。为了改善这种情况,可将万向铰链机构成对使用,称为双万向铰链机构,如图 8-23 所示。使用双万向铰链机构时,应使主、从动轴和中间轴位于同一平面内,两个叉形接头也位于同一平面内,而且使主、从动轴与联接轴所成夹角 α 相等(图 8-24),这样才能使主、从动轴同步转动,避免动载荷的产生。

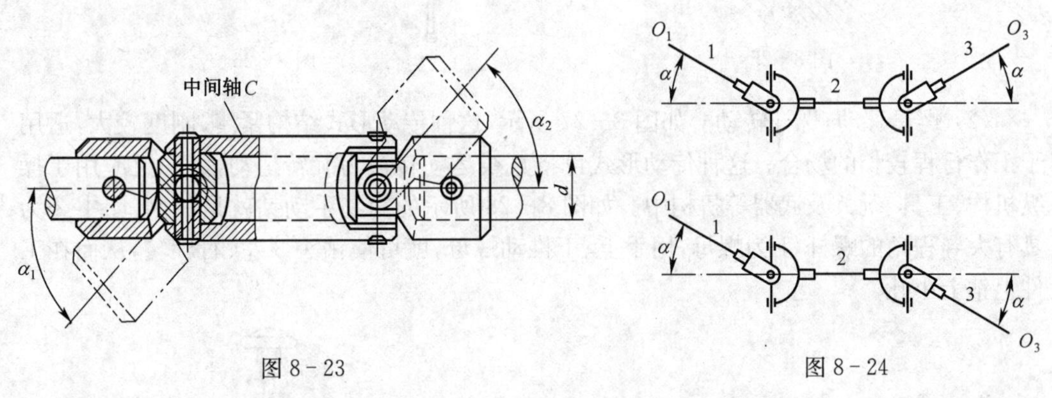

图 8-23　　　　图 8-24

万向铰链机构结构紧凑、维护方便,广泛应用于汽车、拖拉机、组合机床等机械的传动系统中。小型万向铰链机构已标准化,设计时可按标准选用。

8.4 螺旋机构

8.4.1 螺旋机构的特点

螺旋机构由螺杆、螺母和机架组成。是利用螺母和螺杆的相对运动,将旋转运动变为直线运动,同时传递运动和动力的机构。

螺旋机构的主要特点是:

(1) 减速传动比大　对于单头螺纹,螺杆(或螺母)转动一周,螺母(或螺杆)移动一个螺距。因为螺距很小,所以在转角很大的情况下,能获得很小的直线位移量,可以缩短机构的传动链。

(2) 具有增力作用　只要给主动件一个较小的转距,从动件即能得到较大的轴向力。

(3) 具有自锁性能　当螺旋线升角小于摩擦角时,螺旋机构具有自锁性能。

(4) 效率低、磨损快　螺旋机构的机械效率一般较低，特别是具有自锁性能时，效率一般低于 50%，磨损也较快，因此不适于高速和大功率传动。

8.4.2　螺旋机构的基本形式及应用

螺旋机构传动主要有以下三种基本形式：

(1) 螺母固定，螺杆转动并移动　如图 8-25 所示，这种传动形式的螺母本身就起着支承作用，传动精度较高，但所占轴向尺寸较大，刚性较差，仅适用于行程短的场合。图 8-26所示为台虎钳所用的螺旋机构，当搬动手柄使螺杆 1 旋转时，螺杆 1 同时也以某一速度做轴向移动，从而带动活动钳口 2 靠近或离开固定钳口 3。

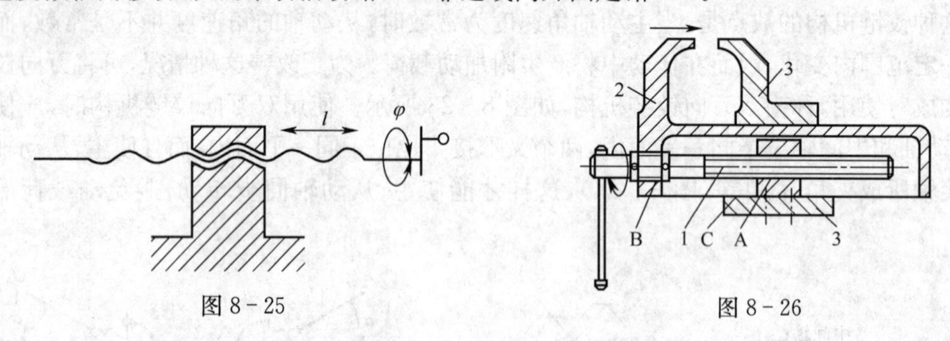

图 8-25　　图 8-26

(2) 螺母移动，螺杆转动　如图 8-27 所示，这种传动形式结构紧凑，刚度较大，适用于工作行程较长的场合。这种传动形式可将直线运动转换为旋转运动，其广泛应用于操纵机构、工具、玩具及武器等机构中。如图 8-28 所示的简易手动钻就是一例，图中 2 为具有大导程角的螺杆，1 为螺母，用手上、下推动螺母，就可使钻头 3 左、右旋转，从而在工件上钻上小孔。

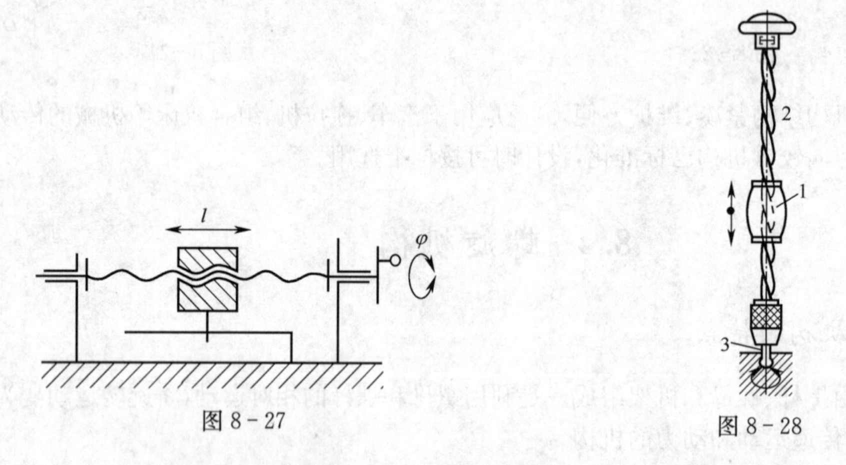

图 8-27　　图 8-28

(3) 差动螺旋机构　如图 8-29 所示，设螺杆 3 左、右两段螺纹的旋向相同，且导程为 l_1 和 l_2，当螺杆转动 φ 角时，可动螺母 2 的移动距离为

$$l=\frac{\varphi}{2\pi}(l_1-l_2) \tag{8-10}$$

如果 l_1 和 l_2 相差很小，则 l 很小，这种螺旋机构称为微动螺旋机构，常用于测微计、

分度计及调节机构中。如图 8－30 所示为用于调节镗刀进刀量的微动螺旋机构。

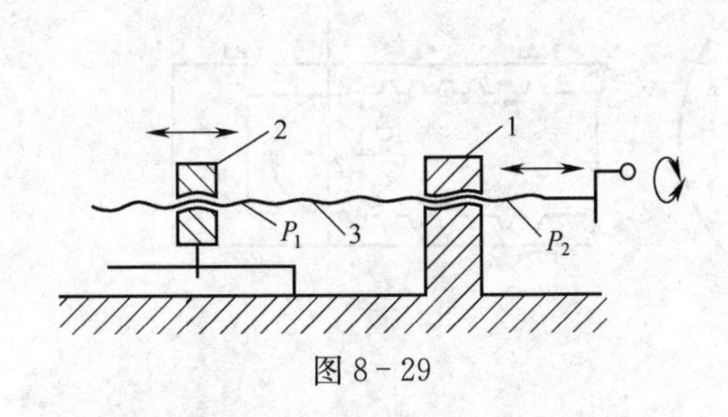

图 8－29

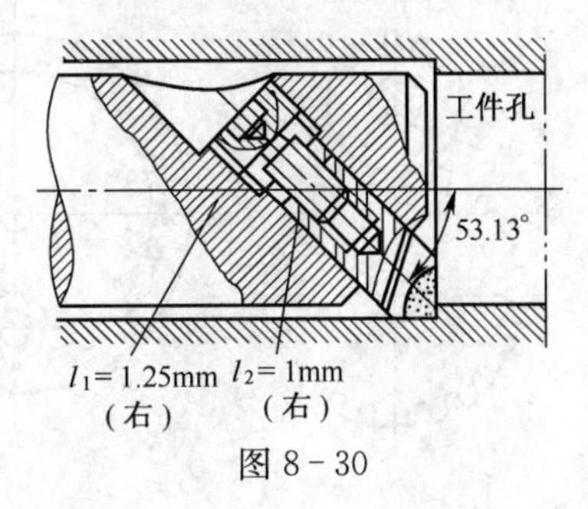

图 8－30

若螺杆 3 左、右两段螺纹的旋向相反，则当螺杆转动 φ 角时，可动螺母 2 的移动距离为

$$l=\frac{\varphi}{2\pi}(l_1+l_2) \tag{8-11}$$

这种螺旋机构称为复式螺旋机构，常用于要求快速夹紧或锁紧装置中。

8.4.3 螺旋导程角和头数的选用

在设计螺旋机构时，若要求机构具有自锁性或要求具有大的减速比，此时宜选用导程角小的单头螺纹；当要求螺旋机构传递大的功率或快速运动时，宜选用导程角大的多头螺纹。

8.5 不完全齿轮机构

8.5.1 不完全齿轮机构的特点及应用

不完全齿轮机构是由齿轮机构演变而得到的一种间歇运动机构。在主动轮上只做出一个齿或几个齿，并根据运动时间与停歇时间的要求，在从动轮上做出与主动轮轮齿相啮合的轮齿。在从动轮停歇期内，两轮轮缘备有锁止弧，以防止从动轮的游动，并起定位作用。如图 8－31 所示，当主动轮 1 的有齿部分与从动轮轮齿啮合时，推动从动轮 2 转动；当主动轮 1 的有齿部分与从动轮脱离啮合时，从动轮停歇不动。因此，当主动轮连续转动时，从动轮作间歇运动。图 8－31(a)所示为外啮合不完全齿轮机构，图 8－31(b)所示为内啮合不完全齿轮机构。与普通渐开线齿轮机构一样，外啮合的不完全齿轮机构两轮转向相反；内啮合不完全齿轮机构两轮转向相同。图 8－31(c)所示为不完全齿轮齿条机构，齿条作往复移动。

与其他间歇运动机构相比，不完全齿轮机构的结构更为简单，工作更为可靠，且其从动轮每转一周的停歇时间、运动时间及每次转动的角度变化范围比较大，设计较灵活。但不完全齿轮在传动过程中，从动轮在开始和终止运动的瞬间都存在刚性冲击，故多用于低速、轻载的场合。

不完全齿轮机构多用在一些具有特殊运动要求的专用机械中。如图 8－32 所示为用于铣削乒乓球拍周缘的专用靠模铣床的简易传动系统图，其中就有不完全齿轮机构。主动轴 1 带动铣刀轴 2 转动，另一主动轴 3 上的不完全齿轮 4 和 5 分别使工件轴得到正、反

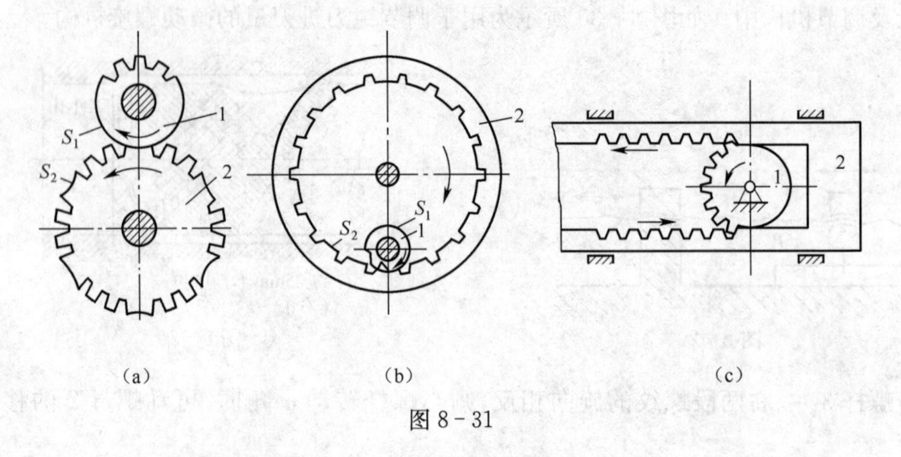

图 8-31

两个方向的回转。滚轮 8 紧靠在靠模凸轮 7 上，以保证加工出乒乓球拍的周缘。

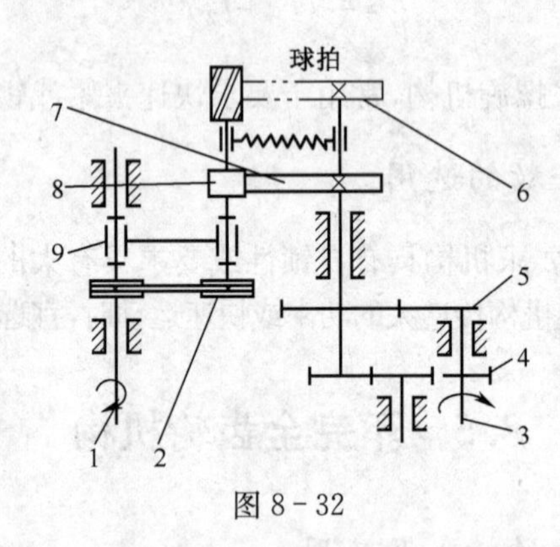

图 8-32

8.5.2 具有瞬心线附加杆的不完全齿轮机构

不完全齿轮机构由于在进入啮合和退出啮合时存在刚性冲击，为改善其动力特性，可在两轮上加装瞬心线附加杆 L 和 K，如图 8-33 所示。在设计瞬心线附加杆 L 和 K 时，要使它们的接触点 P' 总位于中心线 O_1O_2 上，使其成为瞬心点 P'_{12}，因此$\frac{\omega'_2}{\omega_1}=\frac{\overline{O_1P'}}{O_2P'}$。$P'$点在中心线 O_1O_2 上移动的规律反应了两轮传动比的变化规律。

当主动轮的首齿进入正常啮合之前，瞬心线附加杆 L 和 K 先接触，此时借助附加杆 L 和 K 来传动，轮 2 的角速度为 $\omega'_2=\omega_1\dfrac{O_1P'}{O_2P'}$。为尽可能减小冲击，在轮 2 开始运动时 P'点应尽可能靠近 O_1 点。随着附加杆的作用，P'点将沿着中心线 O_1O_2 向上移动，此时轮 2 的角速度将逐渐增加。当 P'点与两轮节点 P 重合时，轮 2 的角速度为 $\omega_2=\omega_1\dfrac{O_1P}{O_2P}$，这时主动轮首齿应恰好进入正常啮合，同时附加杆 L 和 K 脱离接触。接下来由于后边各对齿相继进入啮合，轮 2 的角速度将保持为常数 ω_2。当主动轮末齿在啮合线上退出啮合时，又借助另一对附加杆，使从动轮的角速度由常数 ω_2 逐渐减小。因此，整个运动过程都可保持速度平稳变化。

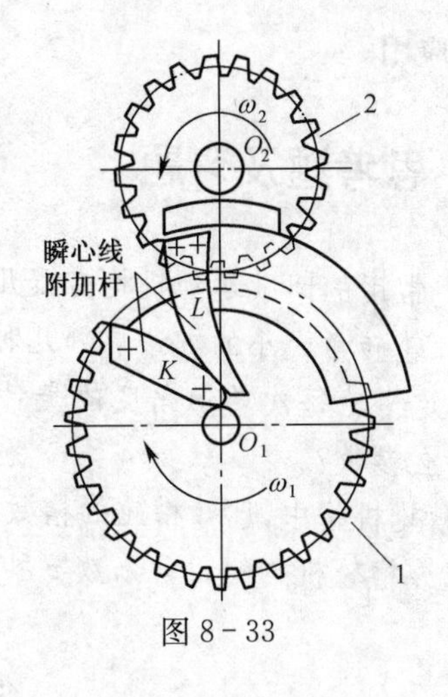

图 8-33

8.6 凸轮间歇运动机构

凸轮间歇运动机构由主动凸轮 1 和从动盘 2 组成(图 8-34、图 8-35),主动凸轮作连续转动,从动盘作间歇运动。由于从动盘的运动完全取决于主动凸轮的轮廓曲线形状,故只要适当设计出凸轮的轮廓,就可使从动盘获得所预期的运动规律。

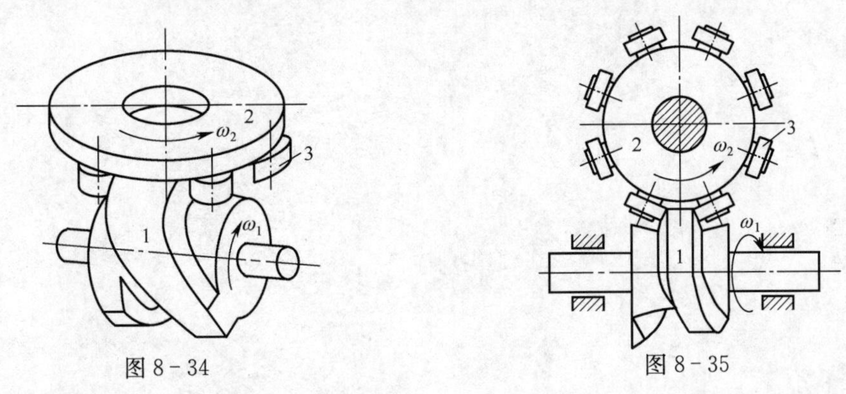

图 8-34　　图 8-35

凸轮间歇运动机构应用较多的通常有两种型式。图 8-34 所示的是圆柱凸轮式间歇运动机构,主动凸轮 1 是具有曲线凸脊(或为曲线沟槽)的圆柱凸轮,转盘 2 的端面上固定有沿周向均布的滚子 3。此种机构多用于两交错轴间的分度运动,通常凸轮的槽数为 1,从动件的柱销数取 $z \geqslant 6$。

图 8-35 所示的是蜗杆凸轮式间歇运动机构,凸轮上有一条突脊犹如蜗杆,滚子则均匀分布在转盘的圆柱面上,犹如蜗轮的齿。这两种凸轮间歇运动机构都是由于凸轮轮廓曲线在某一段内有变化,从而拨动滚子,使从动盘旋转,并且凸轮轮廓曲线在另一段内保持不变,使转盘静止不动,因此实现凸轮连续转动时,从动转盘作单向间歇运动。蜗杆凸轮式间歇运动机构是根据从动轮按正弦加速度运动规律运动的要求来设计的,以保证在高速运转下平稳工作。从动轮上的柱销可采用窄系列的滚珠轴承。为了提高传动精度,可以采用控制中心距的办法,使滚子表面和凸轮轮廓之间保持接触,以消除径向游隙。这种机构可以在高速下承受较大的载荷,它运转平稳,噪声和振动都很小,在要求高速、高精

度的分度转位机械中，得到广泛的应用。

思考题及习题

8-1 什么叫间歇运动机构？常用的间歇运动机构有哪几种？各有何运动特性？

8-2 棘轮机构中调节从动棘轮转角大小的方法有哪几种？

8-3 对外啮合槽轮机构，决定槽轮每次转动角度的是什么参数？主动拨盘转动一周，决定从动槽轮运动次数的是什么参数？

8-4 在一转塔车床用的外槽轮机构中，已知槽轮的槽数 $z=6$，槽轮运动时间为 4s，静止时间为运动时间的一半，试求该槽轮机构的运动系数 τ 和所需的圆销数 n。

第9章　机械的摩擦和效率

摩擦是影响机器工作性能的重要物理现象。在机械设计过程中，人们一方面尽量减少摩擦，以提高机械效率，另一方面对于利用摩擦来工作的机械（如带传动、制动器、夹具）尽量增大摩擦以提高机械性能和可靠性，因此了解摩擦现象的规律，掌握摩擦力分析和计算方法，以便减小摩擦的不利影响，充分发挥摩擦的有用性。

9.1　机械效率与自锁

9.1.1　机械效率的表达形式

作用在机械上的力有驱动力和阻抗力，阻抗力分为有效阻力（生产阻力）和有害阻力（摩擦力）。通常把驱动力所做的功称为驱动功（即输入功）；克服生产阻力所做的功为有效功（即输出功），而克服有害阻力所做的功称为损耗功，分别用 W_d、W_r、W_f 表示。机器在稳定运转阶段工作时，有

$$W_d = W_r + W_f \tag{9-1}$$

机械的输出功与输入功之比称为机械效率，它反映输入功在机械中的有效利用程度，以 η 来表示

$$\eta = \frac{W_r}{W_d} = 1 - \frac{W_f}{W_d} \tag{9-2a}$$

用功率表示时

$$\eta = \frac{P_r}{P_d} = 1 - \frac{P_f}{P_d} \tag{9-2b}$$

式中，P_d、P_r、P_f 分别为输入功率、输出功率和损失功率。

由于摩擦损失不可避免，故机械效率 η 总是小于1。因此在设计机械时，为了使其具有较高的机械效率，应尽量减小机械中的损失，主要是减小摩擦损失。

式(9-2a)和式(9-2b)是用功和功率的形式表示的效率。在机械匀速运转的条件下，驱动力和阻力为常数，也可以把效率用便于计算的力或力矩形式来表示。如图9-1所示为一机械传动装置的示意图，设 $\boldsymbol{F}$ 为驱动力，$\boldsymbol{G}$ 为生产阻力，v_F 和 v_G 分别为 $\boldsymbol{F}$ 和 $\boldsymbol{G}$ 的作用点沿该力作用线方向的分速度，于是根据式(9-2b)可得

$$\eta = \frac{P_r}{P_d} = \frac{Gv_G}{Fv_F} \tag{a}$$

假设在该机械中不存在摩擦（这样的机械称为理想机械），为了克服同样的生产阻力 $\boldsymbol{G}$，所需的驱动力 $\boldsymbol{F}_0$ 称为理想驱动力；而同样的驱动力 $\boldsymbol{F}$，所能克服的生产阻力 $\boldsymbol{G}_0$ 称为理想生产阻力。对理想机械来说，其效率 $\eta_0 = 1$，即

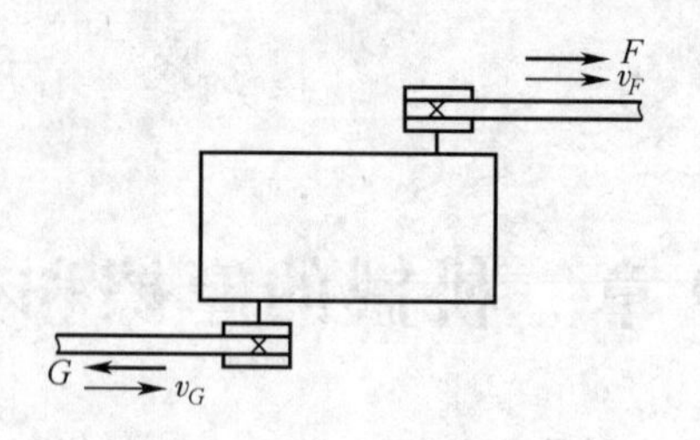

图 9-1

$$\eta_0=\frac{Gv_G}{F_0v_F}=\frac{G_0v_G}{Fv_F}=1 \tag{b}$$

将其带入式(a),得

$$\eta=\frac{F_0v_F}{Fv_F}=\frac{F_0}{F}=\frac{G}{G_0} \tag{c}$$

式(c)说明,机械效率等于理想驱动力 $\boldsymbol{F}_0$ 与实际驱动力 $\boldsymbol{F}$ 之比。也等于实际阻力 $\boldsymbol{G}$ 与理想阻力 $\boldsymbol{G}_0$ 之比。同理,机械效率也可以用力矩之比的形式来表达,即

$$\eta=\frac{M_{d0}}{M_d}=\frac{M_r}{M_{r0}} \tag{d}$$

式中,M_{d0} 和 M_d 分别表示理想驱动力矩和实际驱动力矩。M_r 和 M_{r0} 分别表示实际阻力矩和理想阻力矩。综上所示,机械效率可表示为

$$\eta=\frac{\text{理想驱动力(力矩)}}{\text{实际驱动力(力矩)}}=\frac{\text{实际阻力(力矩)}}{\text{理想阻力(力矩)}} \tag{9-3}$$

利用上式计算效率一般都十分简便。

9.1.2 机械系统的效率

上述机械效率及其计算主要是指一个机构或一台机器的效率。对于由多个机构或机器组成的机械系统的效率,可根据组成系统的各机构或机器的效率计算求得。若干机构或机器组合为机械系统的方式一般有串联、并联和混联三种,其机械效率的计算也有三种不同的方法。

1. 串联系统

如图 9-2 所示为 K 台机器串联组成的机械系统。设各台机器的效率分别为 η_1、η_2、…、η_k,系统的输入功率为 P_d,输出功率为 $P_r(=P_k)$。这种串联系统功率传递的特点是前一机器的输出功率即为后一机器的输入功率。故其机械效率为

$$\eta=\frac{P_r}{P_d}=\frac{P_1}{P_d}\cdot\frac{P_2}{P_1}\cdots\frac{P_k}{P_{k-1}}=\eta_1\cdot\eta_2\cdots\eta_k \tag{9-4}$$

此式表明,串联系统的总效率等于组成该机组的各个机器效率的连乘积。由此可见,只要串联系统中任一机器的效率很低,就会使整个系统的效率极低;且串联机器的数目越多,机械效率也越低。

2. 并联系统

如图 9-3 所示为 K 台机器并联组成的系统。设各台机器的效率分别为 η_1、η_2、…、η_k,输入功率分别为 P_1、P_2、…、P_k,则各台机器的输出功率分为 $P_1\eta_1$、$P_2\eta_2$、…、

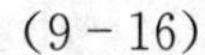

$$\alpha \leqslant \varphi \tag{9-16}$$

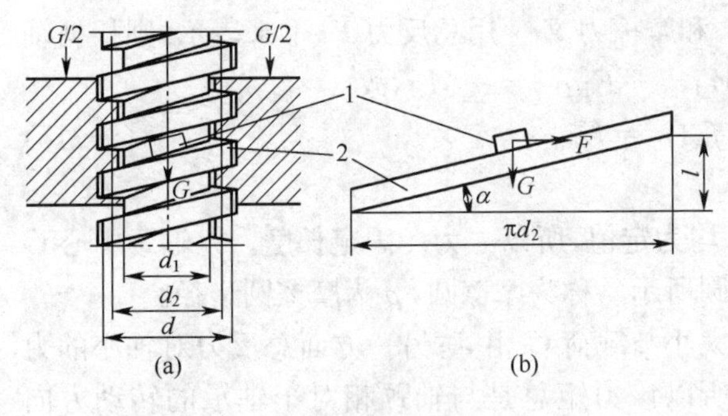

图 9 - 9

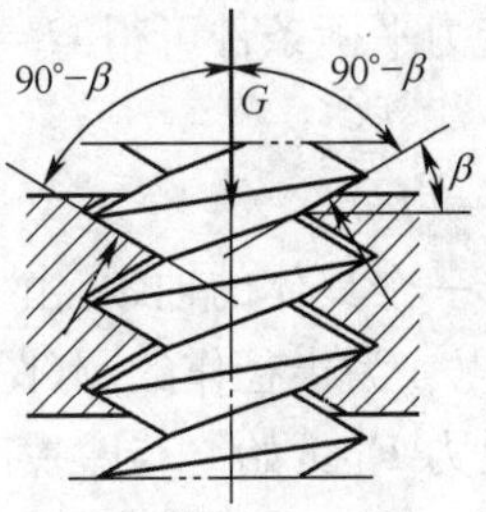

图 9 - 10

若螺纹副为三角形螺纹(普通螺纹),可把螺母在螺杆上的运动近似看成楔形滑块沿着槽面运动,如图 9 - 10 所示,楔形角 $2\theta=2(90^\circ-\beta)$,β 为螺纹的牙形半角,当量摩擦系数 $f_v=f/\sin(90^\circ-\beta)$ 。则三角形螺纹的拧紧力矩、放松力矩及自锁条件等只需将矩形螺纹计算公式中的摩擦角 φ 用相应的当量摩擦角 $\varphi_v=\arctan f_v$ 代入即可。

由于 $\varphi_v>\varphi$,所以三角形比矩形螺纹的摩擦力矩更大,更适用于连接紧固场合,而矩形螺纹适于传力的场合。

9.2.3 转动副中的力分析

根据承载情况,转动副中的摩擦分为两类:轴颈摩擦(径向受力)和轴端摩擦(轴向受力)。

1. 轴颈的摩擦

机器中所有的转动轴都要支承在轴承中,轴放在轴承中的部分称为轴颈。如图 9 - 11 所示,轴颈与轴承构成转动副。当轴颈在轴承中回转时,由于两者接触面间受到径向载荷的作用,所以在接触面之间必将产生摩擦力来阻止其回转。下面讨论如何计算这个摩擦力对轴颈所形成的摩擦力矩,以及在考虑摩擦时转动副中总反力的方位的确定方法。

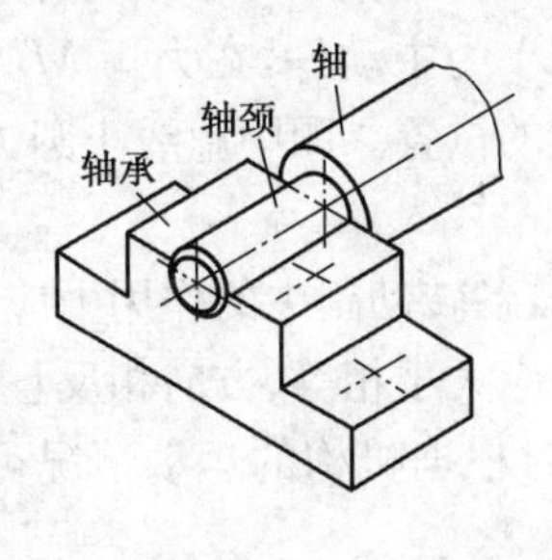

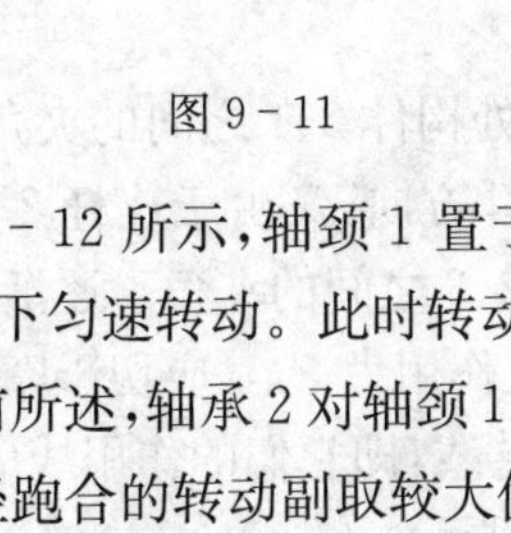

图 9 - 11

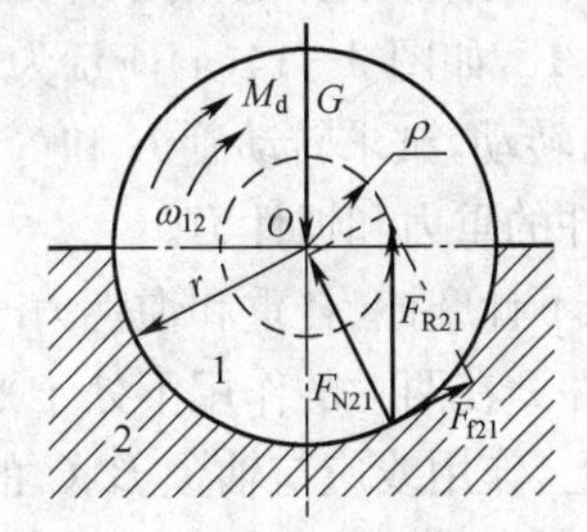

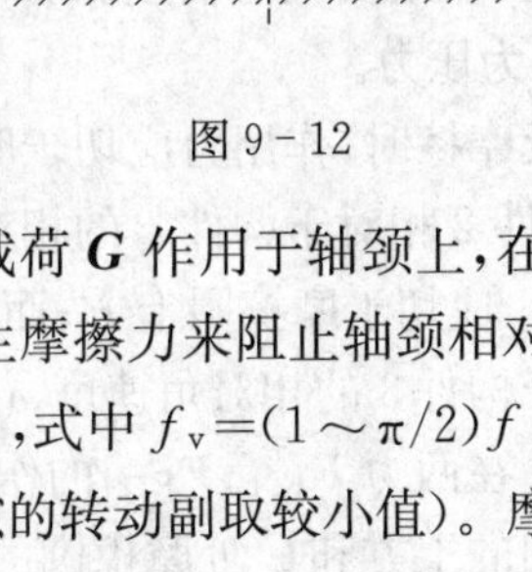

图 9 - 12

如图 9 - 12 所示,轴颈 1 置于轴承 2 中,设径向载荷 $\boldsymbol{G}$ 作用于轴颈上,在驱动力矩 M_d 的作用下匀速转动。此时转动副两元素间必将产生摩擦力来阻止轴颈相对于轴承的滑动。如前所述,轴承 2 对轴颈 1 的摩擦力 $F_{f21}=f_vG$,式中 $f_v=(1\sim\pi/2)f$ (对于配合紧密且未经跑合的转动副取较大值,而对于有较大间隙的转动副取较小值)。摩擦力 $\boldsymbol{F}_{f21}$ 对轴颈的摩擦力矩为

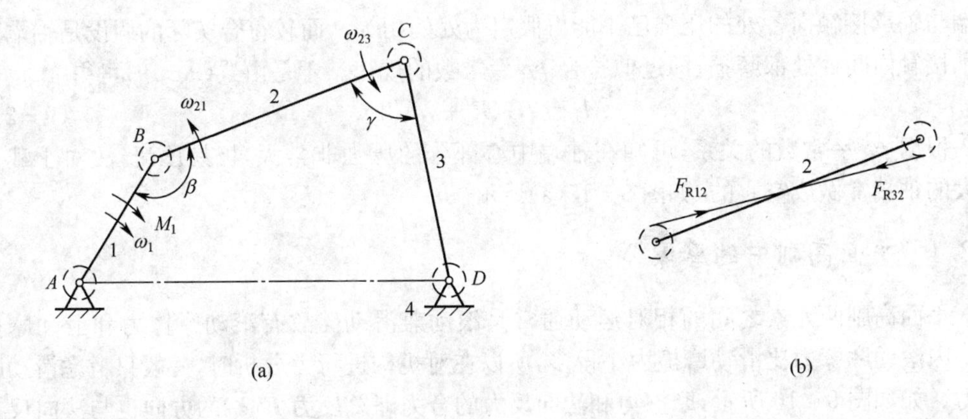

图 9－14

2. 轴端的摩擦

轴用以支承轴向力的部分称为轴端(图 9－15(a))。当轴端 1 在止推轴承 2 上旋转时,接触面间也将产生摩擦力。摩擦力对回转轴线之矩即为摩擦力矩 M_f。其大小可如下求出。

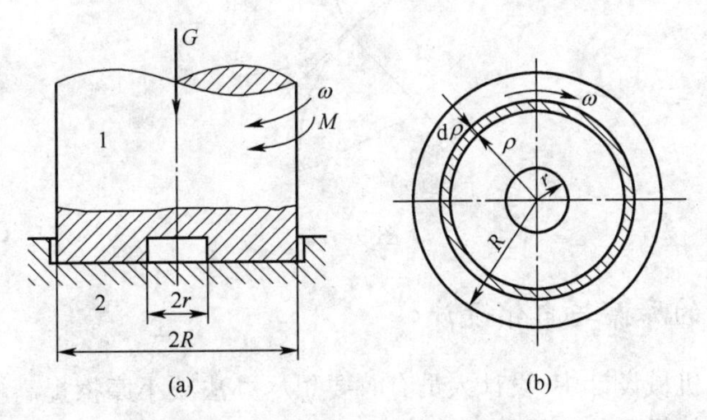

图 9－15

如图 9－15(b)所示,从轴端接触面上取出环形微面积 $ds = 2\pi\rho d\rho$,设 ds 上的压强 p 为常数,则环形微面积上受的正压力为 $dF_N = p ds$,摩擦力为 $dF_f = f dF_N = fp ds$,dF_f 对回转轴线的摩擦力矩 dM_f 为

$$dM_f = \rho dF_f = \rho fp ds$$

轴端所受的总摩擦力矩 M_f 为

$$M_f = \int_r^R \rho fp ds = 2\pi f \int_r^R p\rho^2 d\rho \tag{9-19}$$

上式的解可分为下述两种情况来讨论。

(1) 新轴端　对于新制成的轴端和轴承,或很少相对运动的轴端和轴承,轴端与轴承各处接触的紧密程度基本相同,这时可假定整个轴端接触面上的压强 p 处处相等,即 $p=$ 常数,则

$$M_f = \frac{2}{3} fG(R^3 - r^3)/(R^2 - r^2) \tag{9-20}$$

(2) 跑合轴端　轴端经过一段时间的工作后,称为跑合轴端。由于磨损的关系,这时

轴端与轴承接触面各处的压强已不能再假定为处处相等。而较符合实际的假设是轴端和轴承接触面间处处都磨损，即近似符合 $p\rho=$ 常数的规律。于是由式(9-19)可得

$$M_f = fG(R+r)/2 \tag{9-21}$$

根据 $p\rho=$ 常数的关系，可知在轴端中心部分的压强非常大，极易压溃，故对于载荷较大的轴端常做成空心的，如图 9-15(a)所示。

9.2.4 平面高副中的摩擦

平面高副两元素之间的相对运动通常是滚动兼滑动。故有滚动摩擦力和滑动摩擦力。因滚动摩擦力比滑动摩擦力小得多，所以在对机构进行力分析时，一般只考虑滑动摩擦力。如如图 9-16 所示，摩擦力和法向反力的合力即总反力 $\boldsymbol{F}_{R21}$ 的方向也与法向反力偏斜一摩擦角，偏斜的方向与构件 1 相对于构件 2 的相对速度 $\boldsymbol{v}_{12}$ 方向相反。

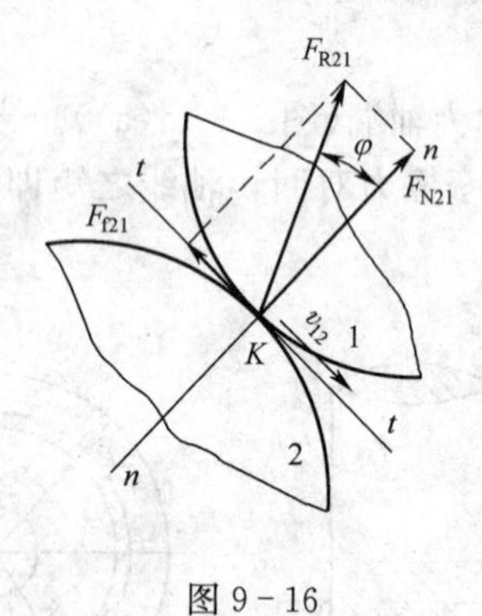

图 9-16

9.2.5 机械中的摩擦与自锁设计

如前所述，在机械设计中，设计人员有时要想尽办法减小摩擦提高机械效率，如机床中的滚动丝杠，凸轮机构的滚子从动件等，都是用滚动摩擦替代滑动摩擦来减小摩擦力。有时又利用摩擦和自锁原理来设计机械、摩擦离合器、制动器、夹紧机构、带传动等，下面通过实例说明机械设计中自锁条件的确定。

1. 偏心夹具

在图 9-17 所示的偏心夹具中，1 为夹具体，2 为工件，3 为偏心圆盘。当用 $\boldsymbol{F}$ 压下手柄时，将工件夹紧，以便对工件进行加工。当作用在手柄上的力 $\boldsymbol{F}$ 去掉后，为了使夹具不至自动松开，则需要该夹具具有自锁性。在图中，A 为偏心盘的几何中心，偏心盘的外径为 D，偏心距为 e，偏心盘轴颈的摩擦圆半径为 ρ。试确定该夹具的自锁条件。

图中虚线小圆为轴颈的摩擦圆。当作用在手柄上的力 $\boldsymbol{F}$ 去掉后，偏心盘有沿逆时针方向转动放松的趋势，由此可定出总反力 $\boldsymbol{F}_{R23}$ 的方位如图 9-17 所示。分别过点 O、A 作 $\boldsymbol{F}_{R23}$ 的平行线。要偏心夹具反行程自锁，总反力应穿过摩擦圆，即应满足条件

$$s - s_1 \leqslant \rho \tag{a}$$

由直角三角形 ABC 及 OAE 知

$$s_1 = \overline{AC} = (D\sin\varphi)/2 \tag{b}$$

$$s = \overline{OE} = e\sin(\delta-\varphi) \tag{c}$$

$P_k\eta_k$ 。这种并联系统功率传递的特点是系统的输入功率为各台机器的输入功率之和，其输出功率为各台机器的输出功率之和。于是并联系统的机械效率为

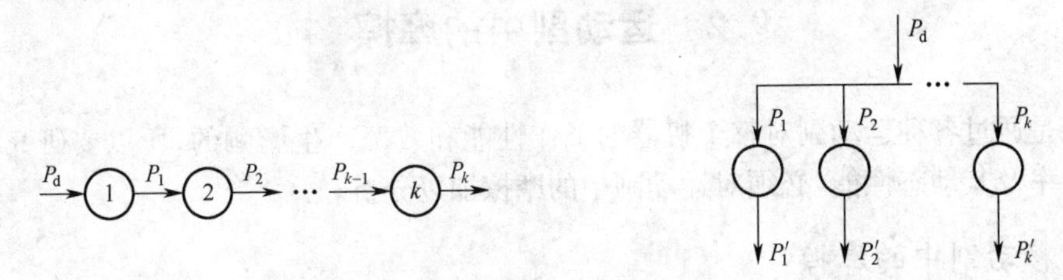

图 9-2　　　　图 9-3

$$\eta=\frac{\sum P_{ri}}{\sum P_{di}}=\frac{P_1\eta_1+P_2\eta_2+\cdots+P_k\eta_k}{P_1+P_2+\cdots+P_k} \tag{9-5}$$

此式表明，并联系统的总效率不仅与各台机器的效率有关，而且也与各台机器所传递的功率大小有关。设在各机器中效率最高及最低者的效率分别为 $\eta_{\max}$ 和 $\eta_{\min}$，则 $\eta_{\max}>\eta>\eta_{\min}$，并且系统的总效率主要取决于传递效率最大的机器的效率。由此可见，要提高并联系统的机械效率，应着重提高传递功率大的传递路线的效率。

3. 混联系统

如图 9-4 所示为兼有串联和并联的混联系统。为了计算其总效率，可先将输入功至输出功的路线弄清，然后分别计算出总的输入功率 $\sum P_d$ 和总的输出功率 $\sum P_r$，则其总机械效率为

$$\eta=\sum P_r/\sum P_d \tag{9-6}$$

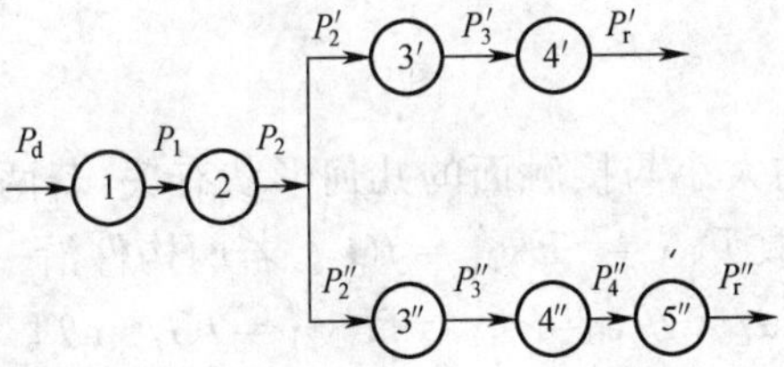

图 9-4

9.1.3　机械的自锁

在实际机械中，由于摩擦的存在以及驱动力作用方向以及机械的几何特性等原因，有时会出现无论驱动力如何增大，机械都无法运动的情况，这种现象称为机械的自锁。

当发生自锁时，机械不能运动，即不能克服有效的阻抗力，所以机械效率小于或等于零，即

$$\eta\leqslant 0 \tag{9-7}$$

可借助机械效率的计算式来判断机械是否自锁，并分析产生自锁的几何条件。

设计机械中，自锁通常应用于防止机械自发倒转或松脱。而正常运转的机械，必须避

免在所需的运动方向上发生自锁。

9.2 运动副中的摩擦

摩擦是通过各种运动副对整个机器的工作性能和效率产生影响的,所以要研究机器的工作效率及其动态性能,必须对运动副中的摩擦加以分析。

9.2.1 移动副中的摩擦

如如图 9-5(a)所示,滑块 1 与水平平台 2 构成移动副。设作用在滑块 1 上的铅垂载荷为 $\boldsymbol{G}$,平台 2 作用在滑块 1 上的法向反力为 $\boldsymbol{F}_{N21}$,当滑块 1 在水平力 $\boldsymbol{F}$ 的作用下等速向右移动时,滑块 1 受到平台作用的摩擦力 $\boldsymbol{F}_{f21}$ 的大小为

$$F_{f21}=fF_{N21} \tag{9-8a}$$

其方向与滑块 1 相对于平台 2 的相对速度 $\boldsymbol{v}_{12}$ 的方向相反。式中 f 为摩擦系数。

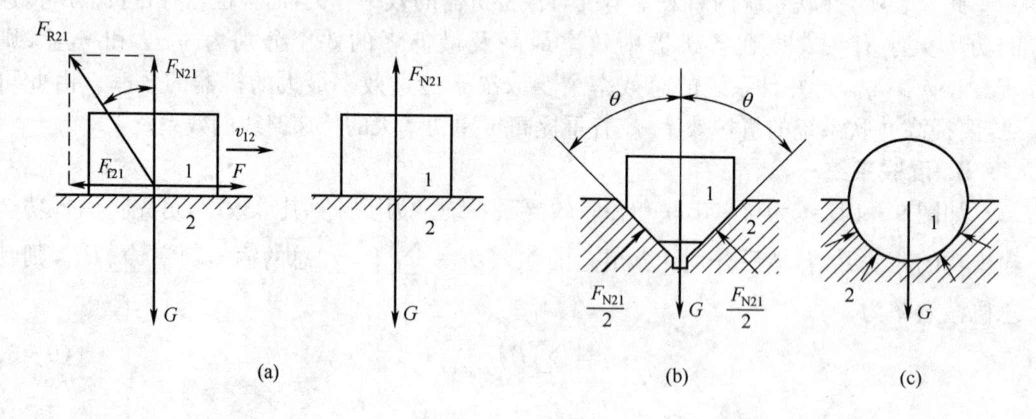

图 9-5

两接触面间摩擦力的大小与接触面的几何形状有关,若两构件沿单一平面接触(图 9-5(a)),因 $F_{N21}=G$,故 $F_{f21}=fF_{N21}=fG$。若两构件沿一槽型角为 2θ 的槽面接触(图 9-5(b)),因 $F_{N21}=G/\sin\theta$,故 $F_{f21}=fF_{N21}=fG/\sin\theta$。若两构件沿一半圆柱面接触(图 9-5(c)),因接触面各点处的法向反力均沿径向,故法向反力的数量总和可表示为 kG,k 为与接触面情况有关的系数。当两接触面为点线接触时,$k\approx 1$;当两接触面沿整个半圆周均匀接触时,$k=\pi/2$;其余情况下,k 介于上述两者之间,这时 $F_{f21}=fkG$。

为了简化计算,统一计算公式,不论运动副元素的几何形状如何,均将其摩擦力的计算式表示为

$$F_{f21}=fF_{N21}=f_vG \tag{9-8b}$$

式中,f_v 为当量摩擦系数。当运动副两元素为单一平面接触时,$f_v=f$;为槽面接触时 $f_v=f/\sin\theta$;为半圆柱面接触时,$f_v=kf(k=1\sim\pi/2)$。即在计算移动副中的摩擦力时,不管运动副两元素的几何形状如何,只要引入相应的当量摩擦系数即可。

运动副中的法向反力和摩擦力的合力称为运动副中的总反力。在图 9-5(a)中,平台 2 作用在滑块 1 上的总反力以 F_{R21} 表示,总反力与法向反力之间的夹角 φ 为摩擦

角，即

$$\varphi = \arctan f \tag{9-9a}$$

考虑到移动副的几何形状对摩擦系数的影响，可统一用当量摩擦角表示，即

$$\varphi_{v} = \arctan f_{v} \tag{9-9b}$$

由于摩擦力的方向总是与相对运动的方向相反，所以总反力 F_{R21} 与滑块 1 的运动速度形成一个钝角，即 $90°+\varphi$ 角。

根据外力 $\boldsymbol{F}$ 作用方向讨论滑块的运动状态，从另一角度理解机械的自锁现象，如图 9-6 所示。

驱动力 $\boldsymbol{F}$ 与接触面的法线 nn 之间的夹角为 β（称为传动角），摩擦角为 φ 。$\boldsymbol{F}$ 可分解为水平分力 $\boldsymbol{F}_{t}$ 和垂直分力 $\boldsymbol{F}_{n}$，显然水平分力 $\boldsymbol{F}_{t}$ 是推动滑块 1 运动的有效分力，其值为

$$F_{t} = F\sin\beta = F_{n}\tan\beta$$

而垂直分力 $\boldsymbol{F}_{n}$ 不仅不会使滑块 1 产生运动，而且还将使滑块和平台接触面间产生摩擦力以阻止滑块 1 的运动，而其所能引起的最大摩擦力为

$$F_{fmax} = F_{n}\tan\varphi$$

当 $\beta \leqslant \varphi$ 时，有 $F_{t} \leqslant F_{fmax}$

上式说明，在 $\beta \leqslant \varphi$ 的情况下，不管驱动力 $\boldsymbol{F}$ 如何增大（方向维持不变），驱动力的有效分力总是小于驱动力 $\boldsymbol{F}$ 本身可能引起的最大摩擦力，因而滑块 1 总不能运动，这就是自锁现象。

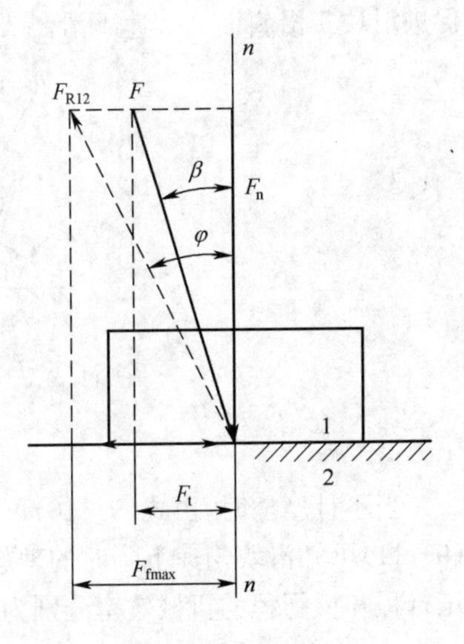

图 9-6

例如在图 9-7(a)中，设滑块 1 置于升角为 α 的斜面 2 上，作用在滑块 1 上的铅垂载荷为 $\boldsymbol{G}$，下面分析滑块沿斜面匀速上升（正行程）或下降（反行程）时，所需的水平驱动力 $\boldsymbol{F}$ 或阻抗力 $\boldsymbol{F}'$。

当滑块上升时，总反力 $\boldsymbol{F}_{R21}$ 的方向如图 9-7(a)所示，根据滑块的力平衡条件 $\boldsymbol{F}+\boldsymbol{G}+\boldsymbol{F}_{R21}=0$，画出力多边形如图 9-7(b)所示，得到滑块匀速上升的所需的驱动力

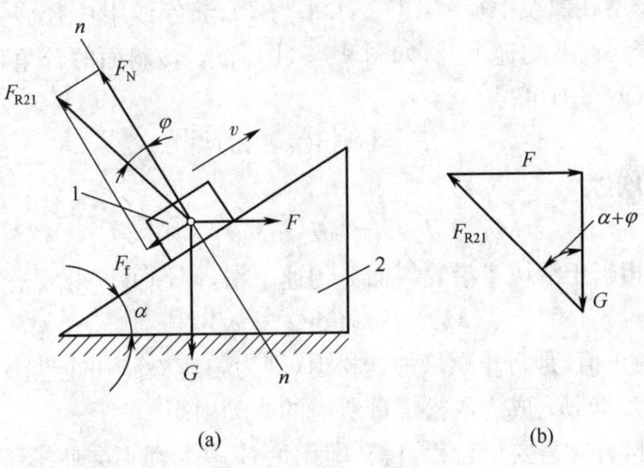

图 9-7

$$F = G\tan(\alpha + \varphi) \tag{9-10}$$

当滑块下降时，总反力 $\boldsymbol{F}'_{R21}$ 的方向如图 9-8(a)所示，同理由力平衡条件，可画出力多边形如图 9-8(b)所示，得到滑块匀速下降时所需的阻抗力

$$F' = G\tan(\alpha - \varphi) \tag{9-11}$$

由上式可知，在反行程中 $\boldsymbol{G}$ 为驱动力，当 $\alpha > \varphi$ 时，$\boldsymbol{F}'$ 为正值，是阻止滑块 1 加速下滑的阻抗力；当 $\alpha < \varphi$ 时，$\boldsymbol{F}'$ 为负值，其方向与图示方向相反，$\boldsymbol{F}'$ 成为驱动力，其作用是促进滑块 1 沿斜面 2 等速下滑。

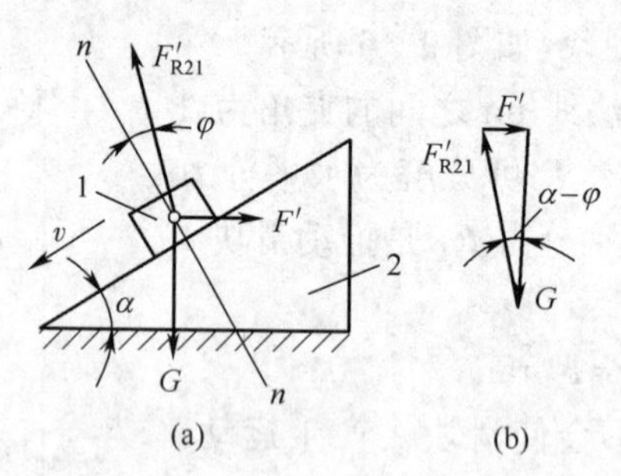

图 9-8

当不计摩擦时，由式(9-10)可知滑块匀速上升的的理想驱动力为 $F = G\tan\alpha$；由式(9-11)可知滑块匀速下降时的理想阻抗力为 $F'_0 = G\tan\alpha$。因此，根据式(9-3)可得到正行程和反行程的机械效率分别为

$$\eta = \frac{F_0}{F} = \frac{\tan\alpha}{\tan(\alpha + \varphi_v)} \text{ 和 } \eta' = \frac{F'}{F'_0} = \frac{\tan(\alpha - \varphi_v)}{\tan\alpha} \tag{9-12}$$

当 $\alpha \leqslant \varphi$ 时，$\eta' \leqslant 0$，滑块反行程自锁，无论驱动力 $\boldsymbol{G}$ 多大都不会使滑块下滑，若要滑块移动必须施加反向力 $\boldsymbol{F}'$。

9.2.2 螺旋副中的摩擦

如图 9-9(a)所示为一矩形螺纹螺旋副，1 为螺母，2 为螺杆，螺母上作用有轴向载荷 G。如果在螺母 1 上施加一力矩 M，使其匀速上升，则在相对运动过程中将产生摩擦力。若把力矩转化为作用在螺纹中径 d_2 上一水平力 $\boldsymbol{F}$，将螺纹沿中径展开后的矩形螺纹副等效于滑块 1 沿着斜面 2 匀速上升，如图 9-9(b)所示，该斜面的升角 α 即为螺纹中径处的螺纹升角，由式(9-10)可得

$$F = G\tan(\alpha + \varphi) \tag{9-13}$$

故拧紧螺母时的力矩为

$$M = Fd_2/2 = Gd_2\tan(\alpha + \varphi)/2 \tag{9-14}$$

放松螺母时，相当于滑块 1 沿着斜面 2 匀速下滑，同理可求得放松力矩为

$$M' = Gd_2\tan(\alpha - \varphi)/2 \tag{9-15}$$

当 $\alpha > \varphi$ 时，M' 为正值，是阻止螺母加速松退(即为匀速松退)的阻抗力矩；当 $\alpha < \varphi$ 时，M' 为负值，即 M' 反向，M' 成为放松螺母所需的驱动力矩。

在螺纹设计时，有时需要反行程自锁，即无论 $\boldsymbol{G}$ 多大都不会使螺母松退，由斜面的自锁条件和式(9-9)可知反行程螺纹副的自锁条件为

$$\alpha \leqslant \varphi \tag{9-16}$$

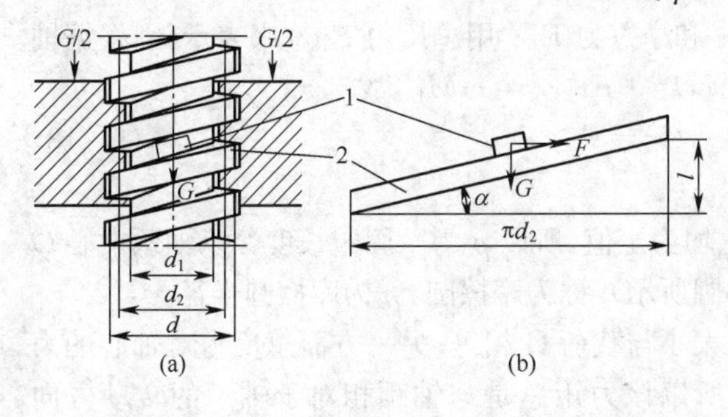

图 9-9

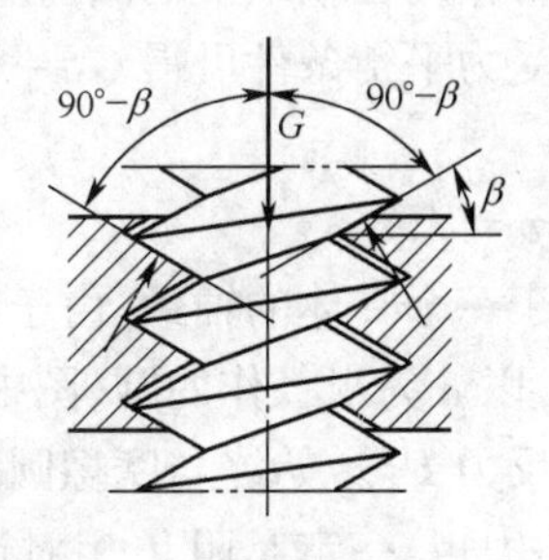

图 9-10

若螺纹副为三角形螺纹(普通螺纹),可把螺母在螺杆上的运动近似看成楔形滑块沿着槽面运动,如图 9-10 所示,楔形角 $2\theta=2(90°-\beta)$,β 为螺纹的牙形半角,当量摩擦系数 $f_v=f/\sin(90°-\beta)$。则三角形螺纹的拧紧力矩、放松力矩及自锁条件等只需将矩形螺纹计算公式中的摩擦角 φ 用相应的当量摩擦角 $\varphi_v=\arctan f_v$ 代入即可。

由于 $\varphi_v>\varphi$,所以三角形比矩形螺纹的摩擦力矩更大,更适用于连接紧固场合,而矩形螺纹适于传力的场合。

9.2.3　转动副中的力分析

根据承载情况,转动副中的摩擦分为两类:轴颈摩擦(径向受力)和轴端摩擦(轴向受力)。

1. 轴颈的摩擦

机器中所有的转动轴都要支承在轴承中,轴放在轴承中的部分称为轴颈。如图 9-11 所示,轴颈与轴承构成转动副。当轴颈在轴承中回转时,由于两者接触面间受到径向载荷的作用,所以在接触面之间必将产生摩擦力来阻止其回转。下面讨论如何计算这个摩擦力对轴颈所形成的摩擦力矩,以及在考虑摩擦时转动副中总反力的方位的确定方法。

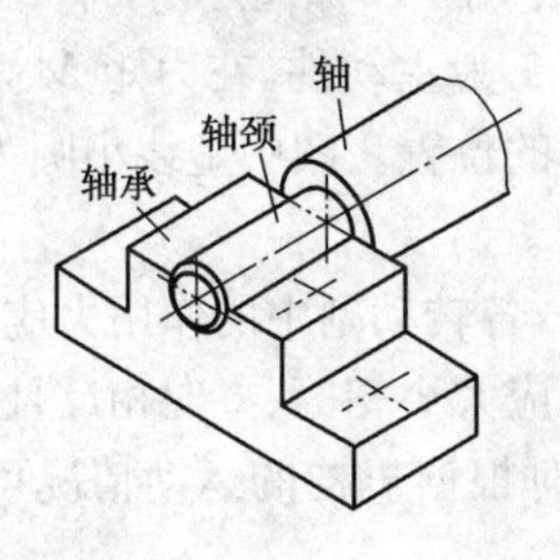

图 9-11

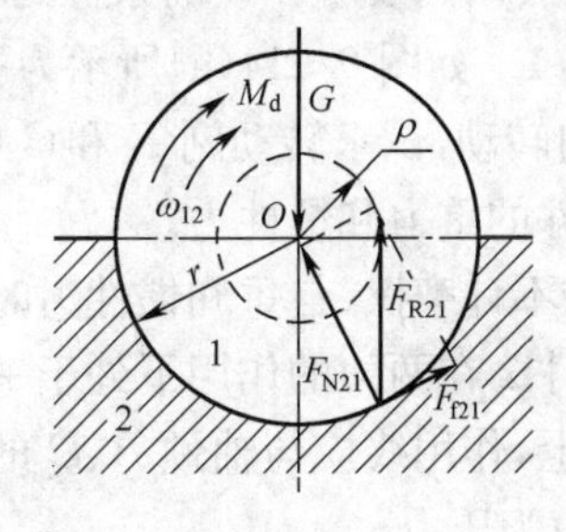

图 9-12

如图 9-12 所示,轴颈 1 置于轴承 2 中,设径向载荷 $\boldsymbol{G}$ 作用于轴颈上,在驱动力矩 M_d 的作用下匀速转动。此时转动副两元素间必将产生摩擦力来阻止轴颈相对于轴承的滑动。如前所述,轴承 2 对轴颈 1 的摩擦力 $F_{f21}=f_vG$,式中 $f_v=(1\sim\pi/2)f$(对于配合紧密且未经跑合的转动副取较大值,而对于有较大间隙的转动副取较小值)。摩擦力 $\boldsymbol{F}_{f21}$ 对轴颈的摩擦力矩为

$$M_f = F_{f21} r = f_v G r \tag{9-17}$$

如将作用在轴颈上的法向反力 $\boldsymbol{F}_{N21}$ 和摩擦力 $\boldsymbol{F}_{f21}$ 用总反力 $\boldsymbol{F}_{R21}$ 来表示，则根据轴颈 1 的受力平衡条件可得 $\boldsymbol{G} = -\boldsymbol{F}_{R21}$，$M_d = -F_{R21}\rho = -M_f$，故

$$M_f = f_v G r = F_{R21}\rho \tag{9-18}$$

式中　$\rho = f_v r$

对于一个具体的轴颈，由于 f_v 及 r 均为定值，所以 ρ 为一固定长度。以轴颈中心 O 为圆心，以 ρ 为半径作的圆（图中虚线小圆所示），称为摩擦圆，ρ 为摩擦圆半径。

总反力 $\boldsymbol{F}_{R21}$ 始终与摩擦圆相切，且大小与载荷 G 相等；另一方面总反力对轴心的力矩（摩擦力矩）一定是阻止相对运动的，所以该力矩总是与轴颈相对于轴承的转动方向相反。

如图 9-13 所示的转动副中，设作用在轴颈上的外载荷 $\boldsymbol{F}$（作用力 $\boldsymbol{G}$ 与驱动力矩 $\boldsymbol{M}_d$ 的合成），则当力 $\boldsymbol{F}$ 的作用线在摩擦圆之内时（即 $a \leqslant \rho$），因它对轴颈中心的力矩 $M_a = Fa$，始终小于它本身所引起的最大摩擦力矩 $M_f = F_R\rho = F\rho$。所以无论 $\boldsymbol{F}$ 有多大（力臂 a 保持不变），都不能驱使轴颈转动，即出现了自锁现象。

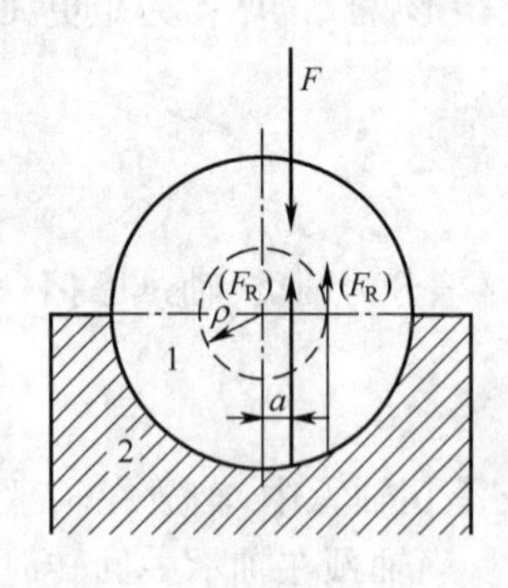

图 9-13

因此，转动副发生自锁的条件是：轴颈上作用力 $\boldsymbol{F}$ 作用于摩擦圆之内，即 $a \leqslant \rho$。

例 9-1　如图 9-14(a)所示为一四杆机构。曲柄 1 为主动件，在力矩 M_1 的作用下沿 ω_1 方向转动，试求转动副 B 和 C 中作用力的方向线的位置。图中虚线小圆为摩擦圆。不考虑构件的重力和惯性力。

解：在不计摩擦、自重和惯性力时，构件 2 为二力杆，各转动副中的作用力应通过轴颈中心。构件 2 在两力的作用下处于平衡状态，故此两力应大小相等、方向相反且作用在同一条直线上，作用线应与轴颈 B、C 的中心线重合。同时根据机构的运动情况可知，连杆 2 所受的力为压力。

在计及摩擦时，作用力应切于摩擦圆。因转动副 B 处构件 2、1 之间的夹角 β 在逐渐变大，故构件 2 相对于构件 1 的相对角速度 ω_{21} 为逆时针方向，又由于连杆 2 受压，因此作用力 $\boldsymbol{F}_{R21}$ 应切于摩擦圆上方；而在转动副 C 处，构件 2、3 之间的夹角 γ 逐渐减小，故构件 2 相对于构件 3 的相对角速度 ω_{23} 为逆时针方向，因此作用力 $\boldsymbol{F}_{R32}$ 应切于摩擦圆下方。又因构件 2 在两力 $\boldsymbol{F}_{R21}$、$\boldsymbol{F}_{R32}$ 的作用下平衡，故此二力共线，即它们的作用线应同时切于 B 处摩擦圆的上方和 C 处摩擦圆的下方，如图 9-13(b)所示。

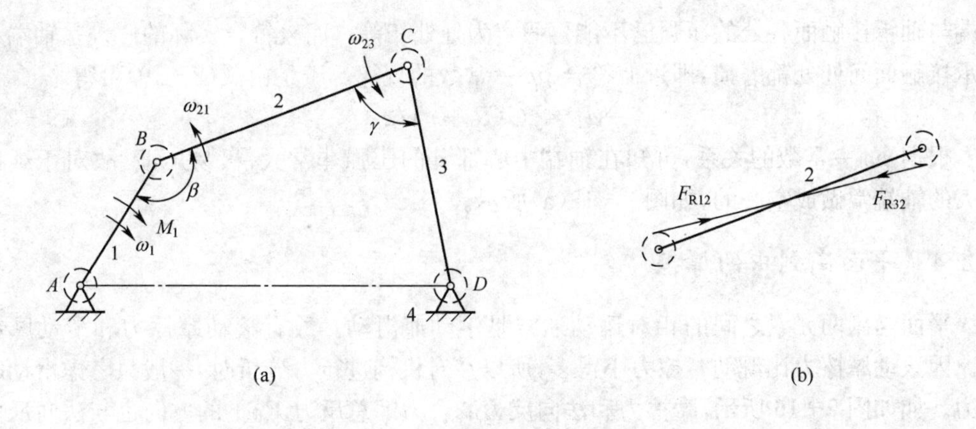

图 9-14

2. 轴端的摩擦

轴用以支承轴向力的部分称为轴端(图 9-15(a))。当轴端 1 在止推轴承 2 上旋转时,接触面间也将产生摩擦力。摩擦力对回转轴线之矩即为摩擦力矩 M_f。其大小可如下求出。

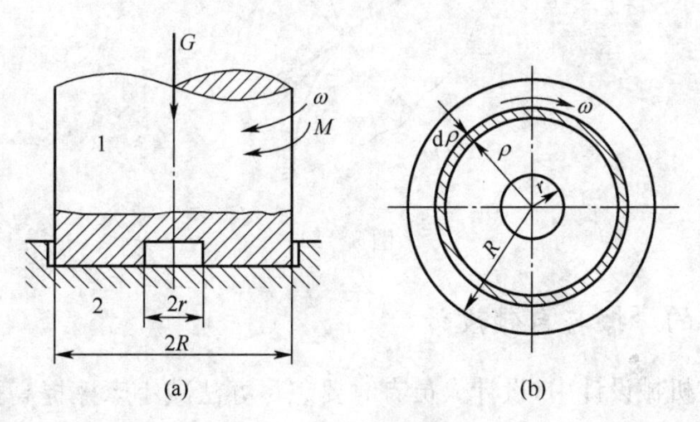

图 9-15

如图 9-15(b)所示,从轴端接触面上取出环形微面积 $ds = 2\pi\rho d\rho$,设 ds 上的压强 p 为常数,则环形微面积上受的正压力为 $dF_N = p ds$,摩擦力为 $dF_f = f dF_N = fp ds$,dF_f 对回转轴线的摩擦力矩 dM_f 为

$$dM_f = \rho dF_f = \rho fp ds$$

轴端所受的总摩擦力矩 M_f 为

$$M_f = \int_r^R \rho fp ds = 2\pi f \int_r^R p\rho^2 d\rho \tag{9-19}$$

上式的解可分为下述两种情况来讨论。

(1) 新轴端　对于新制成的轴端和轴承,或很少相对运动的轴端和轴承,轴端与轴承各处接触的紧密程度基本相同,这时可假定整个轴端接触面上的压强 p 处处相等,即 $p=$常数,则

$$M_f = \frac{2}{3} fG(R^3 - r^3)/(R^2 - r^2) \tag{9-20}$$

(2) 跑合轴端　轴端经过一段时间的工作后,称为跑合轴端。由于磨损的关系,这时

轴端与轴承接触面各处的压强已不能再假定为处处相等。而较符合实际的假设是轴端和轴承接触面间处处都磨损，即近似符合 $p\rho$ ＝常数的规律。于是由式(9－19)可得

$$M_f = fG(R+r)/2 \tag{9-21}$$

根据 $p\rho$ ＝常数的关系，可知在轴端中心部分的压强非常大，极易压溃，故对于载荷较大的轴端常做成空心的，如图 9－15(a)所示。

9.2.4　平面高副中的摩擦

平面高副两元素之间的相对运动通常是滚动兼滑动。故有滚动摩擦力和滑动摩擦力。因滚动摩擦力比滑动摩擦力小得多，所以在对机构进行力分析时，一般只考虑滑动摩擦力。如如图 9－16 所示，摩擦力和法向反力的合力即总反力 $\boldsymbol{F}_{R21}$ 的方向也与法向反力偏斜一摩擦角，偏斜的方向与构件 1 相对于构件 2 的相对速度 $\boldsymbol{v}_{12}$ 方向相反。

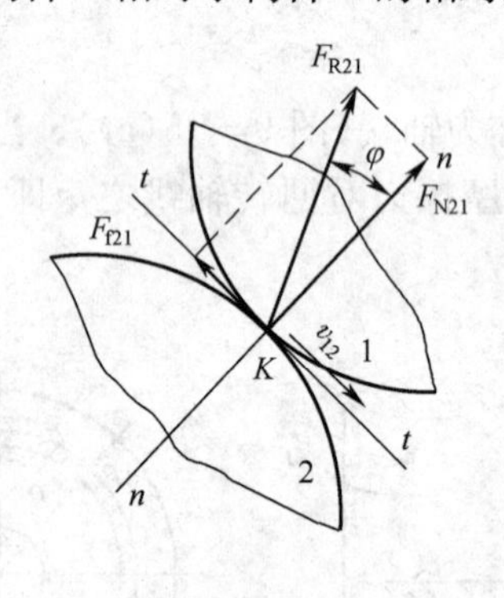

图 9－16

9.2.5　机械中的摩擦与自锁设计

如前所述，在机械设计中，设计人员有时要想尽办法减小摩擦提高机械效率，如机床中的滚动丝杠，凸轮机构的滚子从动件等，都是用滚动摩擦替代滑动摩擦来减小摩擦力。有时又利用摩擦和自锁原理来设计机械、摩擦离合器、制动器、夹紧机构、带传动等，下面通过实例说明机械设计中自锁条件的确定。

1. 偏心夹具

在图 9－17 所示的偏心夹具中，1 为夹具体，2 为工件，3 为偏心圆盘。当用 $\boldsymbol{F}$ 压下手柄时，将工件夹紧，以便对工件进行加工。当作用在手柄上的力 $\boldsymbol{F}$ 去掉后，为了使夹具不至自动松开，则需要该夹具具有自锁性。在图中，A 为偏心盘的几何中心，偏心盘的外径为 D，偏心距为 e，偏心盘轴颈的摩擦圆半径为 ρ 。试确定该夹具的自锁条件。

图中虚线小圆为轴颈的摩擦圆。当作用在手柄上的力 $\boldsymbol{F}$ 去掉后，偏心盘有沿逆时针方向转动放松的趋势，由此可定出总反力 $\boldsymbol{F}_{R23}$ 的方位如图 9－17 所示。分别过点 O、A 作 $\boldsymbol{F}_{R23}$ 的平行线。要偏心夹具反行程自锁，总反力应穿过摩擦圆，即应满足条件

$$s - s_1 \leqslant \rho \tag{a}$$

由直角三角形 ABC 及 OAE 知

$$s_1 = \overline{AC} = (D\sin\varphi)/2 \tag{b}$$

$$s = \overline{OE} = e\sin(\delta - \varphi) \tag{c}$$

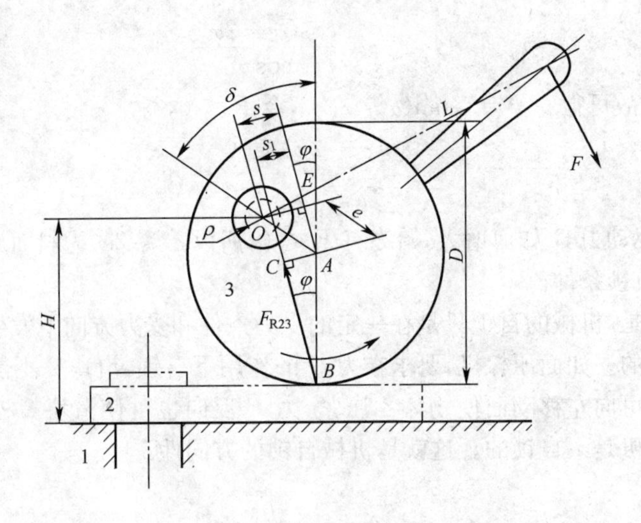

图 9-17

式中角 δ 为楔紧角，将式(b)、(c)代入式(a)可得到偏心夹具的自锁条件

$$e\sin(\delta-\varphi)-(D\sin\varphi)/2\leqslant\rho$$

2. 斜面压榨机

在图 9-18(a)所示的斜面压榨机中，如在滑块 2 上施加一定的力 $\boldsymbol{F}$，即可产生一压紧力将物体 4 压紧。图中 $\boldsymbol{G}$ 为被压紧的物体对滑块 3 的反作用力。显然，当力 $\boldsymbol{F}$ 撤去后，该机构在力 $\boldsymbol{G}$ 的作用下，应具有自锁性，现来分析其自锁条件。为了确定此压榨机在力 $\boldsymbol{G}$ 作用下的自锁条件，可先求出当 $\boldsymbol{G}$ 为驱动力时，该机械的阻抗力 $\boldsymbol{F}$。设各接触面的摩擦系数均为 f。首先，根据各接触面间的相对运动及已知的摩擦角 $\varphi=\arctan f$，作出两滑块所受的总反力，然后分别取滑块 2 和 3 为分离体，列出力平衡方程式 $\boldsymbol{F}+\boldsymbol{F}_{R12}+\boldsymbol{F}_{R32}=0$ 及 $\boldsymbol{G}+\boldsymbol{F}_{R13}+\boldsymbol{F}_{R23}=0$。并作出力多边形如图 9-18(b)所示，于是由正弦定理可得

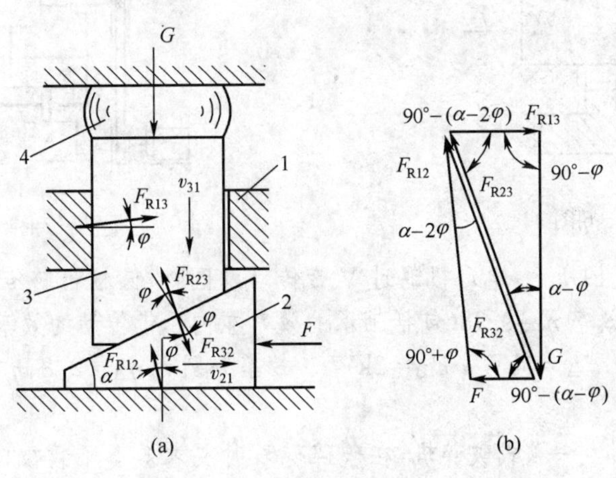

图 9-18

$$F=F_{R32}\frac{\sin(\alpha-2\varphi)}{\cos\varphi}$$

$$G = F_{R23}\frac{\cos(\alpha - 2\varphi)}{\cos\varphi}$$

由 $F_{R23} = F_{R32}$，故可得 $F = G\tan(\alpha - 2\varphi)$，令 $F \leqslant 0$，得

$$\tan(\alpha - 2\varphi) \leqslant 0$$

即

$$\alpha \leqslant 2\varphi$$

此时，无论驱动力 $\boldsymbol{G}$ 如何增大，始终有 $F \leqslant 0$，所以 $\alpha \leqslant 2\varphi$ 为斜面压榨机反行程（$\boldsymbol{G}$ 为驱动力时）的自锁条件。

必须注意的是，机械的自锁只是在一定的受力条件和受力方向下发生的，而在另外的情况下却是可动的。如面压榨机，要求在力 $\boldsymbol{G}$ 的作用下自锁，滑块 2 不能松退，但在力 $\boldsymbol{F}$ 的作用下滑块 2 可向左移动而使物体 4 压紧，力 $\boldsymbol{F}$ 反向也可使滑块 2 松退出来，即以 $\boldsymbol{F}$ 为驱动力时压榨机是不自锁的。这就是机械自锁的方向性。

思考题及习题

9-1 如何计算机组的效率？通过对串联机组及并联机组的效率的计算，对我们设计机械传动系统有何重要启示？

9-2 当作用在转动副中轴颈上的外力为一力偶矩时，也会发生自锁吗？

9-3 自锁机械根本不能运动，对吗？试举例说明。

9-4 什么是当量摩擦系数？引入当量摩擦系数的目的是什么？

9-5 什么是摩擦角？如何利用摩擦角来确定移动副中总反力作用线的位置？

9-6 题 9-6 图示为一焊接用的楔形夹具。利用这个夹具把两块要焊接的工件 1 和 1′ 预先夹紧，以便焊接。图中 2 为夹具体，3 为楔块。试确定其自锁条件（即当夹紧后，楔块 3 不会自动松脱出来的条件）。

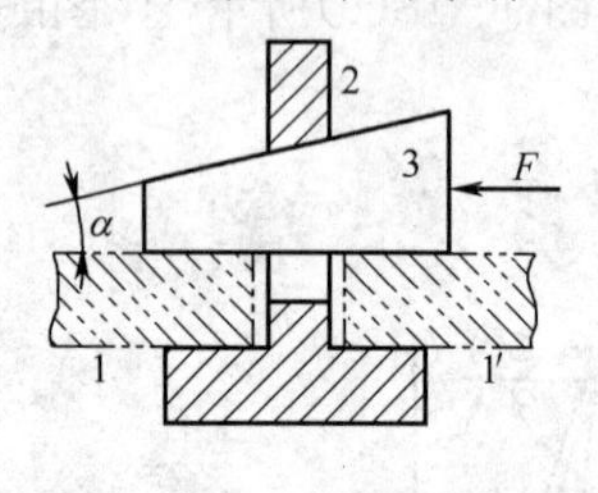

题 9-6 图

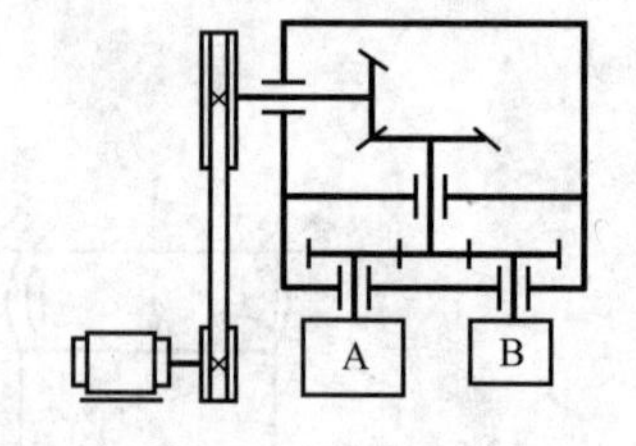

题 9-7 图

9-7 如题 9-7 图所示，电动机通过 V 带传动及圆锥、圆柱齿轮传动带动工作机 A 及 B。设每对齿轮的效率 $\eta = 0.98$（包括轴承的效率在内），带传动的效率 $\eta = 0.92$。工作机 A、B 的功率分别为 $P_A = 5\mathrm{kW}$，$P_B = 2\mathrm{kW}$。效率分别为 $\eta_A = 0.8$、$\eta_B = 0.6$，试求电动机所需的功率。

9-8 题 9-8 图为一颚式破碎机，在破碎矿石时要求矿石不致被向上挤出，试问角 α 应满足什么条件？经分析得出什么结论？

9-9 题 9-9 图示为一超越离合器，当星轮 1 沿顺时针方向转动时，滚柱 2 将被楔紧在楔形间隙中，从而带动外圈 3 也沿顺时针方向转动。设已知摩擦系数 $f = 0.08$，$R =$

60mm,$h=45$mm。为保证能正常工作,试确定滚柱直径 d 的合适范围。

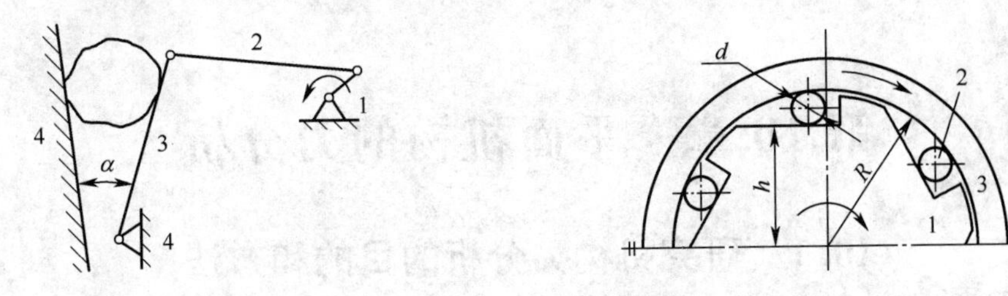

题 9-8 图　　　　　　　　　　　　题 9-9 图

9-10　题 9-10 图示为一曲柄滑块机构的三个位置,$\boldsymbol{F}$ 为作用在活塞上的力,转动副 A 及 B 上所画的虚线小圆为摩擦圆。试确定在此三个位置时作用在连杆 AB 上的作用力的真实方向(构件重量及惯性力略去不计)。

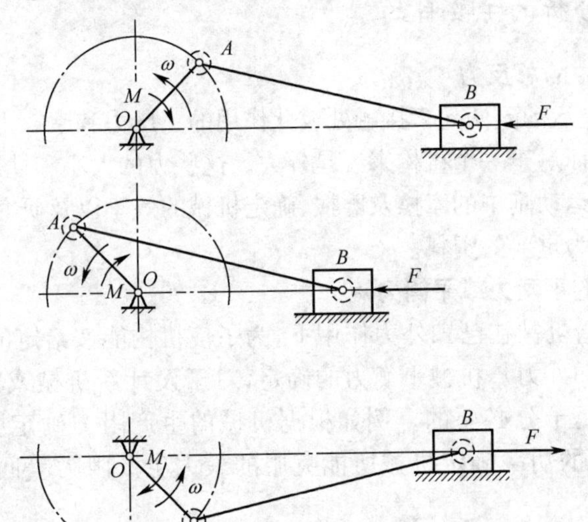

题 9-10 图

9-11　题 9-11 图示为一摆动推杆盘形凸轮机构,凸轮 1 沿逆时针方向回转,$\boldsymbol{F}$ 为作用在推杆 2 上的外载荷,图中虚线小圆为摩擦圆,试确定凸轮 1 及机架 3 作用给推杆 2 的总反力 $\boldsymbol{F}_{R12}$ 及 $\boldsymbol{F}_{R32}$ 的方位(不考虑构件的重量及惯性力)。

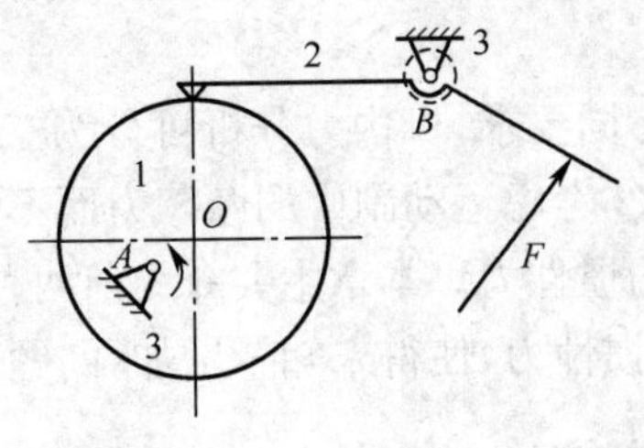

题 9-11 图

第 10 章　平面机构的力分析

10.1　研究机构力分析的目的和方法

作用在机构上的力不仅影响机械的运动和动力性能，而且也是决定机械的强度设计和结构形式的重要依据，所以不论是设计新机械，还是为了合理地使用现有机械，都必须对机械的受力情况进行分析。

10.1.1　机构力分析的主要目的

1. 确定运动副中的总反力

运动副总反力是运动副两元素接触处彼此作用的正压力和摩擦力的合力。它对于整个机械来说是内力，而对于一个机构来说是外力。这些力的大小和性质，对于计算机构各构件的强度及刚度、运动副中的摩擦及磨损、确定机械的效率以及研究机械的动力性能等一系列问题，都是极为重要的资料。

2. 确定机械上的平衡力或平衡力矩

所谓平衡力是指机械在已知外力作用下，为了使机构能按给定的运动规律运动，必须加在机械上的未知外力。机械平衡力的确定，对于设计新机械或为了充分挖掘现有机械的生产潜力都是十分必要的。例如根据机械的生产阻力确定所需原动机的最小功率，或根据原动机的功率确定机械所能克服的最大生产阻力等问题，都需要求机械的平衡力。

10.1.2　机构力分析的方法

机构力分析的基本方法在理论力学中已介绍。对于低速机械，其运动构件的惯性力较小，故可忽略不计，只需考虑静载荷对机构进行力分析，称为静力分析；而对于高速机械，由于其惯性力很大，并且往往会超过静载荷，不可忽略不计，力分析时应用所谓的动态静力方法，即将惯性力视为外力加于相应的构件上，再用静力的方法进行分析计算，称为动态静力分析。

根据对机械工作性能的不同要求，机构力分析可分为三种情况①考虑构件的惯性力但不计入运动副中的摩擦力；②考虑运动副中的摩擦力而不计入构件的惯性力；③同时考虑运动副中的摩擦力和构件的惯性力。本章主要介绍前两种情况的力分析。至于第三种情况，因为同时考虑摩擦力和惯性力，使得未知量增加，问题可能变成不可解，一般采用逐步逼近的方法来解决这类问题。

机构力分析的具体方法通常有图解法和解析法，本章将分别予以介绍。

10.2 不考虑摩擦时平面机构的动态静力分析

在作动态静力分析之前，首先需要确定各构件的惯性力。但在设计新机械时，因各构件的结构尺寸、材料、质量及转动惯量尚不知，因而无法确定惯性力。在此情况下，一般先对机构作静力分析及静强度计算，初步确定各构件的尺寸，然后再对机构进行动态静力分析及强度计算，并据此对各构件尺寸作必要修正，重复上述分析及计算过程，直到获得可以接受的设计为止。

10.2.1 构件组的静定条件

为了能以静力学方法将构件组中所有力的未知数确定出来，则构件组必须满足静定条件，即对构件组所列出的独立的平衡方程数目应等于构件组中所有力的未知要素的数目。而构件组是否是静定的，则与构件组中含有的运动副的类型、数目以及构件的数目有关。

如图 10-1 所示，在不考虑摩擦时，转动副中的反力 F_R 通过转动副的中心 O，大小和方向未知；移动副中的反力 F_R 沿导路法线方向，作用点位置和大小未知；平面高副中的反力 F_R 作用于高副两元素接触点处的公法线上，仅大小未知。所以如在构件组中共有 p_L 个低副和 p_H 个高副，则共有 $2p_L+p_H$ 个力的未知数。如该构件组中共有 n 个构件，因对每个构件都可列出 3 个独立的力平衡方程式，故共有 $3n$ 个独立的力平衡方程式。因此构件组的静定条件为

$$3n=2p_L+p_H$$

当构件组中仅有低副时，上式则为

$$3n=2p_L$$

上式与基本杆组的条件相同，即基本杆组都满足静定条件。

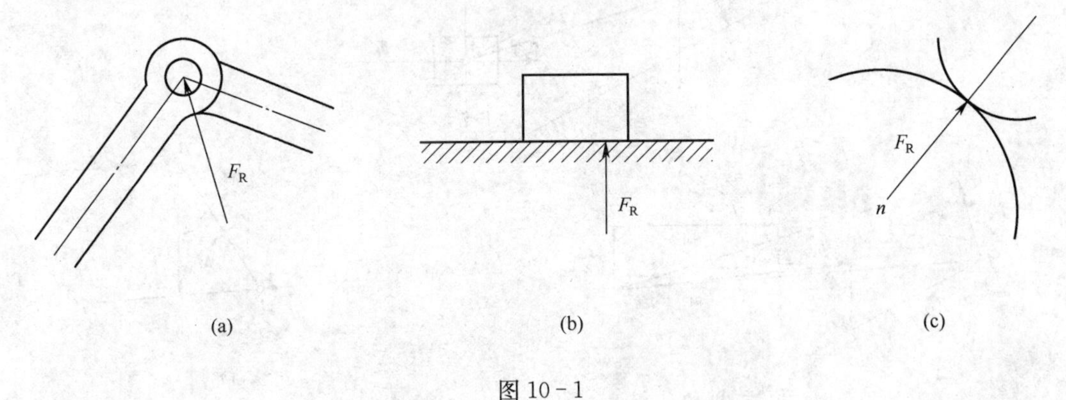

图 10-1

10.2.2 用图解法作机构的动态静力分析

进行机构动态静力分析的步骤是先求出各构件的惯性力，并把它们视为外力加于产生惯性力的构件上，再根据静定条件将机构分解为若干个构件组和平衡力作用的构件。

而力分析的顺序一般是由外力全部已知的构件组开始，逐步推算到平衡力（为未知外力）作用的构件。下面用一实例来具体说明。

例 10-1　如图 10-2 所示为一四杆机构，设已知各构件的尺寸，曲柄 1 绕其转动中心 A 的转动惯量 J_A（质心 S_1 与 A 点重合），连杆 2 的重量 G_2（质心 S_2 在 BC 的 1/2 处），转动惯量 J_{S2}，滑块 3 的重量 G_3（质心 S_3 在 C 处）。原动件 1 以角速度 ω_1 和角加速度 α_1 逆时针方向回转，作用于滑块 3 上的生产阻力为 F_r，各运动副的摩擦忽略不计。求机构在图示位置时各运动副中的反力以及需加在构件 1 上的平衡力矩 M_b。

解：1）作机构运动简图并对机构进行运动分析

选定长度比例尺 μ_l、速度比例尺 μ_v 和加速度比例尺 μ_a。作出机构的运动简图、速度和加速度多边形。分别如图 10-2(a)、(b)、(c)所示。

2）确定各构件的惯性力和惯性力偶矩

作用在构件 1 上的惯性力偶矩为　　$M_{I1}=J_A\alpha_1$　（逆时针）

作用在连杆 2 上的惯性力为　$F_{I2}=m_2\boldsymbol{a}_{S_2}=(G_2/g)\mu_a\overline{p'S_2'}$（方向与 a_{S_2} 的方向相反）

惯性力偶矩为　　$M_{I2}=J_{S2}\alpha_2=J_{S2}a^t_{CB}/l_{BC}=J_{S2}\mu_a\overline{n'c'}/l_{BC}$　（顺时针）

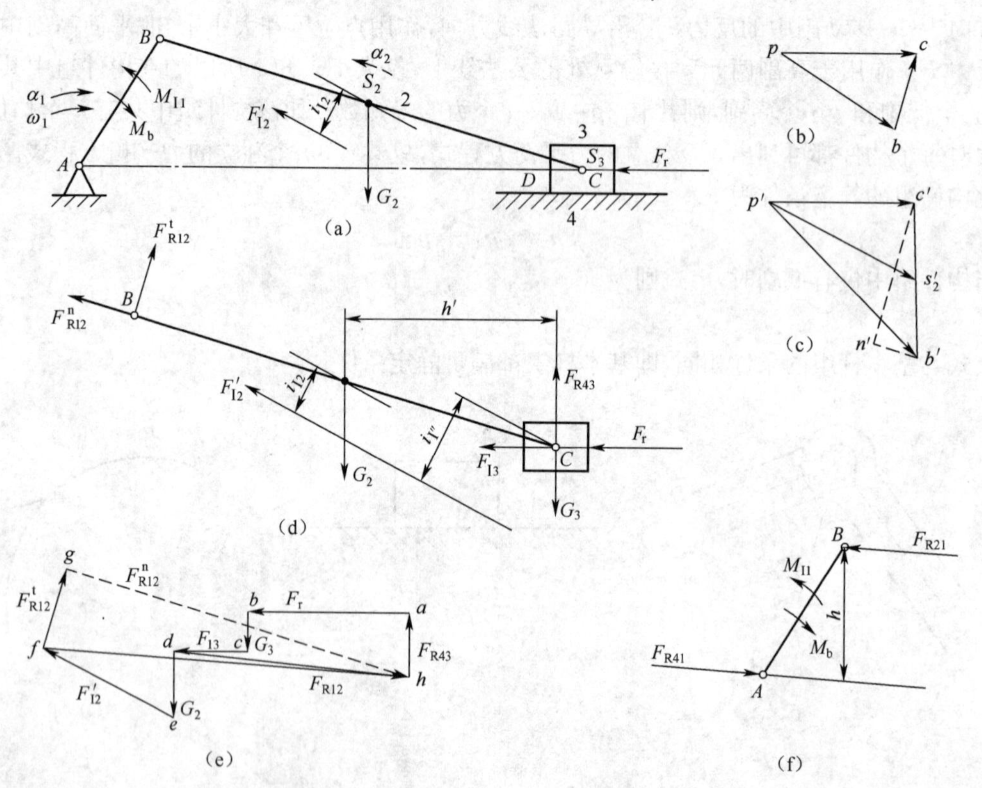

图 10-2

总惯性力 $\boldsymbol{F}'_{I2}(=\boldsymbol{F}_{I2})$ 偏离质心 S_2 的距离为 $h_2=M_{I2}/F_{I2}$，其对 S_2 之矩的方向与 α_2 的方向相反。

作用在滑块 3 上的惯性力为　$F_{I3}=m_3a_{S_3}=(G_3/g)\mu_a\overline{p'c'}$（方向与 $\boldsymbol{a}_C$ 的方向相

反）

3）作动态静力分析

按静定条件将机构分解为一个基本杆组2、3和作用有未知平衡力的构件1，先从杆组2、3开始分析。取杆组2、3为分离体，如图10-2(d)所示。其上作用有重量$\boldsymbol{G}_2$和$\boldsymbol{G}_3$、惯性力$\boldsymbol{F}'_{I2}$和$\boldsymbol{F}_{I3}$、生产阻力$\boldsymbol{F}_r$以及待求的运动副反力$\boldsymbol{F}_{R12}$和$\boldsymbol{F}_{R43}$。因不计摩擦力，$\boldsymbol{F}_{R12}$过转动副B的中心，为解题方便，将$\boldsymbol{F}_{R12}$分解为沿杆BC的法向分力$\boldsymbol{F}^n_{R12}$和垂直于BC的切向分力$\boldsymbol{F}^t_{R12}$，$\boldsymbol{F}_{R43}$过转动副C的中心并垂直于移动副导路。将构件2对点C取矩，由$\sum \boldsymbol{M}_C=0$，可得$F^t_{R12}=(G_2h'-F'_{I2}h'')/l_{BC}$，再根据整个构件组的平衡条件得

$$\boldsymbol{F}_{R43}+\boldsymbol{F}_r+\boldsymbol{G}_3+\boldsymbol{F}_{I3}+\boldsymbol{G}_2+\boldsymbol{F}'_{I2}+\boldsymbol{F}^t_{R12}+\boldsymbol{F}^n_{R12}=0$$

上式中只有$\boldsymbol{F}_{R43}$和$\boldsymbol{F}^n_{R12}$的大小未知，故可用图解法求解(图10-2(e))。选定比例尺μ_F。从a点开始依次作矢量$\overrightarrow{ab}$、$\overrightarrow{bc}$、$\overrightarrow{cd}$、$\overrightarrow{de}$、$\overrightarrow{ef}$和$\overrightarrow{fg}$分别代表力$\boldsymbol{F}_r$、$\boldsymbol{G}_3$、$\boldsymbol{F}_{I3}$、$\boldsymbol{G}_2$、$\boldsymbol{F}'_{I2}$和$\boldsymbol{F}^t_{R12}$，然后再分别由点a和点g作直线ah和gh分别平行与$\boldsymbol{F}_{R43}$和$\boldsymbol{F}^n_{R12}$，两直线交于点h，则矢量$\overrightarrow{ah}$和$\overrightarrow{fh}$分别代表$\boldsymbol{F}_{R43}$和$\boldsymbol{F}^n_{R12}$，即

$$F_{R43}=\mu_F\,\overline{ah}\,,\;F_{R12}=\mu_F\,\overline{fh}$$

为了求得$\boldsymbol{F}_{R23}$，可以构件3为分离体，再根据力平衡条件，即$\boldsymbol{F}_{R43}+\boldsymbol{F}_r+\boldsymbol{G}_3+\boldsymbol{F}_{I3}+\boldsymbol{F}_{R23}=0$，并由图10-2(e)可知，矢量$\overrightarrow{dh}$即代表$\boldsymbol{F}_{R23}$，则

$$F_{R23}=\mu_F\,\overline{dh}$$

再取构件1为分离体(图10-2(f))，其上作用有运动副反力$\boldsymbol{F}_{R21}$和待求的运动副反力$\boldsymbol{F}_{R41}$，惯性力偶矩M_{I1}及平衡力矩M_b。将杆1对点A取矩，有

$$M_b=M_{I1}+F_{R21}h\text{（顺时针）}$$

由杆1的力平衡条件有

$$\boldsymbol{F}_{R41}=-\boldsymbol{F}_{R21}$$

作动态静力分析时一般可不考虑构件的重力和摩擦力，所得结果大都能满足工程问题的需要。但对于高速、精密和大动力传动机械，因摩擦对机械性能有较大影响，故这时必须计及摩擦力。

10.2.3　用解析法作机构的动态静力分析

在实际工作中，力分析的图解法已能满足工程需要。不过，图解法精度毕竟不高，特别是需要求机构一系列位置的力分析时，图解过程相当繁琐。所以随着对机构力分析精度要求的提高和计算技术的发展，机构动态静力分析的解析法也随之发展起来。

机构力分析的解析法很多，其共同点是根据力的平衡列出各力之间的关系式，再求解。下面介绍两种方法：矢量方程解析法和矩阵法。

1. 矢量方程解析法

机构力分析中的矢量分析方法与机构运动分析中的矢量分析方法极为相似，从数学的观点来说两者没有什么本质性的区别，所不同者，一个是从运动观点来建立矢量方程；一个是根据力的平衡条件来建立矢量方程。所以在运动分析一章中的矢量关系式在此同样有效，此外再补充下列的关系。

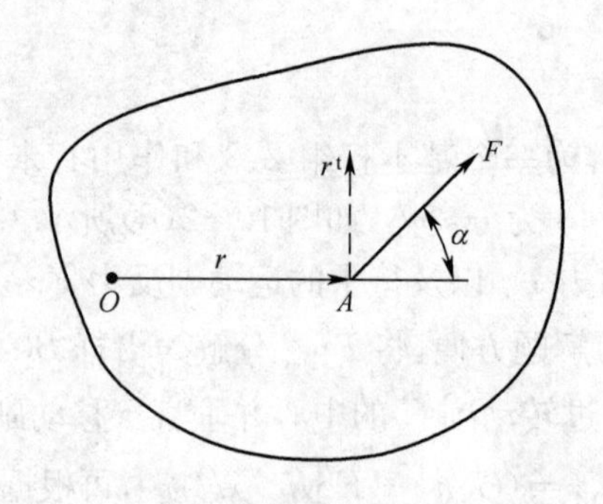

图 10-3

在图 10-3 中,设作用在构件上的任一点 $A(x_A,x_A)$ 上的力为 $\boldsymbol{F}$,当该力对构件上另一任意点 $O(x_0,x_0)$ 取矩时,则该力矩的矢量表示形式为

$$\boldsymbol{M}_O=\boldsymbol{r}\times\boldsymbol{F} \tag{10-1}$$

因 $M_O=rF\sin\alpha$,而 $\boldsymbol{r}^t\cdot\boldsymbol{F}=rF\cos(90°-\alpha)=rF\sin\alpha$,故力矩 $\boldsymbol{M}_O$ 的大小可写为

$$\boldsymbol{M}_O=\boldsymbol{r}^t\cdot\boldsymbol{F} \tag{10-2}$$

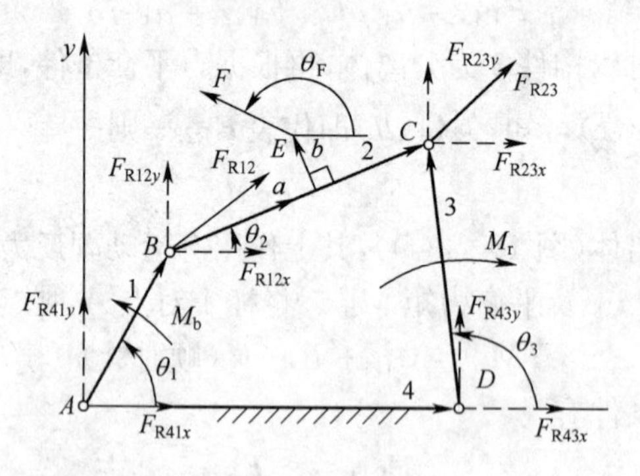

图 10-4

现以图 10-4 所示的四杆机构为例,用矢量方程法对其进行受力分析。设力 $\boldsymbol{F}$ 为作用在构件 2 上 E 点处的已知外力(包括惯性力)。M_r为作用在构件 3 上的已知生产阻力矩。现在需要确定各运动副中的反力以及需要加在主动件 1 上的平衡力矩 M_b。

首先建立一直角坐标系,并将各构件的杆矢量及方位角示出,如图 10-4 所示。为便于列出力方程和求解,规定将各运动副中的反力统一表示为 $\boldsymbol{F}_{Rij}$ 的形式,即表示构件 i 作用于构件 j 上的反力,其规定 $i<j$,而构件 j 作用于构件 i 上的反力 $\boldsymbol{F}_{Rji}$ 则用 $-\boldsymbol{F}_{Rij}$ 表示。然后再将各运动副中的反力分解为沿两坐标轴的两个分力示出,即

$$\boldsymbol{F}_{RA}=\boldsymbol{F}_{R14}=-\boldsymbol{F}_{R41}=F_{R14x}\mathbf{i}+F_{R14y}\mathbf{j}$$
$$\boldsymbol{F}_{RB}=\boldsymbol{F}_{R12}=-\boldsymbol{F}_{R21}=F_{R12x}\mathbf{i}+F_{R12y}\mathbf{j}$$
$$\boldsymbol{F}_{RC}=\boldsymbol{F}_{R23}=-\boldsymbol{F}_{R32}=F_{R23x}\mathbf{i}+F_{R23y}\mathbf{j}$$
$$\boldsymbol{F}_{RD}=\boldsymbol{F}_{R34}=-\boldsymbol{F}_{R43}=F_{R34x}\mathbf{i}+F_{R34y}\mathbf{j}$$

在进行力分析时,一般是先求出运动副反力,然后求平衡力或平衡力矩。在求运动副反力时,应当正确的拟定求解步骤,其关键是判断出“首解运动副”,也就是先求出“首解副”中的反力。“首解副”中的反力一旦求出,其他运动副中的反力也就不难求出了。而机

构中"首解运动副"的条件应当是:组成该运动副的两个构件上所做用的外力和外力矩均为已知。因此,在图 10-4 所示的四杆机构中,运动副 C 应为"首解副"。对该机构的受力分析如下。

1) 求 $\boldsymbol{F}_{\mathrm{RC}}$(即 $\boldsymbol{F}_{\mathrm{R23}}$)

取构件 3 为分离体,并将该构件上的诸力对 D 点取矩(规定力矩的方向逆时针为正,顺时针为负),则根据 $\sum M_{\mathrm{D}}=0$,得

$$\boldsymbol{l}_3^{\mathrm{t}}\cdot\boldsymbol{F}_{\mathrm{R23}}-M_{\mathrm{r}}=l_3\boldsymbol{e}_3^{\mathrm{t}}\cdot(F_{\mathrm{R23}x}\mathbf{i}+F_{\mathrm{R23}y}\mathbf{j})-M_{\mathrm{r}}$$
$$=-l_3F_{\mathrm{R23}x}\sin\theta_3+l_3F_{\mathrm{R23}y}\cos\theta_3-M_{\mathrm{r}}=0 \tag{a}$$

同理,取构件 2 为分离体,并将诸力对 B 点取矩,则根据 $\sum M_B=0$,得

$$\boldsymbol{l}_2^{\mathrm{t}}\cdot\boldsymbol{F}_{\mathrm{R32}}+(\boldsymbol{a}^{\mathrm{t}}+\boldsymbol{b}^{\mathrm{t}})\cdot\boldsymbol{F}=-l_2\boldsymbol{e}_2^{\mathrm{t}}\cdot(F_{\mathrm{R23}x}\mathbf{i}+F_{\mathrm{R23}y}\mathbf{j})+(a\mathbf{e}_{\mathrm{a}}^{\mathrm{t}}+b\mathbf{e}_{\mathrm{b}}^{\mathrm{t}})\cdot\boldsymbol{F}=$$
$$l_2F_{\mathrm{R23}x}\sin\theta_2-l_2F_{\mathrm{R23}y}\cos\theta_2-a\mathrm{F}\sin(\theta_2-\theta_F)-$$
$$bF\cos(\theta_2-\theta_F)=0 \tag{b}$$

由式(a)、(b)可得

$$F_{\mathrm{R23}x}=\frac{1}{\sin(\theta_2-\theta_3)}\left\{\frac{M_{\mathrm{r}}\cos\theta_2}{l_3}+\frac{F\cos\theta_3}{l_2}\left[a\sin(\theta_2-\theta_F)+b\cos(\theta_2-\theta_F)\right]\right\}$$

$$F_{\mathrm{R23}y}=\frac{1}{\sin(\theta_2-\theta_3)}\left\{\frac{M_{\mathrm{r}}\sin\theta_2}{l_3}+\frac{F\sin\theta_3}{l_2}\left[a\sin(\theta_2-\theta_F)+b\cos(\theta_2-\theta_F)\right]\right\}$$

2) 求 $\boldsymbol{F}_{\mathrm{RD}}$(即 $\boldsymbol{F}_{\mathrm{R43}}$)

根据构件 3 上诸力平衡条件 $\sum\boldsymbol{F}=0$,得

$$\boldsymbol{F}_{\mathrm{R43}}=-\boldsymbol{F}_{\mathrm{R23}}$$

3) 求 $\boldsymbol{F}_{\mathrm{RB}}$(即 $\boldsymbol{F}_{\mathrm{R12}}$)

根据构件 2 上诸力平衡条件 $\sum\boldsymbol{F}=0$,得

$$\boldsymbol{F}_{\mathrm{R12}}+\boldsymbol{F}_{\mathrm{R32}}+\boldsymbol{F}=0$$

分别用 $\boldsymbol{i}$ 及 $\boldsymbol{j}$ 点积上式,可求得

$$F_{\mathrm{R12}x}=F_{\mathrm{R23}x}-F\cos\theta_F,\ F_{\mathrm{R12}y}=F_{\mathrm{R23}y}-F\sin\theta_F$$
$$\boldsymbol{F}_{\mathrm{R12}}=F_{\mathrm{R12x}}\mathbf{i}+F_{\mathrm{R12y}}\mathbf{j}$$

4) 求 $\boldsymbol{F}_{\mathrm{RA}}$(即 $\boldsymbol{F}_{\mathrm{R41}}$)

根据构件 1 的平衡条件 $\sum\boldsymbol{F}=0$,得

$$\boldsymbol{F}_{\mathrm{R41}}=\boldsymbol{F}_{\mathrm{R12}}$$

而 $$M_{\mathrm{b}}=\boldsymbol{l}_1^{\mathrm{t}}\cdot\boldsymbol{F}_{\mathrm{R12}}=l_1\mathbf{e}_1^{\mathrm{t}}\cdot(F_{\mathrm{R21}x}\mathbf{i}+F_{\mathrm{R21}y}\mathbf{j})=-l_1F_{\mathrm{R21}x}\sin\theta_1+l_1F_{\mathrm{R21}y}\cos\theta_1$$

上述方法不难推广应用于多杆机构。

2. 矩阵法

如图 10-5 所示,作用于构件上任一点 E 上的力 $\boldsymbol{F}_E$ 对该构件上另一点 O 之矩(规定逆时针方向为正),可表示为下列形式

$$M_O=(y_O-y_E)F_{Ex}+(x_E-x_O)F_{Ey} \tag{10-3}$$

式中,x_E,y_E 为力作用点 E 的坐标,而 x_O,y_O 为取矩点 O 的坐标。

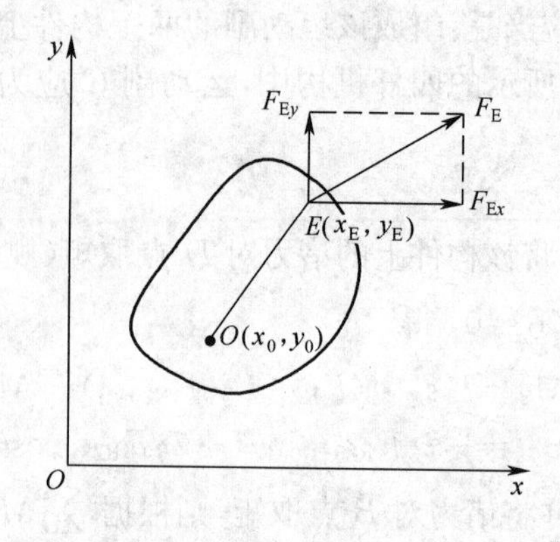

图 10-5

如图 10-6 所示为一四杆机构，图中 $\boldsymbol{F}_1$、$\boldsymbol{F}_2$ 及 $\boldsymbol{F}_3$ 分别为作用于各构件质心 S_1、S_2 和 S_3 处的已知外力(包括惯性力)，M_1、M_2 和 M_3 分别为作用于各构件上的已知外力偶矩(包括关系力偶矩)。另外，在从动件上还受到一个已知的生产阻力偶矩 M_r。现在需要确定各运动副中的反力及需加在原动件上的平衡力偶矩 M_b。

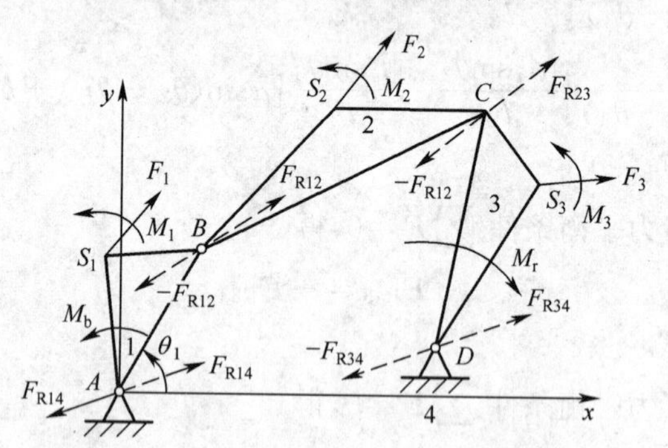

图 10-6

首先建立一直角坐标系，将各力都分解为沿两坐标轴的两个分力，再分别就各构件列出它们的力平衡方程式。为便于列出矩阵方程，规定将各运动副中的反力统一表示为 $\boldsymbol{F}_{Rij}$ 的形式，表示构件 i 作用于构件 j 上的反力，且规定 $i<j$，而构件 j 作用于构件 i 上的反力 $\boldsymbol{F}_{Rji}$ 则用 $-\boldsymbol{F}_{Rij}$ 表示。于是，在图 10-6 中，对于构件 1 可分别根据 $\sum \boldsymbol{M}_A=0$、$\sum \boldsymbol{F}_x=0$ 及 $\sum \boldsymbol{F}_y=0$。列出三个力平衡方程，并将含待求的未知要素的项写在等号左边，故有

$$-(y_A-y_B)F_{R12x}-(x_B-x_A)F_{R12y}+M_b=-(y_A-y_{S1})F_{1x}-(x_{S1}-x_A)F_{1y}-M_1-$$

$$F_{R14x}-F_{R12x}=-F_{1x}-$$

$$F_{R14y}-F_{R12y}=-F_{1y}$$

同理，对于构件 2、3 也可列出类似的力平衡方程式

$$-(y_B-y_C)F_{R23x}-(x_C-x_B)F_{R23y}=-(y_B-y_{S2})F_{2x}-(x_{S2}-x_B)F_{2y}-M_2$$

$$F_{R12x}-F_{R23x}=-F_{2x}$$

$$F_{R12y}-F_{R23y}=-F_{2y}$$

$$-(y_C-y_D)F_{R34x}-(x_D-x_C)F_{R34y}=-(y_C-y_{S3})F_{3x}-(x_{S3}-x_C)F_{3y}-M_3+M_r$$

$$F_{R23x}-F_{R34x}=-F_{3x}$$

$$F_{R23y}-F_{R34y}=-F_{3y}$$

以上共列出了九个方程式,故可解出上述各运动副反力和平衡力的九个力的未知要素。又因为以上九式为一线性方程组,因此可按构件 1、2、3 上待定的未知力的次序整理成式(10-4a)的矩阵形式。

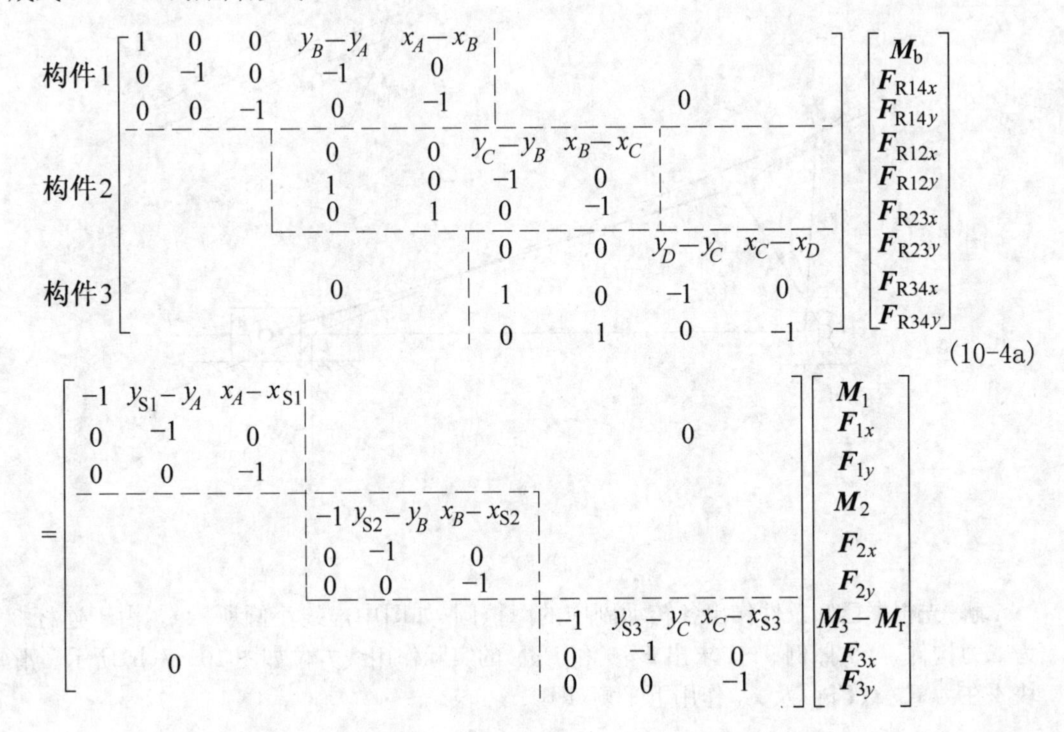

式(10-4a)即为图 10-6 所示四杆机构的动态静力分析的矩阵方程。应用以上矩阵方程即可求出所有运动副中的反力 $\boldsymbol{F}_{Rij}$ 和平衡力矩 M_b 。

上述矩阵还可简化为下列形式:

$$[C]\{F_R\}=[D]\{F\} \tag{10-4b}$$

式中 $\{F\}$ 和 $\{F_R\}$ 分别为已知力和未知力的列阵,而 $[D]$ 和 $[C]$ 分别为已知力和未知力的系数矩阵。

对于各种具体结构,都不难按顺序对机构的每一活动件写成其力的平衡方程式,然后整理成一个线性方程组,并写成矩阵形式。利用上述的矩阵可同时求出各运动副中的反力和所需的平衡力,而不必按静定杆组逐一推算,而矩阵方程的求解,现已有标准程序可以利用。

10.3 考虑摩擦时平面机构的受力分析

考虑摩擦时进行机构的力分析,首先要确定机构各运动副中的摩擦力,为了便于力分析,一般是要求运动副中的总反力,下面举例考虑摩擦时对机构进行力分析的方法。

例 10-2 如图 10-7 所示为一曲柄滑块机构。设已知各构件的尺寸(包含转动副的半径 r),各运动副中的摩擦系数 f,作用在滑块上的水平阻力为 F_r,试对该机构在图示位置时进行力分析(各构件的重力及惯性力均略去不计),并确定加于点 B 且和曲柄 AB 垂直的平衡力 F_b 的大小。

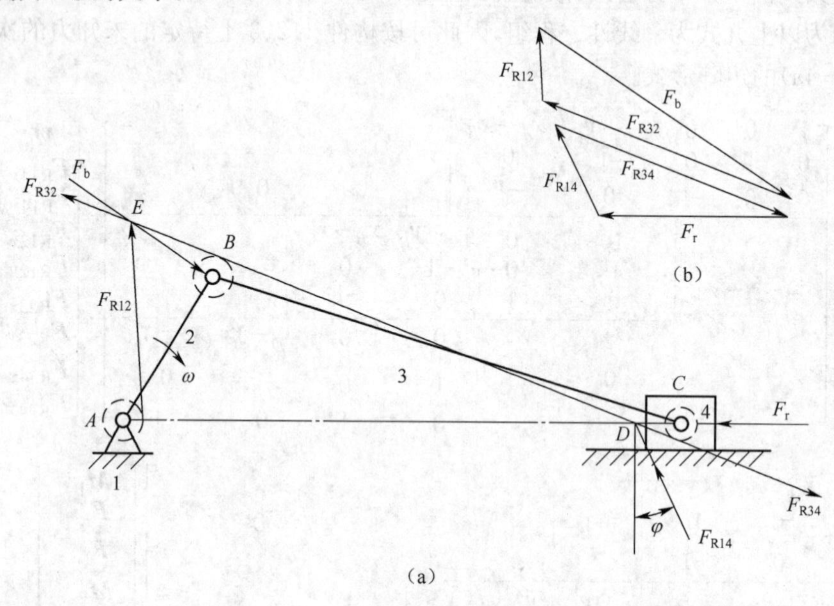

图 10-7

解:先根据已知条件作出各转动副中的摩擦圆(如图中虚线小圆所示)。由于连杆 3 为二力构件,可仿照例 9-1 求出 $\boldsymbol{F}_{R32}$ 和 $\boldsymbol{F}_{R43}$ 的实际作用线方位如图 10-7(b)所示。滑块 4 在力 $\boldsymbol{F}_{R34}$、$\boldsymbol{F}_{R14}$ 及 $\boldsymbol{F}_r$ 作用下平衡,即

$$\boldsymbol{F}_{R34}+\boldsymbol{F}_{R14}+\boldsymbol{F}_r=0$$

同时该三力应交于一点 D。曲柄 2 也受到三个力平衡。即

$$\boldsymbol{F}_{R32}+\boldsymbol{F}_{R12}+\boldsymbol{F}_b=0$$

该三力应交于一点 E。

根据以上分析,可以用图解法求出各运动副中的反力及平衡力 F_b(图 10-7(b))。

在考虑摩擦进行机构力分析时,关键是确定运动副中总反力的方向。一般都从二力构件做起。但在有些情况下,运动副中总反力的方向不能直接定出,因而无法求解。在此情况下,可以采用逐次逼近的方法,即首先完全不考虑摩擦确定出运动副中的反力,然后在根据这些反力(因为未考虑摩擦,所以这些反力实为正压力)求出各运动副中的摩擦力,并把这些摩擦力也作为已知外力,重作全部计算。为了求得更为精确的结果,还可重复上述步骤,直至求得满意的结果。

思考题及习题

10-1 何谓机构的动态静力分析?对机构进行动态静力分析的步骤如何?

10-2 构件组的静定条件是什么?基本杆组都是静定杆组吗?

10-3　在题 10-3 图示摆动导杆机构中，已知 $a=300\text{mm}$，$\varphi_1=90°$，$\varphi_3=30°$，加于导杆上的力矩 $M_3=60\text{N}\cdot\text{m}$。求机构各运动副的反力及应加于曲柄 1 上的平衡力矩 M_b。

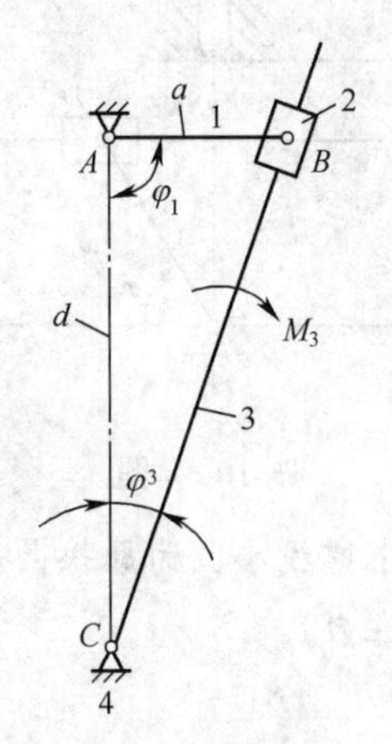

题 10-3 图

10-4　在题 10-4 图示偏心凸轮机构中，已知 $R=60\text{mm}$，$OA=30\text{mm}$，且 OA 位于水平位置，外载荷 $F_2=1000\text{N}$，$\beta=30°$。试求运动副反力和凸轮 1 上的平衡力矩 M_b。

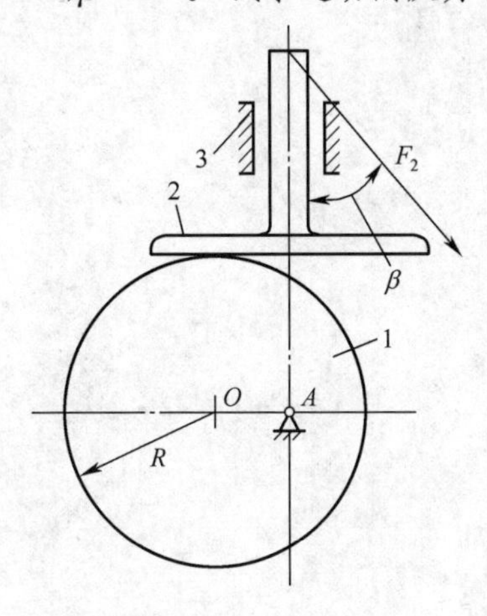

题 10-4 图

10-5　在题 10-5 图示机构中，已知 $l_{AB}=100\text{mm}$，$h_1=120\text{mm}$，$h_2=80\text{mm}$，$\omega_1=15\text{rad/s}$（为常数），滑块 2 和构件 3 的重量分别为 $Q_2=40\text{N}$ 和 $Q_3=90\text{N}$，质心 S_2 和 S_3 的位置如图所示，加于构件 3 上的生产阻力 $F_r=500\text{N}$，构件 1 的重力和惯性力略去不计。试用解析法求机构在 $\varphi_1=60°$、$150°$ 位置时各运动副反力，和需加于构件 1 上的平衡力偶矩 M_b。

10-6　在题 9-10 图所示曲柄滑块机构中，$\boldsymbol{F}$ 为作用在活塞上的力，转动副 A 及 B 上所画的虚线小圆为摩擦圆。试确定在此三个位置时需加以曲柄 1 上的平衡力矩 M（构件重量及惯性力略去不计）。

10-7　在题 9-11 图所示的摆动推杆盘形凸轮机构中，凸轮 1 沿逆时针方向回转，

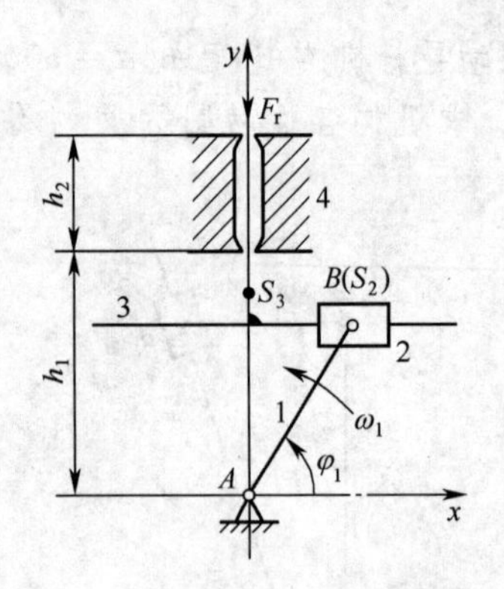

题 10 - 5 图

F 为作用在推杆 2 上的外载荷，图中虚线小圆为摩擦圆，试确定需加以原动件凸轮 1 上的平衡力矩（不考虑构件的重量及惯性力）。

第 11 章 机械的平衡

11.1 机械平衡的目的和内容

11.1.1 机械平衡的目的

机械运转时,活动构件由于加速、机构不对称或材质不均匀等将产生不平衡惯性力,不平衡惯性力在运动副中引起附加的动压力。这不仅会增大运动副的摩擦和构件中的内应力,降低机械效率和使用寿命,而且由于这些惯性力的大小和方向一般都是周期性变化的,所以将引起机械及其基础产生强迫振动。如果其频率接近机械的共振频率,则将引起极其不良的后果,不仅会影响机械本身的正常工作和使用寿命,而且还会使附近的工作机械和厂房建筑受到影响,甚至破坏。

机械平衡的目的就是设法将构件的不平衡惯性力加以平衡以消除或减小惯性力的不良影响。特别是对高速、精密机械必须设法完全或部分地消除惯性力,减小或消除附加动压力,减轻有害的机械振动。

但应指出,有一些机械却是利用构件所产生的不平衡惯性力引起的振动来工作的,如按摩机、打夯机、振动运输机等。对于这类机械,则是如何合理利用不平衡惯性力的问题。

11.1.2 平衡的内容及分类

在机械中,各构件的结构与运动形式不同,其所产生的惯性力和平衡方法也不同。机械的平衡问题分为下述两类。

1. 转子的平衡

绕固定轴线回转的构件又称为转子,其平衡问题可通过调整自身的质量和质心的位置予以解决。转子的平衡又分为刚性转子的平衡和挠性转子的平衡两种。

(1) 刚性转子的平衡　对于刚性较好,工作转速低于(0.6～0.75)n_{c1}(n_{c1}为转子的第一阶共振转速)的转子,其旋转轴线的挠曲变形可以忽略不计,这类转子称为刚性转子,其平衡按理论力学中的力系平衡理论进行。如果只要求其惯性力平衡,则称为静平衡;如果同时要求惯性力和惯性力矩的平衡,则称为动平衡。刚性转子的平衡是本章要介绍的主要内容。

(2) 挠性转子的平衡　对于质量和跨度很大,而径向尺寸较小,工作转速高于(0.6～0.75)n_{c1}的转子,其旋转轴线的挠曲变形不可忽略不计,这类转子称为挠性转子。由于挠性转子在工作过程中会产生较大的弯曲变形,从而使惯性力显著增大,这类平衡问题比较复杂,需作专门研究,本章不作详细介绍。

2. 机构的平衡

机构中作往复移动或平面复合运动的构件,其产生的惯性力无法在该构件上平衡,而必须就整个机构加以研究。设法使各运动构件的惯性力的合力和合力偶在机座上得到完全地或部分地平衡，以消除或降低其不良影响。由于惯性力的合力和合力偶最终均由机械的基础所承受，故又称这类平衡问题为机械在机座上的平衡。

11.2 刚性转子的平衡

为了使转子得到平衡，在设计时就要根据转子的结构，通过计算将转子设计成平衡的。下面分别讨论刚性转子的静平衡和动平衡。

11.2.1 刚性转子的静平衡

1. 静平衡的概念

对于轴向尺寸较小的盘状转子(转子的轴向宽度 b 与其直径 D 之比，即宽径比 $b/D<0.2$)，例如齿轮、盘形凸轮、带轮、链轮和叶轮等，它们的质量可以近似视为分布在垂直于其回转轴线的同一平面内。在此情况下，若其质心不在回转轴线上，则当其转动时，其偏心质量就会产生惯性力。因这种不平衡现象在转子静止时即可表现出来，故称其为静不平衡。

对这类转子进行静平衡时，可在转子上增加或去除一部分质量，使其质心与回转轴心重合，从而使转子的惯性力得以平衡。

2. 静平衡的计算

如图 11-1 所示，设有一盘形不平衡转子，具有偏心质量 m_1、m_2，它们的回转半径分别为 r_1、r_2，当回转体以角速度 ω 回转时，各偏心质量所产生的惯性力分别为

$$\boldsymbol{F}_{Ii}=m_i\omega^2\boldsymbol{r}_i \tag{11-1}$$

式中 $\boldsymbol{r}_i$ 表示第 i 个偏心质量的向径。

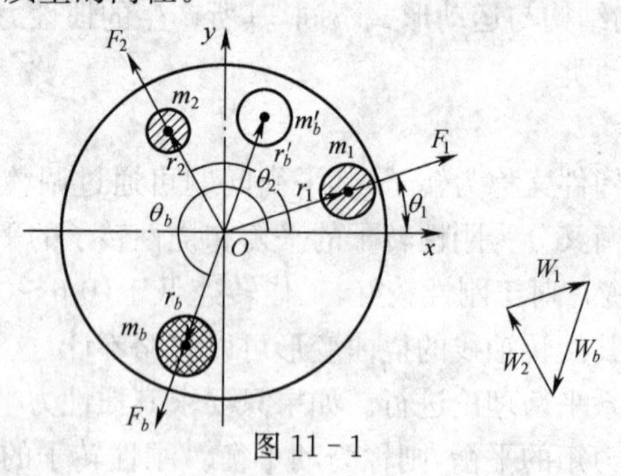

图 11-1

据平面力系平衡的原理，若要使其平衡，只要在同一回转面内加一平衡质量为 m_b，使其产生的离心惯性力 $\boldsymbol{F}_b$ 与原有各偏心质量产生的离心惯性力 $\sum F_{Ii}$ 之和等于零，即转子的静平衡条件为

$$\sum\boldsymbol{F}=\boldsymbol{F}_b+\sum\boldsymbol{F}_{Ii}=0 \tag{11-2}$$

设平衡质量 m_b 的向径为 $\boldsymbol{r}_b$，则上式可写成：

$$m_b\omega^2\boldsymbol{r}_b+m_1\omega^2\boldsymbol{r}_1+m_2\omega^2\boldsymbol{r}_2=0$$

消去 ω^2 后可得：

$$m_b\boldsymbol{r}_b+m_1\boldsymbol{r}_1+m_2\boldsymbol{r}_2=0 \tag{11-3}$$

式中 $m_i\boldsymbol{r}_i$ 称为质径积，它相对地表达了各质量在同一转速下的惯性力的大小和方位。

平衡质径积 $m_b\boldsymbol{r}_b$ 的大小和方位，可由图解法求得。如图 11-1 所示，选择合适的比例尺，按矢径 $\boldsymbol{r}_1$ $\boldsymbol{r}_2$、的方向作矢量 $\boldsymbol{W}_1$、$\boldsymbol{W}_2$，以代表质径积 $m_1\boldsymbol{r}_1$、$m_2\boldsymbol{r}_2$，则封闭矢量 $\boldsymbol{W}_b$ 就代表平衡质径积 $m_b\boldsymbol{r}_b$。

平衡质径积 $m_b\boldsymbol{r}_b$ 的大小和方位，也可由解析法求得。建立直角坐标系(图 11-1)，根据力平衡条件，由 $\sum F_x=0$ 及 $\sum F_y=0$ 可得

$$(m_br_b)_x=-\sum m_ir_i\cos\theta_i \tag{11-4a}$$

$$(m_br_b)_y=-\sum m_ir_i\sin\theta_i \tag{11-4b}$$

其中 θ_i 为第 i 个偏心质量 m_i 的矢径 $\boldsymbol{r}_i$ 与 x 轴方向的夹角(从 x 轴正向到 $\boldsymbol{r}_i$，沿逆时针方向为正)。则平衡质径积的大小为

$$m_br_b=[(m_br_b)_x^2+(m_br_b)_y^2]^{1/2} \tag{11-5}$$

根据转子结构选定 r_b 的值，再确定 m_b 的值。一般只要结构允许，r_b 尽可能选大些，以便使 m_b 的值小些。平衡质量的相位角可由下式求得

$$\theta_b=\arctan[(m_br_b)_y/(m_br_b)_x] \tag{11-6}$$

若转子的实际结构不允许在矢径的位置安装平衡质量，也可在矢径相反方向上即 $\boldsymbol{r}'_b$ 处去除一部分质量使其平衡，只要保证 $m_br_b=m'_br'_b$ 即可。

根据上面的分析可见，对于静不平衡的转子，不论它有多少个偏心质量，都只需要在同一平衡面内增加或除去一个平衡质量即可获得平衡，故又称为单面平衡。

11.2.2 刚性转子的动平衡

1. 动平衡的概念

当转子的轴向尺寸较大($b/D\geqslant 0.2$)时，如内燃机曲轴、电动机转子和机床转子等，其质量就不能视为分布在同一平面内了。这时，其偏心质量往往是分布在几个不同的回转平面内，在这种情况下，即使转子的质心位于回转轴上(图 11-2)，由于各偏心质量所产生的离心惯性力不在同一回转平面内，因而将形成惯性力偶，所以仍然是不平衡的，而且该力偶的作用方位是随转子的回转而变化，故不但会在支撑中引起附加动压力，也会引起机械设备的振动。这种不平衡现象只有在转子运转的情况下才能显示出来，故称其为动不平衡。对于这类转子进行动平衡，要求转子在运转时各偏心质量产生的惯性力和惯性力偶矩同时得以平衡。

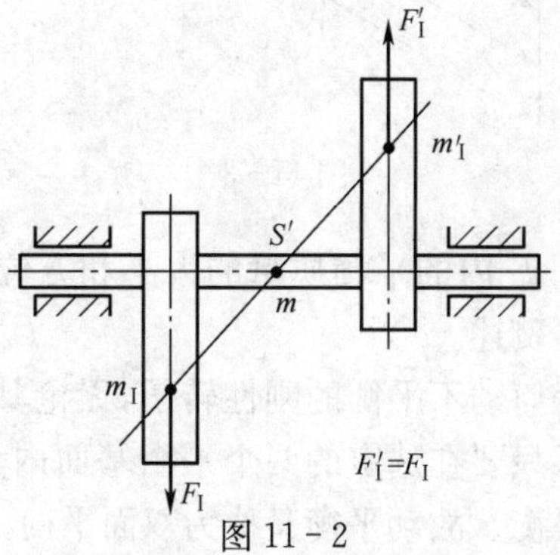

图 11-2

2. 动平衡的计算

如图 11-3 为一长转子，根据其结构，设已知其偏心质量 m_1、m_2、m_3 分别位于回转平面 1、2、3 内，它们各自的回转半径分别为 r_1、r_2、r_3，方向如图所示，当转子以角速度 ω 回转时，各偏心质量所产生的惯性力 $\boldsymbol{F}_1$、$\boldsymbol{F}_2$、$\boldsymbol{F}_3$ 将形成空间力系，所以转子的动平衡条件为：各偏心质量（包括平衡质量）产生的惯性力的矢量和为零，以及这些惯性力所构成的力矩矢量和为零，即

$$\sum \boldsymbol{F}=0 \qquad \sum \boldsymbol{M}=0 \tag{11-7}$$

为了使转子获得动平衡，选定两个垂直于轴线的平面 T' 及 T'' 作为平衡基面。将各离心惯性力分别分解到平衡基面 T' 及 T'' 内。偏心质量 m_1 所在平面到 T' 和 T'' 的距离分别为 l'、l''，则 F_1 分解到平面 T' 和 T'' 中的力 F'_1 及 F''_1 为

$$F_1{}'=\frac{l_1{}''}{l}F_1 \qquad F_1{}''=\frac{l'_1}{l}F_1$$

同理，F_2、F_3 分解到平面 T' 和 T'' 中的力分别为

$$F'_2=\frac{l''_2}{l}F_2 \qquad F''_2=\frac{l'_2}{l}F_2$$

$$F'_3=\frac{l''_3}{l}F_3 \qquad F''_3=\frac{l'_3}{l}F_3$$

这样就把空间力系的平衡问题，转化为两个平面汇交力系的平衡问题了。只要在平衡基面 T' 及 T'' 内适当地各加一平衡质量，使两平衡基面内的惯性力之和分别为零，这个转子便可得以动平衡。

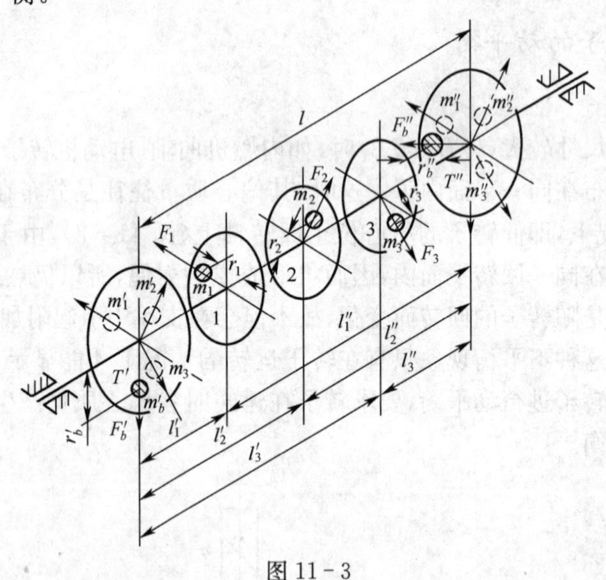

图 11-3

至于两个平衡基面 T' 及 T'' 内的平衡质量的大小和方位的确定，则与前述静平衡的计算方法完全相同，这里不再赘述。

由以上分析可知，对于任何动不平衡的刚性转子，无论其具有多少个偏心质量，以及分布于多少个回转平面内，都只要在选定的两个平衡基面内分别各加上或除去一个适当的平衡质量，即可得到完全平衡。故动平衡又称为双面平衡。

平衡基面的选取需要考虑转子的结构和安装空间，以便于安装或除去平衡质量。此外，还要考虑力矩平衡的效果，两平衡基面间的距离适当大一些。同时在条件允许的情况下，将平衡质量的矢径 r_b 也取大一些，力求减小平衡质量 m_b。

11.3 刚性转子的平衡实验

在设计时经过上述平衡计算在理论上已经平衡的转子，由于制造和装配时存在误差，材质的不均匀性等原因，仍会产生新的不平衡。这时已无法用计算来进行平衡，而只能借助于平衡实验，用实验的方法来确定出其不平衡量的大小和方位，然后利用增加或除去平衡质量的方法予以平衡。

11.3.1 静平衡实验

如图 11－4 所示，在作静平衡时，把转子支撑在两水平放置的摩擦很小的导轨或滚轮上。当存在偏心质量时，转子就会在支撑上转动直至质心处于最低位置时才能停止，这时可在质心相反的方向上加一个校正平衡质量，并逐步调整其大小和径向位置，直至转子在任意位置都能保持静止不动，说明转子的质心已与轴线重合，即转子已达到静平衡。

上述这种静平衡实验设备，结构比较简单，操作也很方便，如能降低其转动部分的摩擦也能达到一定的平衡精度。但这种静平衡设备，在进行静平衡时需经过多次反复实验，故工作效率较低，因此对于批量转子的平衡，需能够直接迅速地测出转子偏心质量的大小和方位，并直接进行快速平衡的设备。图 11－5 所示即为一种满足此要求的平衡机的原理图，它本质上是一个可朝任何方向倾斜的单摆，当将不平衡转子安装到平衡机台架上时，摆就倾斜，如图 11－5(b)所示。倾斜方向指出偏心质量的方位，而摆角 θ 则给出了偏心质量的大小。由此可确定应加的平衡质量的大小和方位。

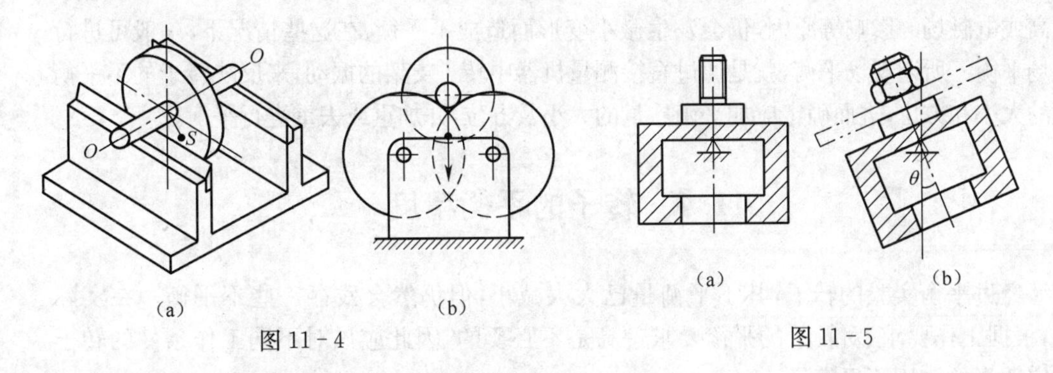

图 11－4　　图 11－5

11.3.2 动平衡实验

转子的动平衡实验一般需在专用的动平衡机上进行。动平衡机有各种不同的型式，各种动平衡机的构造及工作原理也基本相同，它们都是通过测量支架的振幅及它的相位来测定转子不平衡量的大小和方位。在动平衡机上进行转子动平衡试验的效率高，又能达到较高的精度，因此是生产上常用的方法。

图 11-6 所示为一种动平衡机的工作原理示意图。它由驱动系统、试件的支撑系统和不平衡量的测量系统这三个主要部分所组成。

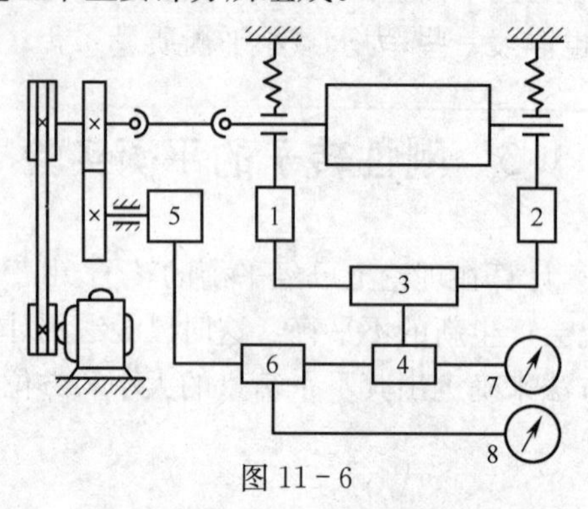

图 11-6

驱动系统中，目前常采用变速电机经过一级 V 带传动，并用万向联轴器与实验转子相连。

实验转子的支撑系统是一个弹性系统，它能保证实验转子旋转后，由不平衡量引起的振动使支撑部分按一定的方式振动，以便于传感器 1、2 拾得振动信号。

测量系统的任务是把传感器拾得的振动信号，处理成不平衡质径积的大小和方位，由传感器 1、2 得到的信号送入解算电路 3 进行处理，然后经放大器 4 将信号放大，最后由仪表 7 指示出不平衡质径积的大小。经选频信号与基准信号发生器 5 产生的电信号一起输入鉴相器 6，经过鉴相器处理后在仪表 8 上指示出不平衡质径积的相位。

11.3.3 现场实验

前面提到的转子平衡实验都是在专用的平衡机上进行的。而对于一些尺寸很大的转子，如几十吨重的大型发动机转子等，要在实验机上进行平衡是很困难的。另外，有些高速转子，虽然在制造期间已经过平衡实验达到良好的平衡状态，但由于装运、蠕变和工作温度过高或电磁场的影响等原因，仍会发生微小变形而造成不平衡，在这些情况下，一般可进行现场平衡。所谓现场平衡，就是通过直接测量机器中转子支架的振动，来反映转子的不平衡量的大小和方位，进而确定应加平衡质量的大小及方位，并加重或去重进行平衡。

11.4 转子的平衡精度

经过平衡实验的转子，其不平衡量已大大减小，但仍然会残存一些不平衡。在实际中，根据工作要求，对转子的平衡要求过高是不必要的，因此应该对不同工作条件的转子规定适当的许用不平衡量。

转子的许用不平衡量有两种表示方法，质径积表示法和偏心距表示法。如设转子的质量 m，许用不平衡质径积以 $[mr]$ 表示，而其质心至回转轴线的许用偏心距为 $[e]$，则两者的关系为

$$[e]=\frac{[mr]}{m} \tag{11-8}$$

偏心距是一个与转子质量无关的绝对量，而质径积则是与转子质量有关的一个相对量。

通常，对于具体给定的转子，用许用不平衡质径积较好，因为它比较直观，便于平衡操作。而在衡量转子平衡的优劣或衡量平衡的检测精度时，则用许用偏心距为好，因为便于比较。

关于转子的许用不平衡量，目前我国尚未定出标准，表 11-1 是国际标准化制定的各种典型转子的平衡等级和许用不平衡量，可供参考选用。表中转子的不平衡量以平衡精度 A 的形式给出。

对于动不平衡的转子，由表 11-1 中求出许用偏心距$[e]$，并根据式(11-8)求出不平衡质径积$[mr]=m[e]$后，应将其分配到两个平衡基面上。

表 11-1 各种典型转子的平衡等级和许用不平衡量

平衡等级 G	$A=\frac{[e]\omega}{1000}$ /(mm/s)	典型转子示例
G4000	4000	刚性安装的具有奇数汽缸的低速船用柴油机曲轴传动装置
G1600	1600	刚性安装的大型二冲程发动机曲轴传动装置
G630	630	刚性安装的大型四冲程发动机曲轴传动装置；弹性安装的船用柴油机曲轴传动装置
G250	250	刚性安装的高速四缸柴油机曲轴传动装置
G100	100	六缸和六缸以上高速柴油机曲轴传动装置；汽车、机车用发动机整体(汽油机或柴油机)
G40	40	汽车轮、轮毂、轮组、传动轴；弹性安装的六缸和六缸以上高速四冲程发动机(汽油机或柴油机)曲轴传动装置；汽车、机车用发动机曲轴传动装置
G16	16	特殊要求的传动轴(螺旋桨轴、万向联轴器)；破碎机械的零件；农业机械的零件；汽车和机车发动机(汽油机或柴油机)部件；特殊要求的六缸和六缸以上发动机曲轴传动装置
G6.3	6.3	作业机械的零件；船用主汽轮机齿轮(商船用)；离心机鼓轮；风扇；装配好的航空燃气轮机；泵转子；机床和一般的机械零件；普通电机转子；特殊要求的发动机部件
G2.5	2.5	燃气轮机和汽轮机，包括船用主汽轮机(商船用)；刚性汽轮发电机转子；涡轮压缩机；机床传动装置；特殊要求的中型和大型电机转子；小型电机转子；涡轮驱动泵
G1	1	磁带录音仪和录音机的传动装置；磨床的传动装置；特殊要求的小型电机转子
G0.4	0.4	精密磨床主轴、砂轮盘及电机转子；陀螺仪

注：ω 为转子的角速度(rad/s)；$[e]$为许用偏心距(μm)。
按国际标准，低速柴油机的活塞速度小于 9 m/s，高速柴油机的活塞速度大于 9 m/s。
曲轴传动装置包括曲轴、飞轮、离合器、带轮、减振器、连杆回转部分等组件

11.5 平面机构的平衡

机构中作往复移动或平面复合运动的构件，其在运动过程中产生的惯性力无法在该构件上平衡，必须就整个机构加以研究。具有往复运动构件的机构在许多机械中是经常使用的，如汽车发动机、高速柱塞泵、活塞式压缩机、振动剪床等。由于这些机械的速度比较高，所以平衡问题常成为产品质量的关键问题之一。

当机构运动时，其各运动构件所产生的惯性力可以合成为一个通过机构质心的总惯性力和一个总惯性力偶矩，这个惯性力和惯性力偶矩全部由基座承受。因此，为了消除机构在基座上引起的动压力，就必须设法平衡这个总惯性力和总惯性力偶矩。故机构平衡的条件是总惯性力 $\boldsymbol{F}_{\mathrm{I}}$ 和总惯性力偶矩 M 分别为零，即

$$\boldsymbol{F}_{\mathrm{I}}=0, M=0 \tag{11-9}$$

不过，在平衡计算中，总惯性力偶矩对基座的影响应当与外加的驱动力矩和阻抗力矩一并研究(因这三者都将作用到基座上)，但是由于驱动力矩和阻抗力矩与机械的工作性质有关，单独平衡惯性力偶矩往往没有意义，故这里只讨论总惯性力的平衡问题。

设机构的总质量为 m，其质心 S'的加速度为 $\boldsymbol{a}_{S'}$，则机构的总惯性力 $\boldsymbol{F}_{\mathrm{I}}=-m\boldsymbol{a}_{S'}$。由于质量 m 不可能为零，所以要使总惯性力 $\boldsymbol{F}_{\mathrm{I}}=0$，必须使 $\boldsymbol{a}_{S'}=0$，即应使机构的质心静止不动。根据这个结论，在对机构进行平衡时，就是运用增加平衡质量等方法，使机构的质心静止不动，下面介绍几种典型四杆机构的平衡方法。

11.5.1 利用平衡质量平衡

1. 质量代换法

在实际计算中，为了简化计算过程，可以设想把构件的质量，按一定条件用集中于构件上某机构选定点的假想集中质量来代替，这种方法称为质量代换法。假想的集中质量称为代换质量，代换质量所在的位置称为代换点。为使构件在质量代换前后，构件的惯性力和惯性力偶矩保持不变，应满足下列三个条件：

(1) 代换前后构件的质量不变；

(2) 代换前后构件的质心位置不变；

(3) 代换前后构件对质心轴的转动惯量不变；

根据上述三个代换条件，若对图 11-7(a)中连杆 BC 的质量分别用集中在B、K 两点的集中质量 m_B、m_K 来代换，(B、S_2、K 三点位于同一直线上，如图 11-7(b)所示)，则可列出三个方程

$$\left.\begin{aligned} &m_B+m_K=m_2\\ &m_Bb=m_Kk\\ &m_Bb^2+m_Kk^2=J_{S2} \end{aligned}\right\} \tag{11-10}$$

在此方程组中有四个未知量(b、k、m_B、m_K)，三个方程，故有一未知量可任选。在工程上一般先选定代换点 B 的位置(即选定 b)，其余三个未知量可由下式求出

$$\left.\begin{aligned} &k=\frac{J_{S2}}{m_2b}\\ &m_B=\frac{m_2k}{(b+k)}\\ &m_K=\frac{m_2b}{(b+k)} \end{aligned}\right\} \tag{11-11}$$

这种同时满足上述三个代换条件的质量代换称为动代换，其优点是在代换后，构件的惯性力和惯性力偶矩都不会发生改变。但其代换点 K 的位置不能随意选择，给工程计算带来不便。

为了便于计算，工程上常采用只满足前两个代换条件的静代换。这时仍有四个未知量，但只有两个方程，故两个代换点的位置均可任选(图 11-7(c))，即可同时选定 b、c，则有

$$\left.\begin{aligned} m_B &= \frac{m_2 c}{(b+c)} \\ m_C &= \frac{m_2 b}{(b+c)} \end{aligned}\right\} \tag{11-12}$$

因静代换不满足代换的第三个条件，故在代换后，构件的惯性力偶矩会产生一定的误差，但此误差能为一般工程计算所接受。因其使用上的简便性，更常为工程所采纳。

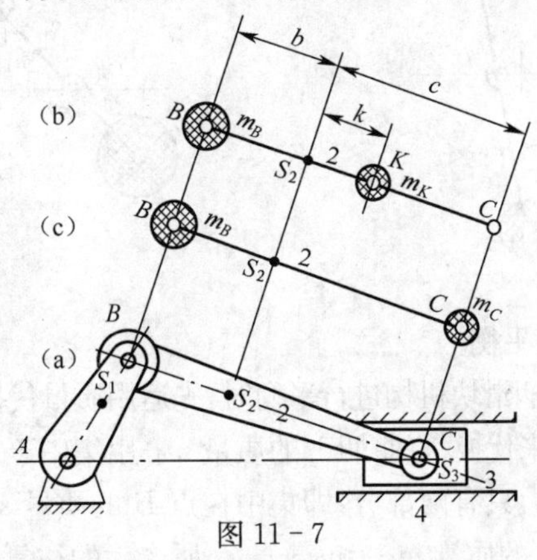

图 11-7

2. 利用平衡质量完全平衡

在图 11-8 所示的铰链四杆机构中，设构件 1、2、3 的质量分别为 m_1、m_2、m_3。其质心分别位于 S'_1、S'_2、S'_3 处。为了进行平衡，先将构件 2 的质量 m_2 用分别集中于 B_1、C 两点的两个集中质量 m_{2B} 及 m_{2C} 所代换，而其大小根据式(11-12)得

$$m_{2B} = \frac{m_2 l_{CS'_2}}{l_{BC}}$$

$$m_{2C} = \frac{m_2 l_{BS'_2}}{l_{BC}}$$

然后在构件 1 的延长线上加一平衡质量 m' 来平衡构件 1 的质量 m_1 和 m_{2B}，使构件 1 的质心移到固定轴 A 处，所需的平衡质量 m' 可如下求得

$$m' = \frac{(m_{2B} l_{AB} + m_1 l_{AS'_1})}{r'}$$

同理，可在构件 3 的延长线上加一平衡质量 m''，使其质心移至固定轴 D 处，m'' 可如下求得

$$m'' = \frac{(m_{2C} l_{DC} + m_3 l_{DS'_3})}{r''}$$

在加上平衡质量 m' 和 m'' 以后，机构的总质心应位于 AD 线上一固定点，即 $\boldsymbol{a}_{S'} = 0$，所以机构的惯性力已得到平衡。

运用同样的方法，可以对图 11-9 所示的曲柄滑块机构进行平衡。为使机构的总质心固定在轴 A 处，m' 和 m'' 可由下式求得

$$m' = \frac{(m_2 l_{BS_2} + m_3 l_{BC})}{r'}$$

$$m''=\frac{\left[(m'+m_2+m_3)l_{AB}+m_1 l_{AS'_1}\right]}{r''}$$

根据研究，完全平衡 n 个构件的单自由度机构的惯性力，应至少加 $n/2$ 个平衡质量，这将使机构的质量大大增加，故实际上往往采用下述的部分平衡法。

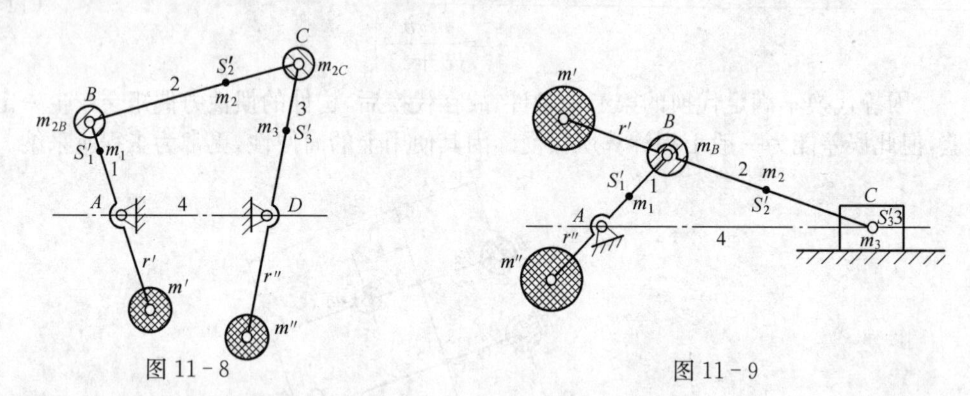

图 11-8　　　　图 11-9

3. 利用平衡质量部分平衡

对图 11-10 所示的曲柄滑块机构进行平衡时，先运用质量代换将连杆 2 的质量用集中于 B、C 两点的质量 m_{2B}、m_{2C} 来代换；将曲柄 1 的质量 m_1 用集中于 B、A 两点的质量 m_{1A}、m_{1B} 来代换。此时，机构的惯性力只有两部分：即集中在点 B 的质量 $m_B=m_{2B}+m_{1B}$ 所产生的离心惯性力 $\boldsymbol{F}_{IB}$ 和集中于点 C 的质量 $m_C=m_{2C}+m_3$ 所产生的往复惯性力 $\boldsymbol{F}_{IC}$。而为了平衡离心惯性力 $\boldsymbol{F}_{IB}$，只要在曲柄的延长线上加一平衡质量 m'，使之满足下式关系即可

$$m'=\frac{m_B l_{AB}}{r}$$

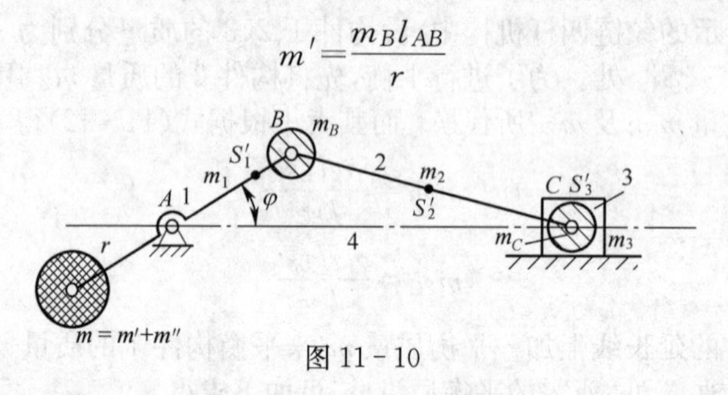

图 11-10

而往复惯性力 $\boldsymbol{F}_{IC}$ 因其大小随曲柄转角 φ 的不同而不同，所以其平衡问题就不像平衡离心惯性力 $\boldsymbol{F}_{IB}$ 那样简单。下面介绍往复惯性力的平衡方法。

由运动分析可得滑块 C 的加速度方程为

$$a_C\approx-\omega^2 l_{AB}\cos\varphi$$

因而集中质量 m_C 所产生的往复惯性力为

$$F_{IC}\approx m_C\,\omega^2 l_{AB}\cos\varphi$$

为了平衡惯性力 $\boldsymbol{F}_{IC}$，可在曲柄的延长线上距 A 为 r 的地方再加上一个平衡质量 m''，并使

$$m''=\frac{m_C l_{AB}}{r}$$

将平衡质量 m'' 产生的离心惯性力 $\boldsymbol{F}''_I$ 分解为一水平分力 $\boldsymbol{F}''_{Ih}$ 和一铅直分力 $\boldsymbol{F}''_{Iv}$，则有

$$F''_{Ih}=m''\omega^2 r\cos(180°+\varphi)=-m_C\,\omega^2 l_{AB}\cos\varphi$$

$$F''_{Iv}=m''\omega^2 r\sin(180°+\varphi)=-m_C\,\omega^2 l_{AB}\sin\varphi$$

由于 $\boldsymbol{F}''_{\mathrm{Ih}}=-\boldsymbol{F}_{\mathrm{IC}}$，故 $\boldsymbol{F}''_{\mathrm{Ih}}$已与往复惯性力 $\boldsymbol{F}_{\mathrm{IC}}$平衡。不过此时又多了一个新的不平衡惯性力 $\boldsymbol{F}''_{\mathrm{Iv}}$，此铅直方向的惯性力对机械的工作也很不利。为了减小此不利因素，可取

$$F''_{\mathrm{Ih}}=(1/3\sim1/2)F_{\mathrm{IC}}$$

即取

$$m''=\left(\frac{1}{3}\sim\frac{1}{2}\right)\frac{m_{C}l_{AB}}{r}$$

即只平衡惯性力的一部分。这样，既可以减小往复惯性力 $\boldsymbol{F}_{\mathrm{IC}}$的不良影响，又可使在铅直方向产生的新的不平衡惯性力 $\boldsymbol{F}''_{\mathrm{Iv}}$不致太大，同时所需加的配重也较小。一般说来，这对机械的工作较为有利。

对于四缸、六缸、八缸发动机来说，若各缸的往复质量取得一致，在各缸适当排列下，往复质量之间即可自动达到力与力矩的完全平衡，对消除发动机的振动很有利。为此，对同一台发动机，应选相同质量的活塞，各连杆的质量、质心位置也应保持一致。为此，在一些高质量发动机的生产中，采用了全自动连杆质量调整机、全自动活塞质量分选机等先进设备。

11.5.2 利用对称机构平衡

1. 利用对称机构达到完全平衡

如图 11-11 所示的机构，由于其左右两部分对 A 完全对称，故可使惯性力在轴承 A 处所引起的动压力得到完全平衡。在图 11-12 所示的 ZG12-6 型高速冷镦机中，就利用了与此类似的方法获得了较好的平衡效果，使机器转速提高到 350 r/min，而振动仍较小。它的主传动机构为曲柄滑块机构 ABC，平衡装置为四杆机构 $AB'C'D'$，由于杆 $C'D'$较长，C'点的运动近似于直线，加在 C'点处的平衡质量 m'即相当于滑块 C 的质量 m。

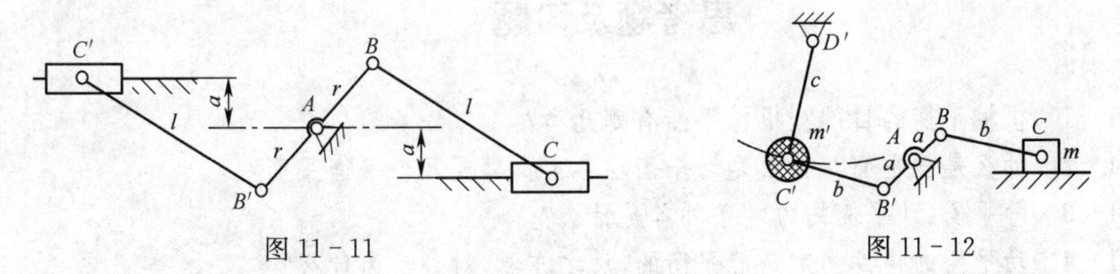

图 11-11　　图 11-12

如上所述，利用对称机构可得到很好的平衡效果，只是采用这种方法将使机构的体积大为增加。实际上往往采用非完全对称机构平衡部分惯性力。

2. 利用非完全对称机构达到部分平衡

部分平衡是只平衡掉机构总惯性力的一部分。如图 11-13 所示机构中，当曲柄 AB 转动时，滑块 C 和 C'的加速度方向相反，它们的惯性力方向也相反，故可以相互抵消。但由于两滑块运动规律不完全相同，所以只是部分平衡。

在图 11-14 所示的机构中，当曲柄 AB 转动时，两连杆 BC、$B'C'$和摇杆 CD、$C'D$ 的惯性力也可以部分抵消。

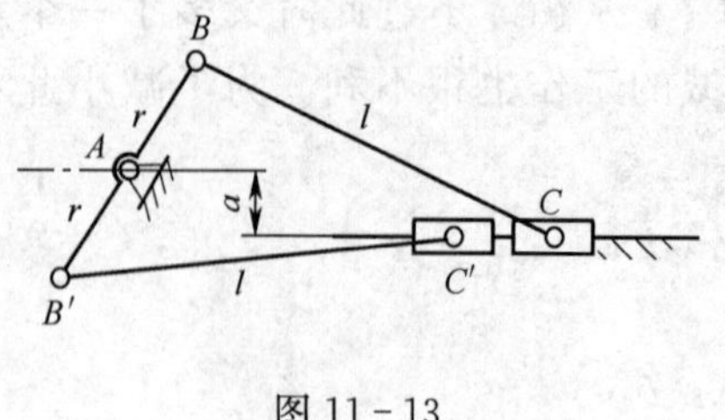

图 11-13

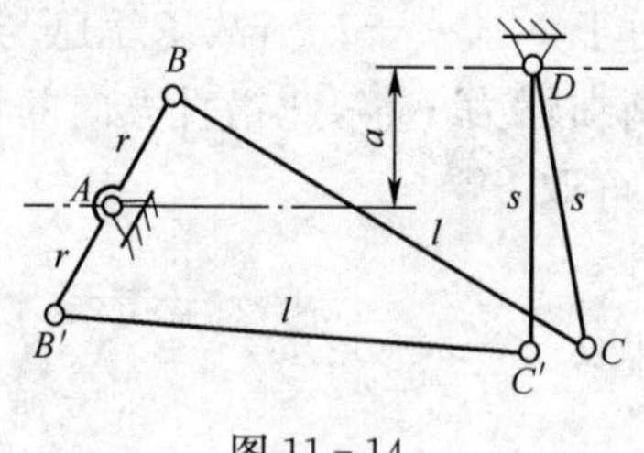

图 11-14

11.5.3 利用弹簧平衡

如图 11-15 所示，通过合理选择弹簧的刚度系数 k 和弹簧的安装位置，可以使连杆 BC 的惯性力得到部分平衡。

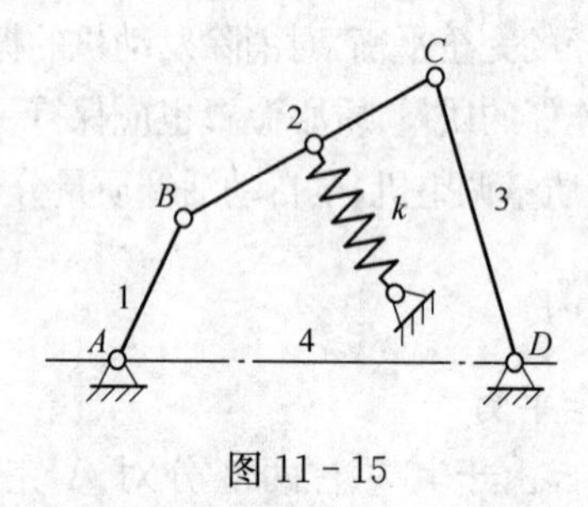

图 11-15

最后还需指出，在一些精密设备中，要获得高品质的平衡效果，仅在最后才作机械的平衡检测是不够的，应在机械生产的全过程中（即原材料的准备、加工装配等各个环节）都关注到平衡问题。

思考题及习题

11-1　机械平衡的目的？机械平衡有哪几类？

11-2　什么是静平衡？什么是动平衡？各至少需要几个平衡平面？

11-3　静平衡、动平衡的力学条件各是什么？

11-4　动平衡的构件一定是静平衡的，反之亦然，对吗？为什么？

11-5　在题 11-5 图所示的钢制圆盘中，已知其偏心质量为 $m_2=2m_1=500\text{g}$，它们的回转半径分别为 $r_1=r_2=100\text{mm}$，方位如图所示。为使圆盘平衡，试求所需的平衡质量的大小和方位，取 $r_b=120\text{mm}$。

11-6　在题 11-6 图所示的转子中，已知各偏心质量为 $m_1=10\text{kg}$，$m_2=15\text{kg}$，$m_3=20\text{kg}$，$m_4=10\text{kg}$，它们的回转半径分别为 $r_1=40\text{cm}$，$r_2=r_4=30\text{cm}$，$r_3=20\text{cm}$，方位如图所示。若置于平衡基面Ⅰ及Ⅱ中的平衡质量 $m_{b\text{I}}$ 及 $m_{b\text{II}}$ 的回转半径均为 50cm，试求 $m_{b\text{I}}$ 及 $m_{b\text{II}}$ 的大小和方位（$l_{12}=l_{23}=l_{34}$）。

11-7　高速水泵的凸轮轴系由 3 个互相错开 120°的偏心轮组成，每一偏心轮的质量为 0.4kg，偏心距为 12.7mm，设在平衡平面 L 和 R 中各装一个平衡质量 m_{bL} 和 m_{bR} 使之平衡，其回转半径为 10mm，其他尺寸如题 11－7 图所示（单位：mm）。求 m_{bL} 和 m_{bR} 的大小和方位。

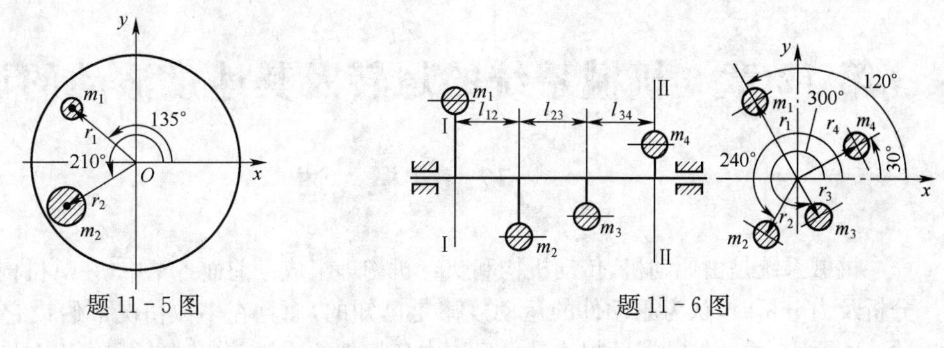

题 11－5 图　　　　题 11－6 图

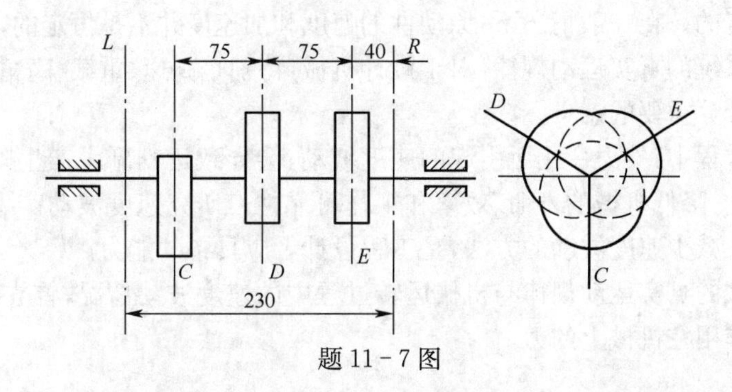

题 11－7 图

11－8　题 11－8 图所示为一个一般机器转子，已知转子的质量为 20kg，其质心至两平衡基面Ⅰ及Ⅱ的距离分别为 $l_1=100$mm，$l_2=200$mm，转子的转速 $n=3000$r/min，试确定在两个平衡基面Ⅰ及Ⅱ内的许用不平衡质径积。当转子转速提高到 $n=5000$r/min 时，其许用不平衡质径积又各为多少？

11－9　题 11－9 图所示的曲柄滑块机构中，已知各杆长度分别为 $l_{AB}=80$mm、$l_{BC}=240$mm，曲柄 1、连杆 2 的质心 S_1、S_2 的位置为 $l_{AS_1}=l_{BS_2}=80$mm，滑块 3 的质量为 $m_3=0.6$kg。若该机构的总惯性力完全平衡，试确定曲柄质量 m_1 及连杆质量 m_2 的大小。

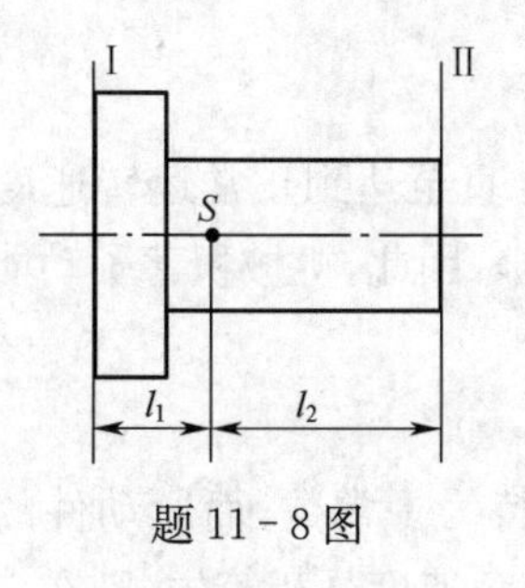

题 11－8 图

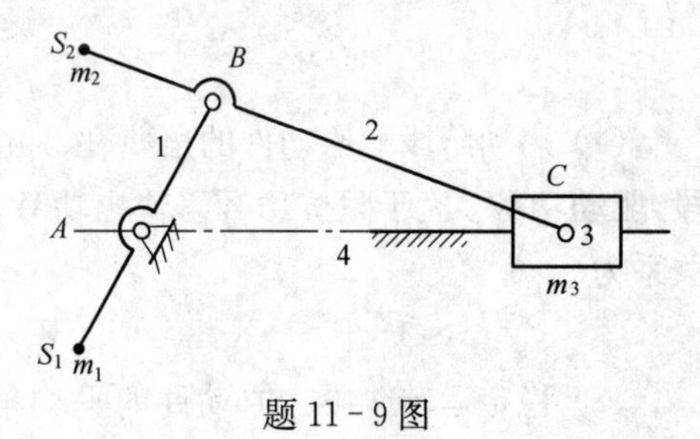

题 11－9 图

第 12 章　机械系统的运转及其速度波动的调节

12.1 概　述

机械系统是由原动机、传动机构和执行机构等组成。前面各章中，在对机构进行运动分析及力分析时，认为原动件的运动规律是已知的，而且在多数情况下假设它作等速运动。实际上，原动件的运动规律是由机构中各构件的质量、转动惯量和作用在机构上的外力等因素所决定的。在一般情况下，原动件的速度和加速度并不是恒定的，因此研究在外力作用下机械系统的真实运动规律，对于设计机械，特别是高速、重载、高精度以及高自动化的机械具有十分重要的意义。

机械运转过程中，外力变化所引起的速度波动，会导致运动副中产生附加的动压力，并导致机械振动，降低机械的寿命、效率和工作可靠性。研究速度波动产生的原因，掌握通过合理设计来减少速度波动的方法，是工程设计者应具备的能力。

为研究机械的真实运动规律与机械运转过程中的速度波动情况，首先应了解机械的运转过程以及作用在机械上的力。

12.1.1　机械运转的三个阶段

机械系统的运转从起动到停止整个运转过程通常分为三个阶段：启动阶段、稳定运转阶段和停车阶段。图 12-1 所示为原动件的角速度 ω 随时间 t 变化的曲线。

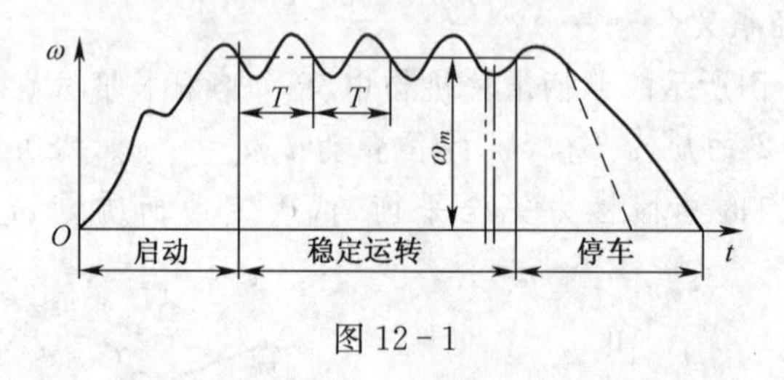

图 12-1

(1) 启动阶段　原动件的角速度 ω 由零逐渐上升，直至达到正常运转速度。在此阶段，驱动功 W_d 大于阻抗功 W_g(输出功 W_r＋损失功 W_f)，因此，机械积蓄了动能。其功能关系为

$$W_d = W_g + E \tag{12-1}$$

(2) 稳定运转阶段　原动件的平均角速度 ω_m 保持为一常数，而原动件的角速度 ω 通常还会出现周期性波动。由于在一个周期的始末，其角速度是相等的，则在一个运动循环以及整个稳定运转阶段机械的总驱动功与总阻抗功是相等的，即

$$W_d = W_g \tag{12-2}$$

这种稳定运转称为周期变速稳定运转(如活塞式压缩机的运转情况即属此类)。如果

原动件的角速度 ω 在稳定运转过程中恒定不变，则称为等速稳定运转(如鼓风机等)。

(3) 停车阶段　在停车阶段，驱动功 $W_d=0$，系统利用停车前储存的动能继续克服阻力做功，直到储存的动能全部耗尽，机械系统才完全停止运动。这一阶段的功能关系为

$$E=-W_g \tag{12-3}$$

为了缩短停车时间，在许多机械上都安装了制动装置，如图 12-1 中的虚线所示为安装制动器后，停车阶段原动件的角速度 ω 随时间 t 的变化关系。

启动阶段与停车阶段统称为过渡阶段，多数机械是在稳定运转阶段进行工作的，但需频繁启动与制动的起重机等类型的机械，其工作过程都有相当一部分是在过渡阶段进行的。

12.1.2　作用在机械上的力

在研究机械的真实运动规律时，必须知道作用在机械上的力。当忽略了机械中各构件的重力以及运动副中的摩擦力时，作用在机械上的力可分为驱动力和生产阻力。

各种原动机的作用力(或力矩)与其运动参数(位移、速度、时间)之间的关系称为机械特性。根据原动机特性的不同，它们发出的驱动力可以是不同运动参数的函数。如蒸汽机、内燃机等原动机发出的驱动力是活塞位置的函数；用弹簧作为驱动件时，其机械特性是位移的线性函数；机器中应用最广泛的原动机——电动机发出的驱动力矩是转子角速度 ω 的函数等。

至于机械执行构件所承受的生产阻力的变化规律，完全取决于机械工艺过程的特点。有些机械在一段生产过程中，生产阻力可以认为是常数(如车床)；而另一些机械的生产阻力是执行构件位置的参数(如曲柄压力机)；还有一些机械的生产阻力是执行构件速度的参数(如鼓风机、搅拌机等)；也有极少数机械，其生产阻力是时间的函数(如球磨机)。

驱动力和生产阻力的确定，涉及许多专业知识，可查阅相关资料。

12.2　机械的运动方程式

12.2.1　机械运动方程的一般表达式

研究机械的运转问题时，需要建立作用在机械上的力、构件的质量、转动惯量和其运动参数之间的函数关系式，这种函数式即为机械的运动方程。

根据动能定理可知，在 $\mathrm{d}t$ 瞬间内其总动能的增量 $\mathrm{d}E$ 等于在该瞬间作用于该机械系统的各外力所做的元功之和 $\mathrm{d}W$。于是即可列出该机械系统运动方程的微分表达式为

$$\mathrm{d}E=\mathrm{d}W \tag{12-4}$$

如图 12-2 所示为曲柄滑块机构。设已知曲柄 1 为原动件，其角速度为 ω_1，曲柄 1 的质心 S_1 在 O 点，其转动惯量为 J_1；连杆 2 的角速度为 ω_2，质量为 m_2，其对质心 S_2 的转动惯量为 J_{S_2}，质心 S_2 的速度为 v_{S_2}；滑块 3 的质量为 m_3，其质心 S_3 在 B 点，速度为 v_3。且已知在此机构上作用有驱动力矩 M_1 与工作阻力 F_3，则该机构在 $\mathrm{d}t$ 瞬间的动能增量为

$$\mathrm{d}E=\mathrm{d}\left(\frac{J_1\omega_1^2}{2}+\frac{m_2v_{s2}^2}{2}+\frac{J_{s2}\omega_2^2}{2}+\frac{m_3v_3^2}{2}\right)$$

各外力在 dt 瞬间所做的元功为

$$dW=(M_1\omega_1-F_3v_3)dt=Pdt$$

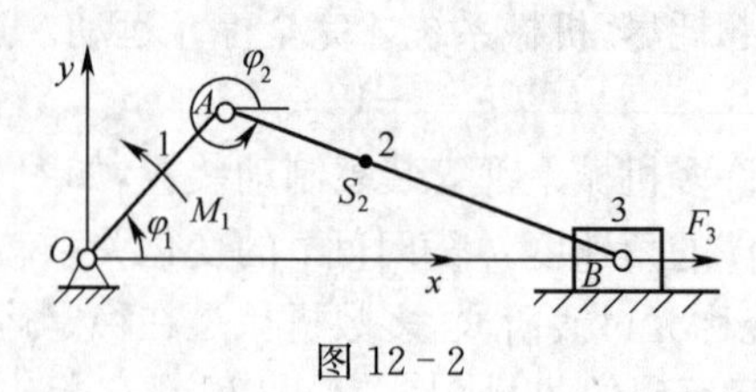

图 12-2

由式(12-4)可得出此曲柄滑块机构的运动方程式为

$$d\left(\frac{J_1\omega_1^2}{2}+\frac{m_2v_{S_2}^2}{2}+\frac{J_{S_2}\omega_2^2}{2}+\frac{m_3v_3^2}{2}\right)=(M_1\omega_1-F_3v_3)dt \tag{12-5}$$

同理,如果机械系统由 n 个活动构件组成,作用在构件 i 上的作用力为 F_i,力矩为 M_i,力 F_i 的作用点的速度为 v_i,构件的角速度为 ω_i,则可得出机械运动方程式的一般表达式为

$$d\left[\sum_{i=1}^{n}\left(\frac{m_iv_{s_i}^2}{2}+\frac{J_{s_i}\omega_i^2}{2}\right)\right]=\left[\sum_{i=1}^{n}(F_iv_i\cos\alpha_i\pm M_i\omega_i)\right]dt \tag{12-6}$$

式中:α_i 为作用在构件 i 上的外力 F_i 与该力作用点的速度 v_i 间的夹角;"±"号的选取决定于作用在构件 i 上的力偶矩 M_i 与该构件的角速度 ω_i 的方向是否相同,相同时取"+"号,相反时取"-"号。

12.2.2 机械系统的等效动力学模型

1. 等效动力学模型的建立

机械系统的运动方程式一般都较复杂,而且求解也很繁琐。但是对于单自由度的机械系统,只要知道其中一个构件的运动规律,其余所有构件的运动规律就可随之求得。因此,可把复杂的机械系统简化成一个构件(称为等效构件),建立最简单的等效动力学模型,将使研究机械真实运动的问题大为简化。转化时,根据质点系动能定理,将作用于机械系统上的所有外力和外力矩、所有构件的质量和转动惯量,都向等效构件转化,转化的原则是保证在转化前后动力学效果不变。即等效构件的质量或转动惯量所具有的动能,应等于整个系统的总动能;等效构件上的等效力、等效力矩所做的功或所产生的功率,应等于整个系统的所有力、所有力矩所做的功或所产生的功率之和。

为便于计算,通常将绕定轴转动或作直线移动的构件取为等效构件。如图 12-3 所示,当取等效构件为绕定轴转动的构件时,作用于其上的等效力矩为 M_e,它具有的绕定轴转动的等效转动惯量为 J_e;当取等效构件为作直线移动的构件时,作用在其上的力为等效力 F_e,其具有的等效质量为 m_e。

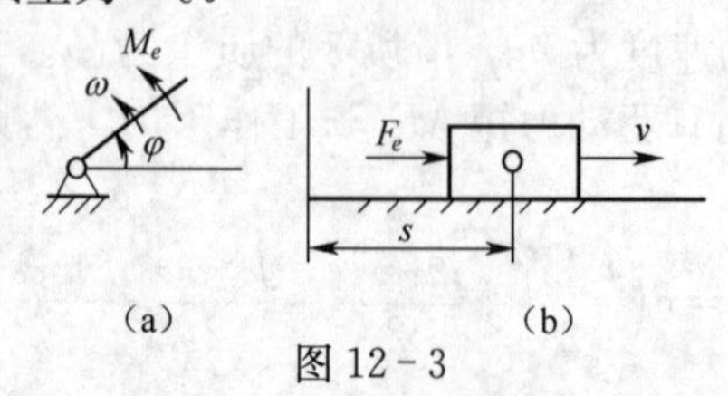

图 12-3

2. 等效量的计算

1）等效力矩和等效力

由式(12-6)可知，作用在机械中所有外力和外力矩所产生的功率之和为

$$p=\sum_{i=1}^{n}(F_i v_i \cos\alpha_i \pm M_i \omega_i) \tag{12-7}$$

若等效构件为绕定轴转动的构件，其上作用有假想的等效力矩 M_e，等效构件的角速度为 ω，则根据等效构件上作用的等效力矩所产生的功率应等于整个机械系统中所有外力、外力矩所产生的功率之和，则有

$$M_e \omega=\sum_{i=1}^{n}(F_i v_i \cos\alpha_i \pm M_i \omega_i)$$

于是

$$M_e=\sum_{i=1}^{n}\left[F_i \cos\alpha_i\left(\frac{v_i}{\omega}\right) \pm M_i\left(\frac{\omega_i}{\omega}\right)\right] \tag{12-8}$$

同理，当取移动构件为等效构件，其速度为 v 时，仿上推导过程，可得作用于其上的等效力为

$$F_e=\sum_{i=1}^{n}\left[F_i \cos\alpha_i\left(\frac{v_i}{v}\right) \pm M_i\left(\frac{\omega_i}{v}\right)\right] \tag{12-9}$$

2）等效转动惯量和等效质量

由式(12-6)可知，整个系统所具有的动能为

$$E=\sum_{i=1}^{n}\left(\frac{m_i v_{si}^2}{2}+\frac{J_{si}\omega_i^2}{2}\right) \tag{12-10}$$

若等效构件为绕定轴转动的构件，其角速度为 ω，其对转动轴的假想的等效转动惯量为 J_e，则根据等效构件所具有的动能应等于机械系统中各构件所具有的动能之和，可得

$$E=\frac{1}{2}J_e\omega^2=\sum_{i=1}^{n}\left(\frac{m_i v_{si}^2}{2}+\frac{J_{si}\omega_i^2}{2}\right)$$

于是得

$$J_e=\sum_{i=1}^{n}\left[m_i\left(\frac{v_{si}}{\omega}\right)^2+J_{si}\left(\frac{\omega_i}{\omega}\right)^2\right] \tag{12-11}$$

同理，当取移动构件为等效构件，其速度为 v 时，仿上推导过程，可得作用于其上的等效质量为

$$m_e=\sum_{i=1}^{n}\left[m_i\left(\frac{v_{si}}{v}\right)^2+J_{si}\left(\frac{\omega_i}{v}\right)^2\right] \tag{12-12}$$

从以上公式可以看出，各等效量仅与构件间的速比有关，由于各等效量只与速比有关，而与各构件的实际速度无关，对于单自由度的机械系统，其传动机构的速比是由机构类型和结构尺寸决定的，因此一旦机构类型和结构尺寸已经确定，其原动件与其余构件之间的速比就已确定，即速比与原动件的具体速度大小无关。因此可在事先不知道原动件实际速度的情况下，通过假定一个原动件速度的方法，求出各项速比以及各等效量。

当取转动构件为等效构件时，机械的运动方程式(12-6)可写为

$$\mathrm{d}\left(J_{\mathrm{e}}\frac{\omega_1^2}{2}\right)=M_{\mathrm{e}}\omega_1\mathrm{d}t \tag{12-13}$$

当取移动构件为等效构件时,机械的运动方程式(12-6)可写为

$$\mathrm{d}\left(m_{\mathrm{e}}\frac{v_1^2}{2}\right)=F_{\mathrm{e}}v_3\mathrm{d}t \tag{12-14}$$

例 12-1 图 12-4 所示为齿轮—连杆机构。设已知轮 1 的齿数 $z_1=20$,转动惯量为 J_1;轮 2 的齿数为 $z_2=60$,它与曲柄 2′的质心在 B 点,其对 B 轴的转动惯量为 J_2,曲柄长为 l;滑块 3 和构件 4 的质量分别为 m_3、m_4,其质心分别在 C 及 D 点。在轮 1 上作用有驱动力矩 M_1,在构件 4 上作用有阻抗力 F_4,现取曲柄为等效构件,试求在图示位置时的 J_e 及 M_e。

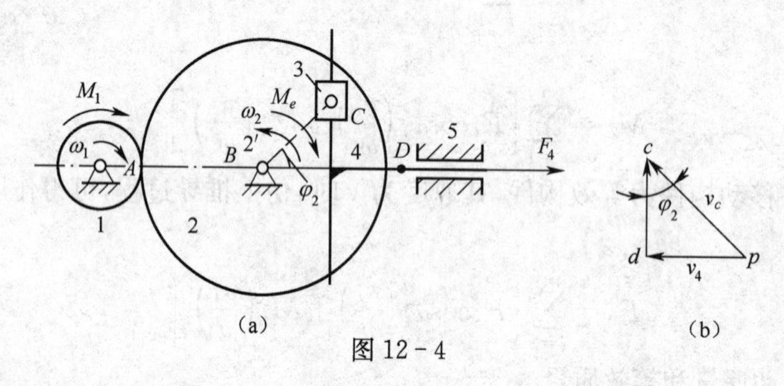

图 12-4

解:根据式(12-11)有

$$J_{\mathrm{e}}=J_1\left(\frac{\omega_1}{\omega_2}\right)^2+J_2+m_3\left(\frac{v_3}{\omega_2}\right)^2+m_4\left(\frac{v_4}{\omega_2}\right)^2 \tag{a}$$

而由速度分析(图 12-4(b))可知

$$v_3=v_c=\omega_2 l \tag{b}$$

$$v_4=v_c\sin\varphi_2=\omega_2 l\sin\varphi_2 \tag{c}$$

故

$$J_{\mathrm{e}}=J_1\left(\frac{z_2}{z_1}\right)^2+J_2+m_3\left(\frac{\omega_2 l}{\omega_2}\right)^2+m_4\left(\frac{\omega_2 l\sin\varphi_2}{\omega_2}\right)^2=$$

$$9J_1+J_2+m_3l^2+m_4l^2\sin^2\varphi_2 \tag{d}$$

根据式(12-8)有

$$M_{\mathrm{e}}=M_1\left(\frac{\omega_1}{\omega_2}\right)+F_4\left(\frac{v_4}{\omega_2}\right)\cos180°=$$

$$M_1\left(\frac{z_2}{z_1}\right)-F_4\frac{(\omega_2 l\sin\varphi_2)}{\omega_2}=3M_1-F_4 l\sin\varphi_2 \tag{e}$$

由式(d)可见,等效转动惯量是由常量和变量两部分组成的。由于在一般机械中速比为变量的活动构件在其构件的总数中占比例较小,又由于这类构件通常出现在机械系统的低速端,因而其等效转动惯量较小。故为了简化计算,常将等效转动惯量中的变量部分以其平均值近似代替,或将其忽略不计。

12.2.3 运动方程式的其他表达方式

前面推导的机械运动方程式(12-13)和式(12-14)为能量微分形式的运动方程式。

为了便于对某些问题的求解，尚需求出用其他形式表达的运动方程式，为此将式(12-13)简写为

$$\mathrm{d}\left(\frac{J_{\mathrm{e}}\omega^2}{2}\right)=M_{\mathrm{e}}\omega\mathrm{d}t=M_{\mathrm{e}}\mathrm{d}\varphi \tag{12-15}$$

再将式(12-15)改写为

$$\frac{\mathrm{d}(J_{\mathrm{e}}\omega^2/2)}{\mathrm{d}\varphi}=M_{\mathrm{e}}$$

即

$$J_{\mathrm{e}}\frac{\mathrm{d}(\omega^2/2)}{\mathrm{d}\varphi}+\frac{\omega^2}{2}\frac{\mathrm{d}J_{\mathrm{e}}}{\mathrm{d}\varphi}=M_{\mathrm{e}} \tag{12-16}$$

式中

$$\frac{\mathrm{d}(\omega^2/2)}{\mathrm{d}\varphi}=\frac{\mathrm{d}(\omega^2/2)}{\mathrm{d}t}\frac{\mathrm{d}t}{\mathrm{d}\varphi}=\omega\frac{\mathrm{d}\omega}{\mathrm{d}t}\frac{1}{\omega}=\frac{\mathrm{d}\omega}{\mathrm{d}t}$$

将其代入式(12-16)中，即可得力矩形式的机械运动方程式

$$J_{\mathrm{e}}\frac{\mathrm{d}\omega}{\mathrm{d}t}+\frac{\omega^2}{2}\frac{\mathrm{d}J_{\mathrm{e}}}{\mathrm{d}\varphi}=M_{\mathrm{e}} \tag{12-17}$$

此外，将式(12-16)对 φ 进行积分，还可得到动能形式的机械运动方程式

$$\frac{1}{2}J_{\mathrm{e}}\omega^2-\frac{1}{2}J_{\mathrm{e0}}\omega_0^2=\int_{\varphi_0}^{\varphi}M_{\mathrm{e}}\mathrm{d}\varphi \tag{12-18}$$

式中：φ_0 为 φ 的初始值，而 $J_{\mathrm{e0}}=J_{\mathrm{e}}(\varphi_0)$，$\omega_0=\omega(\varphi_0)$。当选用移动构件为等效构件时，其运动方程式为

$$m_{\mathrm{e}}\frac{\mathrm{d}v}{\mathrm{d}t}+\frac{v^2}{2}\frac{\mathrm{d}m_{\mathrm{e}}}{\mathrm{d}s}=F_{\mathrm{e}} \tag{12-19}$$

$$\frac{1}{2}m_{\mathrm{e}}v^2-\frac{1}{2}m_{\mathrm{e0}}v_0^2=\int_{s_0}^{s}F_{\mathrm{e}}\mathrm{d}s \tag{12-20}$$

由于选回转构件为等效构件时，计算各等效参量比较方便，并且求得其真实运动规律后，也便于计算机械中其他构件的运动规律，所以常选用回转构件为等效构件。但当在机构中作用有随速度变化的一个力或力偶时，最好选这个力或力偶所作用的构件为等效构件，以利于方程的求解。

12.3 机械系统运动方程的求解

机械运动方程建立后，便可求解已知外力作用下机械系统的真实运动规律。由于机械系统是由不同的原动机与执行机构组合而成的，因此等效力矩可能是位置、速度或时间的函数。此外，等效力矩可以用函数式表示，也可以用曲线或数值表格给出。因此，求解运动方程式的方法也不尽相同，一般有解析法、数值计算法和图解法等。下面就几种常见的情况，对解析法和数值计算法加以简要的介绍。

12.3.1 等效转动惯量和等效力矩均为位置的函数

如果机械受到的驱动力矩 M_{d} 和所受到的阻抗力矩 M_{r} 都可视为位置的函数，则等效力矩 M_{e} 也是位置的函数，即 $M_{\mathrm{e}}=M_{\mathrm{e}}(\varphi)$。在此情况下，如果等效力矩的函数形式

$M_e=M_e(\varphi)$可以积分，且其边界条件已知，即当 $t=t_0$ 时，$\varphi=\varphi_0$、$\omega=\omega_0$、$J_e=J_{e0}$时，由式(12-19)可得

$$\frac{1}{2}J_e(\varphi)\omega^2(\varphi)=\frac{1}{2}J_{e0}\omega_0^2+\int_{\varphi_0}^{\varphi}M_e(\varphi)\mathrm{d}\varphi$$

从而可求得

$$\omega=\sqrt{\frac{J_{e0}}{J_e(\varphi)}\omega_0^2+\frac{2}{J_e(\varphi)}\int_{\varphi_0}^{\varphi}M_e(\varphi)\mathrm{d}\varphi} \tag{12-21}$$

等效构件的角加速度 α 为

$$\alpha=\frac{\mathrm{d}\omega}{\mathrm{d}t}=\frac{\mathrm{d}\omega}{\mathrm{d}\varphi}\frac{\mathrm{d}\varphi}{\mathrm{d}t}=\frac{\mathrm{d}\omega}{\mathrm{d}\varphi}\omega \tag{12-22}$$

有时为了进行初步估算，可以近似假设等效力矩 M_e=常数，等效转动惯量 J_e=常数。此时式(12-17)可简化为

$$\frac{J_e\mathrm{d}\omega}{\mathrm{d}t}=M_e$$

即

$$\alpha=\frac{\mathrm{d}\omega}{\mathrm{d}t}=\frac{M_e}{J_e} \tag{12-23}$$

由式(12-23)可得

$$\omega=\omega_0+\alpha t \tag{12-24}$$

若 $M_e(\varphi)$是以线图或表格形式给出的，则只能用数值积分法求解。

12.3.2 等效转动惯量是常数，等效力矩是速度的函数

由电动机驱动的鼓风机、搅拌机等的机械系统就属这种情况。对于这类机械，应用式(12-17)来求解是比较方便的。由于

$$M_e(\omega)=M_{ed}(\omega)-M_{er}(\omega)=J_e\frac{\mathrm{d}\omega}{\mathrm{d}t}$$

将式中的变量分离后，得

$$\mathrm{d}t=J_e\frac{\mathrm{d}\omega}{M_e(\omega)}$$

积分得

$$t=t_0+J_e\int_{\omega_0}^{\omega}\frac{\mathrm{d}\omega}{M_e(\omega)} \tag{12-25}$$

式中：ω_0 是计算开始时的初始角速度。

由式(12-24)解出 $\omega=\omega(t)$以后，即可求得角加速度 $\alpha=\mathrm{d}\omega/\mathrm{d}t$。欲求 $\varphi=\varphi(t)$时，可利用以下关系式

$$\varphi=\varphi_0+\int_{t_0}^{t}\omega(t)\,\mathrm{d}t \tag{12-26}$$

12.3.3 等效转动惯量是位置的函数，等效力矩是位置和速度的函数

用电动机驱动的刨床、冲床等的机械系统属于这种情况。其中，包含有速比不等于常数的机构，故其等效转动惯量是变量。

这类机械的运动方程式根据式(12-13)可列为

$$d\left[\frac{J_{\mathrm{e}}(\varphi)\omega^2}{2}\right]=M_{\mathrm{e}}(\varphi,\omega)d\varphi$$

这是一个非线性微分方程,若 ω、φ 变量无法分离,则不能用解析法求解,而只能采用数值法求解。下面介绍一种简单的数值解法——差分法。为此,将上式改写为

$$dJ_{\mathrm{e}}\frac{(\varphi)\omega^2}{2}+J_{\mathrm{e}}(\varphi)\omega d\omega=M_{\mathrm{e}}(\varphi,\omega)d\varphi \tag{12-27}$$

又如图 12-5 所示,将转角 φ 等分为 n 个微小的转角,$\Delta\varphi=\varphi_{i+1}-\varphi_i\,(i=0,1,2,\cdots,n)$。而当 $\varphi=\varphi_i$ 时,等效转动惯量 $J_{\mathrm{e}}(\varphi)$ 的微分 dJ_{ei} 可以用增量 $\Delta J_{ei}=J_{e\varphi(i+1)}-J_{e\varphi_i}$ 来近似地代替,并简写成 $\Delta J_i=J_{i+1}-J_i$。同样,当 $\varphi=\varphi_i$ 时,角速度 $\omega(\varphi)$ 的微分 d_{ω_i} 可以用增量$\Delta\omega_i=\omega_{\varphi(i+1)}-\omega_{\varphi_i}$ 来近似地代替,并简写为 $\Delta\omega_i=\omega_{i+1}-\omega_i$。于是,当 $\varphi=\varphi_i$ 时,式(12-27)可写为

$$(J_{i+1}-J_i)\frac{\omega_i^2}{2}+J_i\omega_i(\omega_{i+1}-\omega_i)=M(\varphi_i,\omega_i)\Delta\varphi$$

解出 ω_{i+1} 得

$$\omega_{i+1}=\frac{M_{\mathrm{e}}(\varphi_i,\omega_i)\Delta\varphi}{J_i\omega_i}+\frac{3J_i-J_{i+1}}{2J_i}\omega_i \tag{12-28}$$

上式可利用计算机方便地求解。

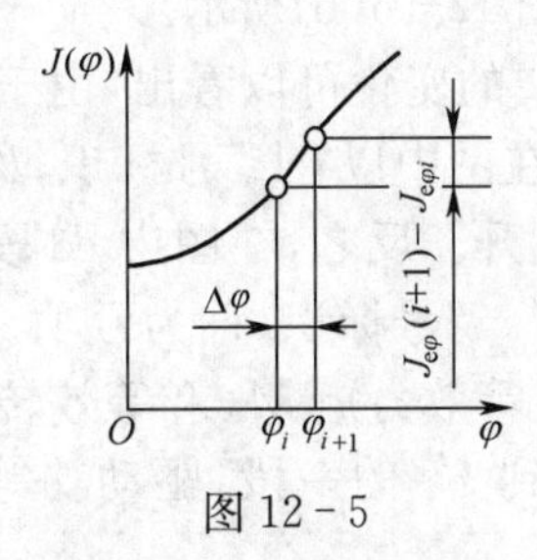

图 12-5

12.4 机械的周期性速度波动及其调节

12.4.1 产生周期性速度波动的原因

机械运转过程中,其上所作用的外力或力矩的变化,会导致机械运转速度的波动。过大的速度波动对机械的工作是不利的,因此在机械设计阶段应采取措施,设法降低机械运转的速度波动程度,将其限制在许可的范围内,以保证机械的工作质量。

作用在机械上的等效驱动力矩和等效阻力矩即使在稳定运转状态下往往也是等效构件转角 φ 的周期性函数,如图 12-6(a)所示。在某一时段内其所做的驱动功和阻抗功为

$$W_{\mathrm{d}}(\varphi)=\int_{\varphi_a}^{\varphi}M_{\mathrm{ed}}(\varphi)d\varphi \tag{12-29}$$

$$W_{\mathrm{r}}(\varphi)=\int_{\varphi_a}^{\varphi}M_{\mathrm{er}}(\varphi)d\varphi \tag{12-30}$$

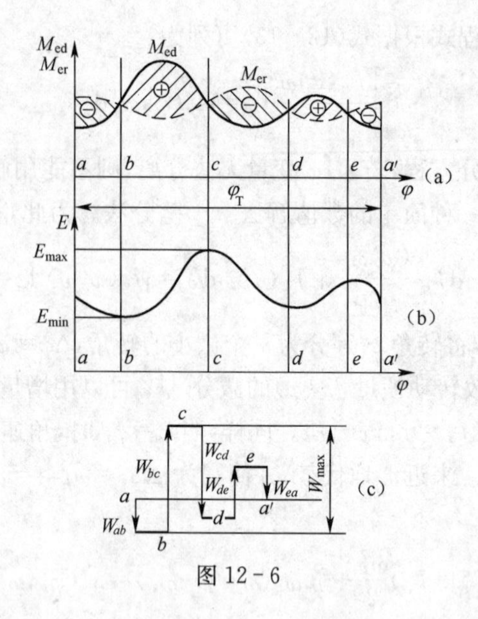

图 12-6

机械动能的增量为

$$\Delta E = W_d(\varphi) - W_r(\varphi) = \int_{\varphi_a}^{\varphi} [M_{ed}(\varphi) - M_{er}(\varphi)] d\varphi = J_e(\varphi) \frac{\omega^2(\varphi)}{2} - J_{ea} \frac{\omega_a^2}{2} \tag{12-31}$$

其机械动能 $E(\varphi)$ 的变化曲线如图 12-6(b)所示。

分析图 12-6(a)中 bc 段曲线的变化可以看出，由于力矩 $M_{ed} > M_{er}$，因而机械的驱动功大于阻抗功，多余出来的功在图中以"+"号标识，称为盈功。在这一阶段，等效构件的角速度由于动能的增加而上升。反之，在图中 cd 段，由于 $M_{ed} < M_{er}$，因而驱动功小于阻抗功，不足的功在图中以"-"号标识，称为亏功。在这一阶段，等效构件的角速度由于动能减少而下降。如果在等效力矩 M_e 和等效转动惯量 J_e 变化的公共周期内，即图中对应于等效构件转角 φ_a 到 φ'_a 的一段，驱动功等于阻抗功，机械动能的增量等于零，即

$$\int_{\varphi_a}^{\varphi'_a} (M_{ed} - M_{er}) d\varphi = J_{ea'} \frac{\omega_{a'}^2}{2} - J_{ea} \frac{\omega_a^2}{2} = 0 \tag{12-32}$$

于是，经过等效力矩与等效转动惯量变化的一个公共周期，机械的动能、等效构件的角速度都将恢复到原来的数值。可见，等效构件的角速度在稳定运转过程中将呈现周期性的波动。

12.4.2 速度波动程度的衡量指标

为了对机械稳定运转过程中出现的周期性速度波动进行分析，下面先介绍衡量速度波动程度的几个参数。

图 12-7 所示为在一个周期内等效构件角速度的变化曲线，其最大角速度和最小角速度分别为 ω_{max} 和 ω_{min}，则在周期 φ_T 内的平均角速度 ω_m 应为

$$\omega_m = \frac{\int_0^{\varphi_T} \omega d\varphi}{\varphi_T} \tag{12-33}$$

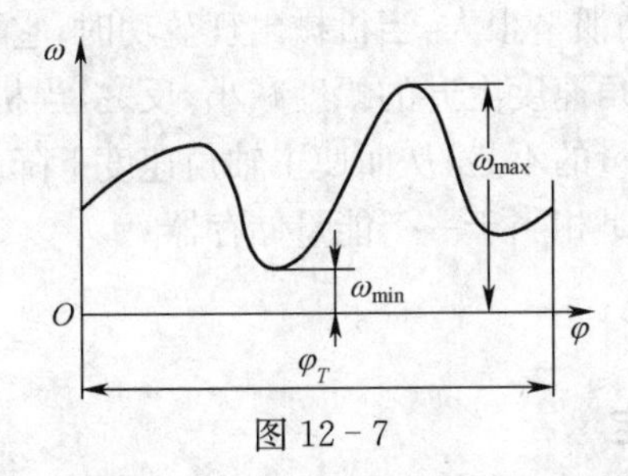

图 12-7

在工程实际中，常用最大角速度 ω_{max} 和最小角速度 ω_{min} 的算术平均值来表示，即

$$\omega_m=\frac{(\omega_{max}+\omega_{min})}{2} \tag{12-34}$$

构件的最大角速度与最小角速度之差 $\omega_{max}-\omega_{min}$ 表示构件角速度波动的幅度，但它不能表示机械运转的速度不均匀程度，因当角速度波动幅度相同时，对低速机械运转性能的影响较严重，而对高速机械运转性能的影响较小。因此用机械运转速度不均匀系数来表示机械速度波动的程度，其定义为角速度波动的幅度 $\omega_{max}-\omega_{min}$ 与平均角速度 ω_m 之比，即

$$\delta=\frac{(\omega_{max}-\omega_{min})}{\omega_m} \tag{12-35}$$

若已知 ω_m 和 δ，则由式(12-34)和式(12-35)得

$$\omega_{max}=\omega_m\left(1+\frac{\delta}{2}\right) \tag{12-36}$$

$$\omega_{min}=\omega_m\left(1-\frac{\delta}{2}\right) \tag{12-37}$$

$$\omega_{max}^2-\omega_{min}^2=2\delta\omega_m^2 \tag{12-38}$$

δ 越小，角速度波动也越小。不同类型的机器对于运转均匀程度的要求是不同的。表 12-1 给出了某些常用机器运转速度不均匀系数的许用值，供设计时参考。

表 12-1　常用机器速度不均匀系数的许用值[δ]

机器的名称	[δ]	机器的名称	[δ]
碎石机	1/5～1/20	水泵、鼓风机	1/30～1/50
冲、剪、锻床	1/7～1/20	造纸机、织布机	1/40～1/50
轧压机	1/10～1/25	纺纱机	1/60～1/100
汽车、拖拉机	1/20～1/60	直流发电机	1/100～1/200
金属切削机床	1/20～1/50	交流发电机	1/200～1/300

设计时，机械的速度不均匀系数不得超过允许值，即

$$\delta\leqslant[\delta] \tag{12-39}$$

12.4.3　周期性速度波动的调节

如前所述，机械运转的速度波动对机械的工作是不利的，它不仅将影响机械的工作质量，也会影响到机械的效率和寿命，所以必须设法加以控制和调节，将其限制在许可的范围之内。调节周期性速度波动，最常用的方法是在机械系统中安装一个具有较大转动惯

量的飞轮。由于飞轮的转动惯量很大，当机械出现盈功时，它可以以动能的形式将多余的能量储存起来，从而使主轴角速度上升的幅度减小；反之，当机械出现亏功时，飞轮又可释放出储存的能量，以弥补能量的不足，从而使主轴角速度下降的幅度减小。从这个意义上讲，飞轮在机械中的作用就是相当于一个能量储存器。

12.4.4 飞轮的简易设计

1. 飞轮转动惯量的确定

由图 12-6(b)可见，在 b 点处机械出现能量最小值 $E_{\min}$，而在 c 点处出现能量最大值 $E_{\max}$。故在 φ_b 与 φ_c 之间将出现最大盈亏功 $\Delta W_{\max}$，即驱动功与阻抗功之差的最大值

$$\Delta W_{\max}=E_{\max}-E_{\min}=\int_{\varphi_b}^{\varphi_c}[M_{\mathrm{ed}}(\varphi)-M_{\mathrm{er}}(\varphi)]\mathrm{d}\varphi \tag{12-40}$$

如果忽略等效转动惯量中的变量部分，即设 $J_{\mathrm{e}}=$常数，则当 $\varphi=\varphi_b$ 时，$\omega=\omega_{\min}$，当 $\varphi=\varphi_c$ 时，$\omega=\omega_{\max}$。则可得

$$\Delta W_{\max}=E_{\max}-E_{\min}=\frac{J_{\mathrm{e}}(\omega_{\max}^2-\omega_{\min}^2)}{2}=J_{\mathrm{e}}\omega_{\mathrm{m}}^2\delta$$

对于机械系统原来具有的等效转动惯量 J_{e} 来说，等效构件的速度不均匀系数将为

$$\delta=\frac{\Delta W_{\max}}{J_{\mathrm{e}}\omega_{\mathrm{m}}^2}$$

设在等效构件上添加的飞轮的转动惯量为 J_{F}，则有

$$\delta=\frac{\Delta W_{\max}}{(J_{\mathrm{e}}+J_{\mathrm{F}})\omega_{\mathrm{m}}^2} \tag{12-41}$$

可见，只要 J_{F} 足够大，就可达到调节机械周期性速度波动的目的。

由式(12-39)和式(12-41)可导出飞轮的等效转动惯量 J_{F} 的计算公式为

$$J_{\mathrm{F}}\geqslant\frac{\Delta W_{\max}}{\omega_{\mathrm{m}}^2[\delta]}-J_{\mathrm{e}} \tag{12-42}$$

如果 $J_{\mathrm{e}}\ll J_{\mathrm{F}}$，则 J_{e} 可以忽略不计，于是式(12-42)可近似写为

$$J_{\mathrm{F}}\geqslant\frac{\Delta W_{\max}}{\omega_{\mathrm{m}}^2[\delta]} \tag{12-43}$$

又如果式(12-43)中的平均角速度 ω_{m} 用平均转速 n(单位：r/min)代换，则有

$$J_{\mathrm{F}}\geqslant\frac{900\Delta W_{\max}}{\pi^2 n^2[\delta]} \tag{12-44}$$

上述飞轮转动惯量是按飞轮安装在等效构件上计算的，若飞轮没有安装在等效构件上，则还需作等效换算。

由式(12-43)可知：

(1) 当 $\Delta W_{\max}$ 与 ω_{m} 一定时，$J_{\mathrm{F}}-\delta$ 的变化曲线为一等边双曲线，如图 12-9 所示。由图可知，当 δ 很小时，略微减小 δ 的数值就会使飞轮转动惯量 J_{F} 增加很多。因此，设计飞轮时，只要满足机器运转不均匀系数的许用值即可，否则，过分追求机器的运转平稳就会导致飞轮过大，使机器趋于笨重并增加成本。

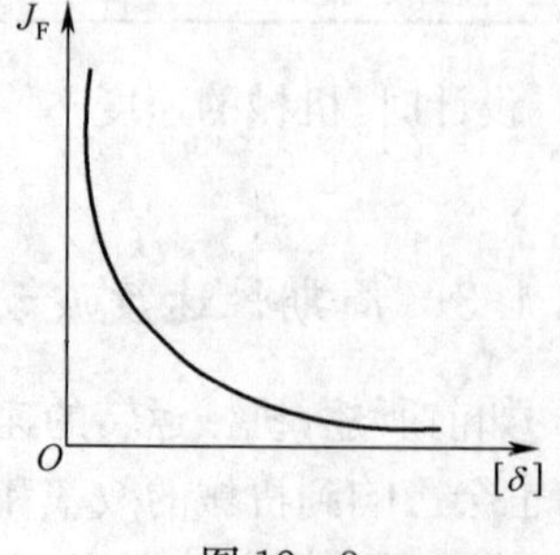

图 12-8

(2) 由于 J_F 不可能为无穷大，若 $\Delta W_{max} \neq 0$，则[δ]不可能为零，即安装飞轮后机械的速度仍有波动，只是幅度有所减小而已。

(3) 当 ΔW_{max} 与 δ 一定时，J_F 与 ω_m 的平方成反比，为了减小飞轮的转动惯量，宜将飞轮安装在高速轴上，但有些机器考虑到主轴刚性较好，所以仍将飞轮安装在机器的主轴上。

利用式(12-43)计算飞轮转动惯量，关键是确定最大盈亏功 ΔW_{max}，最大盈亏功 ΔW_{max} 可借助能量指示图来确定。如图 12-6(c)所示取点 a 作为起点，按比例用铅垂向量依次表示相应位置 M_{ed} 和 M_{er} 之间所包围的面积 W_{ab}、W_{bc}、W_{cd}、W_{de} 和 W_{ea}，盈功向上画，亏功向下画。因为在一个循环的始末位置的动能相等，所以能量指示图的首尾应在同一水平线上，即形成台阶形的折线。由图明显看出，点 b 处动能最小，点 c 处动能最大，而图中折线的最高点和最底点的距离 W_{max} 就代表了最大盈亏功 ΔW_{max} 的大小。

例 12-2 在电动机驱动的剪床中，已知剪床主轴上的阻力矩变化曲线 $M_r-\varphi$ 如图 12-9 所示。电动机驱动，可认为驱动力矩 M_d 为常数，电动机转速为 1500r/min。求许用不均匀系数 $\delta=0.05$ 时，所需安装在电动机主轴上的飞轮转动惯量。

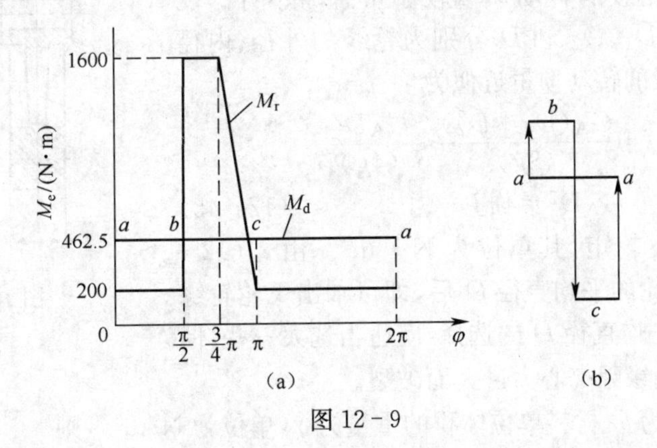

图 12-9

解:(1)求驱动力矩 M_d　在一个运动周期中，驱动力矩 M_d 和阻力矩 M_r 所做的功分别为

$$W_d=\int_0^{2\pi} M_d \mathrm{d}\varphi=2\pi M_d$$

$$W_r=\int_0^{2\pi} M_r \mathrm{d}\varphi=\left[200\times 2\pi+(1600-200)\frac{\pi}{4}+\frac{1}{2}(1600-200)\frac{\pi}{4}\right]=2906J$$

根据稳定运转时，一个周期中功相等的原理求出驱动力矩为

$$M_d=\frac{W_r}{2\pi}=\frac{2906J}{2\pi}=462.5J$$

作出 $M_d-\varphi$ 曲线，如图 12-9 虚线所示。

(2)确定最大盈亏功 W_{max}　图 12-9 中标有正号的面积为盈功，标有负号的面积为亏功。$M_d-\varphi$ 与 $M_r-\varphi$ 所包围的各小块面积及其所代表的功分别为

$$S_1=\left[(462.5-200)\frac{\pi}{2}\right]J=412.3J$$

$$S_2=\left\{\left[(1600-462.5)\frac{\pi}{4}+\frac{1}{2}(1600-462.5)\frac{1600-462.5}{1600-200}\times\frac{\pi}{4}\right]\right\}J=1256.3J$$

$$S_3=\left\{\left[(462.5-200)\pi+\frac{1}{2}(462.5-200)\left(\frac{\pi}{4}-\frac{\pi}{4}\times\frac{1600-462.5}{1600-200}\right)\right]\right\}J=844J$$

确定最大盈亏功借助于能量指示图，如图 12－9(b)所示。由图可见，b 点具有最大动能 $E_{\max}$，对应于最大角速度 $\omega_{\max}$；c 点具有最小动能 $E_{\min}$，对应于最小角速度 $\omega_{\min}$，则 b、c 两点间的距离就代表最大盈亏功 $W_{\max}$，即等于 S_2。

(3)求飞轮转动惯量 J_F　按式(12－44)

$$J_F=\frac{900\Delta W_{\max}}{\pi^2 n^2[\delta]}=\frac{900\times1256.3}{\pi^2\times1500^2\times0.05}=1.02\text{kg}\cdot\text{m}^2$$

2. 飞轮尺寸的确定

求得飞轮的转动惯量以后，就可以确定其尺寸。最佳设计是以最少的材料来获得最大的转动惯量 J_F，即应把质量集中在轮缘上，故飞轮常做成图 12－10 所示的形状。与轮缘相比，轮辐及轮毂的转动惯量较小可忽略不计。设 G_A 为轮缘的重量，D_1、D_2 和 D 分别为轮缘的外径、内径和平均直径，则轮缘的转动惯量近似为

$$J_F\approx J_A=\frac{G_A(D_1^2+D_2^2)}{(8g)}\approx\frac{G_AD^2}{(4g)}$$

或

$$G_AD^2=4gJ_F \tag{12-45}$$

式中：G_AD^2 称为飞轮矩，其单位为 $\text{N}\cdot\text{m}^2$。由式(12－45)可知，当选定飞轮的平均直径 D 后，即可求出飞轮轮缘的重量 G_A。至于平均直径 D 的选择，应适当选大一些，但又不宜过大，以免轮缘因离心力过大而破裂。

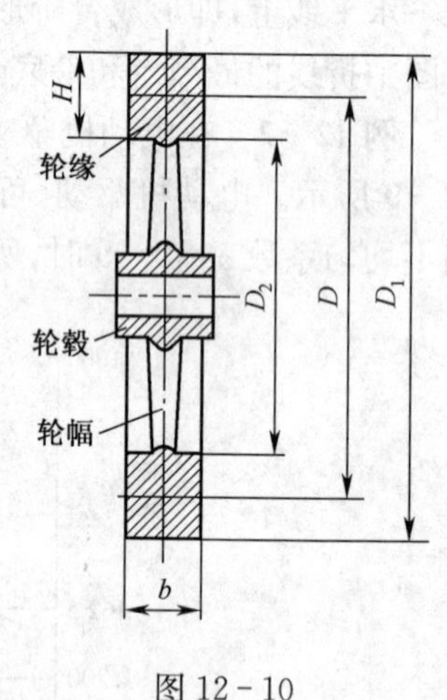

图 12－10

设轮缘的宽度为 b，材料单位体积的重量为 γ(单位为 N/m^3)，则

$$G_A=\pi DHb\gamma$$

于是

$$Hb=\frac{G_A}{\pi D\gamma} \tag{12-46}$$

式中：D、H 及 b 的单位为 m。当飞轮的材料及比值 H/b 选定后，即可求得轮缘的横剖面尺寸 H 和 b。

12.5　机械的非周期速度波动及其调节

非周期性速度波动是由于机械驱动力(矩)或阻力(矩)不规则的变化而造成的随机的速度波动。如果驱动功 W_d 在长时间内总是小于阻抗功 W_r 时，则机械运转的速度将会不断下降，直至停车。当驱动功 W_d 在较长时间内总是大于阻抗功 W_r 时，则机械运转的速度将会不断升高，当超过机械所允许的最高转速时，机械将不能正常工作，甚至可能出现“飞车”现象，导致机械破坏。

对于非周期性速度波动，安装飞轮是不能达到调节目的的，这是因为飞轮的作用只是“吸收”和“释放”能量，它既不能创造能量，也不能消耗能量。非周期性速度波动的调节问

题可分为两种情况：

(1) 当机械的原动机所发出的驱动力矩是速度的函数且具有下降趋势时，机械具有自动调节非周期速度波动的能力。

对选用电动机作为原动机的机械，电动机本身就可使其等效驱动力矩和等效阻力矩自动协调一致。当由于$M_{ed}<M_{er}$而使电动机速度下降时，电动机所产生的驱动力矩将自动增大；当因$M_{ed}>M_{er}$而使电动机转速上升时，其所产生的驱动力矩将自动减小，以使M_{ed}与M_{er}自动重新达到平衡，电动机的这种性能称为自调性。

(2) 对于没有自调性的机械系统(如采用蒸汽机、汽轮机或内燃机为原动机的机械系统)，就必须安装一种专门的调节装置——调速器，来调节机械出现的非周期性速度波动。调速器的种类很多，按执行机构分类，主要有机械的、气动液压的、电液和电子的等。

图12-11所示为机械式离心调速器的工作原理图。原动机2的输入功与供气量的大小成正比。当负载突然减小时，原动机2和工作机1的主轴转速升高，由锥齿轮驱动的调速器的主轴的转速也随着升高，飞球因离心力增大而飞向上方，带动圆筒N上升，并通过套环和连杆机构将节流阀关小，使蒸汽输入量减小；反之，当负荷突然增加时，原动机及调速器主轴转速下降，飞球因离心力减小而下落，通过套环和连杆机构将节流阀开大，使供汽量增加，从而增大驱动力。

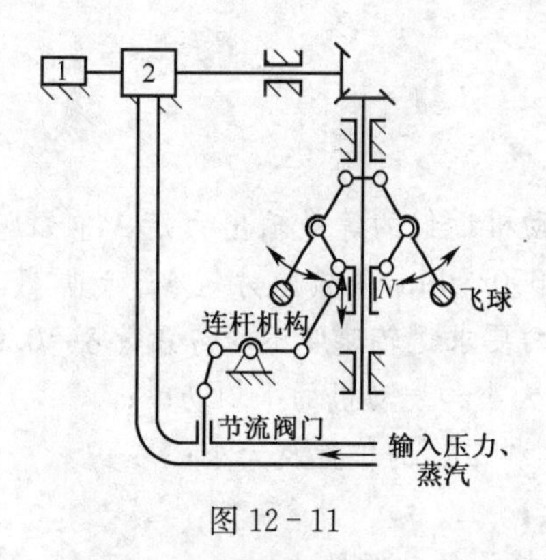

图12-11

调速器实际上是一个反馈装置，其作用是自动调节能量使输入功与负荷所消耗的功(包括摩擦损失功)达成平衡，以保持速度稳定。有关调速器更深入的研究及设计等问题已超出本课程研究范围，这里不再讨论。

思考题及习题

12-1　通常，机器的运转过程分为几个阶段？各阶段的功能特征是什么？何谓等速稳定运转和周期变速稳定运转？

12-2　试述机器运转过程中产生周期性速度波动及非周期性速度波动的原因，以及它们各自的调节方法。

12-3　机器等效动力学模型中，等效质量的等效条件是什么？试写出求等效质量的一般表达式。不知道机构的真实运动，能否求得其等效质量？为什么？

12-4　由式$J_F\geqslant\dfrac{\Delta W_{max}}{\omega_m^2[\delta]}$，你能总结出哪些重要结论？

12-5　在题 12-5 图示轮系中，已知各轮齿数 $z_1=z'_2=20$，$z_2=z_3=40$，各轮转动惯量 $J_1=J'_2=0.01\text{kg}\cdot\text{m}^2$，$J_2=J_3=0.04\text{kg}\cdot\text{m}^2$，作用在 O_3 上的阻力矩 $M=40\text{N}\cdot\text{m}$。当取齿轮 1 为等效构件时，求机构的等效转动惯量 J_e 和等效力矩 M_e。

12-6　在题 12-6 图示机构中，已知齿轮 1、2 的齿数分别为 $z_1=20$、$z_2=40$，各构件尺寸为 $l_{AB}=0.1\text{m}$，$l_{AC}=0.3\text{m}$，$l_{CD}=0.4\text{m}$，转动惯量分别为 $J_1=0.001\text{kg}\cdot\text{m}^2$，$J_2=0.0025\text{kg}\cdot\text{m}^2$，$J_{s4}=0.02\text{kg}\cdot\text{m}^2$，构件 3，4 的质量分别为 $m_3=0.5\text{kg}$，$m_4=2\text{kg}$（质心在 S_4，$l_{CS4}=1/2l_{CD}$），作用在机械上的驱动力矩 $M_1=4\text{N}\cdot\text{m}$，阻抗力矩 $M_4=25\text{N}\cdot\text{m}$，试求图示位置处等效到齿轮 1 上的等效转动惯量和等效力矩。

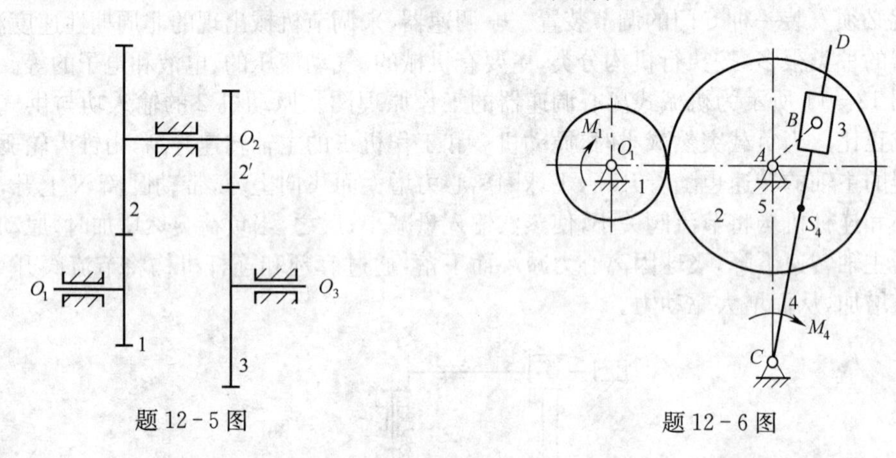

题 12-5 图　　　　题 12-6 图

12-7　单缸四冲程发动机近似的等效输出力矩 M_d 如题 12-7 图所示。主轴为等效构件，其平均转速 $n_m=1000\text{r/min}$，等效阻力矩 M_r 为常数。飞轮安装在主轴上，除飞轮以外其他构件的质量不计，要求运转速度不均匀系数 $\delta=0.05$。试求：

(1) 等效阻力矩 M_r 的大小和发动机的平均功率；

(2) 稳定运转时为 ω_{max} 和 ω_{min} 的位置及大小；

(3) 最大盈亏功 ΔW_{max}；

(4) 在主轴上安装的飞轮的转动惯量 J_F；

(5) 欲使飞轮的转动惯量减小 1/2，仍保持原有的 δ 值，应采取什么措施？

12-8　已知某机械一个稳定运动循环内的等效阻力矩 M_r 如题 12-8 图所示，等效驱动力矩 M_d 为常数，等效构件的最大及最小角速度分别为：$\omega_{max}=200\text{rad/s}$，$\omega_{min}=180\text{rad/s}$。试求：

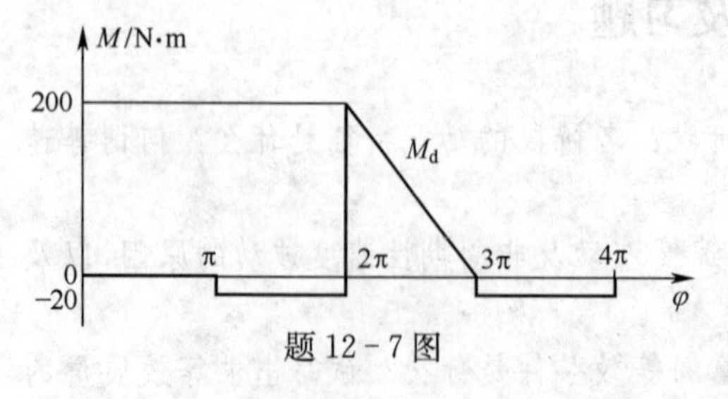

题 12-7 图

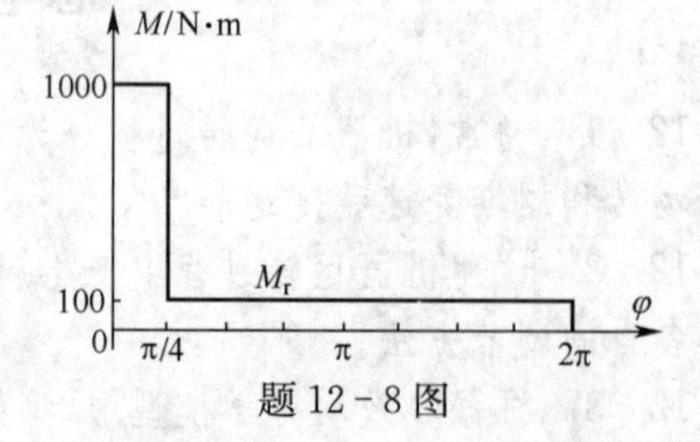

题 12-8 图

(1) 等效驱动力矩 M_d 的大小；

(2) 运转的速度不均匀系数 δ；

(3) 当要求δ在0.05范围内，不计其余构件的转动惯量时，应装在等效构件上的飞轮转动惯量J_F。

12-9　某内燃机的曲柄输出力矩M_d随曲柄转角φ的变化曲线如题12-9图所示，其运动周期$\varphi_T=\pi$，曲柄的平均转速$n_m=620$r/min。当用该内燃机驱动一阻抗力为常数的机械时，如果要求其速度不均匀系数$\delta=0.01$。试求：

(1) 曲柄最大转速n_{max}和相应的曲柄转角位置φ_{max}；

(2) 装在曲轴上的飞轮转动惯量J_F(不计其余构件的转动惯量)。

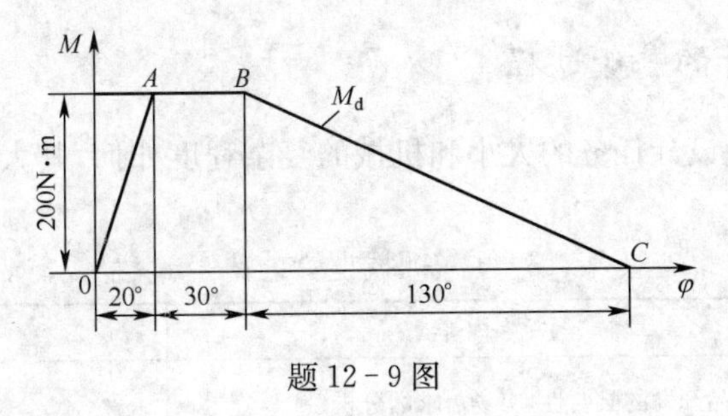

题12-9图

第 13 章　机械系统运动方案的设计

13.1　概　述

13.1.1　机械设计的一般过程

机械设计时不论设计任务的大小和机械的复杂程度如何，其大体的过程如表 13-1 所列。

表 13-1　机械设计的一般过程

设计阶段	主要内容	完成标志
产品规划	1. 产品开发的必要性，市场需求的分析； 2. 相关产品现阶段国内外的发展水平调研和发展趋势预测； 3. 产品预期达到的最低和最高目标，包括设计水平、技术、经济、社会效益等； 4. 设计和工艺方面解决需求的关键问题； 5. 现阶段的准备情况和开发成功的可能性； 6. 费用预算及项目的进度、期限等	1. 提交可行性报告 2. 提交设计任务书 3. 签定技术合同
概念设计	1. 根据设计任务，作广泛的技术调查，收集整理相关产品的工作原理、运动方案、性能参数等资料和数据； 2. 在进行比较分析和研究的基础上，进行创新构思，提出较理想的工作原理，初步确定几套机构系统的运动方案； 3. 对初步确定的机构系统的运动方案作初步的分析评价，进行优化筛选	给出最佳方案的工作原理图和机构运动简图以及相应的分析、评价和说明等
技术设计	1. 在运动、动力分析与设计的基础上进行结构设计和工艺设计； 2. 进行强度、刚度、振动稳定性、热平衡等的计算； 3. 绘图和编制相关技术文件	1. 提交装配图 2. 提交零件图 3. 设计计算说明书 4. 其他相关技术文件
样机试验	通过试制样机或模拟实际，进行实际调试、运转、测试和比较分析等，及时发现问题并提出改进意见和措施，进行产品定型	1. 提交样机试验报告 2. 提交改进措施
产品评价	有关部门组织专家根据设计任务书，拟订评价指标和评价体系，对产品的先进性、实用性、可靠性、安全性、可操作性、经济性、外观及环境保护等多方面作出综合评价和鉴定	提交产品鉴定报告

在完成上述工作任务，将机械产品推向市场后，还要作市场调查、走访用户和产品生产一线，搜集整理反馈意见和发现的问题，为产品的改进和升级作更新换代的准备工作。

在机械设计的具体实施过程中，以上步骤彼此相互关联、相互依赖，有时还要相互交叉、反复进行，只有这样才能使设计不断地得到修正而日臻完善。

13.1.2 机械系统的概念设计

机械系统的概念设计在整个机械设计中起着极其关键的作用。进行机械系统概念设计时，首先要拟定机械的工作原理。实现机械的同一功能可以有不同的工作原理，例如：加工螺栓可以车削、套扣还可以搓丝；加工平面可磨削、铣削或刨削。工作原理不同就会从根本上导致不同的机械系统传动方案，直接反映就是在外观上，机械的大小和复杂程度不同，彼此可能产生很大差异，它对整个机械系统技术的先进性、系统运行和加工制造的可行性、机械设计和安装使用维护的经济性等影响极大。

再者，即使是同一工作原理，有时也有可能产生几种不同的实现方法，例如：在齿轮加工中广泛应用的滚齿机和插齿机的切齿工作原理就同属范成加工原理，但可以借助不同的加工方法和不同刀具来完成。

所以，只要积极地通过各种途径作广泛的调查研究，并充分发挥设计者的创造性思维和想象力，就可以构思出多种不同的工作原理和同一工作原理的不同实现方法，以期日后创造出多种机械系统运动方案。

在拟定了机械系统的工作原理和实现方法基础上，就可以确定机械执行构件的数目和具体的操作工艺动作，并将其进一步分解为若干执行构件简单的常见基本运动形式，如：转动、移动、摆动、行星运动或某种曲线运动、复合运动等。随后根据设计任务的要求，决定其运动参数，如：转速的大小、移动的快慢、摆角的范围及急回特性等，提出各执行构件的协调动作关系并为机构选择合适的原动机。

在保证各执行构件实现确定的工艺动作并满足运动参数和彼此能协调动作的前提下，选择传动机构。必要时可能需要对所选机构进行组合、变异或创造新机构，随后进行机构的运动设计或机构尺度综合，得出构件的运动几何尺寸，绘制机构运动简图。最终形成满足执行构件运动和动力性能要求的机械系统运动方案。

为考察机构是否全面满足设计任务提出的运动和动力要求，需要对机构进行运动和动力分析，必要时可对机构的参数作适当调整。同时，运动和动力分析的结果也将作为日后进行结构、强度等设计提供基础数据。

最后，对系统运动方案进行全面的分析比较与综合评价，从多个方案中权衡利弊筛选出最佳方案。

13.2 机械系统工作原理的确定

为机械系统确定出较理想的工作原理，不但需要设计者具有丰富的机械设计基础理论知识和广博的实践经验，而且要求设计者既能够抓住本质充分利用前人技术成果和智慧的结晶，还要能够打破容易使人陷入思路封闭和思想僵化的习惯性思维模式，积极采用各种有助于启迪创新思维进行创造性设计的方法和模式，善于利用各种科学原理，如：物理学、化学、生物学等的新成就，开动脑筋、勇于探索并注意随时捕捉创新灵感。

机械系统工作原理的确定直接决定了执行构件的整个操作工艺动作，它是选择执行机构进行机械系统运动方案的前提和依据，对最终系统实现机械功能的好坏、机械结构形式的繁简程度、制造成本的高低及操作使用的难易等均将产生决定性的影响。一旦在工作原理上的选择出现偏差，则很难设计出好的机械产品，而且后果将是无法补救的。所以，确定出机械系统新颖、合理的工作原理是一件十分重要又相当复杂，而且可能是困难重重的创造性劳动，应当引起高度重视并积极应对。

实际机械的功能要求各有不同，不论实现哪一种功能都可能有几种不同的工作原理。如：日常生活中要实现"洁衣"功能，可以水洗，也可以通过空气吹洗或化学溶剂干洗等；即使采用洗衣机水洗，可以采用机械搅拌，机械搅拌又有波轮式、滚筒式设计等；还可以用超声波振荡。

如图 13-1 所示，设计一输送板材的机械装置可以采用多种不同的工作原理。图(a)可以采用机械推压的原理将板材从料仓底部推出，然后用夹料板卡紧取走；图(b)或图(c)可以利用摩擦的原理将板材从料仓顶部或底部用摩擦板或摩擦轮每次分离出一块板材，然后再用夹料板卡紧取走；图(d)或图(e)可以利用气吸的原理将板材从料仓顶部或底部用吸头每次分离出一块板材，然后用夹料板卡紧取走。

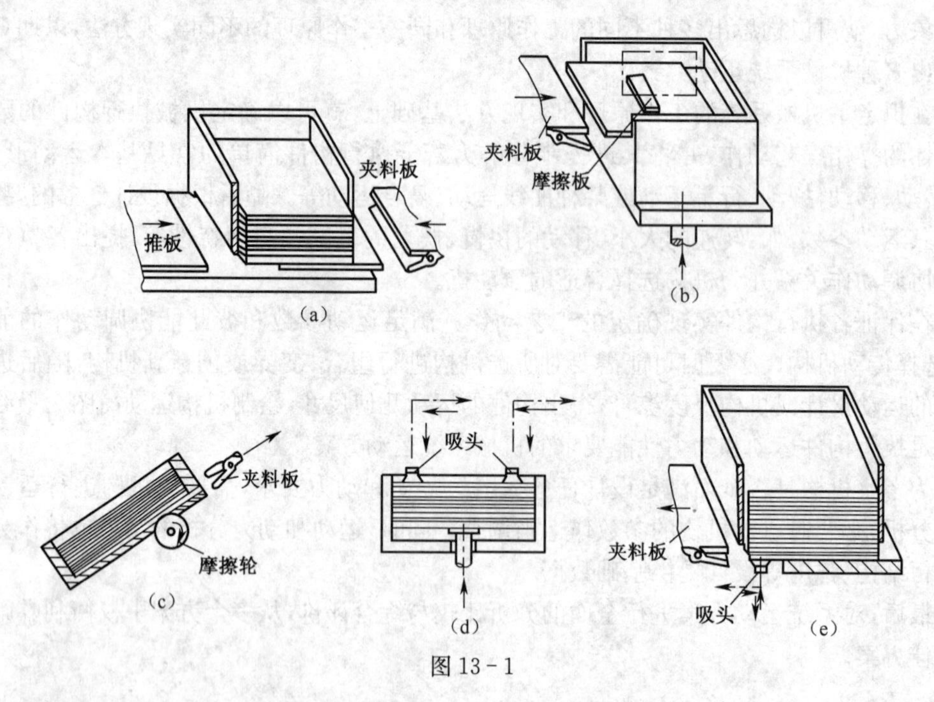

图 13-1

图 13-2 所示的家用按摩器装置的工作原理构思就十分巧妙，它的设计采用了在一根回转轴上倾斜安装两个偏心轮的看起来极其简单的构思。旋转的偏心轮可直接完成对人体的按压按摩，而偏心轮的倾斜布置则完成了横向的挤压和扩张按摩。机构的原理设计简单合理，按摩器价格低廉，因此得到一般消费者的青睐。

如图 13-3 所示的分析天平，要求的测量精度为 0.01mg。要达到这样的精度，靠人一般的目力读出指针微小偏转角几乎是不可能的。拟定天平读数装置原理时，采用了在天平中增加了一级光学杠杆，把指针上活动游标的位移放大后，投影到玻璃视窗上，再通过游标读数，即可读出指针的微小偏转，从而提高了天平测量的分辨力。所以，在拟定机械系统的工作原理时，不要把视野仅仅局限在机械这一狭小的范围内，可以拓展思路到声、光、电、磁等领域，即使用广义机构，使不可能变为可能。

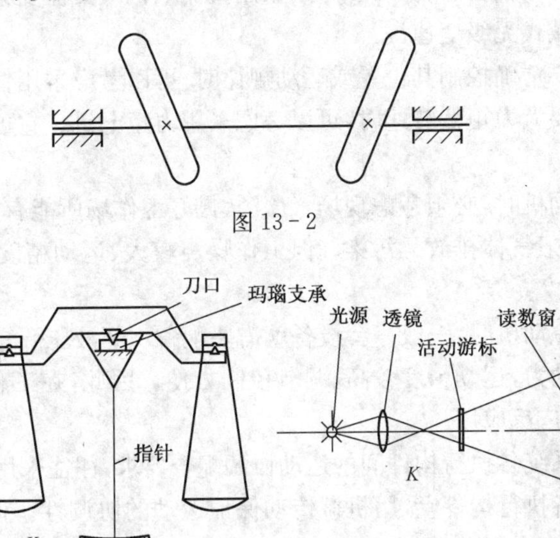

图 13-2

图 13-3

13.3　执行机构的选型与组合

机械系统工作原理的确定直接决定了系统欲实现的整个操作工艺动作，将其进一步分解为若干执行构件简单的基本运动。例如：插齿机的插刀，一方面作往复直线运动（切削运动），另一方面作回转运动（范成运动），每个运动循环中刀具或轮坯还要作一定量径向移动（进给和让刀运动）；缝纫机的缝纫操作就可以分为机针刺步动作、挑线杆的挑线动作、梭子的钩线动作和送步动作。为保证各执行构件实现预期运动，就为其选配相应的执行机构（包括原动机），并进行适当的组合、变异与创新。

13.3.1　原动机的选择

原动机的运动形式主要有：转动、往复直线运动和往复摆动。如电动机、液压马达、气动马达和内燃机等原动件作连续的回转运动；液压马达、气动马达也可作往复摆动；油缸、气缸或直线电机等原动件作往复直线运动。发条、重锤、电磁铁有时也可作为原动件使用。

电动机是机械系统中最广泛使用的原动机之一，为了满足不同的工作场合需要，电动机又有很多种类，一般使用最多的是交流异步电动机。它的价格低廉、功率范围宽、具有自调性，其机械特性能够满足大多数机械系统的要求。它的同步转速分为 3000r/min、1500r/min、1000r/min、750r/min、600r/min 等几种规格。在输出功率相同的情况下，电动机的同步转速越高，其尺寸和质量就越小，价格也越低。当执行构件的速度很低时，若选用高速电动机，虽然在原动机的价格上似乎便宜一些，但势必要增大机械的传动比，使减速装置的费用增加，反而会造成机械系统总成本的提高。

当执行构件需要无级变速时，可以考虑采用直流电机或交流变频电机，以回避在机械系统采用复杂的机械式无级变速。

当执行构件需要精确控制其位置或运动规律时，可以考虑采用伺服电机或步进电机。

当执行构件需要大力矩低转速时，可以考虑采用力矩电机。它可产生恒力矩，并可以在外力矩拖动下反转。

在采用气动原动机时，必须考虑现场气压源，最好工作场所能有可利用的气压源。气压驱动动作快速，一般气体排放无污染。但工作噪声较大、运动精度较差，而且气动很难获得很大的驱动力。

对于采用液压原动机时，一般一台设备就需要配备一部液压源，成本较高。液压传动可以获得较大的驱动力，运动精度较高，调节控制方便。因此，在工程机械、机床、载重汽车、高级轿车中得到广泛应用。

为了满足机械系统各执行构件间的运动协调配合要求，往往采用一个原动机，通过运动链将运动分配到各执行构件上，用机械传动保证运动的协调性。但在一些现代机械中（如数控机床），常用多个原动机分别驱动，借助数控系统保证运动的协调性。

13.3.2 执行机构的基本功能

确定机械运动方案时，常将机械系统的复杂动作分解成以下一些最简单的基本运动，如转动、移动、单向转动、单向移动、往复摆动、往复移动、间歇运动、实现轨迹运动等，以便于选取常用机构来完成。而常用机构的主要基本功能大体如下。

1. 变换运动的形式

(1) 转动变换为转动　各种齿轮机构（包括定轴轮系、周转轮系、摆线针轮传动、非圆齿轮传动）、双曲柄机构、转动导杆机构、十字滑块联轴器、万向联轴器、带传动、链传动、摩擦机构等；

(2) 转动变换为摆动　曲柄摇杆机构、摆动导杆机构、凸轮机构等；

(3) 转动变换为移动　曲柄滑块机构、齿轮齿条机构、螺旋机构、挠性传输机构、正弦机构、凸轮机构、摩擦机构等；

(4) 转动变换为单向间歇转动　槽轮机构、不完全齿轮机构、空间间歇凸轮机构、齿轮连杆机构等；

(5) 摆动变换为单向间歇转动　齿式棘轮机构、摩擦棘轮机构等；

(6) 摆动变换为摆动、摆动变换为移动　连杆机构、齿轮机构、凸轮机构等。

2. 变换运动的速度

齿轮机构、蜗轮蜗杆机构和双曲柄机构、转动导杆机构以及带传动、链传动、摩擦机构等。

3. 变换运动的方向

齿轮机构、蜗轮蜗杆机构、摩擦轮机构等轴线可交错与相交的机构等。

4. 进行运动的合成与分解

差动轮系和各种自由度 $F=2$ 的机构。

5. 对运动进行操纵与控制

离合器、连杆机构、凸轮机构、杠杆机构、螺旋机构等。

6. 实现给定的运动位置或轨迹

连杆机构、齿轮机构的行星运动、连杆—齿轮机构、凸轮—连杆机构、联动凸轮机构等。

7. 实现某些特殊功能

增力机构、扩大行程机构、微动机构、急回机构、夹紧机构、定位机构等。

13.3.3 执行机构类型选用的原则

进行机构类型的选择不仅需要设计者熟悉各种机构的运动学和动力学特性，以及必要的专业知识和实践经验，并且还需要在选型之前进行广泛的调查研究，参考同类型机器和查阅各种机构手册，然后根据所设计机器的特点，进行综合分析比较，抓住主要矛盾，才可能选出较理想的执行机构。

1. 满足工艺动作及其运动规律要求

满足工艺动作及其运动规律要求是选择机构的首要原则。考虑机构的运动形式、位移速度、加速度、急回特性、传递运动的精度等是否满足要求。

一般说来，高副机构容易满足复杂的运动规律或轨迹，但它的制造比较麻烦，且高副元素容易磨损而造成运动的失真；而低副机构往往只能近似地实现给定的运动规律或轨迹，尤其是当构件数目较多时，误差的累积较大，机构设计也比较困难，但低副机构较易加工，还可以承受较大的工作载荷；采用组合机构可以丰富机构传动的形式，增加机构设计中的待定参数，使设计有更大的灵活性，从而更好的满足给定的运动要求。同时，对于所选机构还需考虑调整环节，以满足机构调整要求或补偿安装与使用当中出现的误差等。

2. 机构的运动链短、结构简单紧凑

在满足使用要求的情况下，机构的结构应尽量的简单，构件和运动副的数量尽量少；要使机构运动传递的线路尽量短，这样不仅可以减少机构的累积运动误差、提高机械的效率和工作的可靠性；还可以减少制造和装配的难度、减小机构的外廓尺寸、节省空间、减轻质量、方便运输、降低成本等。

有些机构在理论上虽可以精确满足给定的运动规律或轨迹，但由于机构过于复杂或实际机器结构难于实现，常被弃之不用，而采用运动近似的简单机构替代。还有些机构中，为了增加机构强度或刚性、消除机构运动的不确定性以及考虑受力均匀和平衡等原因，需要引入虚约束。虚约束的引入要慎重，它不仅使机构的结构变得复杂，更主要的是对机械零件的加工和装配的精度提出了更高的要求，机器的成本将有所增加，而且一旦精度达不到要求时，可能会引起构件产生较大的内力或机构出现楔紧或卡死的现象。

对有些机构变异之后，可能会使机构的特性发生质的变化，产生令人意外的结果，机构具有简单的结构却可以完成复杂的运动。所谓机构的变异就是改变构件的相对尺寸和结构形状，以及变换不同构件为机架，或选用不同构件为原动件等。同时，还可以注意利用阻力最小定律有时会使机构的结构大大简化，即采用原动件数少于机构自由度数的多自由度机构，利用构件将向阻力最小的方向运动的特点。

3. 适合的工作速度、载荷和好的传力特性

每种机构都有适合的工作速度范围，有些机构在高速下工作将产生很大的冲击、振动和噪声。有些机构适合传递大载荷，有些机构则不适合在大载荷下工作，而只适合传递运动，选择机构类型时要充分考虑机构适宜的工作速度和承受的工作载荷。对于传递同一功率处于不同转速下工作的机构，其传递力和力矩的大小或结构尺寸有时相差较大，例如摩擦机构就适合在速度较高处工作，那样传递的载荷可以较小，有利于减小机构的外廓尺寸。

对于传力较大的机构要尽量增大机构的传动角，以防止机构发生自锁，增大机构传力的效率，减小原动机的功率及其损耗。对于高速的机构应考虑对机构或构件进行平衡的问题，以减小机构运转的动载荷。一般含有移动副构件的机构平衡起来较困难，可以考虑利用机构对称布置的方式平衡惯性力或力矩。

4. 机构的操作性好

在选用机构时，可以适当为机构添加开、停、离合、正反转、刹车等控制装置；同时应考虑操作按钮、手柄等符合正常人的操作习惯，即人机协调问题，使操作更方便、控制更容易。要考虑机器可能产生的不安全因素，如过载等，应考虑选用过载保护装置，保证机器的安全性、可靠性。

5. 加工制造方便，经济成本低

从制造方便容易的角度看，应尽可能选用低副机构，最好是以转动副为主要构成的低副机构。尽可能选用标准化、系列化、通用化的元器件，以达到最大限度的减低成本。

6. 具有较高的机械效率

在选用机构时，尽量减少传动的中间环节；注意提高机械运动链中效率最低机构的效率；如果机械系统由多个运动链构成，设计时应考虑使传递功率最大的主运动链机构具有较高的效率，而对于传递功率较小的辅助运动链，其效率的高低可放在次要地位，则重点考虑满足机器的其他要求（如简化机构、便于操作等）。一般增速机构的机械效率较低尽量不用；主运动链中少用典型的低效率机构（如：蜗杆蜗轮传动机构、摩擦传动机构等）；对于 2K－H 型的行星传动优先采用负号机构；少用移动副，因为这类运动副容易发生楔紧或卡死的现象。

13.3.4 机构的组合

本书介绍了一些常用的基本机构，如连杆机构、凸轮机构、齿轮机构等。利用这些基本机构或将其进行简单的串联，常可以满足生产中提出的多种运动要求，但是，随着现代生产的发展，需要更高程度机械化和自动化，机械系统应能够实现更加复杂的运动规律而且具有更加良好的动力性能。采用单一基本机构或它们简单的串联，一般很难满足复杂的运动和动力要求。一方面由于单一机构本身固有的局限性，如：凸轮机构就很难控制转动从动件，而且行程也不宜过大；另一方面由于串联机构过多，使机构失去应用价值。所以，现代机械系统中越来越多将常用的基本机构加以适当的组合，既能使各机构发挥其各自特有的机械性能，又能克服其本身的局限性，同时组合起来的机构系统还将呈现出很多单一基本机构不具备的新特点，且结构简单、性能优良，适应了现代化生产对机械系统提出的更高要求。

组合机构的种类繁多，功能也各有不同；以下仅举几个简单的例子，其目的在于开阔设计者在进行机构传动方案设计时的眼界。

1. 齿轮连杆的组合

齿轮—连杆是组合种类最多、应用最为广泛的一种组合机构。它能实现较复杂的运动规律和轨迹。由于这种机构中没有凸轮，所以传力性能较好，且制造容易。

图 13-4 所示为行星轮系—连杆机构，在行星轮 2 上的 M 点串接一带有移动副的Ⅱ杆组。该机构的特点是：行星轮 2 上的 M 可以画出各种各样的内摆线；如果选择恰当的大小齿轮的节圆半径之比($K=r_0/r_2$)或齿数比，就可以获得图 13-4 所示的几种形式的曲线；图(a)中 $K=3$，点 B 画出三段近似圆弧的封闭曲线；图(b)中 $K=4$，点 M 画出四段近似直线的封闭曲线；利用这些特殊的曲线，可以使输出构件 4 获得较长时间近似的停歇运动。

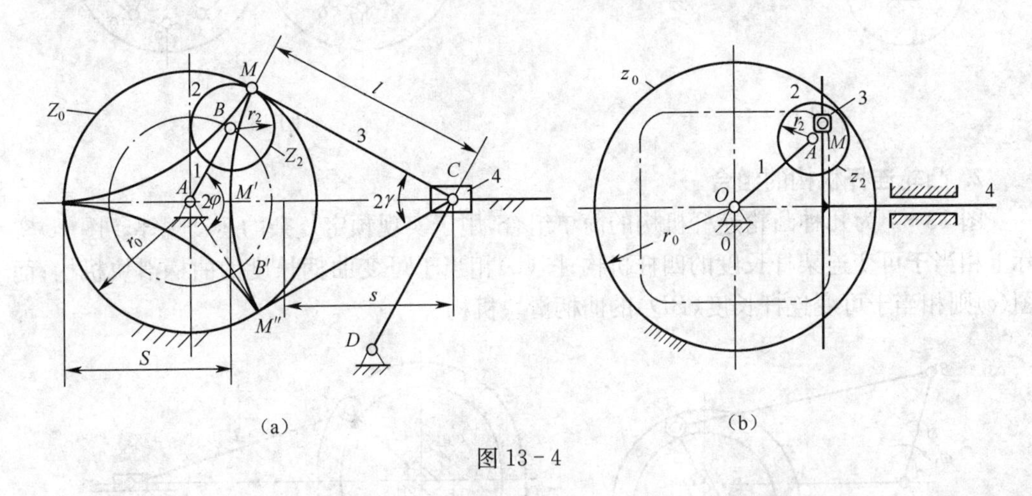

图 13-4

图 13-5 所示为一齿轮—连杆机构典型的组合，利用它来实现从动件复杂的运动规律。该机构是在铰链四杆机构的基础上安装了一对齿轮，齿轮 5 绕曲柄轴转动，而齿轮 2′则与连杆固联。这样，当主动件曲柄 1 以 $\omega_1=C$ 作匀速转动时，从动轮 5 的角速度 ω_5 将为非匀速转动。

由于
$$i_{52'}^{1}=\frac{(\omega_5-\omega_1)}{(\omega_{2'}-\omega_1)}$$

且 $\omega_{2'}=\omega_2$，ω_2 为连杆 2 的角速度，其值将作周期变化。

故有
$$\omega_5=\omega_1(1-i_{52'}^{1})+\omega_2 i_{52'}^{1}$$

由上式可知，从动轮 5 的角速度 ω_5 由两部分组成：一部分为等角速度部分 $\omega_1(1-i_{52'}^{1})$；另一部分为作周期变化的变角速度部分 $\omega_2 i_{52'}^{1}=-\omega_2 z_{2'}/z_5$。显然。如果改变四杆机构的各杆尺寸或改变两啮合齿轮的齿数，就可以在从动轮齿轮 5 上获得不同的运动规律。

采用图 13-6 所示的一种利用齿轮—连杆组合来实现复杂的预定轨迹的机构，该机构在运动上实质为一自由度 $F=2$ 的铰链五杆机构，依靠齿轮实现两连架杆的封闭使机构自由度 $F=1$，保证其在一个原动件下具有确定的相对运动。该机构的特点是：连杆上任一点可以较四杆机构画出更复杂的连杆曲线；同时，通过调节齿轮的传动比的大小或转向(在两齿轮间加入一惰轮)以及改变两齿轮安装的相位和各杆长的相对尺寸，就可以获得形状丰富的连杆曲线；而且，如果两齿轮的传动比不是整数时，连杆曲线点轨迹运行的周期与原动件不同，连杆曲线也将更为复杂多变。

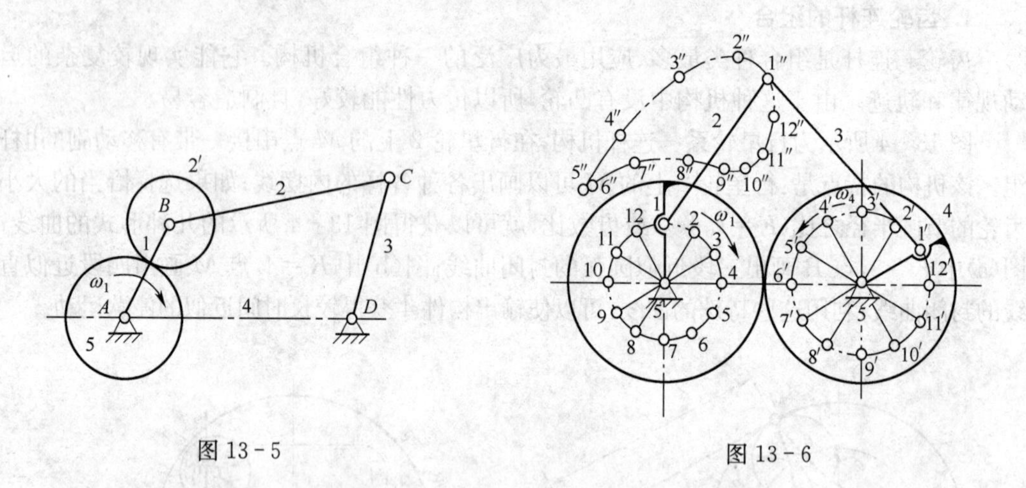

图 13-5　　　　图 13-6

2. 凸轮连杆机构的组合

图 13-7 为几种凸轮连杆机构的简单组合，用于实现预定复杂的运动规律。图(a)实际上相当于可变连架杆长度的四杆机构；图(b)相当于可变曲柄长度的曲柄滑块机构；而图(c)则相当于可变连杆长度(BD)的曲柄滑块机构。

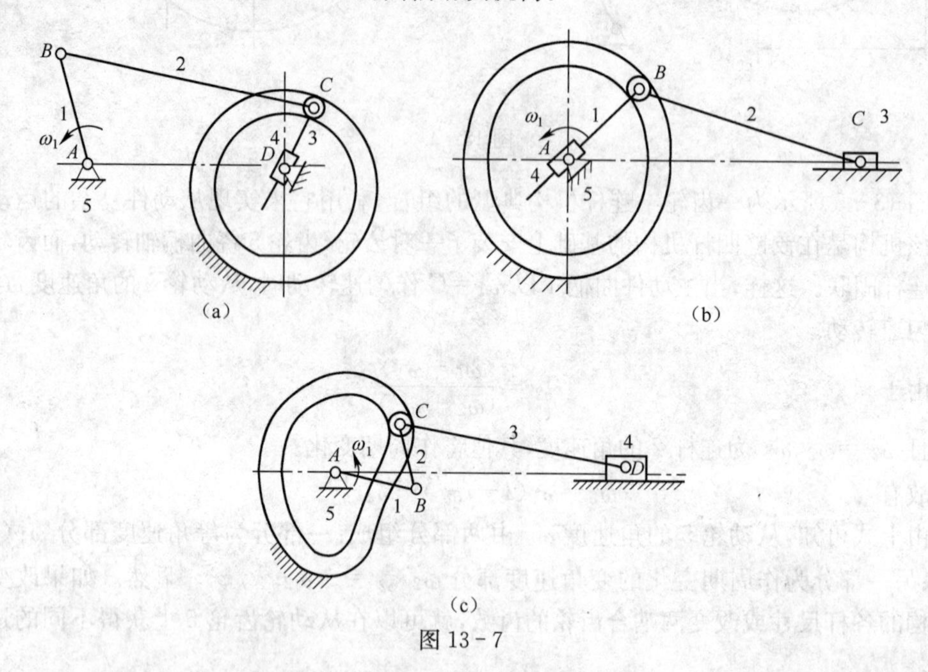

图 13-7

这些机构在实质上是利用了凸轮机构来封闭具有两个自由度的平面五杆机构。设计这类组合机构的关键在于，根据给定的输出运动规律确定凸轮的轮廓曲线。

图 13-8 为封罐机上凸轮连杆机构的组合，机构实际上相当于一个可变连架杆长度的双曲柄铰链四杆机构。连杆 AB 上 C 点画出罐头封口动作所需的曲线；改变凸轮廓线，就可以达到对不同筒型封口的目的。

3. 凸轮齿轮机构的组合

图 13-9 所示为一简单的凸轮齿轮机构组合的示例。相互啮合的一对齿轮 1、2 的回转中心 O_1O_2 由一杆件 H 相连，齿轮 1 作定轴回转，齿轮 2 则作行星运动，它们构成一简单差动轮系；在行星轮 2 上选择一点 B，安装一滚子，并使其嵌在固定凸轮槽内。

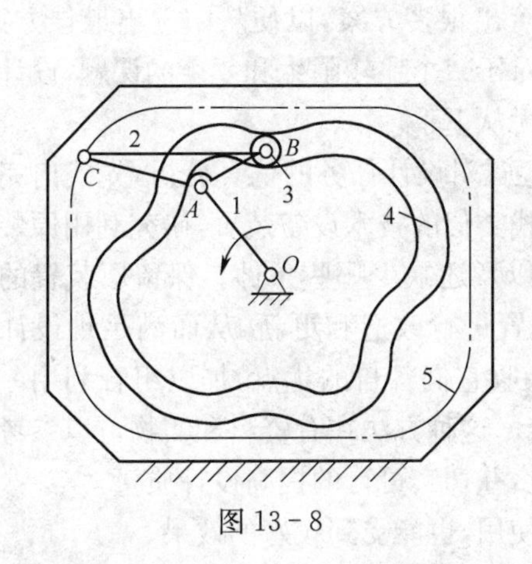

图 13-8

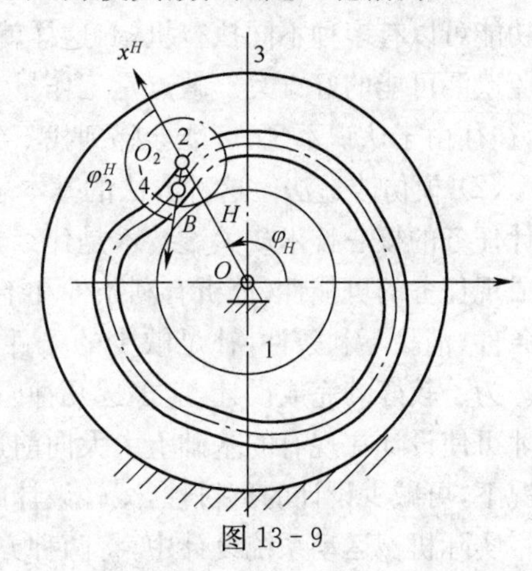

图 13-9

当行星架 H 为原动件作等速回转时，将在齿轮 1 上获得预期的运动规律。凸轮廓线的形状和齿轮的齿数比决定了预期的运动规律。

设计这种机构时，首先应根据从动件 1 的运动要求，求得行星轮 2 相对于行星架 H 的运动关系，然后按摆动推杆盘形凸轮机构的凸轮廓线设计方法设计凸轮廓线。

凸轮—齿轮的组合机构还常作为校正机构，这种校正装置在齿轮加工机床中应用较多。如图 13-10 所示即为一例。在此机构中，蜗杆 1 为原动件，蜗轮 2 为从动件；如果由于制造误差等原因，当蜗轮 2 的输出运动达不到精度要求时，则可以根据输出的误差设计出与蜗轮 2 固联的凸轮廓线 2′。通过凸轮机构的移动从动件→推动齿条 3→带动齿轮 4→给差动机构输入运动 ω_4→最终使蜗杆 1 得到一附加转动，从而使蜗轮 2 的输出运动得到校正。

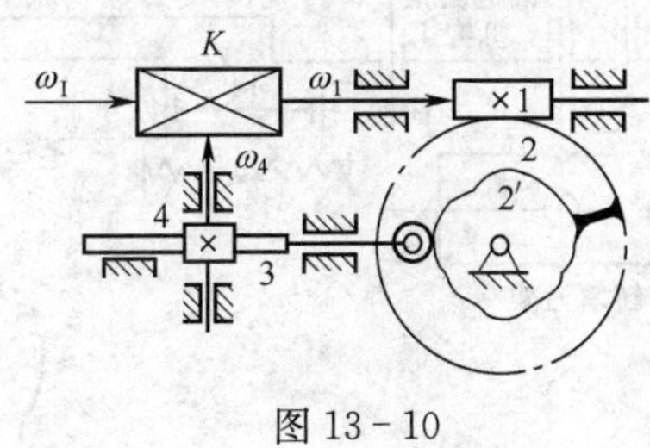

图 13-10

13.4 机械传动系统设计和实例

13.4.1 机械传动系统的设计

机械传动系统设计常用的方法有两种：

(1) 功能分解法　将机械系统的总功能分解为若干个分功能，再将分功能分解为元功能，每个元功能决定了执行构件的基本动作，然后为执行构件选择相应的执行机构(可能会有多种机构，注意选优)；再考虑各执行构件的运动协调性问题，进行执行机构的运动设计与分析，这些机构的组合就构成了整个机械系统。这种方法的优点是，由于实现每个元功能可以有多种不同执行机构，这样就可以组合出很多方案，以便从中选出最佳方案，避免遗漏可能的好方案。缺点是工作量大，而且对于一个比较陌生和复杂的课题，设计之初，往往由于认识不足，可能会感到找不到头绪，无从下手。

(2) 模仿改造法　这种方法的基本思路是，经过对设计任务的认真分析，先找出完成设计任务的核心技术或关键技术是什么，然后寻找类似的技术设备装置，研究利用原装置完成现任务的可能性，分析有利条件和不利条件以及还缺少哪些条件。保留原装置的有利条件，消除不利条件，补足缺少的条件，将原装置进行改造和更新，从而满足现设计要求。为了较好的完成设计，应多选几种原型机，吸收它们各自的优点，加以组合利用。这样才可使设计在现有的基础上大大向前迈进一步。这种方法在有资料和实物可以参考的情况下，可减少设计的盲目性，减轻设计的工作量，并切实可行的提高设计质量。

实际机械运动系统设计中，将两种方法组合使用，也能受到较好的效果。

13.4.2　转塔刀架机械传动系统的设计

图 8－16 所示为 C1325 单轴六角自动车床转塔刀架机械传动系统的立体透视图，图 13－11 所示为该系统的机构运动简图。为了进行工件的自动加工，避免成组动作每次换刀，对此刀架机械传动系统提出的功能要求是刀架能实现自动换刀并沿被加工工件的轴线移动，完成轴线进给和退刀，并尽量减少机械加工空行程占用的时间等。

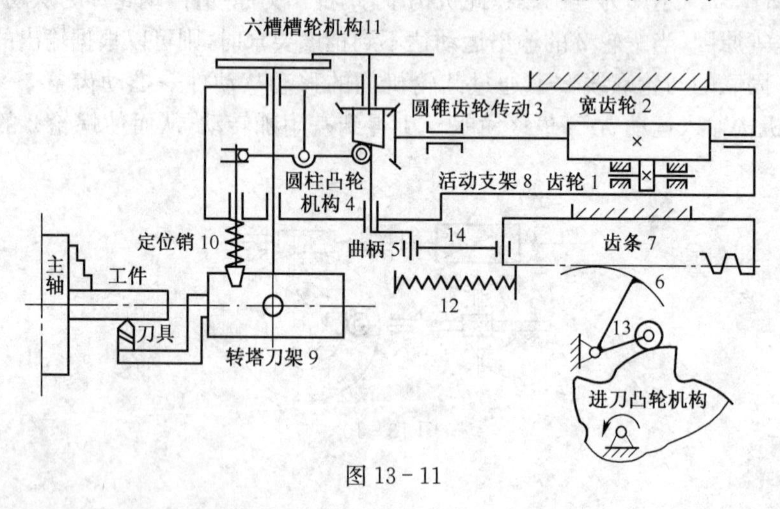

图 13－11

1. 系统的基本动作

将系统提出的功能分解为如下几个基本动作：

(1) 刀架的转位　在转塔刀架上固定着若干组刀具，为使各组刀具能依次参加工作，转塔刀架每次需转相应的角度，即需实现间歇运动，每次转位 60°。

(2) 让刀　为了在转塔刀架转位时，刀具和工件不至于发生碰撞，转塔刀架转位时应先退刀一段距离后再转位。

(3) 定位　为了保证加工精度,在加工时转塔刀架必须精确定位,而在转位时刀架应解除定位。

(4) 进刀、退刀　在转塔刀架非转位期间,刀具能通过控制机构实现精确的轴线进给和退刀。

2. 执行机构选择

(1) 转塔刀架的精确定位机构　转塔刀架的定位由于定位要求精确,故专门采用作往复移动的定位销插入和拔出来实现。

如图 13－11 所示,定位销 10 的往复移动由圆柱凸轮机构驱动摆动从动件与齿轮机构配合来实现。圆柱凸轮与圆锥齿轮机构 3 和圆柱齿轮 1、2 串连;齿轮机构的功能在于改变传动轴的轴线位置和速度的大小,以便与原动机相适应。注意:齿轮 2 采用了宽齿轮,目的是为了使整个活动支架 8 作移动时,保证齿轮 1、2 时刻保持接触。

齿轮 1 为整个定位机构控制定位销插入和拔出的原动件,它是一个作间歇转动的构件,需要由离合器(图中未画出)控制转动和静止,每次转一周。

(2) 转塔刀架转位控制机构　刀架转位的转位间歇运动控制由常用的平面槽轮机构来完成。

如图 13－11 所示,转塔刀架 9 安装在活动支架 8 上(活动支架 8 在机架中作往复移动);转塔刀架 9 相对活动支架 8 作间歇转动,实现转塔刀架的转位。转位的主控制机构为六槽槽轮机构 11,其拨盘与圆锥齿轮固联。

(3) 进刀、退刀控制机构　刀具轴线进给和退刀动作通过摆动从动件盘形凸轮机构和扇形齿轮—齿条机构的配合来实现,从动件回程与凸轮保持接触的方式用弹簧完成。

如图 13－11 所示,构件 6 为与凸轮机构的摆动从动件固接的扇形齿轮,在凸轮的控制下实现往复摆动;齿条 7 在机架中作往复移动;转塔刀架 9 与整个活动刀架 8 一起在机架中作往复移动实现进刀、退刀;构件 12 为弹簧。

(4) 减少进刀、退刀占用时间的控制机构　在齿轮—齿条机构与整个活动支架 8 之间巧妙串接一曲柄滑块机构。

如图 13－11 所示,构件 14 为曲柄滑块机构的连杆、构件 5 为曲柄(与圆柱凸轮和圆锥齿轮轴固联)。如果将移动整个活动支架 8 与齿条 7 一同考虑进来,该机构可以认为是如图 13－12 所示双滑块五杆机构。

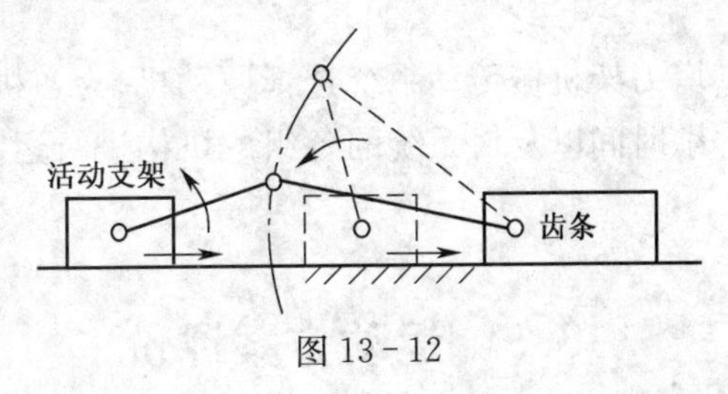

图 13－12

双滑块五杆机构的滑块分别为活动支架和齿条,该机构的自由度 $F=2$。

当刀具进行进刀和退刀未离开工件一定距离时,定位销不能插入和拔出,圆柱凸轮不转动,曲柄也没有动力输入(由与齿轮 1 相连的离合器来控制),它与活动支架保持相对静止构成一个滑块并一起移动。此时,机构为曲柄滑块机构,滑块(齿条 7)作为机构的原动件，而且机构处于死点位置（连杆 14 与齿条 7 的导路拉直或重叠共线）。实际上，此时的双滑块五杆机构各活动构件之间无相对运动，整体作为一个滑块在齿条的推动下作往复移动，完成预定的进刀和退刀动作。

当刀具进行进刀和退刀离开工件一定距离时，转塔刀架要实现转位，首先定位销要拔出和插入，圆柱凸轮开始转动，双滑块五杆机构的曲柄开始有动力输入；此时，双滑块五杆机构在滑块（齿条 7）和曲柄两个原动件的作用下，使机构实现确定的相对运动。运动的结果是：一方面活动支架随滑块（齿条 7）在进刀凸轮的驱动下作进、退刀移动；另一方面，活动支架又受曲柄的驱动作进、退刀移动；运动的合成将加速活动支架的移动。退刀时使其迅速撤离工件一大段距离，给转塔刀架转位让出足够的转位空间；反之，可实现加速靠近工件，减少加工停滞时间。

转塔刀架的转位在刀具退刀和进刀过程中，离开工件足够的距离以外的时间段内完成。

需要说明的是，转塔刀架的定位机构，为什么不直接采用控制转位的槽轮机构中本身具有的利用凸、凹锁止弧的定位功能来实现呢？既简单又方便。主要原因是定位精度达不到精加工所需的定位精度要求。

3. 传动系统的工作循环图

车床在加工过程中，转塔刀架的进给、退刀、转位等动作由相应机构来控制，它们彼此不是相互独立的，而需要协调配合，其转塔刀架机械传动系统的工作循环图如图 13 - 13 所示。由于圆柱凸轮转一周为一个工作转位循环，故选择它为定位件。

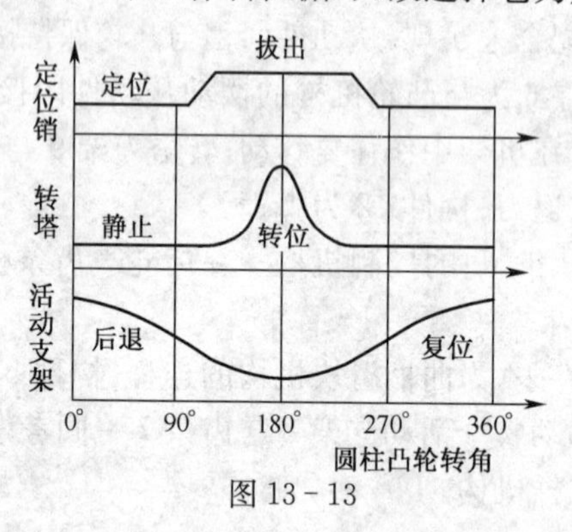

图 13 - 13

此间，还要考虑为转塔刀架机械传动系统选择原动机、为各机构分配传动比、确定各轴的转速、间歇机构的停歇时间以及对系统的各组成机构进行运动和动力分析与设计等（此处略）。

13.5 运动方案评价

评价机械系统运动方案的好坏，应该综合多方面的因素，比如运动方案技术的先进性、实用性、经济性、可靠性、安全性、可操作性、外观及环境保护等。但由于运动方案还不涉及具体的机械结构和强度设计等细节，因此，评价体系只能从可能看到和预见的技术层面考虑，即运动方案的功能及工作性能方面占主要因素，大体上按以下几个指标予以评价：

(1) 机构的功能　可实现运动规律的形式、传递运动精度是否能满足要求。

(2) 机构的工作性能　机械系统的应用范围、可调性、运转速度、承载能力等。

(3) 机构的动力性能　加速度的峰值、噪声、耐磨性、可靠性、传力性能等。

(4) 系统的协调性　空间的同步性、时间的同步性、与操作对象的协调性等。

(5) 系统的经济性　制造的难易程度、制造误差的敏感性、调整的方便性、产量高低、能耗大小等。

(6) 系统的结构性　结构的复杂程度和紧凑性对结构实际实现的影响，尺寸、质量及对运输、安装的影响等。

思考题及习题

13-1　机械设计大体过程是怎样的？

13-2　什么是机械系统的概念设计？它与机械系统的运动方案设计是什么关系？

13-3　为什么说机械系统工作原理的确定对整个机械系统设计的成败起着十分关键的作用？

13-4　举例说明机械系统实现某种功能，采用同一工作原理可能会有不同的实现方法？

13-5　原动机有哪些类型？选择时要注意什么问题？

13-6　常用机构的主要类型和基本功能有哪些？

13-7　怎样进行机构类型的选择，选择时要考虑的主要问题是什么？

13-8　常见的组合机构有哪些？能用实例说出其中几种吗？

13-9　什么是机械的工作循环图？有哪些形式？

13-10　某执行机构作往复直线移动，行程100mm，工作行程近似等速，并有急回运动要求，行程速比系数$K=1.4$，在回程结束后，有2s的停歇。设原动机为电动机，其额定转速960r/min。设计该执行构件的传动系统。

13-11　设计一台为食品盒打印日期的装置。食品盒的尺寸为长×宽×高=100mm×30mm×60mm，材料为硬纸板，生产率为60件/min。设计该系统的传动方案。

13-12　进行蜂窝煤冲压成型机方案设计。生产能力为30块/min，装置采用电动机驱动，功率$N=11$/kW，转速$n=710$r/min，冲压成型的生产阻力为30000N。

提示：蜂窝煤冲压成型的基本动作包括：

(1) 粉煤的加料；

(2) 冲头将煤粉压制成蜂窝煤；

(3) 清扫冲头和模具盘上的煤粉；

(4) 将模具中冲压好的蜂窝煤进行脱模；

(5) 将成型后的蜂窝煤输送到指定位置。

冲压的基本动作可用对心曲柄滑块机构，模具转盘的间歇运动可用槽轮机构，而清扫动作可通过固定凸轮机构来实现。

* 第 14 章　计算机技术在机构设计与分析中的应用

14.1　概　述

在前面章节中介绍的机构设计及分析的方法通常有图解法和解析法。但是无论用图解法或解析法都需要花费很多时间进行重复性的作图或计算，工作量很大。如用图解法对平面机构运动分析时，为了求解机构在一个运动循环中的位移、速度和加速度的变化规律，需要作许多张速度图和加速度图；又如用解析法设计凸轮机构时，为了求出凸轮廓线上各点坐标值，需要进行许多重复性的数学计算。

随着计算机的普及和计算技术的快速发展，在机械原理学科中，应用计算机对机构进行分析和设计越来越受到人们的重视。

14.2　CAD 技术在平面连杆机构设计中的应用

平面连杆机构因其构件运动形式和连杆曲线的多样性而被广泛应用。在工程实际中，根据具体情况，选定机构的类型后，需要设计出满足工作要求的机构运动简图即机构设计(机构综合)。

第 3 章已经详细讨论了各种常用机构的综合方法并且推导了有关的解析表达式。根据这些解析表达式，应用计算机技术可以方便、迅速地进行机构运动尺寸综合，其计算原理及编程方法可参考有关专著。本节通过实例介绍在 AutoCAD 环境中，基于图解法的设计思路，用交互式作图进行平面连杆机构设计的方法。

14.2.1　刚体导引机构的设计

这类综合问题是要求机构能够引导连杆按一定方位通过预定位置。

1. 已知活动铰链中心的位置

如图 14－1 所示，设连杆上两活动铰链中心为 B、C，要求在机构运动过程中连杆能占据 B_1C_1、B_2C_2、B_3C_3 三个位置。综合的任务是要确定两固定铰链的位置。

在 AutoCAD 环境中，用一般作图方式，按照已知条件作出连杆的三个位置。尺寸综合方法为：(↙代表回车符)

命令：Line ↙ 捕捉点 B_1、B_2、B_3↙(连接 B_1、B_2、B_3 点)

命令：Xline ↙ B↙ 捕捉点 B_1B_2 的中点、捕捉点 B_1、B_2 ↙(作 B_1B_2 的中垂线)

命令：Xline ↙ B↙ 捕捉点 B_2B_3 的中点、捕捉点 B_2、B_3 ↙(作 B_1B_2 的中垂线)

两条中垂线的交点即为固定铰链 A 的位置；同理可以求出固定铰链 D 的位置。连

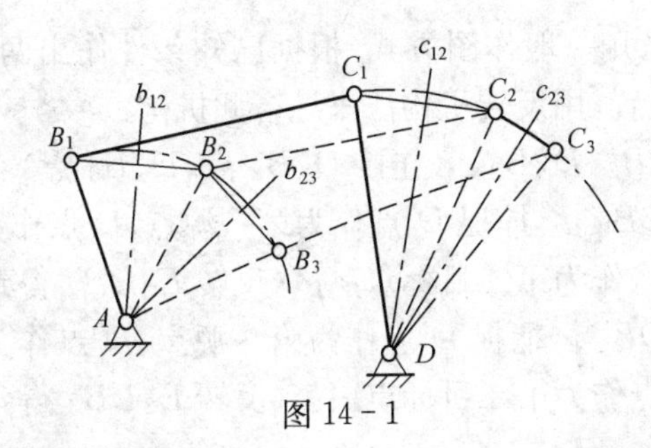

图 14－1

接 AB_1、C_1D 即为所求四杆机构，用 Distance 命令可以测量出各杆的长度。

2. 已知固定铰链中心的位置

如图 14－2 (a) 所示，设已知固定铰链中心 A、D 的位置及机构在运动过程中，其连杆上的标线 EF 分别占据 E_1F_1、E_2F_2、E_3F_3 三个位置。综合的任务是要确定两连杆上两活动铰链中心 B、C 的位置。

在 AutoCAD 环境中，用一般作图方式，按照已知条件作出两个固定铰链中心 A、D 和连杆标线 EF 的三个位置，用机构倒置法来设计此机构：

命令：Line ↙ 捕捉点 E_2、A、E_3↙（连接 A、E_2 点，A、E_3 点）

命令：Line ↙ 捕捉点 F_2、D、F_3↙（连接 D、F_2 点，D、F_3 点）

命令：Align ↙选择 AE_2、E_2F_2、F_2D ↙ 捕捉点 E_2 作为第一源点、E_1 点作为第一目标点、F_2 作为第二源点、F_1 点作为第二目标点↙↙（倒置 AE_2F_2D 得到点 A'、D'）

命令：Align ↙选择 AE_3、E_3F_3、F_3D ↙ 捕捉点 E_3 作为第一源点、E_1 点作为第一目标点、F_3 作为第二源点、F_1 点作为第二目标点↙↙（倒置 AE_3F_3D 得到点 A''、D''）

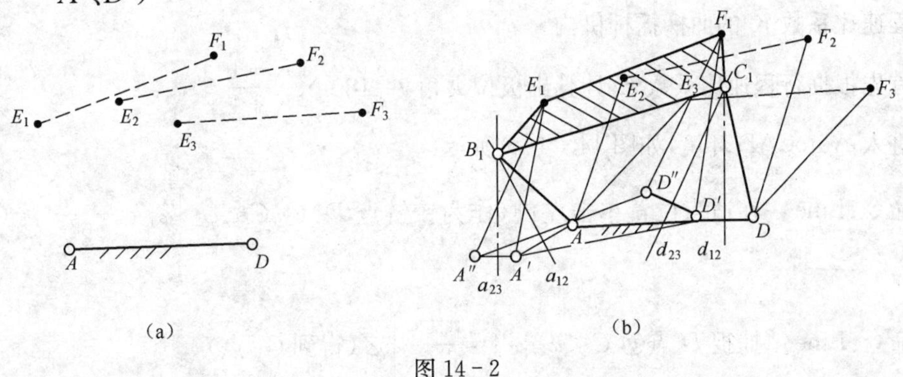

图 14－2

用前述方法分别作 AA'、$A'A''$的中垂线 a_{12}、a_{23}，其交点即为活动铰链 B_1 的位置；同理作 DD'、$D'D''$的中垂线 d_{12}、d_{23}，求出活动铰链 C_1 的位置。连接 AB_1C_1D 即为所求四杆机构，如图 14－2(b)所示。

14.2.2 按两连架杆对应位置设计四杆机构

如图 14－3 (a) 所示，设已知两固定铰链中心 A、D 的位置、连架杆 AB 的长度，要求两连架杆的转角能实现三组对应关系。

在 AutoCAD 环境中,用一般作图方式,根据已知条件作出两个固定铰链中心 A、D 及连架杆三组对应关系位置,用反转机构法来综合此机构:

命令:Line↙捕捉点 B_2、D、B_3↙(连接 D、B_2 点,D、B_3 点)

命令:Align↙选择 DB_2↙ 捕捉 D 点作为第一源点、D 点作为第一目标点、E_2 作为第二源点、E_1 点作为第二目标点↙↙(反转 E_2DB_2 得到点 $B_2{}'$)

命令:Align↙选择 DB_3↙捕捉 D 点作为第一源点、D 点作为第一目标点、E_3 作为第二源点、E_1 点作为第二目标点↙↙(反转 E_3DB_3 得到点 $B_3{}'$)

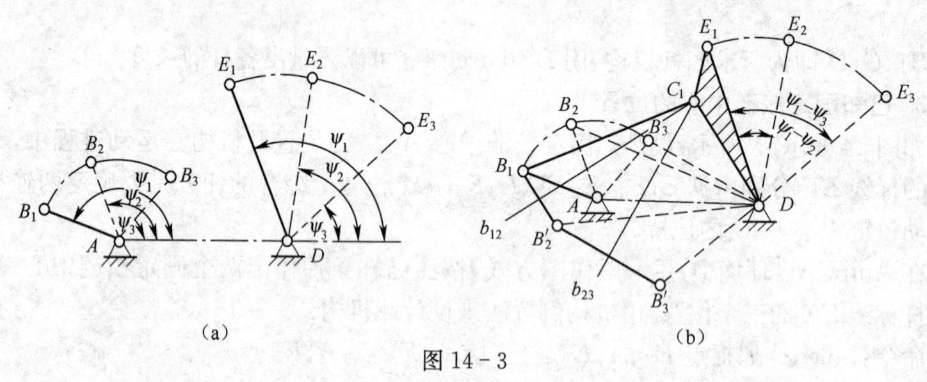

图 14-3

用"14.2.1 小节刚体导引机构的设计"中所述方法分别作 $B_1B'_2$、$B'_2B'_3$ 的中垂线 b_{12}、b_{23},其交点即为活动铰链 C_1 的位置。连接 AB_1C_1D 即为所求四杆机构,如图 14-3(b)所示。

14.2.3 急回机构的设计

设已知摇杆的长度 c 及最大摆角 φ 和曲柄长度 a(或连杆长度 b),要求设计出能够实现行程速比系数 K 的曲柄摇杆机构。

首先根据行程速比系数 K 计算出极位夹角 $\theta=180°\times\dfrac{K-1}{K+1}$

进入 AutoCAD 环境,如图 14-4(a)所示:

命令:Line↙在适当位置单击左键(作为铰链点 D)@ $C<\varphi_1\left(\varphi_1=\dfrac{\pi-\varphi}{2}\right)$↙(得到 C_2 点)

命令:Line↙捕捉 D 点@ $C<\varphi_2\left(\varphi_2=\dfrac{\pi+\varphi}{2}\right)$↙(得到 C_1 点)

命令:Line↙捕捉 C_1 点 、捕捉 C_2 点↙(连接 C_1、C_2 点)

命令:Xline↙ A↙ R↙捕捉 C_1C_2 线 $\theta_1(\theta_1=90°-\theta)$↙捕捉 C_2 点↙

命令:Xline↙ V↙捕捉 C_1 点 ↙(两条构造线交于 P 点)

命令:Circle↙ 3P↙分别捕捉点 C_1、C_2、P(得到曲柄铰链点 A 应在的大圆 η_1)

若曲柄长度 a 已知:

命令:Circle↙捕捉上像限点 F(C_1C_2 弧中点)、捕捉 C_2 点(得到辅助圆 η_2)

命令:Circle↙捕捉 C_2 点、$a_1(a_1=2a)$↙(得到与圆 η_2 的交点 E)

命令:Extend↙选择大圆 η_1↙选择 EC_2 线↙(延伸 EC_2 线至大圆 η,得到固定铰链点 A)

命令:Circle↙捕捉 A 点、a↙(得到与 AC_2 线交点 B_2)

则 AB_2C_2D 即为所求四杆机构。

若连杆长度 b 已知,如图 14-4(b)所示:

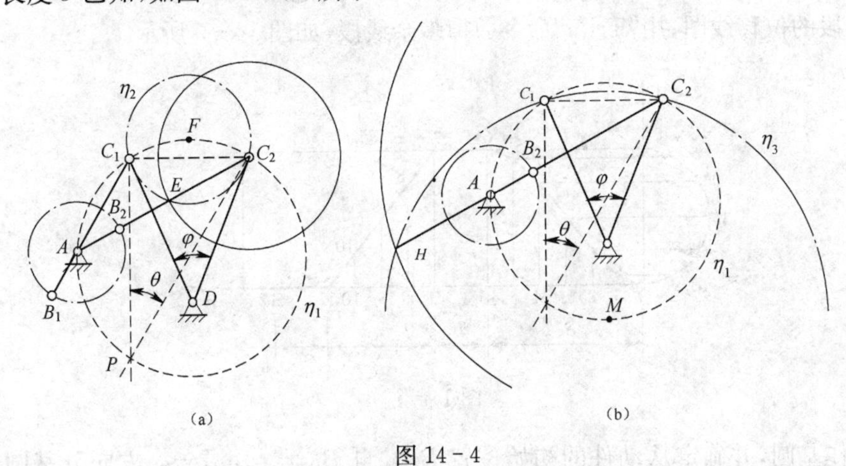

图 14-4

命令:Circle↙捕捉下象限点 M(C_1C_2 弧另一中点)、捕捉 C_2 点(得到辅助圆 η_3)

命令:Circle↙捕捉 C_2 点、b_1($b_1=2b$)↙(得到与圆 η_1的交点 H)

命令:Line↙ 分别捕捉点 H 、C_2↙(连接 HC_2 得到与大圆 η_1 的交点 A)

命令:Circle↙捕捉 C_2 点、b↙(得到与 AC_2 线交点 B_2)

则 AB_2C_2D 即为所求四杆机构。

14.3 CAD 技术在凸轮机构设计中的应用

如第 5 章所述,当根据使用场合和工作要求选定了凸轮机构的类型、基本尺寸和从动件的运动规律后,需要设计出凸轮的轮廓曲线,以实现要求的运动规律。其设计方法有图解法和解析法,下面介绍以 AutoCAD 软件为平台,基于图解法(反转法)的设计思路,以对心直动从动件盘型凸轮机构为例说明用交互式作图法设计凸轮廓线的原理和方法。

14.3.1 平底从动件凸轮廓线的设计

设已知凸轮基圆半径 r_b,从动件的最大行程为 h,凸轮以等角速度 ω 沿逆时针方向回转,推程为余弦加速度运动,推程角 $\delta_1=120°$;远休止角 $\delta_2=60°$;回程为等速运动,回程角 $\delta_3=120°$;近休止角 $\delta_4=60°$。

由第 5 章知识可知,平底从动件的导路中心线与平底交点的运动规律即为从动件的运动规律,复合运动中,平底始终与凸轮廓线相切。

(1) 绘制从动件的运动线图,并等分推程角 δ_1 和回程角 δ_3,得到 1-1′,2-2′,… ,10-10′,11,12。

操作要点:进入 AutoCAD 界面,用“Line”命令绘制垂直线段 O-A,水平线段 O-12,

使 OA 等于 h；用“Array”命令将线段 OA 横向阵列 14 条，删除远休止、近休止处各一条（0－6为推程段、6－7 为远休止段、7－11 为回程段、11－12 为近休止段）；用“Arc”命令以 OA 中点为圆心作半圆弧，且用“Divide”命令将该圆弧等分为 6 份，由各等分点作水平线与对应的垂线相交，过各交点 0、1′、2′、…、6′用“Spline”命令作样条曲线，并且使始末点的切线方向水平，得到推程段的位移曲线；用“Line”命令，过点 6′，7′及 11 画直线，即为远休止和回程段的位移线图；用“Trim”命令剪掉多余线段，如图 14－5 所示。

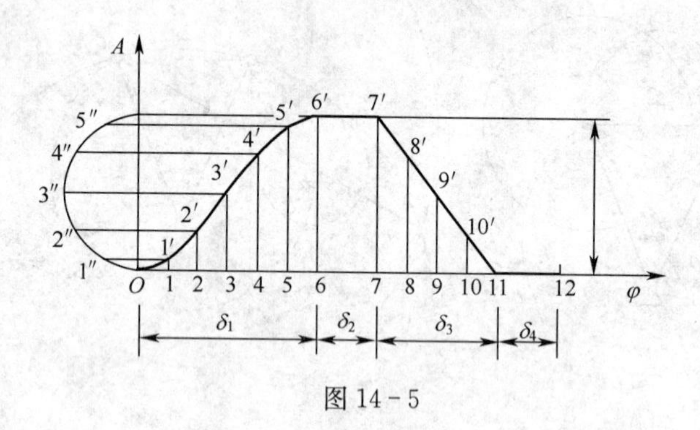

图 14－5

（2）作基圆，并确定从动件的初始位置 B_0。自 B_0 点起，沿 $-\omega$ 方向分基圆为 φ_1、φ_2、φ_3、φ_4，且等分 φ_1、φ_3 与线图相同的份数，得到 C_1、C_2、…、C_{11}。

操作要点：用“Circle”命令，以半径 r_b 绘制基圆；用“Line”命令，作线段 $O-B$ 交基圆于 B_0 点，过 B_0 点作垂直于 $O-B$ 的平底 η，如图 14－6(a)所示。用“Array”命令，以圆心 O 为中心，环形阵列 $O-B$ 及 η，阵列数为 7，角度为 $-120°$ 交基圆于 C_1、C_2、…、C_6 点；利用嵌夹功能将线段 $O-C_6$ 及其平底旋转复制 $-60°$ 交基圆于 C_7 点；再环形阵列线段 $O-C_7$ 及其平底，阵列数为 5，角度为 $-120°$，交基圆于 C_8、C_9、C_{10}、C_{11} 点，如图 14－6(b)所示。

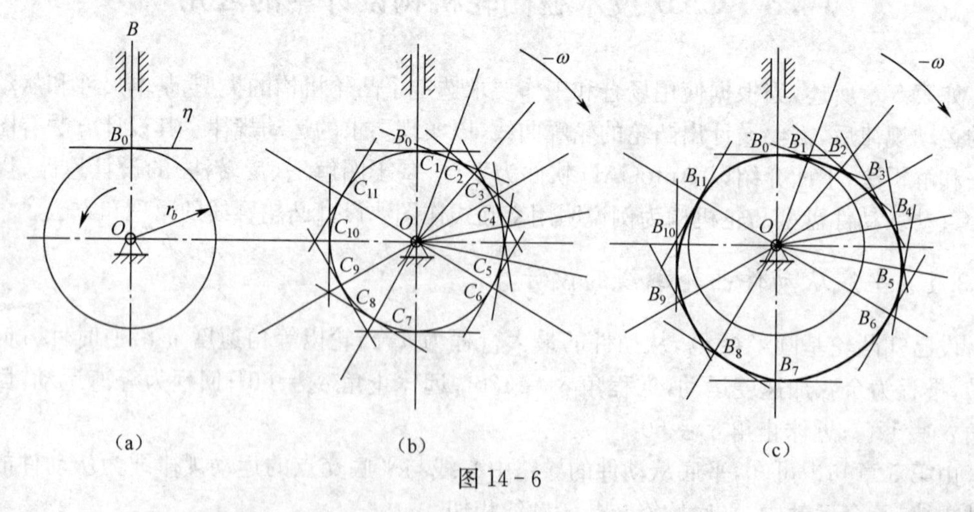

图 14－6

（3）在各径向线上量取相应的位移量 1－1′、2－2′、…、10－10′，得到平底的各个位置 B_0、B_1、…、B_{11}点，这些平底的包络线即为凸轮的工作廓线。

操作要点：用“Offset”命令，用点的捕捉方式分别取运动线图上相应的位移量为偏移量，向外平行复制各个位置的平底；在推程和回程段分别用“Spline”命令作样条曲线，使样条曲线与各个位置的平底相切并在始末点的切线方向垂直于导路，再利用嵌夹功能的拉伸方法，以不符合要求的点为热夹持点，调整其位置，使样条曲线真正成为平底的包络线；远休止和近休止部分用圆弧连接，即可得到所求凸轮廓线，如图 14-6(c)所示。

14.3.2　尖底从动件凸轮廓线的设计

由第 5 章知识可知，从动件的尖底在反转过程中的运动轨迹即为凸轮的轮廓曲线。在尖底处作一垂直于导路的短线视为平底，用前述设计方法确定出尖底所占的一系列位置 B_1、B_2、…、B_{11}，如图 14-7(a)所示；再用样条曲线和圆弧连接尖底的一系列位置，即为尖底从动件凸轮的工作廓线，如图 14-7(b)所示。

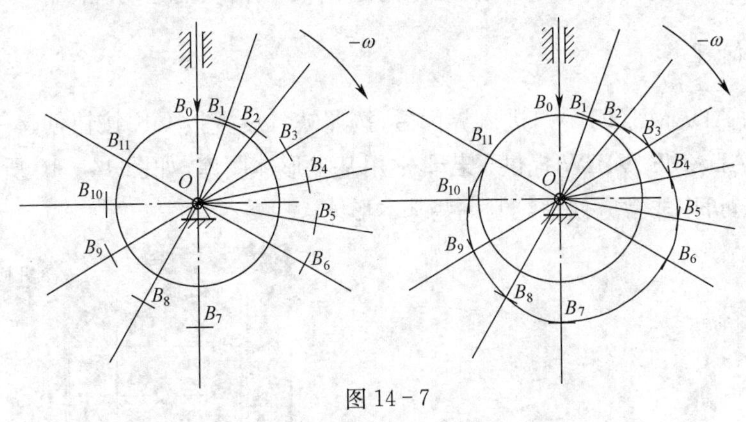

图 14-7

14.3.3　滚子从动件凸轮廓线的设计

由第 5 章知识可知，滚子中心的运动规律即为从动件的运动规律，它在复合运动中的轨迹(理论廓线 ξ)是一条与凸轮的实际廓线 ξ' 法向等距的曲线。因此，把滚子中心视为尖底，用上述设计方法设计出凸轮的理论廓线 ξ，再以滚子半径为偏移量，用“偏移”命令作出其等距曲线 ξ' 即为所求的滚子从动件凸轮工作廓线，如图 14-8 所示。

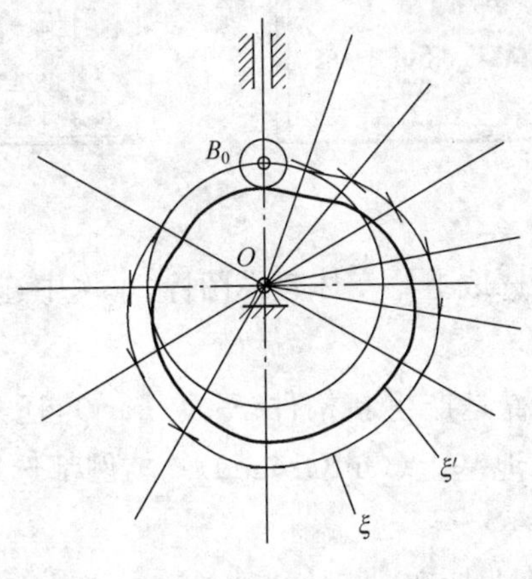

图 14-8

14.4 ADAMS在机构分析中的应用

虚拟样机技术，是随着计算机技术的发展而迅速发展起来的一项计算机辅助工程(CAE)技术。其中ADAMS是一套应用最为广泛的机械系统运动学和动力学仿真软件，它可以帮助改进各种机械系统的设计，从简单的齿轮机构、连杆机构到复杂的车辆、飞机、卫星甚至人体。下面通过两个实例来简要说明ADAMS在运动学和动力学仿真中的应用。

例如一个曲柄滑块机构，若已知各构件的尺寸及质量，曲柄和连杆对质心的转动惯量，主动曲柄的角速度及作用于曲柄的驱动力矩，求从动滑块的运动规律。

14.4.1 几何建模

首先启动ADAMS/VIEW，进入界面后，按照缺省设置按OK按钮创建一个新模型(图14-9)。ADAMS/VIEW提供了若干常用基本形体图库，如图14-10所示，利用这些参数化图库，可以非常方便地绘制一些基本形体。

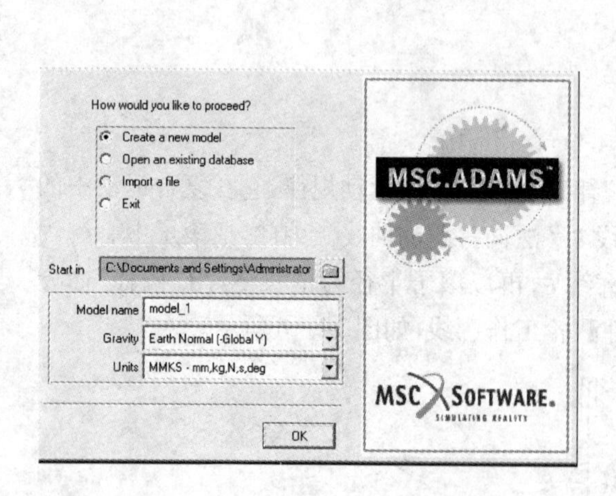

图 14-9

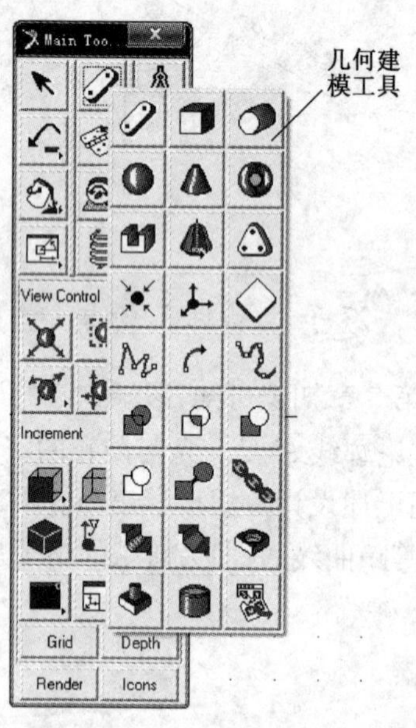

图 14-10

(1) 在几何建模工具中选取三维实体建模图标，本例中连杆和曲柄选取Link图标，滑块选取Box图标。

(2) 在参数设置栏，设置是产生新构件(New Part)，还是添加几何体到现有构件(Add to Part)，或是添加到地基上(On Ground)。本例都选用产生新构件(New Part)建模。

(3) 在参数设置栏，输入曲柄和连杆等尺寸参数。

(4) 用鼠标确定绘图起始点，按住鼠标左键不放，拖动鼠标，可见几何形体按比例变化，释放鼠标键完成简单形体建模。

14.4.2 约束机构

在主工具箱中，选择连接工具集图标，然后选择约束工具。运动副施加方法如下：

(1) 在连接工具集选择。曲柄滑块机构中有转动副和移动副，在连接工具集中选择 revolute joint 和 translational joint 创建转动副和移动副。

(2) 在设置栏选择连接构件方法(2 Bodies - 1 Location)。选择需连接的两个构件和一个连接位置。如曲柄和连杆之间的转动副，先用鼠标分别选择曲柄和连杆，连接方向选择栅格方向(Normal to Grid)。

(3) 定义运动。在运动工具集对话框中，选择约束转动运动工具图标(rot joint motion)，在设置栏输入速度值(Speed 栏中填写 180)，然后选择曲柄和机架构成的转动副，创建好的模型如图 14-11 所示。

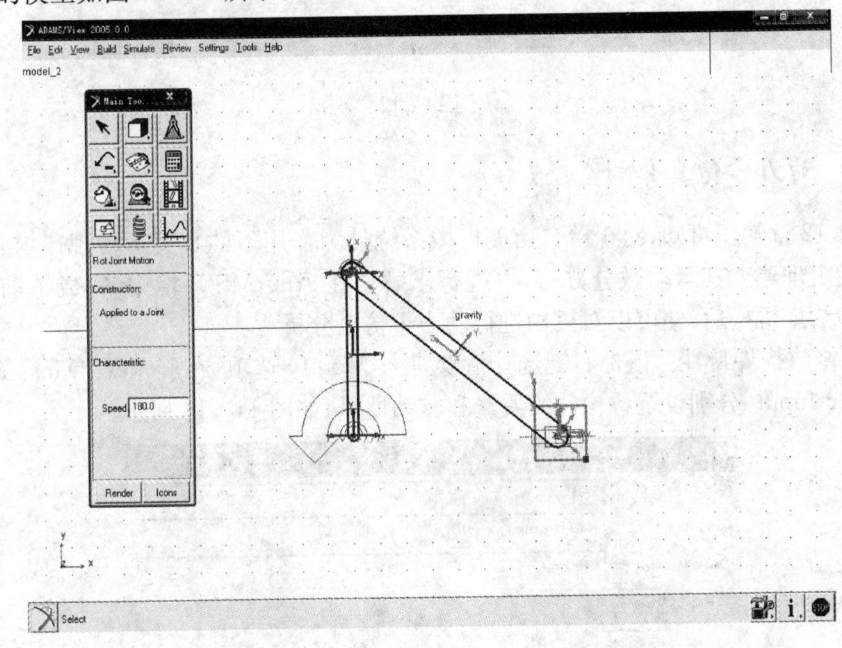

图 14-11

14.4.3 运动学仿真分析

(1) 在主工具箱中选择仿真工具，并在主工具箱参数设置栏，选择 kinematic，设置仿真结束时间、步长，点击运行按钮即可进行运动学仿真。

(2) 仿真分析后处理。在工具箱选择 Plotting 图标，显示 ADAMS/PostProcessor 程序界面。

(3) 绘制滑块运动线图(位移曲线、速度曲线和加速度曲线)。

在 Filter 栏中选择 body，在 Object 栏中选择滑块(本例中是 part_4)，在 Characteristic 栏中选择 CM_position，在 Component 栏中选择 x，选择 add curve 按钮，生成滑块位移曲线。同理，生成滑块速度和加速度时间历程曲线(图 14-12)。

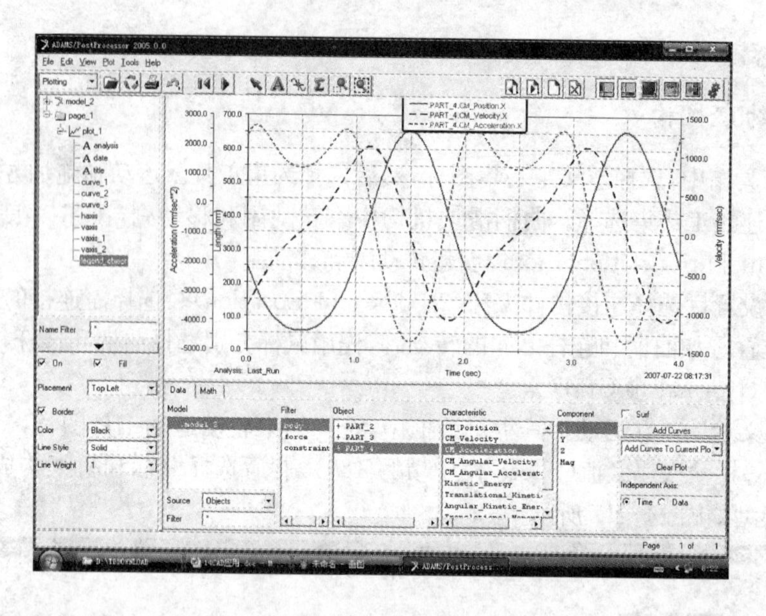

图 14-12

14.4.4 动力学仿真分析

由第12章知识可知，对于单自由度机械系统外力作用下的真实运动规律求解，首先根据动能定理建立其运动微分方程，再进行求解。在 ADAMS 环境中，完成了前述的几何建模和约束机构后，便可以对机构进行动力学仿真分析。

(1) 修改构件特性。鼠标右键选择滑块进入 Modify 选项，在 Defined Mass By 栏中选择 User Input，分别设置各构件的质量和转动惯量，如图 14-13 所示。

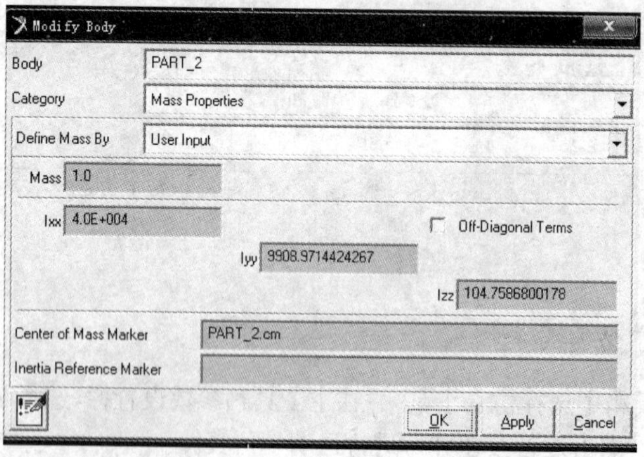

图 14-13

(2) 施加载荷。在工具箱中选择 Applied Force，定义作用于曲柄上的驱动力矩。

(3) 动力学仿真分析。在主工具箱中，选择仿真工具，并在主工具箱参数设置栏选择 Dynamic，设置仿真结束时间、步长，点击运行按钮进行动力学仿真。

仿真结束后，在工具箱中选 Plotting 进入后处理模块，在 Filter 栏中选择 body，在 Object 栏中选择滑块(本例中是 part_4)，在 Characteristic 栏中选择 CM_position，在

Component 栏中选择 x，选择 Add Curve 按钮，生成滑块位移曲线，同理生成滑块速度和加速度时间历程曲线，如图 14－14 所示。

ADAMS 建模过程简单明了，利用其后处理模块可以方便显示各个构件运动情况，得到设计者所需要的各种参数。

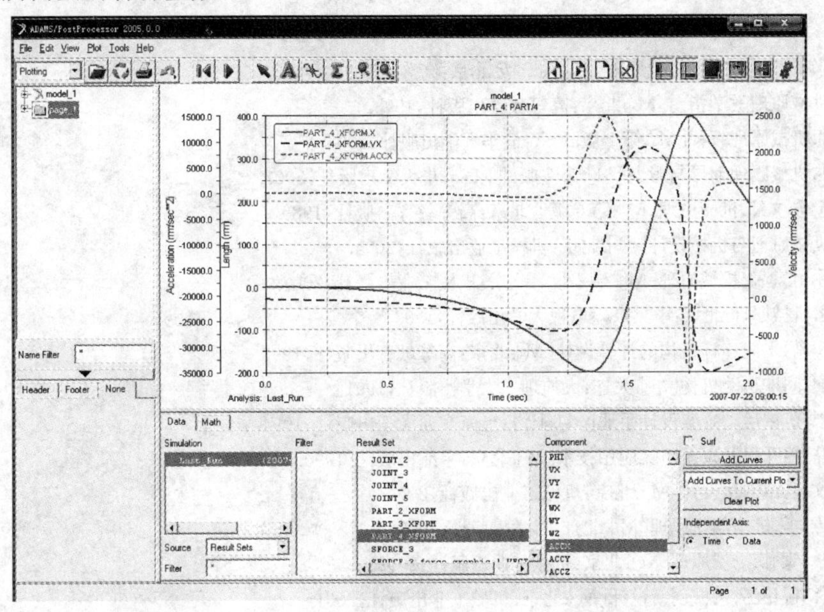

图 14－14

思考题及习题

14－1　在 AutoCAD 中，用作图法设计凸轮机构和连杆机构与传统的设计方法有什么不同？其原理和步骤是否一样？

14－2　在 AutoCAD 中，用作图法进行机构的运动分析与传统的设计方法有什么不同？其原理和步骤是否一样？该方法能用于机构的力分析中吗？

14－3　在 AutoCAD 中，用交互式绘图完成习题 3－18、3－19 。

14－4　在 AutoCAD 中，用交互式绘图完成习题 4－8。

14－5　在 AutoCAD 中，用交互式绘图完成习题 5－18。

参 考 文 献

[1] 孙桓，陈作模，葛文杰.机械原理[M].第 7 版.北京：高等教育出版社，2006.
[2] 孙桓.机械原理教学指南[M].北京：高等教育出版社，1998.
[3] 申永胜.机械原理教程[M].第 2 版.北京：清华大学出版社，2007.
[4] 申永胜.机械原理辅导与习题[M].第 2 版.北京：清华大学出版社，2007.
[5] 黄锡恺，郑文纬.机械原理[M].第 6 版．北京：高等教育出版社，1989.
[6] 张策.机械原理与机械设计[M].北京：机械工业出版社，2004.
[7] 廖汉元，孔建益.机械原理[M].第 2 版．北京：机械工业出版社，2007.
[8] 张世民.机械原理.北京：中央广播电视大学出版社，1993.
[9] 梁崇高，等.平面连杆机构的计算设计[M].北京：高等教育出版社，1993.
[10] 刘政昆.间歇运动机构[M].大连：大连理工大学出版社，1991.
[11] 邹慧君.机械运动方案设计手册[M].上海：上海交通大学出版社，1994.
[12] 刘隶华.粘弹阻尼减振防噪应用技术[M].北京：宇航出版社，1990.
[13] 吕仲文.机械创薪设计[M].北京：机械工业出版社，2004.
[14] 曲继方，等.机构创新原理[M].北京：科学出版社，2001.
[15] 黄茂林，秦伟.机械原理[M].北京：机械工业出版社，2002.
[16] 张春林，瞳继芳.机械创新设计[M].北京：机械工业出版社，2001.
[17] 杨元山，郭文平.机械原理[M].武汉：华中理工大学出版社，1989.
[18] 廖汉元.机构综合及优化[M].武汉：武汉钢铁学院(内部讲义)，1993.
[19] 曹龙华.机械原理[M].北京：高等教育出版社，1986.
[20] 华大年，唐之伟.机构分析与设计[M].北京：纺织工业出版社，1985.
[21] 邹慧君，等.机械原理[M].北京：高等教育出版社，1999.
[22] 华大年，华志宏，吕静平.连杆机构设计[M].上海：上海科学技术出版社，1995.
[23] 曹惟庆，等.连杆机构的分析与综合[M].北京：科学出版社，2002.
[24] 殷鸿梁，朱邦贤.间歇运动机构设计[M].上海：上海科学技术出版社，1996.
[25] 吕庸厚.组合机构设计[M].上海：上海科学技术出版社，1996.
[26] 谢存禧，郑时雄，林怡青.空间机构设计[M].上海：上海科学技术出版社，1996.
[27] 胡建钢.机械系统设计[M].北京：水利电力出版社，1991.
[28] 朱龙根，黄雨华.机械系统设计[M].北京：机械工业出版社，1992.
[29] 于奕峰，杨松林.工程 CAD 技术与应用[M].第 2 版.北京：化学工业出版社，2006.
[30] 计算机职业教育联盟.AutoCAD2007 基础教程.北京：清华大学出版社，2006.